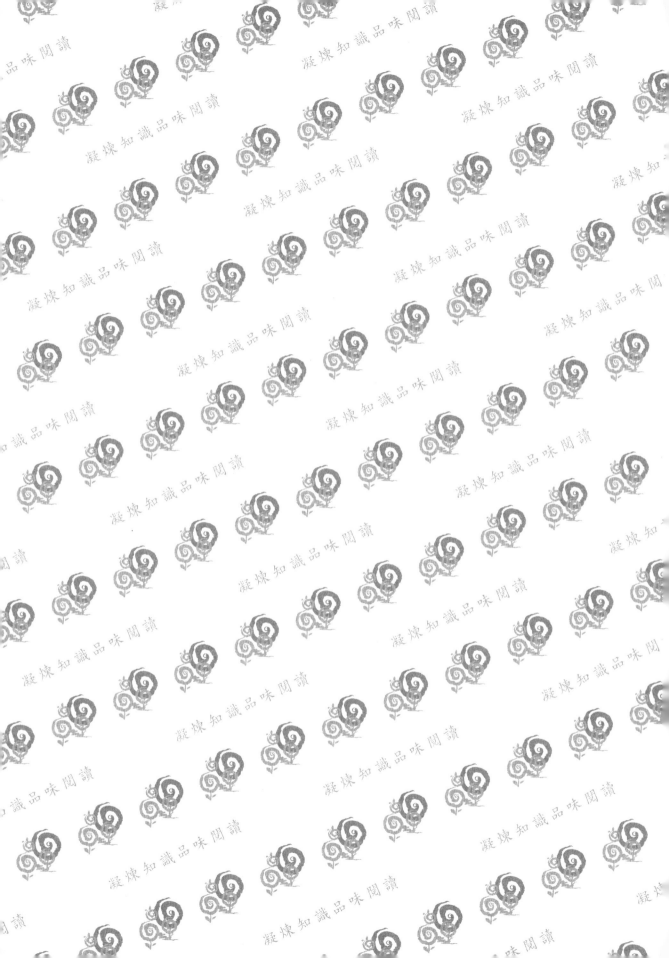

歐式選擇權定價：使用Python語言

林進益　著

五南圖書出版公司 印行

本書所有的圖形皆用 Python 繪製，於光碟資料檔案中，皆附有對應的 Python 程式碼。讀者可找出對應的 Python 程式碼，執行後即會在電腦螢幕顯示正確圖形。

序言

本書底下有時簡稱爲《歐選》。《時選》（見本書封面）原本書名稱爲《時間序列分析下的選擇權定價：使用 R 與 Python 語言》；換言之，筆者原本打算同時使用 R 語言（簡稱 R）與 Python 語言（簡稱 Python）介紹歐式選擇權定價的後續發展（BSM 模型之後）。不過，寫了之後才發現 R 與 Python 同時使用容易產生混淆；另一方面，因 Python 的指令（或程式碼）仍需多練習或多熟悉，故只能作罷。因此，本書相當於用 Python 重新解釋《時選》與部分的《衍商》，即本書的讀者需熟悉《統計》。

完成本書之後，筆者倒有下列的感想：

(1) 若與 R 比較，於專業的應用上（例如財金領域），Python 的使用的確比較麻煩；換言之，相對於 Python 而言，R 的程式碼不僅較「直接且也少變化」同時也較爲簡單易懂，故初學者較適合用 R。
(2) 學習 R 至少有一個優點，就是大致能了解電腦程式設計的邏輯與推理過程。
(3) 畢竟 R 已使用多年了，網路上的程式套件（packages）也已相當多元了，不使用它其實有點可惜；或者說，若不使用 R 之程式套件，有些時候反而需要利用 Python 重寫，反而更累。
(4) 欲熟悉 Python，可能還需要相當時日；也就是說，筆者於寫《歐選》時，若沒有與《衍商》或《時選》內的 R 程式結果比較，有些時候「結果錯了仍不自知」，即利用 Python 來書寫，最好能同時與另一種程式語言結果比較，方較客觀。
(5) 筆者大多直接將《衍商》與《時選》內的 R 程式碼「翻譯」成對應的 Python 程式碼，即利用此方式，好像 Python 的撰寫變成比較簡單；換言之，讀者若不知如何撰寫 Python 的程式碼，有些時候，直接將 R、Gauss 或 Matlab 等的程式碼譯成 Python，反而較容易進入狀況。
(6) 就財金專業領域而言，Python 的模組（module）仍嫌不足，此有待我們更加努力。此可看出我們仍可以扮演一些重要的角色。

現在我們來檢視《歐選》。如前所述，《歐選》是利用 Python 重新詮釋《時選》；也就是說，《歐選》可視爲《財時》、《衍商》與《時選》的延伸。基本上，《時選》或《歐選》強調利用統計方法（或時間序列分析）檢視BSM模型的後續發展。於歐式選擇權領域內，BSM 模型可說是被奉爲圭臬或被視爲最基本的理論模型，不過因 BSM 模型存在不少的缺點或限制（例如：BSM 模型假定波動率是一個固定數值、標的資產價格不會出現跳動以及報酬率屬於常態分配等現象皆與實際市場情況不一致），使得我們必須重新檢視 BSM 模型以及後續的發展模型。

於後續的發展模型內，至少有五項特色值得我們注意：

(1) 波動率是一種隨機變數，而我們可以用 GARCH 或 SV 過程模型化波動率。
(2) BSM 模型假定標的資產價格屬於 GBM，而我們發現後者只是 Lévy 過程的一個特例，即於 Lévy 過程內，標的資產價格有可能會出現跳動的情況。直覺而言，只要標的資產價格有出現跳動的情形，其對應的報酬率應該就不屬於常態分配。
(3) 眞實機率與風險中立機率之間的轉換。
(4) 利用特性函數來決定選擇權的價格。
(5) 使用 FFT（快速傅立葉轉換）或數值方法。

因此，簡單地說，當代選擇權的定價理論因會牽涉到 Lévy 過程、GARCH 或 SV 模型、風險中立機率的決定與轉換、特性函數、傅立葉轉換（FT）、FFT 或數値方法等觀念的使用，使得選擇權定價理論並不容易接近。我們可以想像介紹選擇權定價理論的文獻或書籍會如何描述上述觀念或特色，即其所使用的數學或模型應該是「既抽象且複雜」，無怪乎有人戲稱「財務工程」的數學像「火箭科學」的數學。

不管如何，我們總要繼續，否則如何知道選擇權的定價？只是，應該如何學習上述的數學或理論模型？似乎仍沒有人注意此點或提供方法來學習上述專業。就筆者而言，筆者仍建議應使用電腦程式語言來學習；或者說，於介紹上述數學或模型的過程當中，除了必要的理論模型或數學推導過程之外，應多使用電腦程式語言來模擬或說明。使用電腦程式語言來學習至少有一個優點，即其可以將「抽象且複雜」的觀念轉換成較爲實際的情況；換言之，從「事後」來看，學習的困難度的確降低了。

於上述的後續模型中，本書強調 MJD、Carr 與 Madan（CM, 1999）以及 Heston 與 Nandi（HN, 2000）模型的重要性，上述三者皆可以利用特性函數來決定歐式選擇權的價格，不過 CM 模型是使用 FFT 或 FRFT 方法而 HN 模型則使用數値積分方法。利用 TXO 合約的實際歷史資料，本書發現於波動變化較大的環境內，MJD、CM 與 HN 模型有可能優於對應的 BSM 模型；另一方面，CM 與 HN 模型的重要性應不容被忽略。換言之，除了 BSM 模型之外，本書發現其實應該還有其他的模型（如 MJD、CM 與 HN 模型等）可以當作參考依據。

本書全部用 Python 思考或用 Python 來當作輔助工具，即《歐選》仍保留過去筆者書籍的特色，即書內只要有牽涉到例如讀存資料、模擬、計算、估計、編表或甚至於繪圖等，筆者皆有提供對應的 Python 程式碼供參考。值得注意的是，本書因屬於單色印刷，故若圖形不清晰，讀者可利用隨書光碟所附的 Python 指令重新繪圖或顯示於讀者的電腦內。Python 雖然不是屬於統計或財金的軟體，不過用來學習選擇權定價，仍占有一定的優勢。或者說，也許讀者會對《財統》、《財數》或《統計》等書不以爲然，不過於《時選》與《歐選》內應可看出 R 或 Python 的威力。

本書總共分成 9 章。第 1 章簡單介紹基本觀念以及二項式選擇權定價模型。第 2 章介紹 BSM 模型以及利用 Python 說明 BSM 模型的避險參數的意義；第 3 章則檢視 MJD 模型，比較特別的是，上述二章我們皆使用最大概似方法估計模型內的參數。第 4 章簡單介紹傳統（或古典）的利率模型如 Vasicek 與 CIR 模型；另一方面，該章亦檢視 CKLS 模型的 GMM 方法。第 5 章除了說明 FT 與特性函數之間的關係之外，我們亦利用後者計算 BSM 與 MJD 模型的選擇權價格。第 6 章說明 Lévy 過程的意義與內涵，由此可看出如何模型化「跳動」。第 7 章除了介紹 CM 模型之外，我們亦以實際的 TWI 歷史資料「校準」。第 8 章則介紹時間序列分析下的 GARCH 模型。最後，第 9 章則介紹普遍被使用的 HN 模型以及應用該模型檢視 TXO 合約資料。

本書內容適合給大學部高年級或研究生使用，當然未必侷限於財金（經）學系領域（即《歐選》的財金門檻並不高）。讀者應該不要被上述所提及的觀念給震懾住了，書內的確會有抽象且複雜的數學模型，不過那只是數學式子而已，讀者反而要注意我們如何將上述數學模型或式子轉換成用 Python 或用 R（《時選》）表示，如此應可降低學習上的困難度。因此，讀者最好有學習以及操作過《財數》或《財統》的經驗，尤其是《財統》，畢竟本書全部用統計方法。爲了提高學習上的興趣，本書較少使用數學上的證明，我們反而是用模擬的方式取代。因此，本書適合用於「衍生性金融商品」、「創新金融商品」或「財務工程」等課程；當然，本書亦可供給對衍生性商品有興趣的讀者自修之用。

筆者感謝「五南文化事業機構」給予筆者機會以出版一系列的財金專業書籍，使得筆者於退休後仍能「振筆直書」；當然，筆者的書籍並不容易閱讀而且也不容易「操作」與說服讀者（畢竟比較辛苦）（也許就是因爲不易閱讀才值得筆者書寫），不過筆者仍相信此種以電腦程式語言當作輔助工具的趨勢已逐漸成形。筆者發現透過電腦程式語言的輔助，許多專業的學習困難度的確降低了。面對資訊科技的日新月異，我們是用何態度面對此趨勢？總不能仍原封不動，一成不變吧！可惜的是，坊間似乎仍有太多書籍忽略此一發展趨勢。每當筆者回想過去學習的困難度與受阻礙度，總會忍不住想重新試試。因仍有太多的專業領域內容值得重新詮釋，故原本再用紙本的型態發行已不適當了；不過，因專業書籍利用 Python 來書寫仍較少見，故此次仍採用紙本的型態發行，感謝侯主編，希望透過本書能拋磚引玉，能吸引更多人投入此領域。

隨書仍附上兒子的一些作品，有努力就有收穫。依稀可看出兒子的畫風與畫境。仍需繼續努力。感謝內人提供一些意見。筆者才疏識淺，倉促成書，錯誤難免，望各界先進指正。最後，祝操作順利。

林進益

寫於屏東沿山公路

2021/4/11

JACK

目錄 Contents

Chapter 1

基本觀念

本書的目的是欲介紹（基本的）選擇權定價方法，因此本書可視爲《衍商》與《時選》二書（詳見本書封面）的延伸或補充。上述二書是使用 R 語言，但是本書卻使用 Python 語言（底下簡稱爲 Python）當作輔助工具，由此可看出本書與上述二書之不同。

爲何需要撰寫本書？其理由可爲：

(1) Python 的使用已日趨頻繁且尋常，即 Python 似乎已逐漸取代 R 語言的使用，因此有必要重新以 Python 詮釋。
(2) 畢竟《衍商》是以「衍生性金融商品」的介紹爲主，故有關於「選擇權定價」方面仍只是屬於基本模型的檢視。例如：《衍商》並未檢討 BSM 模型[①] 的缺失以及論及到後續的定價模型。
(3) 雖說《時選》與本書的內容頗爲接近，但是二書還是有些不同，即前者是用 R 語言，而後者卻用 Python 思考，因此於「思路」或「語法」上須調整，而於「數值結果」上亦稍有差異。
(4) 雖說《統計》有使用 Python，不過相對於 R 語言而言，Python 的使用仍嫌生疏，故我們仍需要練習而以 Python 來思考。

因此，本書仍秉持著過去筆者書籍的特色，即書內只要有牽涉到例如讀存資料、計算、模擬、編表或甚至於繪圖等，本書皆附有對應的 Python 程式碼供讀者參

① Black 與 Scholes（BS, 1973）以及 Merton（1973）可以合稱爲 BSM 模型。

考；換言之，讀者閱讀本書不僅可以得到選擇權定價的相關知識，同時亦可以練習 Python 的使用。

本章內容可視爲選擇權定價方法的暖身。本章將以簡單的方式介紹選擇權的基本觀念；當然，若有不足，可以參考《衍商》。

1.1 基本金融觀念

於此，我們將介紹一些有關的基本金融觀念，較完整的說明可參考例如 Bodie et al.（2003）。

金融資產

資產（assets）一詞可幫我們認定能產生利潤或價值的經濟資源；當然，若擁有資產，即可從事買或賣交易，即其可轉換成現金。資產可以分成實質資產（real assets）與金融資產（financial assets）二種，前者可以包括例如土地、機械或設備等有形資產，而後者則包括股票、債券或選擇權合約等無形資產。金融資產與實質資產最大的不同是前者是一種合約的索求權（contractual claim）。例如：擁有台積電（TSMC）的股票，即使我們並沒有擁有 TSMC 的廠房設備（實質資產），我們仍可以透過 TSMC 的晶片生產與銷售獲利。由於我們所探討的標的是金融資產，故本書所講的資產指的就是金融資產。

價格

金融資產的價格（price）指的是價值（value）（可用不同的幣值表示），其只是買方與賣方同意交換資產擁有權的「磋商」價值。或者說，賣價（ask price）是指賣方願意賣出的最低價格，而買價（bid price）是指買方願意買進的最高價格，因此若買－賣價差（bid-ask spread）接近於 0，則資產交換所對應的就是資產價格（市價）。

假定資產可用 Υ 表示而其對應的 t 期價格則爲 $\Pi^{\Upsilon}(t)$。雖說某些金融資產的價格爲 0（例如遠期合約），不過通常金融資產的價格爲大於 0，即 $\Pi^{\Upsilon}(t) \geq 0$。由於本書所討論的標的資產幾乎以股票爲主，故金融資產的價格亦可以用「每股」表示。

市場

金融資產可以於官方市場（official markets）以及場外交易市場（OTC markets）交易。通常，外幣與債券市場屬於場外交易市場，而股票市場、選擇權市場以及期貨市場則屬於官方市場。不管官方市場或是場外交易市場，資產的買方與賣方可稱爲投資人或經紀（理）人。

多頭與空頭部位

看好（多）市場趨勢，而買進金融資產謂之持有長部位或稱爲多頭部位（long position）；相反地，看壞（空）市場趨勢，而賣出金融資產謂之持有短部位或稱爲空頭部位（short position）。除了上述二種交易部位外，另外尚有賣空（short-selling）交易。所謂賣空指的是手中未擁有金融資產（通常是股票資產）卻賣出該金融資產；換言之，若預期上述金融資產的未來價格會下跌，則可採取賣空交易策略。舉例來說，若以 $\Pi^{\Upsilon}(0)$ 的價格賣空 N 股 Υ 股票，令 $T>0$ 表示買回該 N 股 Υ 股票的時間，則當 $\Pi^{\Upsilon}(T)<\Pi^{\Upsilon}(0)$，該投資人可有 $N[\Pi^{\Upsilon}(0)-\Pi^{\Upsilon}(T)]$ 的獲利。因此，若投資人持有多頭部位，則可於多頭行情獲利；相反地，若屬於空頭行情，當然若投資人有採取賣空交易策略的話，則持有空頭部位的投資人可獲利。最後，我們必須強調任何金融資產交易必須負擔交易成本（如手續費或介入成本等費用）與交易延遲（畢竟眞實交易市場並非 24 小時立即交易）等成本。

股票與股利

股票會於集中市場（官方市場）交易。通常，公司會經常性地發放股利（dividend）給股東，此隱含著股價的某一份額（會轉成現金）而轉存於股東的帳戶；因此，若已支付股利，相當於股價被扣除股利份額。

資產組合部位

考慮一個投資人於 $[0, T]$ 期間投資 N 種資產 $\Upsilon_1,\Upsilon_2,\cdots,\Upsilon_N$，其中 Υ_1 資產投資 a_1 股，Υ_2 資產投資 a_2 股，依此類推。若 $a_i<0$，隱含著該經理人持有Υ_i 資產的空頭部位；同理，若 $a_i>0$，則隱含著該經理人持有 Υ_i 資產的多頭部位。是故，向量 $\mathbf{A}=(a_1,a_2,\cdots,a_N)\in Z^N$ 可稱爲資產組合部位（portfolio position）或簡稱爲一種資產組合（portfolio）。於 t 期下，該資產組合的價值可寫成：

$$V_{\mathbf{A}}=\sum_{i=1}^{N}a_i\Pi^{\Upsilon_i}(t),t\in[0,T] \tag{1-1}$$

其中 $\Pi^{\Upsilon_i}(t)$ 表示 t 期 Υ_i 資產的價格。上述投資人的財富衡量可用資產組合的價值表示：當 $a_i>0$，若 Υ_i 的價格上升，則資產組合的價值亦會提高；同理，若 $a_i<0$ 則資產組合的價值會隨 Υ_i 的價格上升而下降。

值得注意的是使用 Z^N 的線性架構可得資產組合的加總，即若 $\mathbf{A}$ 與 $\mathbf{B}$ 皆屬於 Z^N，其中 $\mathbf{A}=(a_1,a_2,\cdots,a_N)$ 與 $\mathbf{B}=(b_1,b_2,\cdots,b_N)$ 爲二種資產組合，則 $\mathbf{C}=\alpha\mathbf{A}+\beta\mathbf{B}$ 亦

是一種資產組合，其中 $\mathbf{C}=(\alpha a_1+\beta b_1,\alpha a_2+\beta b_2,\cdots,\alpha a_N+\beta b_N)$ 與 $\alpha,\beta\in Z$。

自我融通資產組合

一種資產組合若屬於自我融通（self-financing），隱含著沒有從該資產組合內提取或注入資金。舉一個例子說明。假定投資人於期初 $t_0=0$ 放空 400 股資產 Υ_1、購買 200 股資產 Υ_2 以及購買 100 股資產 Υ_3，則該投資人的資產組合爲：

$$\mathbf{A}_0=(-400,200,100)$$

而對應的價值爲：

$$V_{\mathbf{A}_0}=-400\Pi^{\Upsilon_1}(0)+200\Pi^{\Upsilon_2}(0)+100\Pi^{\Upsilon_3}(0)$$

若上述價值大於 0，隱含著放空 400 股資產 Υ_1 不足以建立上述資產組合部位，故該投資人必須額外注入資金。假定該投資人於 $(0, t_1]$ 期間維持上述資產組合部位不變，即 $\mathbf{A}_0=\mathbf{A}_1$，故於 $t=t_1$ 期，上述資產組合的價值爲：

$$V_{\mathbf{A}_1}=-400\Pi^{\Upsilon_1}(1)+200\Pi^{\Upsilon_2}(1)+100\Pi^{\Upsilon_3}(1)$$

假定於 $t=t_1$ 期該投資人買進 500 股資產 Υ_1、賣出 x 股資產 Υ_2 以及賣出 100 股資產 Υ_3，則於 $(t_1, t_2]$ 期間該投資人的新資產組合爲：

$$\mathbf{A}_2=(100,200-x,0)$$

故對應的資產組合價值爲：

$$V(t)=100\Pi^{\Upsilon_1}(t)+(200-x)\Pi^{\Upsilon_2}(t)$$

其中 $t\in(t_1,t_2]$。我們考慮「之後立即（immediately after）」的情況，即 $t\to t_1^+$，對應的資產組合價值爲：

$$V(t_{1+})=100\Pi^{\Upsilon_1}(t_1)+(200-x)\Pi^{\Upsilon_2}(t_1)$$

是故「之後立即」的資產組合價值差異爲：

$$\begin{aligned} V(t_{1+})-V(t_1) &= 100\Pi^{\Upsilon_1}(t_1)+(200-x)\Pi^{\Upsilon_2}(t_1) \\ &\quad -[-400\Pi^{\Upsilon_1}(t_1)+200\Pi^{\Upsilon_2}(t_1)+100\Pi^{\Upsilon_3}(t_1)] \\ &= 500\Pi^{\Upsilon_1}(t_1)-x\Pi^{\Upsilon_2}(t_1)-100\Pi^{\Upsilon_3}(t_1)] \end{aligned}$$

同理，若上述資產組合價值差異大於 0，隱含著除非注入額外資金，否則無法利用舊的資產組合以創造出新的資產組合。或者說，若是屬於一種自我融通資產組合，則 x 股可爲：

$$x=\frac{500\Pi^{\Upsilon_1}(t_1)-100\Pi^{\Upsilon_3}(t_1)}{\Pi^{\Upsilon_2}(t_1)}$$

除非例外，否則 x 值應不爲整數。上述例子說明了完全的自我融通資產組合策略，於眞實市場上幾乎看不到！

報酬（率）

於 $[0, T]$ 期間自我融通資產組合的報酬可寫成 $R(T)=V(T)-V(0)$，其中 $V(t)$ 表示 t 期資產組合的價值。另一方面，其實我們亦可以計算上述資產組合的相對報酬，即報酬率的計算爲：

$$R_*(T)=\frac{V(T)-V(0)}{V(0)}$$

若於 $[0, T]$ 期間有注入或提出資金，則屬於非自我融通資產組合。即於上述期間內若某些資產有發放股利等現金流量，則上述報酬的計算應包括該流量。例如：於 t_1 期投資人有額外注入 C_1 資金，而於 t_1 期提款 C_2 資金，其中$t_1, t_2 \in T$，則上述資產組合的報酬爲 $R(T)=V(T)-V(0)+C_2-C_1$。

歷史波動率

資產的歷史波動率（historical volatility）可用於衡量資產價格的時間跳動程度，故其可顯示若干程度的資產價格之不確定性。顧名思義，歷史波動率可用資產價格的「歷史資料」計算，只不過資產價格需轉換成對數報酬率；換言之，資產的歷史波動率是指該資產對數報酬率的標準差而以年率表示。

令 $[t_0, t]$ 表示過去的期間，其中 t 有可能就是現在。令 $T=t-t_0>0$ 爲上述期間的長度。我們將 $[t_0, t]$ 期間分割成 n 個相同的「小寬度」，即：

$$t_0 < t_1 < t_2 < \cdots < t_n = t,\ t_i - t_{i-1} = h,\ i = 1, \cdots, n$$

令 t 期資產價格爲 $S_t = S(t)$，$[t_{i-1}, t_i]$ 期間的對數報酬率可寫成[②]：

$$R_i = \log S(t_i) - \log S(t_{i-1}) = \log\left[\frac{S(t_i)}{S(t_{i-1})}\right], i = 1, \cdots, n \tag{1-2}$$

而對應的樣本變異數爲：

$$\Delta(t) = \frac{1}{n-1}\sum_{i=1}^{n}\left(R_i - \bar{R}\right)^2$$

其中 $\bar{R} = \frac{1}{n}\sum_{i=1}^{n} R_i$。因此，$T-$ 歷史波動率可寫成：

$$\hat{\sigma}_T(t) = \frac{1}{\sqrt{h}}\sqrt{\Delta(t)} = \frac{1}{\sqrt{h}}\sqrt{\frac{1}{n-1}\sum_{i=1}^{n}\left(R_i - \bar{R}\right)^2} \tag{1-3}$$

其中 h 是用年率表示，通常 $h = 1/252$（即 1 年有 252 個交易日）。

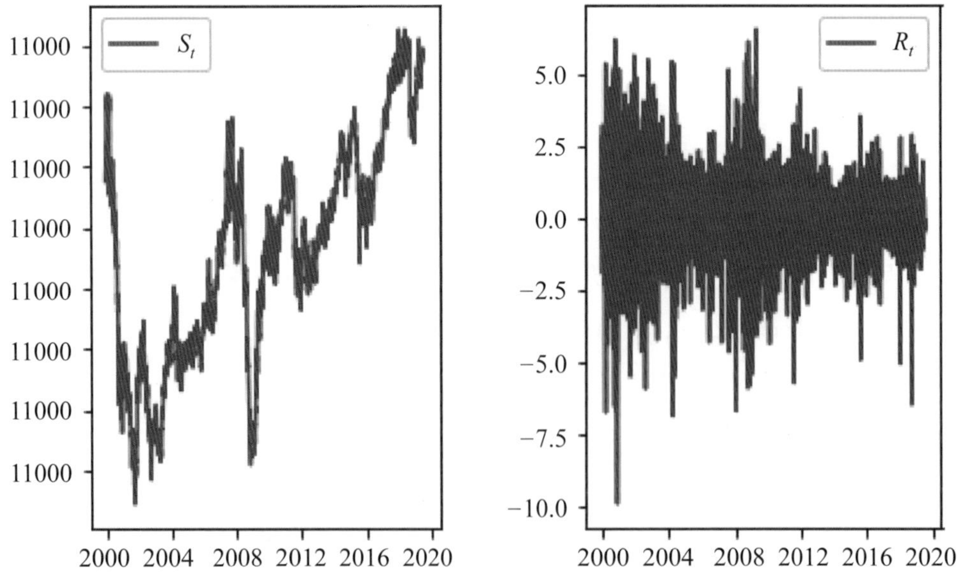

圖 1-1　TWI 日收盤價與日對數報酬率序列（2000/1/1～2019/7/31）

---

② 於本書 log(·) 表示自然對數。

我們舉一個例子說明。至英文 Yahoo 網站下載臺灣加權指數（TWI）之日收盤價序列資料（2000/1/1～2019/7/31）[③]，圖 1-1 分別繪製出 TWI 日收盤價以及對應的日對數報酬率序列資料的時間走勢。利用圖 1-1 內的資料，根據（1-3）式，圖 1-2 的下圖繪製出 $T = 252$ 的滾動 $\hat{\sigma}_T(t)$ 的時間走勢（實線）。若與圖 1-2 的上圖比較（該圖取自圖 1-1），可以發現 S_t 大致與 $\hat{\sigma}_T(t)$ 呈現相反的關係。或者說，滾動 $\hat{\sigma}_T(t)$ 的計算可以提供一個重要的資訊：低 $\hat{\sigma}_T(t)$ 值可對應至多頭行情而高 $\hat{\sigma}_T(t)$ 值則可對應至空頭行情。可惜的是，上述 T 值是隨意取的，圖 1-2 的下圖有繪製出另外一種可能（虛線），即其是使用 $T = 252*2$ 所繪製而成，讀者倒是可以比較看看。

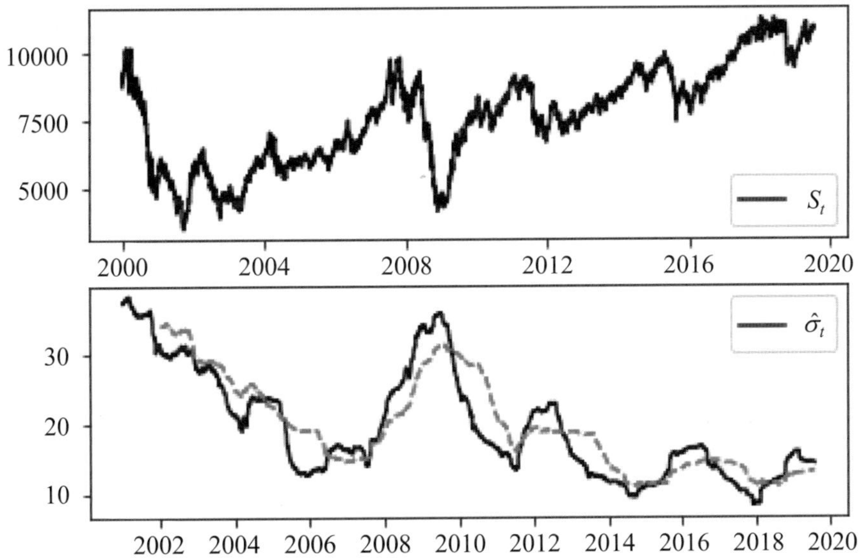

圖 1-2　S_t 與滾動 $\hat{\sigma}_T(t)$ 的比較，其中虛線為使用 $T = 252*2$

當然，我們可以進一步取得圖 1-2 內滾動 $\hat{\sigma}_T(t)$ 資料的一些資訊。例如：圖 1-3 繪製出上述資料的直方圖，其中右圖是將滾動 $\hat{\sigma}_T(t)$ 的資料分成 7 組。若從右圖來看，波動率介於 12.6～16.88（單位：%）之間的比重約爲 0.3132 爲最大。

③ 本書大致用 Spyder4.1.5。Python 內之 Yahoo 財金資料模組爲（yfinanc）。初次使用該模組可用 pip install yfinanc 指令下載。

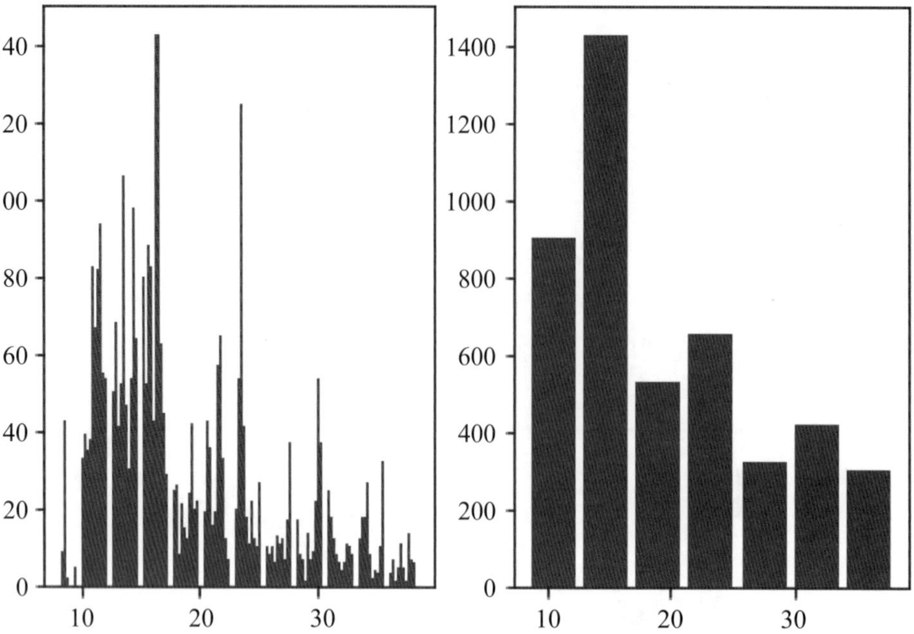

圖 1-3　圖 1-2 內滾動 $\hat{\sigma}_T(t)$ 資料的直方圖，右圖是分成 7 組

習題

(1) 何謂自我融通資產組合？試解釋之。

(2) 爲何完全的自我融通資產組合策略不易實現？試解釋之。

(3) 續上題，有何涵義？提示：採取該策略仍有風險。

(4) 利用圖 1-2 內的虛線資料，試繪製其對應的直方圖。

(5) 續上圖，若與圖 1-3 比較，有何差異？

1.2 二項式模型

於本節，我們將簡單介紹 Cox et al.（1979）的二項式選擇權定價模型（binomial options pricing model）。該模型因「簡單化」反而於受到實務界（業界）的重視；或者說，欲了解選擇權定價的原理，二項式選擇權定價模型是不可缺的。

首先，我們介紹二項式資產價格模型，該模型是描述金融資產價格隨時間的演化過程。以股價 $S(t)$ 或 S_t 爲例。我們有興趣檢視 $[0, T]$ 期間 $S(t)$ 的變化，其中 T 可以表示選擇權的到期日。於期初，$S(0)$ 或 S_0 假定爲已知。二項式資產（股票）價格模型假定 $S(t)$ 只能於預定的時點如 $0 = t_0 < t_1 < \cdots < t_N = T$ 變動，而於時點 t_i，$S(t_i)$

只受到 $S(t_{i-1})$ 與「擲銅板」結果的影響。寫成較一般化的型態可爲：

$$S(t_i)=\begin{cases} S(t_{i-1})U, \text{機率為} p \\ S(t_{i-1})D, \text{機率為} 1-p \end{cases} \tag{1-4}$$

其中 U 與 D 分別表示向上與向下變動幅度，而 p 可以解釋成擲銅板一次出現正面的機率（當然，若是公正的銅板，$p = 1/2$）。爲了分析方便起見，我們先假定 $U = e^u$ 與 $D = e^d$，其中 $u, d \in R$。

於簡單的二項式模型內，通常假定 u、d 與 p 與時間無關；另一方面，亦假定 $u > 0$、$d < 0$ 以及 $d = -u$。u 表示「向上因子」，即 $S(t_i) = S(t_{i-1})e^u > S(t_{i-1})$；同理，$d$ 表示「向下因子」，即 $S(t_i) = S(t_{i-1})e^d < S(t_{i-1})$。因此，根據（1-4）式，簡單地說，二項式資產價格模型強調每一時點 $S(t)$ 不是「向上跳動就是向下跳動」而且跳動幅度與跳動的機率皆相等。

我們可以再簡單化上述過程。首先，我們假定 $t_0, t_1, \cdots, t_N$ 內每時點的差距皆相等，即就 $i = 1, 2, \cdots, N$ 而言，$t_i - t_{i-1} = h$。當然，$h < T$。若令 $h = 1$，則：

$$t_1 = 1, t_2 = 2, \cdots, t_N = T = N$$

因此，若 $h = 1$ 同時令 $t \in \mathrm{I} = \{1, 2, \cdots, N\}$，則（1-4）式可改寫成：

$$S(t)=\begin{cases} S(t-1)U, \text{機率為} p \\ S(t-1)D, \text{機率為} 1-p \end{cases} \tag{1-5}$$

其中 $t \in \mathrm{I}$ 而且 $S(0)$ 爲已知值。

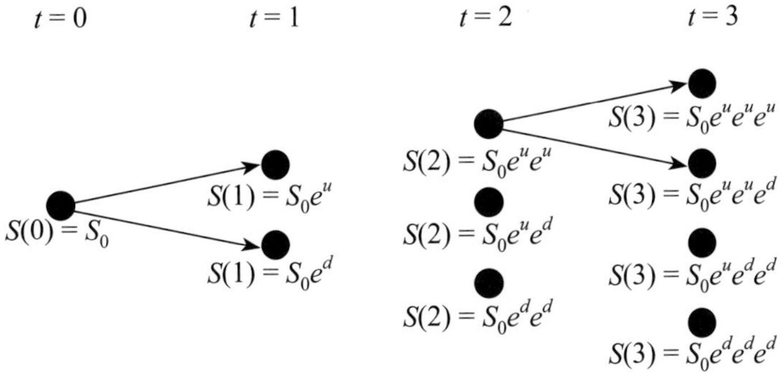

圖 1-4　二項式樹狀圖

是故，從二項式股票價格模型內可以得出許多 $S(t)$ 的可能路徑如 $S(1),\cdots,S(N)$；或者說，於 N 期模型內總共有 2^N 個可能路徑。令：

$$\{u,d\}^N=\{x=(x_1,x_2,\cdots,x_N)\in R^N : x_t=u \text{ or } x_t=d, t\in \mathrm{I}\}$$

表示所有可能 N 序列之「向上」與「向下」狀態空間④，而就每一 $x\in R^N$ 而言，可得一個唯一的股價路徑。例如：就 $N=3$ 與 $x=(u,u,u)$ 而言，對應的股價分別為：

$$S_0\to S(1)=S_0e^u\to S(2)=S(1)e^u=S_0e^ue^u\to S(3)=S(2)e^u=S_0e^ue^ue^u$$

又例如 $x=(u,d,u)$，則對應的股價路徑為：

$$S_0\to S(1)=S_0e^u\to S(2)=S(1)e^d=S_0e^ue^d\to S(3)=S(2)e^u=S_0e^ue^de^u$$

可以參考圖 1-4 的二項式樹狀圖。根據圖 1-4，讀者可以想像若位於 $S(0)=S_0$ 以及 $S(2)=S_0e^ue^u$，則下一期的 $S(t)$ 值分別為何？

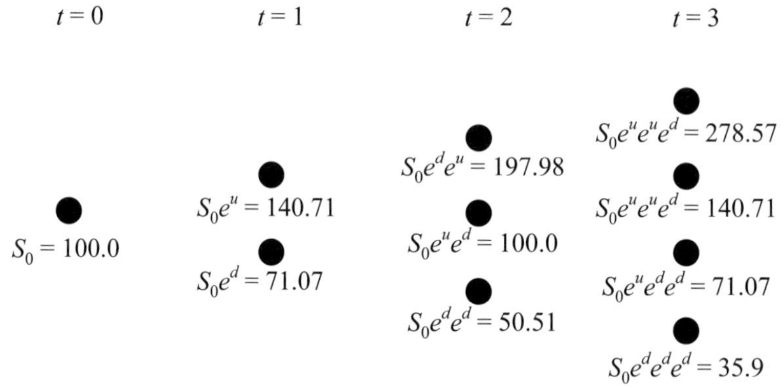

圖 1-5　二項式樹狀圖的實際例子（$u=0.3415$）

我們不難再舉一個較為實際的例子。令 $S_0=100$、$u=0.3415$ 以及 $N=3$（可記得 $U=e^u$ 與 $D=1/U$），我們可以繪製出 $S(t)$ 可能的路徑如圖 1-5 所示。讀者倒是可以驗證看看。上述 $S(t)$ 可能的路徑的一般式可寫成：

④ 此處的 u 與 d 表示「向上」與「向下」二種狀態。

$$S(t) \in \left\{ S_0 e^{xu+(t-x)d}, x = 0, \cdots, t \right\} \tag{1-6}$$

其中 $t = I$ 以及 x 表示至 t 期（含）向上的次數。雖說從圖 1-4 或（1-6）式就可以知道每一時點對應的機率值可以用二項式機率分配計算⑤，但是我們的興趣可能在於了解 $S(T)$ 的機率分配；或者說，$S(t)$ 的時間路徑若是根據二項式資產價格模型，於選擇權合約到期時 $S(T)$ 的機率分配究竟爲何？

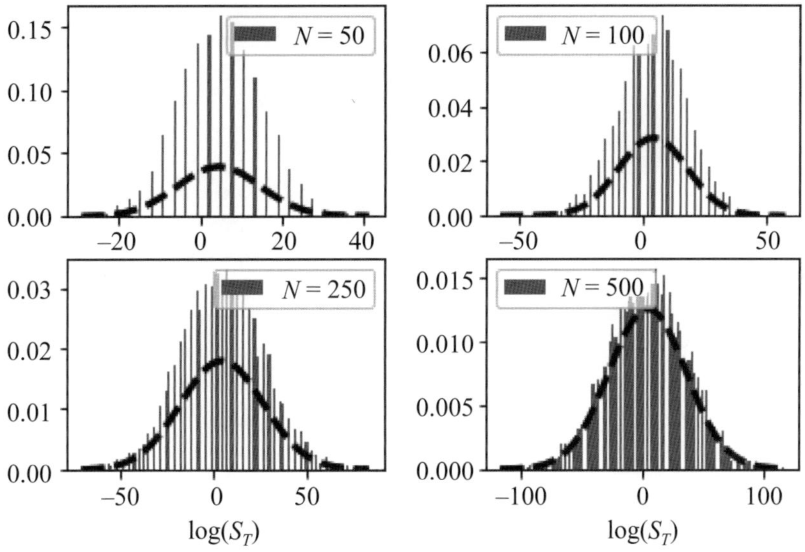

圖 1-6　$\log(S_T)$ 之實證分配

根據圖 1-4 或 1-5，我們不難得出於 $t = T$ 之下，$S(T)$ 的（實證）機率分配。我們可以使用「抽出放回」的方式得到該分配；也就是說，根據二項式資產價格模型如（1-5）式，於每一時點下，$S(t)$ 只有二種變化，即不是 $S(t)U$ 就是 $S(t)D$ 其中前者出現的機率爲 p 而後者爲 $1-p$。令 $W = (U, D)$，若於上述每一時點以抽出放回的方式隨機從 W 內抽出 U 或 D 值，則上述抽出放回的方式豈不是隱含著 $p = 0.5$ 嗎⑥？因此，於每一時點 $t = 1, 2, \cdots, T-1$ 我們皆以抽出放回的方式從 W 內抽出 U 或 D 值，重複 n 次，的確可得出 S_T 的實證分配。

---

⑤ 即二項式機率分配的機率函數可寫成 $f(x) = \dfrac{n!}{(n-x)!x!} p^x (1-p)^{n-x}, x = 0, 1, \cdots, n$。於圖 1-4 的例子內，$n = N + 1$。

⑥ 同理，令 $W = (U, U, D)$，則使用抽出放回的方式隨機從 W 內抽出 U 或 D 值隱含著 $p = 2/3$。

令 n = 5,000 以及 $W = (U, D)$，使用上述方法，圖 1-6 繪製出 $\log(S_T)$ 的實證分配，其中虛線表示對應的常態分配[⑦]。我們從圖 1-6 內可看出 N 值愈大，$\log(S_T)$ 的實證分配愈接近於常態分配，隱含著 S_T 的漸近分配爲對數常態分配[⑧]。

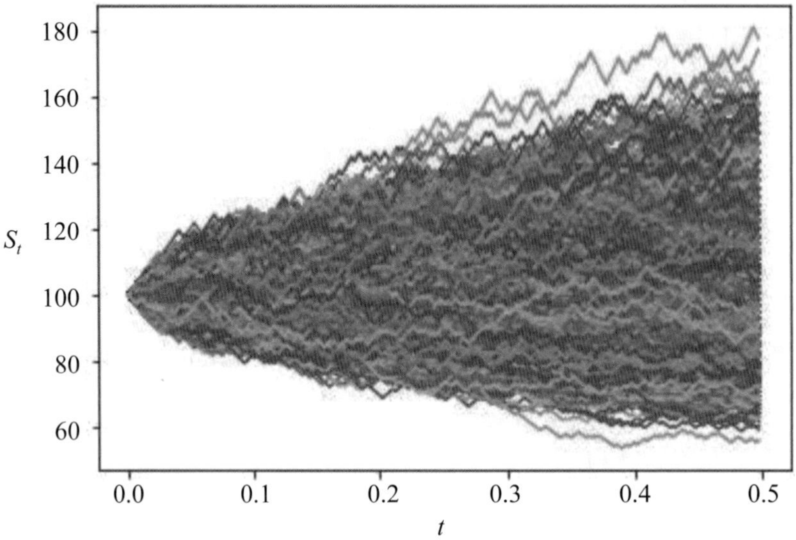

圖 1-7　JR **模型的** S_t **時間路徑圖**，$\Delta t = T/N$，**其中** $T = 1$ **與** $N = 500$

於《衍商》內，我們曾檢視 Jarrow 與 Rudd（JR, 1983）與 Cox et al.（CRR, 1979）二種模型。JR 模型以（1-7）式取代（1-5）式，即：

$$S(t)=\begin{cases} S(t-1)e^{\mu\Delta t+\sigma\sqrt{\Delta t}}, p=1/2 \\ S(t-1)e^{\mu\Delta t-\sigma\sqrt{\Delta t}}, 1-p=1/2 \end{cases} \tag{1-7}$$

而 CRR 模型則爲：

$$S(t)=\begin{cases} S(t-1)e^{+\sigma\sqrt{\Delta t}}, p=0.5+0.5(\mu/\sigma)\sqrt{\Delta t} \\ S(t-1)e^{-\sigma\sqrt{\Delta t}}, 1-p=0.5-0.5(\mu/\sigma)\sqrt{\Delta t} \end{cases} \tag{1-8}$$

⑦ 即以 $\log(S_T)$ 的平均數與標準差爲常態分配的參數。

⑧ 於統計學內，只要 $np \geq 5$ 與 $n(1-p) \geq 5$，二項式分配的漸近分配爲常態分配。

其中 μ 與 σ 分別表示對數報酬率之期望值與波動率[9]。換言之，σ 可以主導 S_t 的變動幅度。

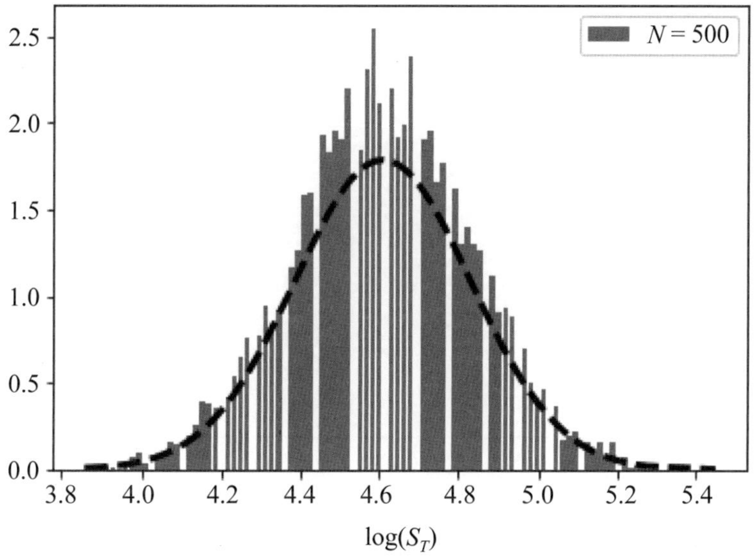

圖 1-8　S_T **的實證分配**（CRR **模型**）

我們舉一個例子說明。令 $S_0 = 100$、$\mu = 0.03$、$\sigma = 0.22$、$T = 1$、$N = 200$ 以及 $\Delta t = T/N$，圖 1-7 繪製出 JR 模型之 S_0 至 $S_{0.5}$ 的時間路徑圖，讀者可以進一步找出或繪製出其他的可能。利用上述假定，圖 1-8 繪製出 CRR 模型之 S_T 的實證分配，我們可以發現上述實證分配接近於常態分配，讀者可以練習看看。

習題

(1) 試敘述二項式資產價格模型。

(2) 試利用 Python 設計 JR 或 CRR 模型的價格樹狀圖的函數指令。

(3) 續上題，令 $S_0 = 100$、$\mu = 0.03$、$\sigma = 0.22$、$T = 1$、$N = 5$ 以及 $\Delta t = T/N$，試分別繪製出 JR 或 CRR 模型的價格樹狀圖。

(4) 根據圖 1-8 的假定，試繪製出 S_0～$S_{0.1}$ 的時間路徑圖。提示：可參考圖 1-a。

(5) 試比較圖 1-5 與 1-a。

[9] 例如根據 JR 模型可知 $r_t = \log(S_t / S_{t-1}) = \begin{cases} \mu\Delta t + \sigma\sqrt{\Delta t}, p = 1/2 \\ \mu\Delta t - \sigma\sqrt{\Delta t}, 1 - p = 1/2 \end{cases}$，故可得：

$$E(r_t) = \mu\Delta t \text{ 與 } Var(r_t) = \sigma^2\Delta t$$

其中 r_t 表示對數報酬率。

(6) 其實二項式價格模型就是一種隨機漫步模型？試解釋之。

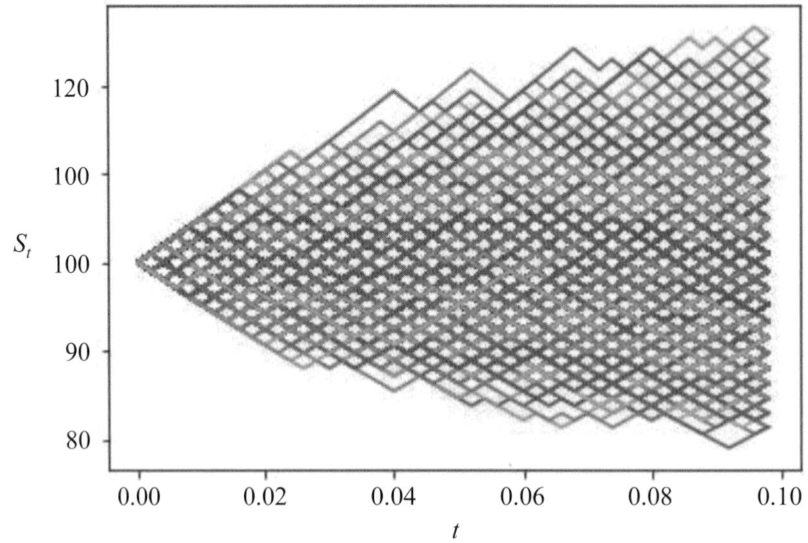

圖 1-a

1.3 歐式與美式選擇權

本節將簡單介紹選擇權合約的性質與定價。本節將分二部分介紹。除了了解選擇權合約的性質外，我們將使用二項式選擇權定價模型說明歐式選擇權與美式選擇權的定價。

1.3.1 選擇權合約的性質

選擇權的交易可以分成二種型態：歐式選擇權合約（European options）與美式選擇權合約（American options）。歐式選擇權是指買方只能在合約到期時行使權利，而美式選擇權的買方卻能在合約期限內的任何時點行使權利；因此，直覺而言，若合約條件相同，歐式選擇權的價格應會較美式選擇權的低。我們可以先檢視選擇權合約到期時，歐式或美式選擇權的價格或稱爲收益（payoff），其分別可寫成：

$$c_T(C_T) = \max(S_T - K, 0) \text{ 與 } p_T(P_T) = \max(K - S_T, 0) \qquad (1\text{-}9)$$

其中 c_T、C_T、p_T、P_T、S_T 與 K 分別表示到期歐式買權（call）、到期美式買權、到期歐式賣權（put）、到期美式賣權、到期標的資產如股票價格以及履約價（strike price），而 max(·) 則表示最大值。舉一個例子說明。若 $S_T = 120$ 與 $K = 100$，則根據（1-9）式可知 c_T 或 C_T 等於 20，而 p_T 或 P_T 等於 0。因此，若 $c_T(C_T) = 20$，所謂的選擇權定價是指：於合約的條件下，期初選擇權的價格或稱爲權利金（premium）$c_0(C_0)$ 爲何？或者說，我們是否有辦法計算出 c_0 或 C_0 值？

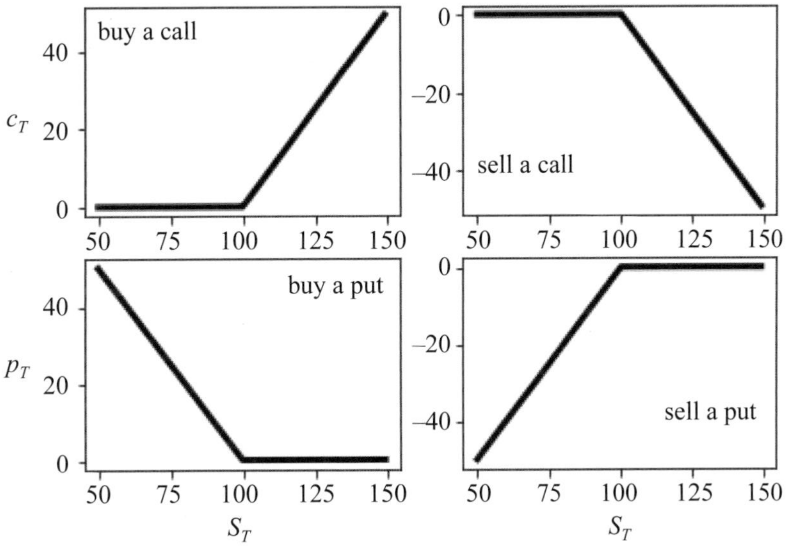

圖 1-9　買權與賣權之到期收益曲線

根據（1-9）式，我們不難繪製出買權與賣權之到期收益曲線如圖 1-9 所示，其中轉折點可對應至履約價。從圖 1-9 內可看出選擇權合約的交易是一種零和遊戲（zero-sum game）。例如：根據圖 1-9 的左上圖的買進一口買權合約的到期收益曲線，我們可以反推出賣出一口買權合約的到期收益曲線如右上圖所示；同理，利用左下圖的買進一口賣權合約的到期收益曲線亦可推出賣出一口賣權合約的到期收益曲線如右下圖所示。讀者可以參考所附的 Python 指令得知如何繪製出圖 1-9。

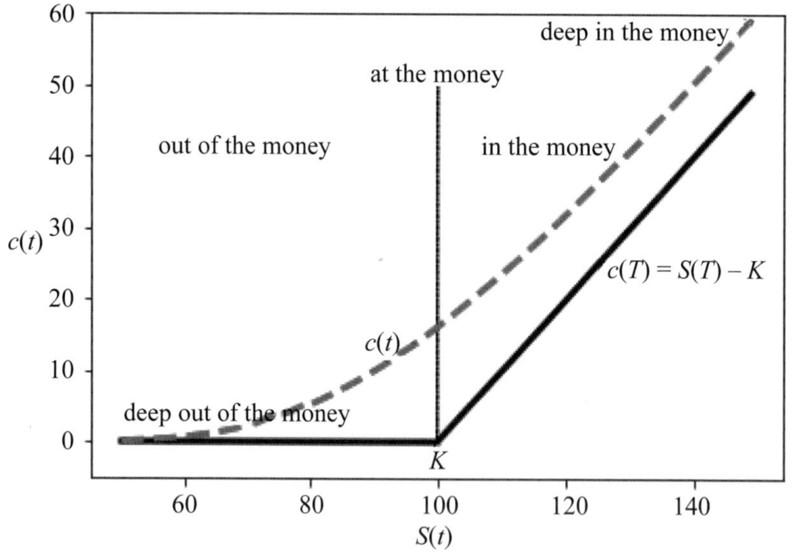

圖 1-10　歐式買權之買方價格曲線

表 1-1　選擇權的內含價值

	買權	賣權
價內	$S(t) > K$	$S(t) < K$
價平	$S(t) = K$	$S(t) = K$
價外	$S(t) < K$	$S(t) > K$

雖說如此，我們還是比較有興趣檢視未到期的買權或賣權價格曲線。圖 1-10 繪製出歐式買權之未到期買方價格曲線 $c(t)$，從圖內可看出 $c(t)$ 大致以到期價格曲線 $c(T)$ 爲漸近線[10]。於圖 1-10 內，我們可看出 $c(t)$ 值可以分成內含價值與時間價值二種，其中前者是比較 $S(t)$ 與 K 之間的關係而後者則爲未到期所帶來的時間價值。選擇權的內含價值可以分成價內（in the money）、價平（at the money）以及價外（out of the money）三種情況，可以參考表 1-1；因此，就買權而言，選擇權的內含價值可以透過圖 1-10 得知。至於選擇權的時間價值，則反映在圖 1-10 內的 $c(t)$ 與 $c(T)$ 之間的差距上。例如：當 $S(t) = K$，可知買權的內含價值是屬於價平，不過從圖 1-10 內可看出 $c(t)$ 與 $c(T)$ 之間的差距值最大，顯示出此時選擇權的時間價值反而最高，隱含著「反敗爲勝」的機率最大；同理，若處於深（deep）價內或深價

[10] $c(t)$ 曲線是根據 BSM 模型所繪製而成，BSM 模型將於第 2 章介紹。

外區域，此時選擇權的時間價值反而接近於 0。

貨幣市場

既然選擇權的價值有含時間價值，故有必要檢視利率此一因素。最簡單或是最基本的是貨幣市場（money market）的利率。貨幣市場是短期資金交易的市場，由於有較低的違約風險，故其對應的資產與利率幾乎可稱爲無風險性資產（risk-free asset）與無風險利率（risk-free interest rate）。於 t 期，一種無風險性資產的價值可寫成：

$$B(t) = B(t_1)e^{\int_{t_1}^{t} r(s)ds}, t_1 \le t \le t_2 \qquad (1\text{-}10)$$

換言之，於 $[t_1, t_2]$ 區間內假定存在一種瞬時利率（instantaneous interest rate）$r(t)$，使得 $B(t_2)$ 與 $B(t_1)$ 之間差距爲正數值[11]，即 $B(t_2) > B(t_1)$。

我們來看貨幣市場如何運作。假定一位投資人於 $t = 0$ 期買進到期爲 $T > 0$ 的一種無風險資產，而賣方答應於 $t = T$ 期買回原先的資產；是故，期初賣方取得 $B(0)$ 資金，而於期末則付出 $B(T)$ 資金，理所當然，$B(T) > B(0)$。因此，投資人買或賣無風險資產相當於貸款給賣方或向賣方借款。

雖說有多種方式可以定義無風險資產的利率，不過本書只使用一種型態的利率，即假定 $r(t)$ 固定不變，（1-10）式可改寫成：

$$B(t) = B(t_1)e^{-r(t-t_1)}, t_1 \le t \le t_2 \qquad (1\text{-}11)$$

即若 $t_1 = 0$，則根據（1-11）式可得：

$$B(0) = B(t)e^{-rt} \qquad (1\text{-}12)$$

其中 $B(0)$ 爲 $B(t)$ 之現值[12]。

了解利率所扮演的角色後，接下來我們可以檢視歐式選擇權的買權與賣權平價理論（call-put parity）。

---

[11] 此隱含著利率爲正數值，即本書不考慮負利率的情況。

[12] 當然，（1-12）式亦可寫成 $B(0) = B(t)/(1+r_1)^t$。於（1-12）式內，我們以 e^{-rt} 取代 $(1+r_1)^{-t}$。

買權與賣權平價理論

歐式買權與賣權之間的關係可寫成：

$$c_0 = p_0 - Ke^{-rT} + S_0 e^{-qT} \qquad (1\text{-}13)$$

其中 q 表示股利支付率⑬。從（1-13）式內可看出 c_0 有另外一種表示方式；或者說，買進一口賣權、放空（即借入）Ke^{-rT} 資金以及買進現貨 S_0e^{-qT}，竟可複製出 c_0。（1-13）式的證明或說明可以參考圖 1-11，於該圖的右圖內，虛線分別表示（1-13）式內等號右側的各項，而各項的加總就是 c_0，其中 c_0 與左圖的 c_0 完全相同。讀者可以參考所附的 Python 指令。

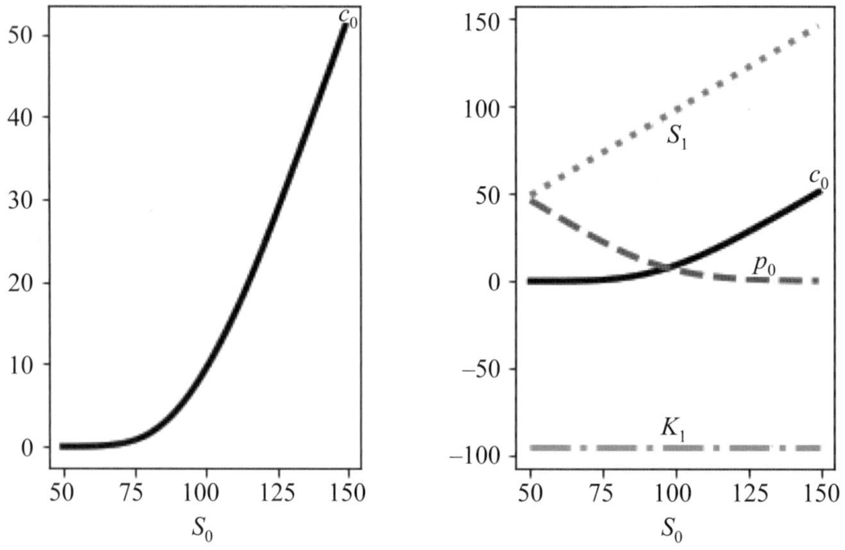

圖 1-11　複製歐式買權，其中 $K_1 = Ke^{-rT}$ 與 $S_1 = S_0e^{-qT}$

上述歐式買權與賣權平價關係是讓人印象深刻的，因爲一種金融商品竟可以利用其他金融商品複製；換言之，一種金融商品與其複製品的價值應該相等，否則會引起套利，不過上述複製品的實現與套利的過程必須假定存在完全的資本市場（perfect capital market）。

⑬ 有關於股利所扮演的角色，可參考《衍商》。

完全資本市場

亦稱為無摩擦資本市場（frictionless capital market），其有下列的假定：

(1) 不存在買一賣價差。
(2) 不存在交易成本而且交易可以立即產生。
(3) 投資人可以交易任何股數。
(4) 不缺乏流動性，即投資人可以從貨幣市場借入不受限制的資金。

幾乎所有的選擇權定價理論皆假定完全資本市場的存在；或者說，即使於簡單的市場環境內選擇權定價理論依舊存在。因此，選擇權定價理論可以提供一種實際市場的估計值。

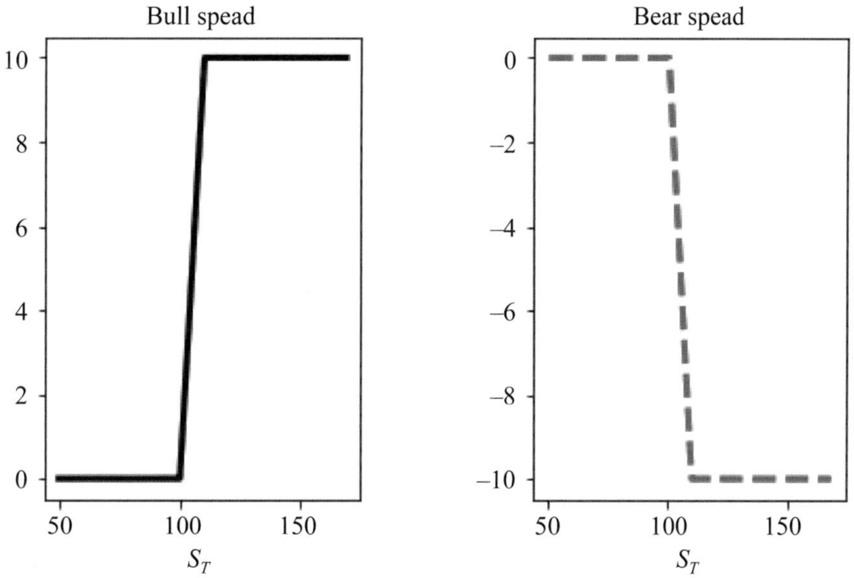

圖 1-12　多頭價差與空頭價差策略之到期收益曲線

例 1　多頭價差與空頭價差策略

圖 1-9 的繪製是可以擴充的，或者說許多選擇權交易策略結果是可以利用類似於圖 1-9 的繪製方式。舉一個例子說明。分別考慮一種買權多頭價差（bull spread）與空頭價差（bear spread）策略，前者是同時買進一口低履約價與賣出一口高履約價的買權，而後者則是同時買進一口高履約價與賣出一口低履約價的買權

（上述合約的到期日皆相同），我們可以分別繪製出上述二種策略的到期收益曲線，其結果則繪製如圖 1-12 所示。讀者可以嘗試解釋上述二種交易策略，同時參考所附的 Python 指令得知如何繪製。

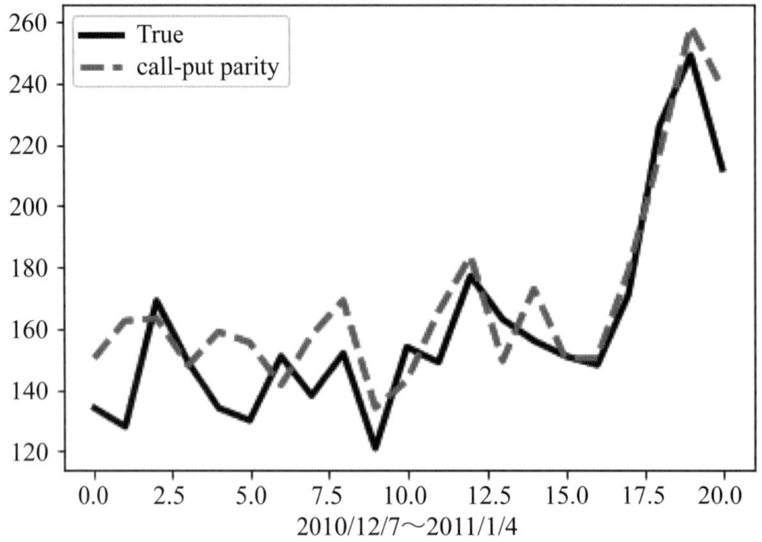

圖 1-13　實際買權結算價與計算的買權價格

例 2　買權與賣權平價理論？

雖說需要有上述完全資本市場的假定，我們還是來檢視看看上述買權與賣權平價理論是否成立？考慮 TXO201101 之 C8800 與 P8800 的部分歷史資料（見本章附錄表 1-2），根據（1-13）式，我們檢視利用上述資料是否可以複製出買權價格（結算價）？圖 1-13 繪製出該結果，其中實線表示實際的買權價格，而虛線則表示根據買權與賣權平價理論所計算的複製買權價格。從圖 1-13 內可看出複製的買權價格頗接近於實際的買權價格；也就是說，雖然完全資本市場假定未必與實際的市場一致，不過複製的買權價格倒是提供實際的買權價格一個可供參考的指標。

習題

(1) 何謂買權與賣權平價理論？試解釋之。

(2) 試敘述如何複製出標的資產價格。

(3) 一位投資人若採取勒式（strangle）交易策略，試繪製出對應的到期收益曲線。
　提示：可以參考圖 1-b。

(4) 何謂完全資本市場？為何完全資本市場假定未必與實際的市場一致？

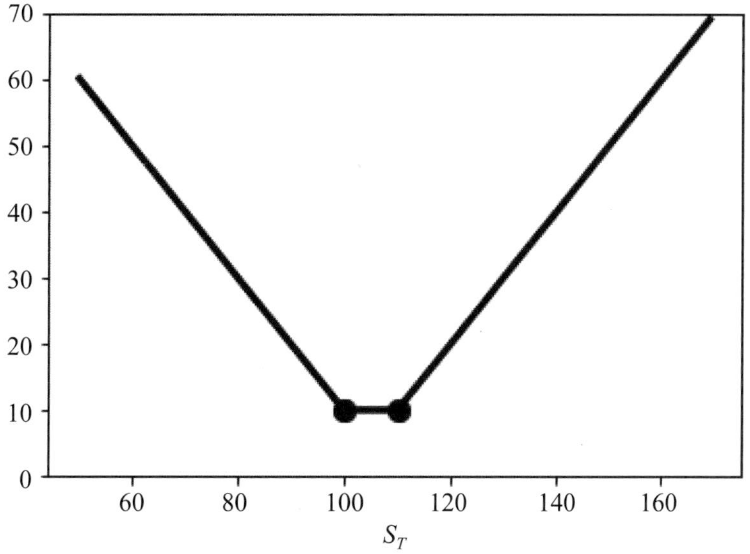

圖 1-b

1.3.2 二項式選擇權定價模型

現在，我們利用二項式選擇權定價模型內的 JR 模型來計算歐式選擇權的價格。想像一個單 1 期的情況。令 $S_0 = 100$、$\mu = 0.03$、$\sigma = 0.22$、$N = 1$ 以及 $T = 1$。因此，根據 1.2 節的 JR 模型可知 $\Delta t = 1$ 而且：

$$U = e^{\mu\Delta t + \sigma\sqrt{\Delta t}} = 1.284 \text{ 與 } D = e^{\mu\Delta t - \sigma\sqrt{\Delta t}} = 0.827$$

而其對應的樹狀圖則繪製於圖 1-14；是故，於 $t = T = 1$ 期，可得出：

$$S_1^U = S_0 U = 128.4 \text{ 與 } S_1^D = S_0 D = 82.7$$

二種結果。我們不難將圖 1-14 擴充至多期的情況，例如圖 1-15 繪製出 3 期的二項式樹狀圖。

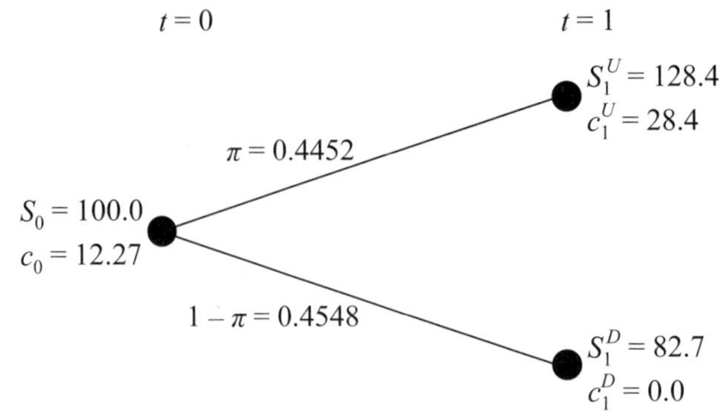

圖 1-14　單 1 期買權的定價

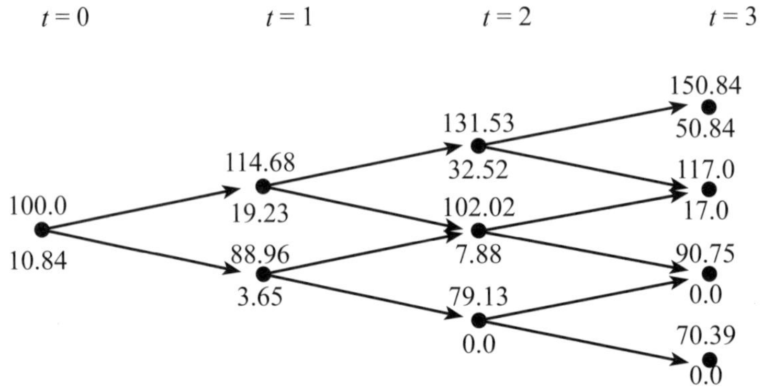

圖 1-15　3 期買權的定價

圖 1-14 或 1-15 的樹狀圖是「由左至右，往後延伸」，不過爲了能計算出選擇權的價格，我們卻需要「由右至左，向前還原」的逆推法。考慮一種虛構的機率值 π，其中：

$$\pi = \frac{e^{r\Delta t} - D}{U - D} \tag{1-14}$$

其中 r 表示固定的無風險利率。根據《衍商》，π 並不是一種眞正的機率而是一種稱爲「風險中立（risk neutral）」或稱爲「等値平賭（equivalent martingle」的機率[14]。π 的特色是：若採取前述之逆推法，可將二項式樹狀圖「還原」。以圖 1-14 爲例以及令 $r = 0.03$，透過下列的逆推法可將 S_1「還原」至 S_0，即：

[14] 根據（1-14）式，U 與 D 的選擇需符合 $D < e^{r\Delta t} < U$ 的條件。

$$S_0 = e^{-r\Delta t}\left(\pi S_1^U + (1-\pi)S_1^D\right) \tag{1-15}$$

根據（1-15）式，讀者可以驗證上述之逆推法。

考慮一個 $K = 100$ 與到期爲 $t = T = 1$ 的買權合約，根據（1-9）式與圖 1-14，可得到期的買權收益分別爲：

$$c_1^U = \max\left(S_1^U - K, 0\right) = 28.4 \text{ 與 } c_1^D = \max\left(S_1^D - K, 0\right) = 0$$

透過上述之逆推法如（1-15）式，可得：

$$c_0 = e^{-r\Delta t}\left(\pi c_1^U + (1-\pi)c_1^D\right) \tag{1-16}$$

即可得上述買權合約的價格約爲 12.27。讀者亦可嘗試看看。同理，於圖 1-15 內，不是有許多類似於圖 1-14 的單一期情況嗎？例如：想像現在正處於 S_0UD 的位置，則對應的買權價格爲何？從圖 1-15 內可知約爲 7.88。因此，我們可以利用二項式定價方法計算出選擇權的價格。

當然，我們可以繼續擴充圖 1-14 或 1-15 內的 N 值；另一方面，根據（1-9）式亦可以二項式定價方法計算出相同假定下的歐式賣權價格。換言之，利用上述 JR 模型的計算過程，圖 1-16 繪製出不同 N 值下的買權（上）與賣權（下）價格，其中虛線表示對應的 BSM 模型的買權與賣權價格。換言之，從圖 1-16 內可看出隨著 N 值的提高，上述用二項式定價方法計算出的買權與賣權價格竟然出現收斂至 BSM 模型價格的情況；也就是說，圖 1-16 顯示出我們不僅可以使用 BSM 模型同時亦可用二項式定價方法來計算買權與賣權價格。使用二項式定價方法來計算有一個優點，就是透過二項式樹狀圖竟可看到 c_t 或 p_t 的變化；另一方面，圖 1-16 亦顯示出 N 值其實不用太大。

爲何（1-15）或（1-16）式內的 π 值具有如此的神奇功能，竟然可以用於逆推法而反推出買權或賣權價格，敏感的讀者也許有注意到於上述的例子內，我們是使用 r 而非使用 μ 值計算每期的現值。或者說，π 值具有特殊的功能竟然與複製的買權或賣權的資產組合有關。以複製買權的資產組合爲例，我們再回到圖 1-14 的情況，此時複製買權的資產組合可寫成：

$$V_0 = m_0 S_0 + B_0 \tag{1-17}$$

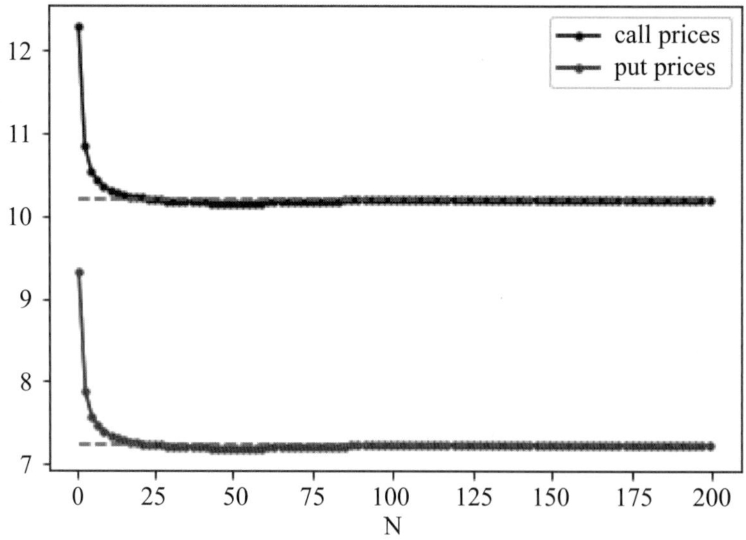

圖 1-16　JR 模型之二項式選擇權定價

其中 B_0 表示 $t=0$ 期無風險資產數量；換言之，上述資產組合是由標的資產與無風險資產所構成，其中 m_0 表示標的資產的數量而 V_0 則表示 $t=0$ 期資產組合價值。

我們稱 V_0 能複製買權，其關鍵就在於 m_0 與 B_0 的選擇，即就圖 1-14 而言，於 $t=1$ 期，V_0 亦有二種可能，即 $V_1^U = m_0 S_1^U + B_0$ 與 $V_1^D = m_0 S_1^D + B_0$；另一方面，若調整 m_0 與 B_0 使得 $V_1 = c_1$，則 V_0 不就是 c_0 嗎？換言之，$V_1 = c_1$ 可寫成：

$$\begin{cases} m_0 S_1^U + B_0 e^{r\Delta t} = c_1^U \\ m_0 S_1^D + B_0 e^{r\Delta t} = c_1^D \end{cases} \tag{1-18}$$

可以注意的是，隨著時間經過，B_0 已轉爲 $B_0 e^{r\Delta t}$（即可得無風險報酬）。解（1-18）式，可得：

$$m_0 = \frac{c_1^U - c_1^D}{S_1^U - S_1^D} \text{ 與 } B_0 = \frac{S_1^U c_1^D - S_1^D c_1^U}{e^{r\Delta t}\left(S_1^U - S_1^D\right)} \tag{1-19}$$

因此透過（1-19）式可知，利用 c_1 與 S_1 的資訊可得出 m_0 與 B_0，從而可決定出 V_0 值。換言之，令：

$$c_0 = V_0 = m_0 S_0 + B_0 = e^{-r\Delta t} E^{\pi}\left(c_1\right) = e^{-r\Delta t}\left[\pi c_1^U + (1-\pi) c_1^D\right] \tag{1-20}$$

因 m_0 與 B_0 爲已知值，故透過（1-20）式反而可以推出 π 值，即（1-14）式[15]。

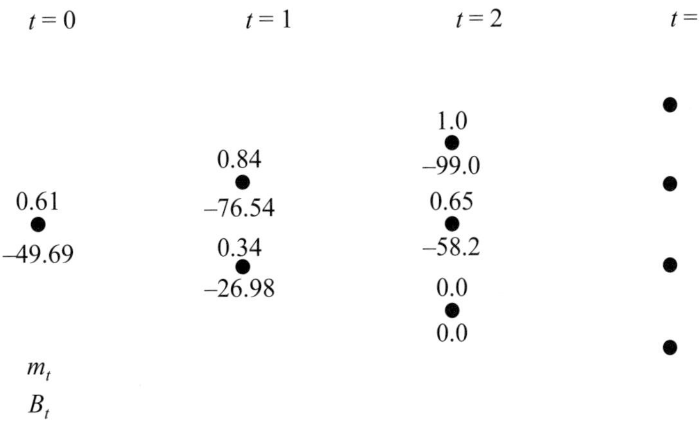

圖 1-17　圖 1-15 所對應的 m_t 與 B_t

因此，透過（1-19）式，於圖 1-14 內可知 m_0 與 B_0 值分別約爲 0.6214 與 –49.8693，隱含著借入 –49.8693 的資金以及買進 0.6214 股的標的資產所形成的資產組合價值約爲 12.27，此恰爲 c_0 的價格。如前所述，多期的情況如圖 1-15 可視爲多種單一期的組合；是故，按照（1-19）式，圖 1-15 所對應的 m_t 與 B_t 值樹狀圖可以繪製如圖 1-17 所示。換言之，圖 1-17 呈現出一種動態的自我融通（dynamic self-financing）調整過程[16]。

上述二項式定價方法顯示出一些重要的性質，可以分述如下：

無法套利的準則

二種資產組合的價值若於 T 期相等，則於 t 期上述二種資產組合的價值亦會相等，其中 $t < T$。

上述準則的證明爲：I 與 J 分別表示二個資產組合，其中 $V(I, T) = V(J, T)$ 表示於 T 期 I 與 J 的價值相等。若於 t 期（$t < T$），$V(I, T) < V(J, T)$，則投資人可以執行一個買 I 賣 J 的投資策略並將差額 $D(t) = V(J, T) - V(I, T)$ 投資於無風險資產上，其中後者有 r 的報酬率。是故，於 t 期該投資人新的投資組合價值爲：

$$D(t) + V(I,t) - V(J,t) = 0$$

---

[15] 即（1-14）式的證明可參考《衍商》。

[16] 根據圖 1-17，讀者可以解釋如何由 c_0 調整至 c_1^U，其餘可類推。

顯然該投資人於 t 期並不需要有額外的資本支出。但是，於 T 期該投資人卻有 $D(t)e^{r(T-t)}+V(I,T)-V(J,T)=D(t)e^{r(T-t)}$的收益，隱含著「天下有白吃的午餐」，當然不合理，故 $V(I,t)=V(J,t)$。

平賭過程

我們說一種隨機過程 $\{S_t, t\in[0,\infty]\}$ 屬於一種平賭過程（martingale process），指的是存在一群訊息結構 I_t[17] 以及機率 p 下，具有下列性質：

(1) 於 I_t 的前提下，S_t 爲一個已知的結果。
(2) S_t 的非條件預期值（unconditional forecasts）爲有限值，即 $E(S_t)<\infty$。
(3) 就所有的 t 而言（$t<T$），$E_t(S_T)=S_t$，其中 $E_t(\cdot)=E(\cdot\,|\,I_t)$ 表示條件預期。

因此，若 S_t 屬於一種平賭過程，隱含著未來的 S_T 是不可預測的；或者說，S_T 的最佳預期值竟然是 S_t。

計價

計價（numéraire）是指一種爲正數值的價格過程 S_t^0。

典型的計價例子爲 $S_t^0=e^{rt}$，即貼現的計價單位爲 S_t^0；因此，V_t 的現值可寫成 $\hat{V}_t=\dfrac{V_t}{S_t^0}$。令 $B(t,T)=\dfrac{S_t^0}{S_T^0}$ 表示貼現因子（discount factor）。若計價單位爲 $S_t^0=e^{rt}$，隱含著 $S_T^0=e^{rT}$，故貼現因子爲 $B(t,T)=\dfrac{S_t^0}{S_T^0}=e^{-r(T-t)}$。

等値平賭測度

若下列二條件成立，則稱一種機率衡量 π 爲等値平賭測度（equivalent martingle measure），即：

(1) π 與 p「相同」，其中 p 爲眞實機率衡量。
(2) 於 π 之下，貼現價格過程 $\hat{S}_t=e^{-rt}S_t$ 是一個平賭過程，隱含著 $E^{\pi}\left(\hat{S}_T^{i}\,|\,I_t\right)=S_t^i$。

上述條件 (1) 是指 π 與 p 皆定義於相同的事件空間，隱含著事件不可能或可能出現

[17] 一群訊息結構可寫成例如 $\cdots I_s\subset I_t\subset I_T$（$s<t<T$），理所當然，$I_T$ 所擁有的資訊最大，可以參考《時選》或本書後面章節。

於 π 之下，就不可能或可能出現於 p 之下，反之亦然。而條件 (2) 就是指 π 是一種風險中立衡量。我們嘗試說明條件 (2)。

令 S^i 表示是一種交易的資產，而其市價爲 S_t^i。我們可以執行二種自我融通交易策略。其一是融資買進且保有至 T 期，故至 T 期成本爲 $e^{r(T-t)}S_t^i - S_T^i$。另一則爲放空 S_t^i 後儲存至 T 期，故至 T 期成本爲 $-e^{r(T-t)}S_t^i + S_T^i$。不過因存在無套利價格或單一價法則（law of one price），故上述成本應等於 0，故若存在 π 使得於 t 期下可得：

$$E^{\pi}\left(S_T^i \mid I_t\right) = E^{\pi}\left(e^{r(T-t)}S_t^i \mid I_t\right) = e^{r(T-t)}S_t^i$$

$$\Rightarrow E^{\pi}\left(\frac{S_T^i}{S_T^0} \mid I_t\right) = \frac{S_t^i}{S_t^0} \Rightarrow E^{\pi}\left(\hat{S}_T^{\hat{i}} \mid I_t\right) = S_t^i \qquad (1\text{-}21)$$

則稱 π 爲風險中立衡量。顯然，π 並不是一種眞實的機率，其只過是一種與無套利價格對應的機率衡量。

（1-21）式可再進一步寫成：

$$S_t^i = e^{-r(T-t)}E^{\pi}\left(S_T^i \mid I_t\right) \qquad (1\text{-}22)$$

即（1-22）式可稱爲風險中立定價。

資產定價的基本定理 1

若資產價格 $(S_t)_{t\in[0,T]}$ 屬於無套利價格，則存在一種 $\pi \sim p$，使得貼現價格 $\left(\hat{S}_t\right)_{t\in[0,T]}$ 是一種平賭過程（就 π 而言），反之亦然。

資產定價的基本定理 2

續資產定價的基本定理 1，若該市場是完全的（complete），則 π 是唯一的。

上述說明了若市場是完全的，我們可以透過「等值平賭測度」找到唯一的 π 並且透過後者可以計算出選擇權的價格，我們從二項式定價方法可以看出上述方法之可行性。可惜的是，市場並非屬於完全⑱，即若市場屬於不完全，隱含著 π 並非唯一；或者說，其實從圖 1-17 我們亦可看出欲操作完全的動態自我融通調整過程，實際上有其困難度，故計算出的「買權或賣權」價格的確僅提供參考。

⑱ 於後面的章節內亦可看出標的資產價格若有出現「跳動」的情況，則對應的市場屬於不完全市場。

例 1 JR 與 CRR 模型

嚴格來講，上述如圖 1-16 的繪製並非屬於「眞實的」JR 模型，因其仍需要使用 μ 參數；還好，於《衍商》內，JR 與 CRR 模型內的 μ 值分別可用 $r - 0.5\sigma^2$ 與 0 取代，讀者可以嘗試以上述參數值取代圖 1-16 的 μ 值，重新繪製圖 1-16。

例 2 美式選擇權定價

現在，我們利用二項式定價方法來計算美式買權價格。我們仍使用 JR 模型以及沿用例 1 內的假定。令 $N = 3$ 與 $T = 1$，圖 1-18 繪製出二項式樹狀圖，其中黑點的下方表示標的資產價格 S_t，而黑點的上方則表示買權的內含價值 IV_t（可記得履約價 $K = 100$）。因美式買權於任一時點可以要求立即履約，而若立即履約，其價值爲買權的內含價值（$S_t - K$）；因此，美式買權的定價其實頗爲簡易，即於每時點比較「逆推法」所計算出的買權價格與買權內含價值的大小，而挑選其中最大的價值，接下來再使用逆推法計算下一個時點的價值。按照上述的想法，圖 1-19 分別繪製出使用 JR 模型的歐式買權（上）與美式買權（下）的二項式價格，從圖內可看出美式買權價格等於對應的歐式買權價格。

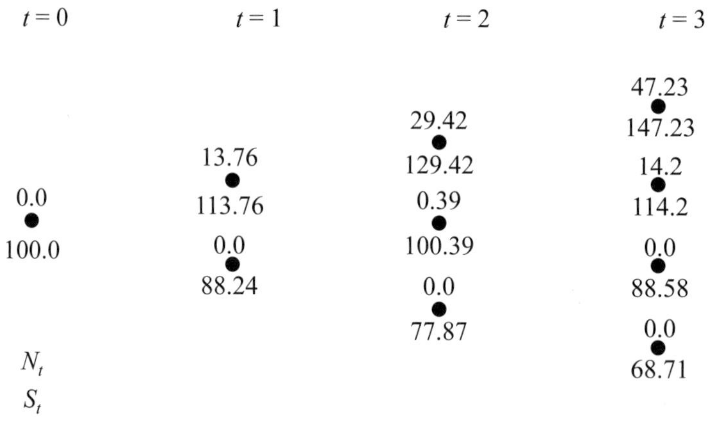

圖 1-18 買權的內含價值

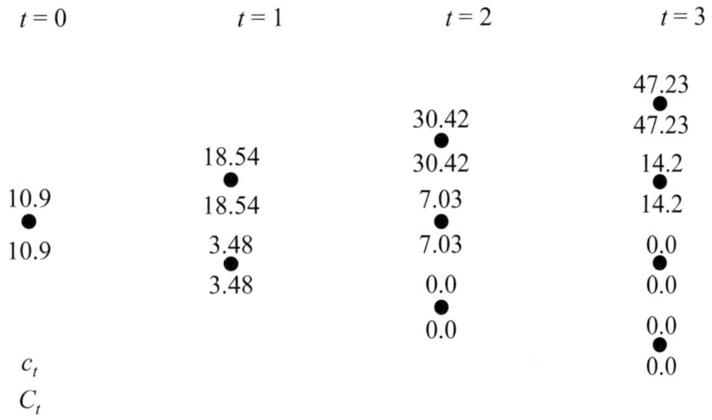

圖 1-19　美式買權價格的二元樹狀圖

習題

(1) 完全資本市場與完全市場有何不同？試解釋之。

(2) 爲何完全的動態自我融通調整過程不易實現？

(3) 何謂平賭過程？c_t 是否屬於平賭過程？

(4) 試寫出二項式美式賣權定價函數指令。

(5) 續上題，試繪製出類似於圖 1-16 的圖形。

附錄

表 1-2　TXO201101 之 C8800 與 P8800 的部分歷史資料（資料來源：TEJ）

日期	買權結算價	標的證券價格	剩餘期間（日）	一年定存利率	賣權結算價
2010/12/7	134	8704.39	44	1.13	234
2010/12/8	128	8703.79	43	1.13	247
2010/12/9	169	8753.84	42	1.13	198
2010/12/10	149	8718.83	41	1.13	218
2010/12/13	134	8736.59	38	1.13	212
2010/12/14	130	8740.43	37	1.13	205
2010/12/15	151	8756.71	36	1.13	175
2010/12/16	138	8782.2	35	1.13	166
2010/12/17	152	8817.9	34	1.13	142

日期	買權結算價	標的證券價格	剩餘期間（日）	一年定存利率	賣權結算價
2010/12/20	121	8768.72	31	1.13	157
2010/12/21	154	8827.79	30	1.13	107
2010/12/22	149	8860.49	29	1.13	97
2010/12/23	177	8898.87	28	1.13	77
2010/12/24	163	8861.1	27	1.13	81
2010/12/27	156	8892.31	24	1.13	74
2010/12/28	151	8870.76	23	1.13	73
2010/12/29	148	8866.35	22	1.13	78
2010/12/30	171	8907.91	21	1.13	65
2010/12/31	226	8972.5	20	1.13	39
2011/1/3	249	9025.3	17	1.13	28.5
2011/1/4	212	8997.19	16	1.13	37

Chapter 2

BSM模型

第 1 章我們曾介紹或利用二項式選擇權定價模型計算歐式與美式選擇權價格。於本章，我們將介紹 BSM 模型。於歐式選擇權的定價模型內，BSM 模型可以說是最基本或奉爲圭臬的選擇權定價模型，不過若仔細思考或驗證該模型，自然會發現該模型背後的假定與實際市場的情況並不一致。例如：BSM 模型假定資產的波動率爲一個固定的數值、資產報酬率屬於常態分配或資產價格具有連續的時間路徑（即不會出現跳動的情況）等，不過若檢視實際市場情況卻非如此。換言之，BSM 模型存在不少缺點（或限制），我們當然需要檢視 BSM 模型以及後續的模型。因此，本書將只專注於歐式選擇權定價模型的介紹，至於有關於美式選擇權的定價模型，未來將另闢專書介紹或可參考《衍商》。

於上述 BSM 模型的缺點內，也許最爲人詬病的就是該模型竟假定標的資產的波動率於選擇權的有效合約範圍內爲一個固定數值或並非是一個隨機變數。此種假定自然與 Engle（1982）與 Bollerslev（1986）所提出的 GARCH 模型或 Taylor（1986）的隨機波動（stochastic volatility, SV）模型不一致。事實上，上述 GARCH 模型與 SV 模型亦可合稱爲「隨機波動模型（stochastic volatility model, SVM）。或者說，於文獻上亦有人稱SVM爲於隨機波動下的選擇權定價模型①。因此，本書相當於欲檢視 SVM。既然本書以 SVM 爲主題，自然無法避免地會介紹時間序列分析內的隨機波動模型，即上述 GARCH 模型②，故本書亦可視爲《財統》與《財時》二書的延續。

---

① 例如可以參考 Heston（1993）或 Heston 與 Nandi（2000）等文獻。

② 筆者未來會介紹 SV 模型。

於本章與下一章，我們將分別介紹 Black 與 Scholes（BS, 1973）以及 Merton（1973, 1976）的選擇權定價模型，後者亦可稱爲 Merton 的跳動－擴散（jump-diffusion, JD）模型，故簡稱爲 MJD 模型。直覺而言，考慮 MJD 模型不僅解決了資產價格時間路徑有可能出現跳動的情況，同時亦說明了資產報酬率有可能並不屬於常態分配的困惱。雖說 BS 模型與 MJD 模型提供了二種基本的資產價格動態的設定方式，不過於後面的章節內，我們倒是可以見識到更一般化的資產價格模型，其中 BS 模型與 MJD 模型只是上述一般化模型的一個特例。

2.1 幾何布朗運動

BS 與 MJD 模型最大的不同在於二者對資產價格的假定不同。顧名思義，MJD 模型假定資產價格屬於一種「連續且跳動」過程③，而 BS 模型則假定資產價格屬於一種連續過程。現在，我們分別欲以統計方法檢視 BS 與 MJD 模型，當然是希望能分別取得二模型內參數的估計值以及其顯著性。於本節，我們先檢視 BS 模型的假定，至於 MJD 模型則於第 3 章說明。

2.1.1 GBM 的意義與模擬

我們已經知道 BS 假定標的資產價格屬於幾何布朗運動（geometric Brownian motion, GBM）。底下，我們簡單介紹 GBM 以及其參數估計方法。令 $\{S_t = S(t), t \geq 0\}$ 表示於時間 t 資產價格是一種隨機過程。若 S_t 屬於 GBM，則其須符合下列的隨機微分方程式，即於期初值 S_0 已知下，可得：

$$dS_t = \mu S_t dt + \sigma S_t dW_t \tag{2-1}$$

其中 μ 與 σ 爲大於 0 的固定數值，而 W_t 則表示布朗運動（Brownian motion）④。（2-1）式可再寫成：

③ 於文獻上資產價格屬於連續且跳動過程可以稱爲 Lévy 過程。有關於 Lévy 過程可參考本書的第 6 章。

④ 一個隨機過程 W 可以稱爲（標準）布朗運動或維納過程（Wiener process）是指一個從 0 出發的連續高斯過程（Gaussian process），其中該過程的預期值（即平均數）與共變異函數分別爲 0 與 $Cov[W(s), W(t)] = \min(s,t), s,t \geq 0$；換言之，令 $0 = t_0 \leq t_1 \leq \cdots \leq t_n$，則不同增量 $W(t_i) - W(t_{i-1})$ 之間相互獨立，而 $W(t_i) - W(t_{i-1})$ 爲平均數與變異數分別爲 0 與 $t_i - t_{i-1}$ 的常態分配，其中 $i \in \{1, \cdots, n\}$。可以參考例 1。

$$\frac{dS_t}{S_t} = \mu dt + \sigma dW_t \quad (2\text{-}2)$$

（2-1）或（2-2）式具有下列的內涵：

(1) 從（2-2）式內可看出，因 dS_t/S_t 可用對數報酬率（或對數成長率）表示，即：

$$\begin{aligned} x_i = x_i(h) &= \{S(ih) - S[(i-1)h]\} / S[(i-1)h] \\ &\approx \log S(ih) - \log S[(i-1)h] \end{aligned} \quad (2\text{-}3)$$

因此，μ 與 σ 值其實是來自於 x_i 的估計[⑤]。

(2) 若 μ 爲一個固定數値，則從（2-2）式可看出 S_t 的（微小）變動可以拆成確定與隨機二種成分，其中前者可用 μdt 而後者則用 σdW_t 表示。顯然，若 μ 爲一個固定數値，則上述確定成分是來自於隨時間的自然成長，故其可能與無風險利率有關。通常我們稱 μ 爲漂移率（drift rate）。至於隨機成分（即 σdW_t），（2-2）式則假定外在或出乎意料之外的衝擊是來自於平均數與變異數分別爲 0 與 $\sigma^2 dt$ 的常態分配，其中稱 σ 爲波動率能主導上述衝擊的擴散程度。

(3) 若 μ 與 σ 皆爲大於 0 的固定數値，則於 $dt \to 0$ 的情況下，（2-1）式的隨機微分方程式的解可以寫成：

$$\begin{aligned} S(t) &= S(0)\exp\left[\int_0^t \left(\mu - \frac{1}{2}\sigma^2\right) ds + \sigma \int_0^t dW_s\right] \\ &= S(0)\exp\left[\left(\mu - \frac{1}{2}\sigma^2\right) t + \sigma W_t\right] \end{aligned} \quad (2\text{-}4)$$

其中 $W_t = \int_0^t dW(u)$ 屬於一種隨機積分或稱爲 Itô 積分，可以參考《財數》。

(4) 若 $\sigma = 0$，則（2-1）式變成傳統的微分方程式，即於 $dt \to 0$ 的情況下，（2-1）式的解可以寫成爲：

$$\begin{aligned} \frac{dS_t}{dt} = \mu S_t \Rightarrow \frac{d\log S_t}{dt} = \mu \Rightarrow \log S_t - \log S_0 = \int_0^t \mu ds = \mu t \\ \Rightarrow S_t = S_0 \exp(\mu t) \end{aligned}$$

---

⑤ 通常 $h = 1/252$，即假定一年有 252 個交易日。

即其可稱爲 S_t 的「確定解」。若 S_t 的「確定解」與「隨機解」如（2-4）式比較，可知上述二解的差異不僅有隨機項如 σdW_t，同時亦存在一個「補償因子」項如 $\sigma^2/2$。上述差異可透過 Itô lemma 的使用得知（《財數》）。

(5) 乍看之下，似乎資產價格 S_t 屬於 GBM 有點抽象，不過從（2-4）式可知其只不過是說明 S_t 是布朗運動的指數型函數，而每時點 t 的常態分配隨機變數則以布朗運動表示。因此，可以知道 $\log S_t$ 屬於常態分配，而 S_t 則屬於對數常態分配[6]；換言之，S_t 屬於 GBM 相當於假定 S_t 屬於對數常態分配，而 $\log S_t$ 則屬於常態分配。

(6) 根據（2-3）式可知對數報酬率的計算方式如 $\log S(ih)-\log S\left[(i-1)h\right]$ 可以用於取代 $\left\{S(ih)-S\left[(i-1)h\right]\right\}/S\left[(i-1)h\right]$ 的計算[7]，而利用前者取代後者的優勢爲前者具有「可加總性」，即令 $h=1/252=\Delta t=t_i-t_{i-1}$，$i=1,2,\cdots,n$，故若欲計算「年」報酬率，則 S_i 爲以「日」計算；因此：

$$\log\left(\frac{S_{i+n-1}}{S_{i-1}}\right)=x_i+\cdots+x_{i+n-1}=\log S_{i+n-1}-\log S_{i-1}$$

但是 $\left\{S(ih)-S\left[(i-1)h\right]\right\}/S\left[(i-1)h\right]$ 的計算卻不具有上述可加總性的性質。

(7) 因此，若 μ 與 σ 皆爲固定數值，則 S_t 屬於 GBM 可得：

$$\begin{aligned} x_i=\log\frac{S(t_i)}{S(t_{i-1})}&=\left(\mu-\frac{1}{2}\sigma^2\right)\Delta t+\sigma\left[W(t_i)-W(t_{i-1})\right] \\ &=\left(\mu-\frac{1}{2}\sigma^2\right)\Delta t+\sigma\sqrt{\Delta t}Z \end{aligned} \qquad (2\text{-}5)$$

其中 Z 爲標準常態隨機變數。是故，若 S_t 假定屬於 GBM，其竟隱含著對數報

---

[6] 何謂對數常態分配？即取過對數後爲常態分配。

[7] 因 $\log S(ih)-\log S\left[(i-1)h\right]=\log\left\{\frac{S(ih)}{S\left[(i-1)h\right]}\right\}$

$$=\log\left\{1+\frac{S(ih)-S\left[(i-1)h\right]}{S\left[(i-1)h\right]}\right\}\approx\frac{S(ih)-S\left[(i-1)h\right]}{S\left[(i-1)h\right]}$$

上式成立的條件爲 $\frac{S(ih)-S\left[(i-1)h\right]}{S\left[(i-1)h\right]}$ 值相當小。

酬率如 x_i 爲平均數與變異數分別爲 $\left(\mu-\frac{1}{2}\sigma^2\right)\Delta t$ 與 $\sigma^2\Delta t$ 常態分配；另一方面，從（2-5）式亦可看出 x_i 項的隨機項是來自於布朗運動的增量，故隱含著 x_i 與 x_j 彼此之間相互獨立，即不同時點的對數報酬率彼此之間相互獨立。

例 1 維納過程

令 $x_1, x_2, \cdots, x_n$ 爲平均數與變異數分別爲 0 與 1 之獨立且相同的（independent and identically, IID）隨機變數。就 n 而言，我們可以定義一種連續的（時間）隨機過程：

$$W_n(t)=\frac{1}{\sqrt{n}}\sum_{1\le k\le[nk]} x_k, t\in[0,1] \tag{2-6}$$

顯然，$W_n(t)$ 是一種隨機階梯型函數。因 x_k 是獨立的，故 $W_n(t)$ 有獨立的增量。若 n 夠大，則根據中央極限定理（CLT）可知[8]，$W_n(t)-W_n(s)$ 會接近於 $N(0, t-s)$；或者說，根據 Donsker's 定理（《財時》），當$n\to\infty$，$W_n(t)$ 會接近於一種維納過程 $W(t)$。

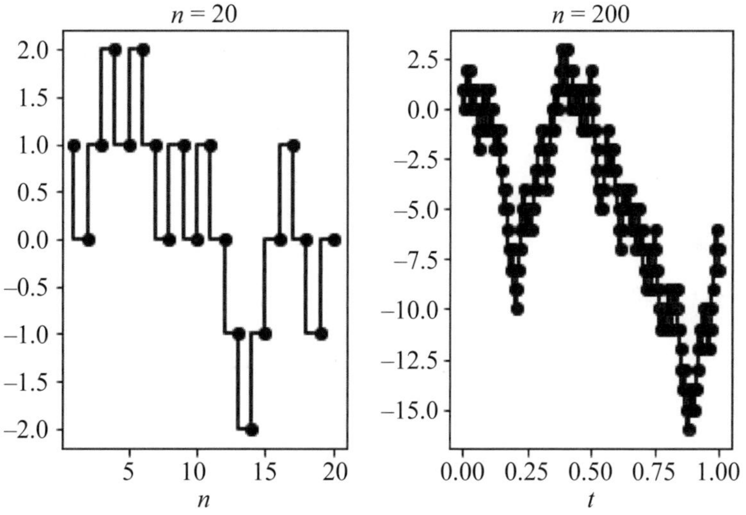

圖 2-1　一種隨機漫步 $W_n(1)$ 的實現值走勢

---

⑧ 根據 CLT，$\bar{x}\sim N(0,1/n)\Rightarrow\sum_{i=1}^{n}x_i/\sqrt{n}\sim N(0,1)$。

（2-6）式的意義並不難了解；也就是說，x_i 的觀察值倒是容易找到。令 x_i 值表示擲一個公正的銅板一次的結果，其中正面與反面分別用 1 與 –1 表示，則 $W_n(t)$ 的走勢不就是一種隨機漫步的實現值走勢嗎？我們可以使用「抽出放回」的方式取代上述銅板的投擲，圖 2-1 繪製出 $n = 20$ 與 $n = 200$ 二種結果。考慮 $n = 20$ 的情況，從圖 2-1 的左圖可看出 $W_n(t)$ 的走勢的確像階梯型；不過，若提高 n 值如 $n = 200$，於右圖內可看出階梯型的走勢已不明顯，可以留意的是，我們已將 n 值改用 t 值表示，其中 $t \in [0,1]$。

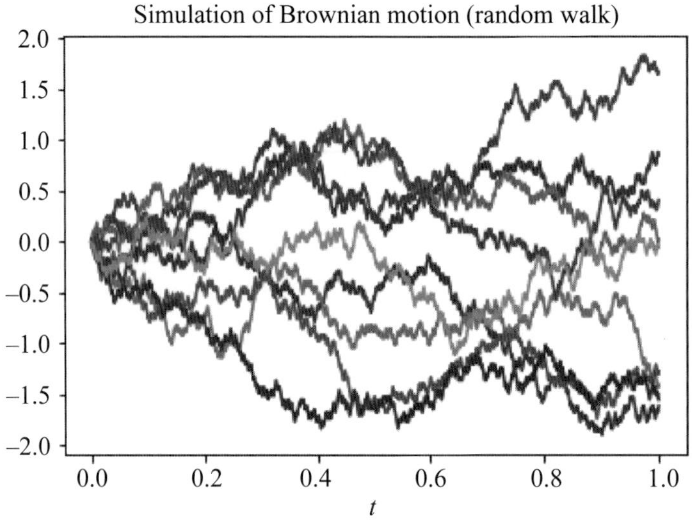

圖 2-2　布朗運動的模擬（擲銅板）

例 2　布朗運動

如前所述，維納過程亦可稱爲布朗運動，我們可以用隨機漫步的方式模擬出其走勢，即：

$$W_t = W_{t-1} + \frac{x}{\sqrt{n}} \tag{2-7}$$

其中 $x = (1, -1)$。令 $W_0 = 0$ 以及每期用「抽出放回」的方式從 x 內抽出一個觀察值，代入（2-7）式內，圖 2-2 繪製出 10 種實現值走勢。從圖 2-2 內可看出布朗運動走勢的特色。

例 3 常態分配

若視（2-7）式內的 x 值爲標準常態分配的觀察值，利用 Python，我們亦容易取得布朗運動的走勢，該結果則繪製如圖 2-3 所示，其中期初值爲 $W_0 = 10$。圖 2-2 與 2-3 的繪製可以參考所附的 Python。值得注意的是，我們有設定一種布朗運動的類別（class）函數群，內有包括上述二圖的函數指令以及 GBM 函數指令。

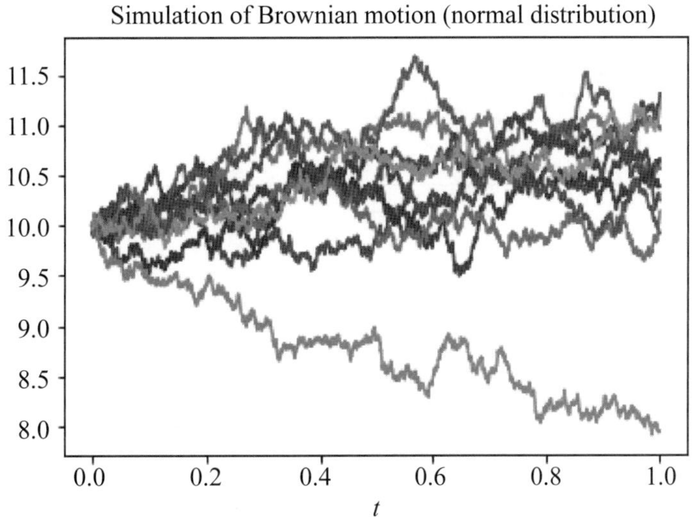

圖 2-3　**布朗運動的模擬（常態分配）**

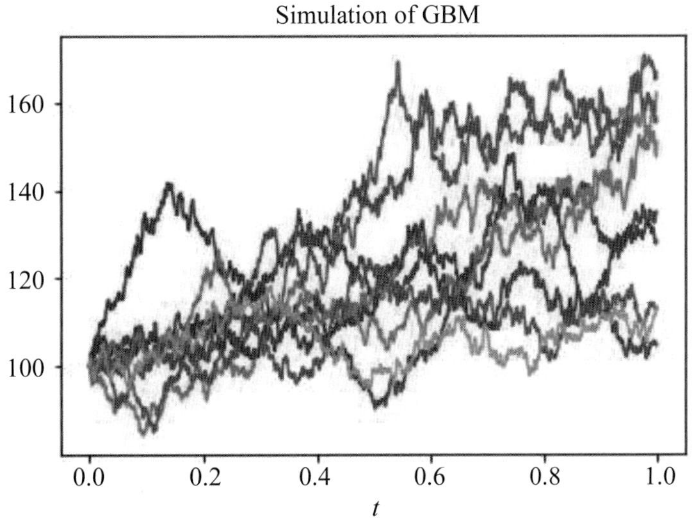

圖 2-4　GBM **的模擬**

例 4 GBM

令 $S_0 = 100$、$\mu = 0.2$、$\sigma = 0.25$、$T = 1$、$n = 1{,}000$ 以及 $\Delta t = T/n$，根據（2-5）式，圖 2-4 繪製出 10 條 GBM 的實現值走勢。若與圖 2-2 比較，圖 2-4 顯示出只要 $S_0 > 0$，則 S_t 不爲負值。

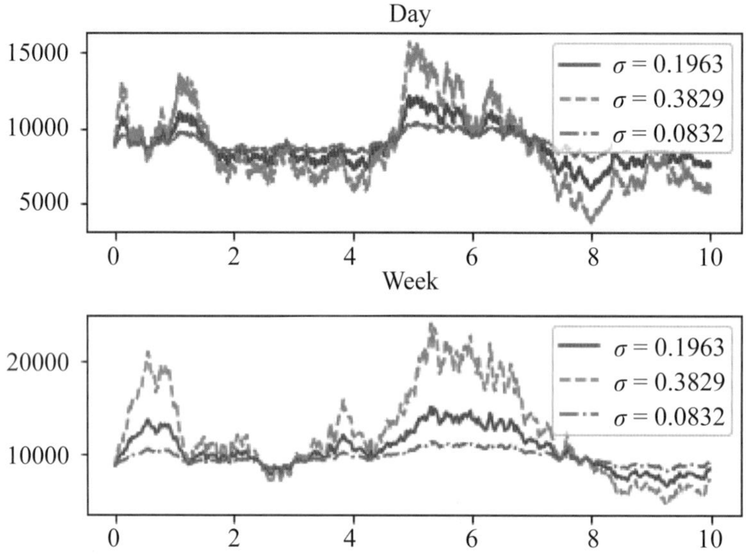

圖 2-5　日與週的 GBM 模擬（利用 TWI 資料）

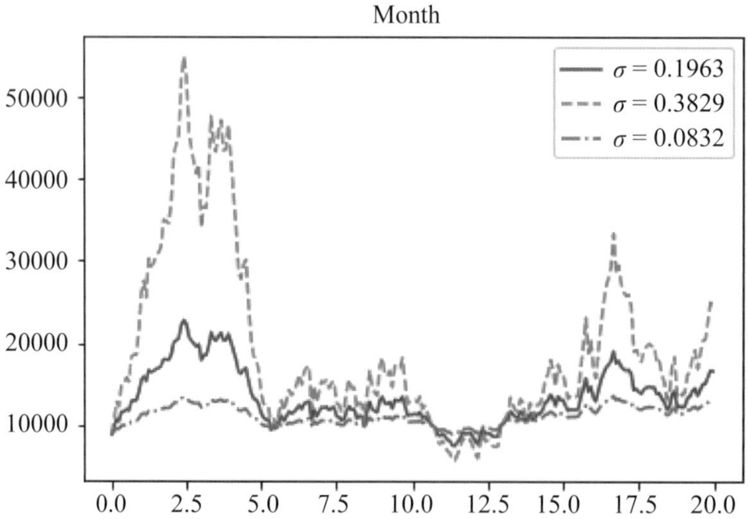

圖 2-6　月的 GBM 模擬（利用 TWI 資料）

例 5 利用 TWI 資料，GBM 的模擬

利用圖 1-1 內的資料，我們嘗試模擬 GBM 的時間走勢，其結果則繪製如圖 2-5 與 2-6 所示。換言之，圖 2-5 與 2-6 的繪製是以 2000/1/4 的收盤價爲期初值，即 S_0 = 8,756.55，其次根據圖 1-2 內下圖的資料（T = 252）可以得出波動率估計值的平均數、最大值與最小值分別約爲 19.63%、38.29% 與 8.32% 當作 σ 的估計值；另一方面，根據 2.1.2 節可知日對數報酬率 μ 的估計值，若按照上述波動率估計值的平均數、最大值與最小值的順序則分別約爲 3.04%、8.44% 與 1.45%，圖 2-5 分別繪製出 10 年下的交易日與交易週以及圖 2-6 繪製出 20 年下的交易月的模擬時間走勢。我們從圖內可看出 σ 的估計值愈大（愈小），對應的 S_t 走勢的波動愈大（愈小）。

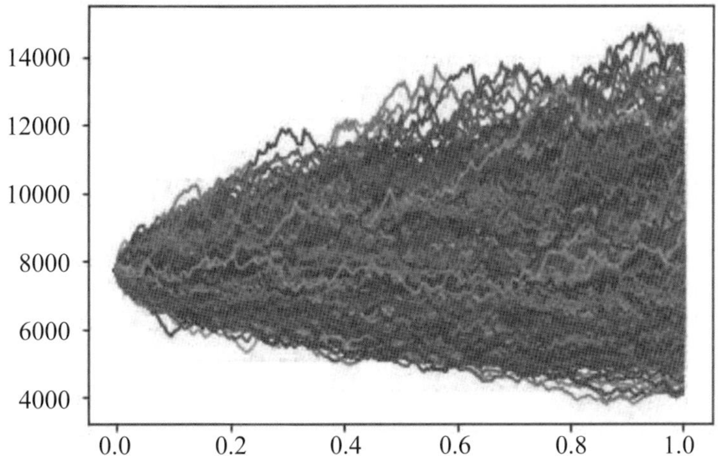

圖 2-a

習題

(1) 何謂 GBM？試解釋之。

(2) 試利用 Python 設計一個布朗運動的函數指令。

(3) 試利用 Python 設計一個 GBM 的函數指令。

(4) 續上題，試分別繪製出不同波動率下的 GBM 實現值走勢。

(5) 以 2012/4/13 的 TWI 日收盤價爲期初值 $S_0 = S(0) = 7{,}728.27$，其次根據圖 1-2 的資料可知該日的波動率估計值約爲 21.76%，並以上述值爲 σ 的估計值；另外，以 2012/4/13 的前 5 年日對數報酬率的平均數（年率化）並進一步取得 μ 的估計值（可以參考 2.1.2 節），其值約爲 2.94%。利用上述資訊以及 1 年有 252 個交易日，試模擬出 1,000 條 1 年 GBM 的日時間走勢。提示：可以參考圖 2-a。

(6) 續上題，於圖 2-a 內，若 $T=1$，則 S_T 屬於何分配？爲什麼？此時該分配的平均數與變異數爲何？

(7) 續上題，於圖 2-a 內，若 $T=1$，則 $\log S_T$ 屬於何分配？爲什麼？此時該分配的平均數與變異數爲何？提示：可以參考圖 2-b。

(8) 續上二題，於 Python 內如何操作？試解釋之。

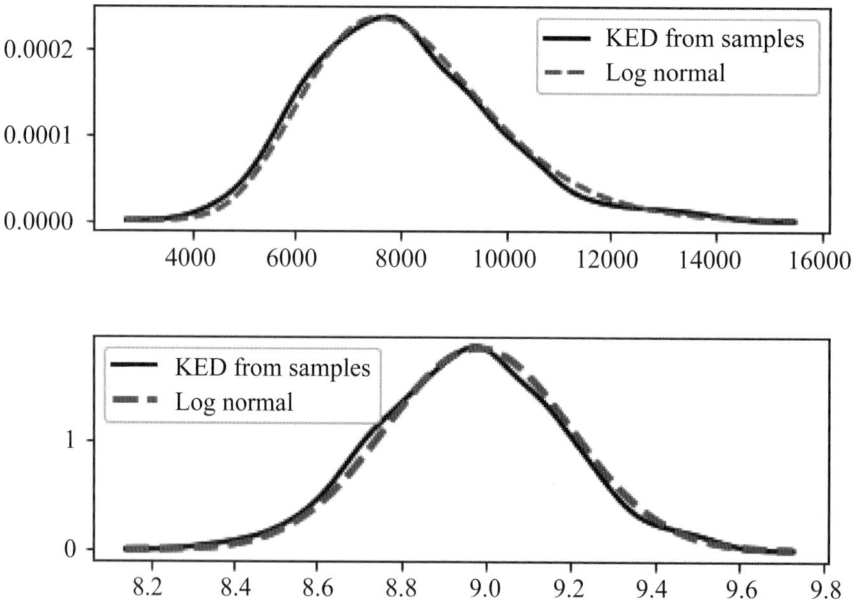

圖 2-b

(9) 何謂波動率？試解釋之。

(10) 試解釋圖 2-1。

2.1.2 GBM 內參數的估計

從 2.1.1 節內我們知道若 S_t 屬於 GBM，則 $x_i = \dfrac{\log S(t_i)}{\log S(t_{i-1})} \sim N\left[\left(\mu - \dfrac{1}{2}\sigma^2\right)\Delta t, \sigma^2 \Delta t\right]$，其中 x_i 與 x_j（$i \neq j$）相互獨立；因此，我們不難利用最大概似（maximum likelihood, ML）方法估計 GBM 內的參數值。換言之，若 x_i（$i = 1, 2, \cdots, n$）屬於獨立的常態分配，其中平均數與變異數分別爲 $(\mu - 0.5\sigma^2)\Delta t$ 與 $\sigma^2 \Delta t$，則對應的概似函數可寫成：

$$L(\mu,\sigma)=\prod_{i=1}^{n}\frac{1}{\sqrt{2\pi\sigma^2\Delta t}}e^{-\frac{\left[x_i-\Delta t\left(\mu-0.5\sigma^2\right)\right]^2}{2\sigma^2\Delta t}} \tag{2-8}$$

其中 $\mu\in R$ 而 $\sigma>0$。（2-8）式亦可改寫成：

$$\begin{aligned} l(\mu,\sigma)&=-\log L(\mu,\sigma)\\ &=n\log(\sigma)+\frac{1}{2\sigma^2\Delta t}\sum_{i=1}^{n}\left(x_i-\mu\Delta t+0.5\sigma^2\Delta t\right)^2+\frac{n}{2}\log\left(2\pi\Delta t\right) \end{aligned} \tag{2-9}$$

換句話說，極大化（2-8）式相當於極小化（2-9）式。

極小化（2-9）式的一階必要條件為：

$$\begin{aligned} &\frac{\partial l}{\partial\mu}=\frac{n}{\sigma^2}\left(\mu\Delta t-0.5\sigma^2\Delta t-\overline{x}\right)=0\\ &\frac{\partial l}{\partial\sigma}=\frac{n}{\sigma}-\frac{1}{\sigma^3\Delta t}\sum_{i=1}^{n}\left(x_i-\mu\Delta t+0.5\sigma^2\Delta t\right)^2-\frac{n}{\sigma}\left(\mu\Delta t-0.5\sigma^2\Delta t-\overline{x}\right)=0 \end{aligned} \tag{2-10}$$

由（2-10）式可知 ML 估計式 $\hat{\mu}_n$ 與 $\hat{\sigma}_n$ 分別為：

$$\hat{\mu}_n=\frac{\overline{x}}{\Delta t}+\frac{\left(\hat{\sigma}_n\right)^2}{2}=\frac{\overline{x}}{\Delta t}+\frac{s^2}{2\Delta t} \tag{2-11}$$

與

$$\hat{\sigma}_n=\sqrt{\frac{1}{n\Delta t}\sum_{i=1}^{n}\left(x_i-\overline{x}\right)^2}=\frac{s}{\sqrt{\Delta t}} \tag{2-12}$$

其中 $\overline{x}=\frac{\sum_{i=1}^{n}x_i}{n}$ 與 $s^2=\frac{\sum_{i=1}^{n}(x_i-\overline{x})^2}{n}$，當然 n 較大時，後者亦可用 $s^2=\frac{\sum_{i=1}^{n}(x_i-\overline{x})^2}{n-1}$ 取代。

根據 Lillywhite（2011）或 Rémillard（2013），當 $n\to\infty$，$\begin{pmatrix}\sqrt{n}\left(\hat{\mu}_n-\mu\right)\\ \sqrt{n}\left(\hat{\sigma}_n-\sigma\right)\end{pmatrix}$ 可以收斂至平均數與變異數分別為 **0** 與 **V** 之二元變數常態分配，其中：

$$\mathbf{V}=\frac{\sigma^2}{2}\begin{bmatrix}\frac{2}{\Delta t}+\sigma^2 & \sigma\\ \sigma & 1\end{bmatrix}=\begin{bmatrix}\frac{\sigma^2}{\Delta t}+\frac{\sigma^4}{2} & \frac{\sigma^3}{2}\\ \frac{\sigma^3}{2} & \frac{\sigma^2}{2}\end{bmatrix}$$

即：

$$\begin{pmatrix}\sqrt{n}\left(\hat{\mu}_n-\mu\right)\\ \sqrt{n}\left(\hat{\sigma}_n-\sigma\right)\end{pmatrix}\sim N_2\left(\mathbf{0},\mathbf{V}\right) \tag{2-13}$$

其中 $N_2(\cdot)$ 表示二元變數常態分配。利用（2-11）與（2-12）二式可得 $\mathbf{V}$ 的一致性估計式爲：

$$\hat{\mathbf{V}}=\frac{\hat{\sigma}_n^2}{2}\begin{bmatrix}\frac{2}{\Delta t}+\hat{\sigma}_n^2 & \sigma_n\\ \hat{\sigma}_n & 1\end{bmatrix}=\begin{bmatrix}\frac{\hat{\sigma}_n^2}{\Delta t}+\frac{\sigma_n^4}{2} & \frac{\sigma_n^3}{2}\\ \frac{\hat{\sigma}_n^3}{2} & \frac{\sigma_n^2}{2}\end{bmatrix} \tag{2-14}$$

因此，令 $\Delta t=h=1/m$，根據（2-14）式可以分別得出：

$$\frac{\sqrt{n}\left(\hat{\mu}_n-\mu\right)}{\sqrt{m\hat{\sigma}_n^2+0.5\sigma_n^4}}\sim N(0,1) \tag{2-15}$$

與

$$\frac{\sqrt{n}\left(\hat{\sigma}_n-\sigma\right)}{\sqrt{0.5\hat{\sigma}_n^2}}\sim N(0,1) \tag{2-16}$$

上述結果是讓人印象深刻的，我們可以整理成：

(1) 即觀察期間爲 $t=1,2,\cdots,T$，我們可將 T 個資料對應至 $[0, T_n]$，其中$n=T_n/\Delta t$。因此，若 $T_n=1$，則 $\Delta t=1/n$。
(2) 於 2.1.1 節內，我們是使用 $h=\Delta t=1/m$，故此相當於假定 $n=m$。
(3) 若 $n=m$，從（2-12）式可以看出波動率的估計與 2.1.1 節一致，即 $\hat{\sigma}_n=s\sqrt{m}$；

其次，根據（2-11）式可得 $\hat{\mu}_n = m\bar{x} + 0.5ms^2 = m\bar{x} + 0.5\sigma_n^2$。換言之，若 $n > m$，（2-13）、（2-15）或（2-16）式的結果應該不容易得到。

(4) 原來 μ 的估計是麻煩的，因為從（2-11）式可以看出 μ 的估計竟然受到 $\hat{\sigma}_n$ 的影響。

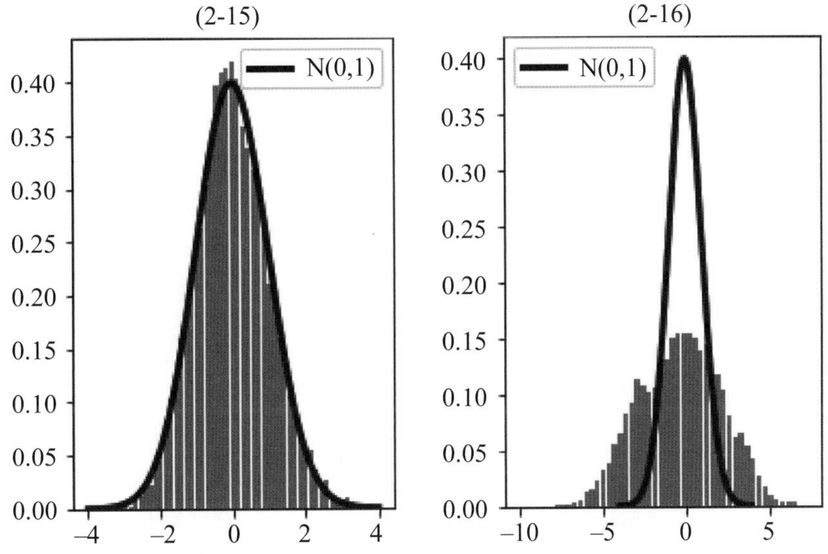

圖 2-7　利用拔靴法證明（2-15）與（2-16）二式

我們嘗試用拔靴法（bootstrapping）[9]證明或說明（2-15）與（2-16）式。如前所述，若假定 TWI 股價指數屬於 GBM，則 TWI 股價日對數報酬率序列應屬於獨立且相同的常態分配（NID）；換言之，TWI 股價日對數報酬率序列應該已經與時間無關，隱含著 TWI 股價日對數報酬率序列可以重組。根據《財時》，拔靴法可用於估計抽樣分配的標準誤。利用圖 1-2 內的 TWI 股價資料，轉成日對數報酬率序列後，我們取最近一年的（252 個交易日）日對數報酬率序列而稱其為 X，可以計算其內的 $\hat{\sigma}_n \approx 14.25\%$ 與 $\hat{\mu}_n = 0.91\%$，若以上述估計值為母體參數，再分別從 X 內以抽出放回的方式抽取 $n = m$ 個觀察值後再根據（2-11）、（2-12）與（2-14）三式分別計算 $\hat{\sigma}_n$ 與 $\hat{\mu}_n$ 以及對應的標準誤，自然可以分別取得（2-15）與（2-16）二式的觀察值。重複上述動作 N 次，自然可以分別取得（2-15）與（2-16）二式的抽樣分配。

[9] 拔靴法就是使用「抽出放回」的方法，可以參考《財時》。

令 $m = 252$ 與 $N = 5{,}000$，按照上述拔靴法的步驟，圖 2-7 分別繪製出（2-15）與（2-16）二式的抽樣分配，其中實線表示標準常態分配的 PDF。我們從圖 2-7 內可看出（2-15）式的抽樣分配，即 $\hat{\mu}_n$ 之標準化後的抽樣分配已接近於對應的理論分配（左圖），但是 $\hat{\sigma}_n$ 之標準化後的抽樣分配卻與對應的理論分配有較大的差距，例如前者的標準誤高達 6.11 而 $\hat{\mu}_n$ 之標準化後抽樣分配的標準誤卻只有 1.02（二者的理論値應皆爲 1）。因此，圖 2-7 提醒我們欲估計 $\hat{\sigma}_n$ 的標準誤容易產生高估的情況，即顯然抽取最近一年的資料與 $n = m = 252$ 是不夠的，讀者可以嘗試提高上述數値重新估計看看。

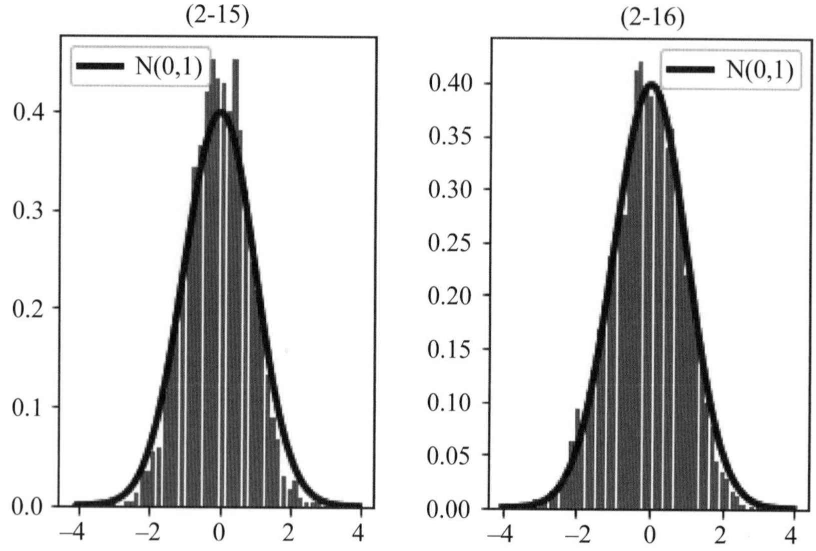

圖 2-8　利用拔靴法證明（2-15）與（2-16）二式，「母體」為 $NID(\bar{x}, s^2)$ 的觀察值，其中 $\bar{x}$ 與 s^2 值可參考內文

圖 2-7 的結果是讓人印象深刻的，因爲右圖的結果是讓人懷疑的，我們倒是可以進一步檢視；換言之，TWI 股價日對數報酬率序列是否屬於 NID？我們以 $NID(\bar{x}, s^2)$ 的觀察値（樣本數爲 504）取代圖 2-7 內的 TWI 股價日對數報酬率序列，其中 $\bar{x}$ 與 s^2 分別爲圖 2-7 內的 TWI 股價日對數報酬率序列樣本平均數與樣本變異數，使用圖 2-7 內的模擬步驟，其結果可以繪製如圖 2-8 所示。從圖內可看出（2-15）與（2-16）二式應該可以成立，故其隱含著上述 TWI 股價日對數報酬率序列並不屬於 NID。

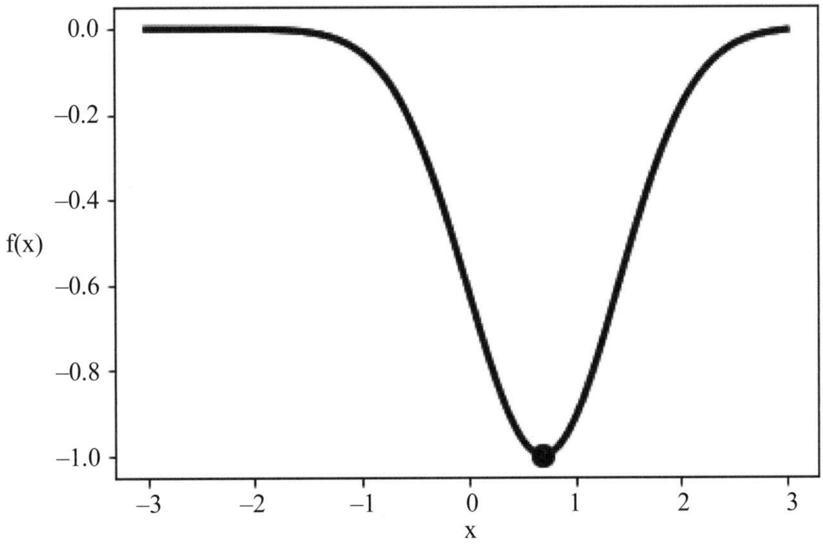

圖 2-9 **極小化** $f(x)$

例 1 **極小化**

考慮極小化 $f(x) = -e^{-(x-0.7)^2}$ 如圖 2-9 所示。我們可以使用下列的 Python 指令：

```
from scipy.optimize import minimize_scalar
def f(x):
    return -np.exp(-(x - 0.7)**2)
result = minimize_scalar(f)
x0 = result['x'] # 0.6999999997839409
result.x # 0.6999999997839409
f0 = result['fun'] # -1.0
result.fun # -1.0
```

求得極值，即極小值為 $f(x_0) = -1$，其中 x_0 值約為 0.7。

例 2 **極小化（續）**

考慮極小化 $z = f(x, y) = 0.5(1-x)^2 + (y - x^2)^2$ 如圖 2-10 所示。我們可以使用下列的 Python 指令：

```
from scipy.optimize import minimize
def f(x):    # The rosenbrock function
    return 0.5*(1 - x[0])**2 + (x[1] - x[0]**2)**2
re1 = minimize(f, [2, -1], method="CG")
x0 = re1.x # array([0.99999426, 0.99998864])
re1.fun # 1.6485258037174643e-11
```

求得於 $x_0 = [9.4e-05, 9.9e-05]$ 下極小值約爲 0。有關於上述 minimize（取自 scipy.optimize 模組）函數指令的使用方式，可以上網查詢。

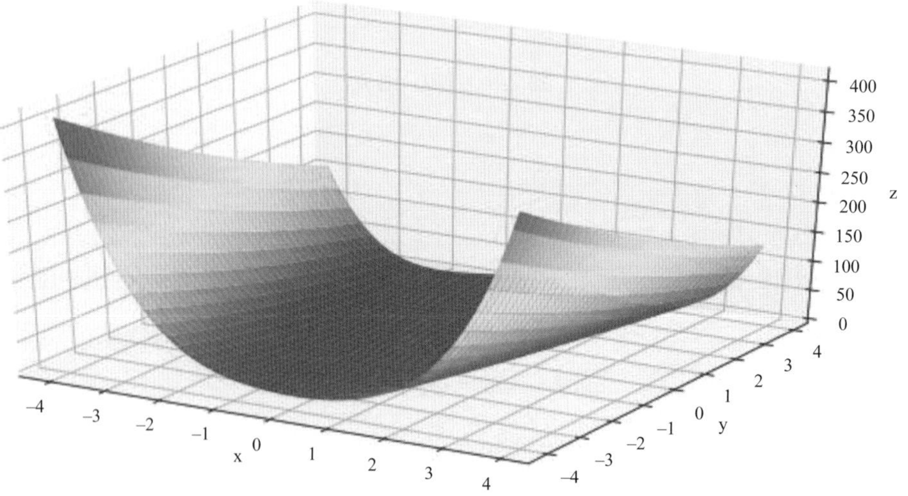

圖 2-10　**極小化** z

例 3　以 ML 方法估計迴歸模型

考慮一個線性的複迴歸模型如：

$$y = \beta_0 + \beta_1 x_1 + \beta_2 x_2 + \sigma u$$

其中 u 屬於 NID 的隨機變數；換句話說，上述複迴歸模型內有四個參數值，其可寫成 $\theta = (\beta_0, \beta_1, \beta_2, \sigma)$。令眞實參數值爲 $\theta = (1, 0.7, 0.3, 2)$，我們不難模擬出 y、x_1 與 x_2 的觀察值，即令 x_1 與 x_2 亦屬於 NID 的隨機變數，透過上述模型以及眞實 θ 值，

可得 y 的觀察值（樣本數爲 200）。既然已經有上述 y、x_1 與 x_2 的樣本資料，首先我們使用 OLS 估計而該結果可寫成：

$$\hat{y} = 0.798 + 0.592x_1 + 0.468x_2, s = 2.088$$
$$(0.149)\ (0.142)\quad (0.146)$$

其中小括號內之值爲對應的估計標準誤與 s 爲估計的迴歸標準誤。接下來，我們使用 ML 方法估計，其結果可爲：

$$\hat{y} = 0.798 + 0.591x_1 + 0.468x_2, s^2 = 4.274$$
$$(0.133)(0.111)\quad (0.131)\qquad (0.418)$$

我們可以看出 OLS 與 ML 估計結果的差距並不大。上述 ML 估計方法的 Python 指令爲：

```
def neglog(theta):
    lf = -np.mean(lnlt(theta))
    return lf
def lnlt(theta):
    m = theta[0] + theta[1]*x1 + theta[2]*x2
    s2 = theta[3]
    z = (y-m)/np.sqrt(s2)
    lf = -0.5*np.log(2*np.pi) - 0.5*np.log(s2) - 0.5*z**2
    return lf
# Initial guess
theta_0 = [1.0,1.0,1.0,1.0]
re = minimize(neglog,theta_0,method="BFGS")
re.x # array([0.79802799, 0.59146588, 0.46811429, 4.27372423])
Hess_inv = re.hess_inv/t # t 為樣本數
np.sqrt(Hess_inv[0,0]) # standard error of beta0,0.13290830336383486
np.sqrt(Hess_inv[1,1]) # standard error of beta1,0.11098304515830511
np.sqrt(Hess_inv[2,2]) # standard error of beta2,0.13128073945880933
np.sqrt(Hess_inv[3,3]) # standard error of sig2,0.4182324584550704
```

可以留意我們亦使用 minimize 函數指令，即使用該函數指令內的「BFGS」演算法；另一方面，BFGS 之估計結果亦附有逆（inverse）黑森矩陣（Hessian matrix）的估計結果，故可用於計算對應的參數估計標準誤。上述估計必須預先提供 θ 的期初值 θ_0，讀者可以更改 θ_0 的內容，看看會有何改變。有關於 BFGS 演算法以及逆黑森矩陣等觀念，不熟悉的讀者可以參考《財統》。

例 4 delta 方法

於《財統》一書內，我們曾介紹過 delta 方法。事實上，delta 方法可用於估計標準誤。假定函數 $H: R^k \rightarrow R^p$，就所有的 $1 \le i \le p$ 與 $1 \le j \le k$ 而言，存在 $J_{ij} = \dfrac{\partial H_i}{\partial \theta_j}$ 而且 H 於 θ 附近爲一個連續函數，則稱矩陣 J 爲賈可比矩陣（Jacobian matrix）。所謂的 delta 方法相當於可用 H 的泰勒展開式表示（Taylor expansion）[10]，即若 $\sqrt{n}\left(\hat{\theta}_n - \theta\right) \xrightarrow{d} N_k(\mathbf{0}, \mathbf{W})$，則 $\sqrt{n}\left(H\left(\hat{\theta}_n\right) - H(\theta)\right) \xrightarrow{d} N_p\left(\mathbf{0}, \mathbf{JWJ}^T\right)$。當然，$\mathbf{J}$ 的估計可用 $\hat{\mathbf{J}}$ 表示，其中 $\hat{\mathbf{J}} = \dfrac{\partial H_i}{\partial \theta_j}\Big|_{\theta=\hat{\theta}}$。

例 5 ML 估計值

利用前述圖 1-1 內的 TWI 日收盤價資料轉成日對數報酬率序列資料後，總共有 n = 4,818 個日對數報酬率觀察值，而就 GBM 的假定而言，我們欲使用 ML 估計其內的參數。我們使用一種轉換[11]即令 $\sigma = e^{\alpha}$，而 ML 的估計參數爲 $\theta = (\mu, \alpha)$。利用例 2 的 delta 方法，可知 $H(\theta) = \left(\mu, e^{\alpha}\right)$，故 H 的賈可比矩陣爲 $\mathbf{J} = \begin{bmatrix} 1 & 0 \\ 0 & \sigma \end{bmatrix}$。將 $\hat{\sigma}_n$ 代入，可得 $\hat{\mathbf{J}} = \begin{bmatrix} 1 & 0 \\ 0 & \hat{\sigma}_n \end{bmatrix}$。根據《財統》，（2-13）式內的 $\mathbf{V}$ 值可由訊息矩陣（information matrix）的倒數即 $\mathbf{I}^{-1}$ 估計，而 $\mathbf{I}$ 則取自 ML 估計的黑森矩陣；因此，$\hat{\mathbf{V}} = \mathbf{J}\mathbf{I}^{-1}\mathbf{J}$。換言之，我們以 ML 估計分別得到 $\hat{\mu}_n = 3.39\%$、$\hat{\sigma}_n = 21.32\%$ 以及 $\hat{\mathbf{V}} = \begin{bmatrix} 11.6885 & 0.0073 \\ 0.0073 & 0.0228 \end{bmatrix}$。上述 $\hat{\mathbf{V}}$ 並沒有「年率化」，即若欲年率化，相當於以

---

[10] 單變量的情況可以參考例如 Greene（2012）。

[11] 令 $\sigma = e^{\alpha}$ 可「強迫」α 的 ML 估計值皆出現大於 0 的結果。於後面的章節內，我們亦有使用類似的轉換。

$\hat{\mathbf{J}} = \begin{bmatrix} 252 & 0 \\ 0 & \hat{\sigma}_n\sqrt{252} \end{bmatrix}$取代 $\hat{\mathbf{J}} = \begin{bmatrix} 1 & 0 \\ 0 & \hat{\sigma}_n \end{bmatrix}$，可得 $\hat{\mathbf{V}} = \begin{bmatrix} 7.42e+05 & 29.17 \\ 29.17 & 5.76 \end{bmatrix}$；最後，$\hat{\mu}_n$ 與 $\hat{\sigma}_n$ 對應的標準誤估計值分別約爲 12.41 與 0.03。出乎意料之外，上述估計結果顯示出標準誤的估計仍偏高。讀者利用所附的 Python 程式應可更清楚上述 ML 估計的意義[12]。

例 6　95% 的信賴區間估計值

續例 5，我們可以進一步估計 $\hat{\mu}_n$ 與 $\hat{\sigma}_n$ 對應的 95% 的信賴區間估計值，其分別爲 [-24.29, 24.36] 與 [0.15, 0.28]，該估計結果顯示出 $\hat{\mu}_n$ 的估計區間相當大，表示相對於 σ 的估計，μ 估計的困難度頗高。

習題

(1) 試比較圖 2-7 與 2-8 內 TWI 股價日對數報酬率序列與常態分配觀察值的差異。
(2) 續上題，是否可以用 GARCH 現象（可以參考《財統》）解釋。
(3) 我們可用何方式檢視一種時間序列資料，如 TWI 股價日對數報酬率序列屬於常態分配？試解釋之。
(4) 續上題，試使用圖 1-1 內所有的樣本資料檢視。其結果爲何？試解釋之。
(5) 爲何 GBM 的假定不容易成立？
(6) 我們如何估計參數的標準誤？試解釋之。
(7) 直覺而言，爲何 μ 較難估計？提示：牽涉到風險貼水的估計。
(8) 於本節內，風險貼水的估計式爲何？
(9) 試解釋如何利用 Python 從事 ML 估計。

2.2 BSM 模型

本節將分成二部分介紹 BSM 模型，其中第一部分將簡單介紹 BSM 模型與其應用，第二部分則介紹 BSM 模型的避險參數（Greek letters）。當然，本節可視爲《衍商》的縮小版，即讀者若覺得不足，則可以參考《衍商》；或者說，比較本節與《衍商》或《時選》的內容，可以看出 Python 與 R 語言於此應用上之不同。

[12] 上述 Python 的估計結果與《時選》所使用的 R 語言估計結果稍有一些差異。

2.2.1 BSM 模型的應用

2.1.2 節例 6 的結果是令人沮喪的，因參數 μ 值的確不容易估計，還好我們從第 1 章之「二項式定價模型」內得知存在一種稱爲「等值平賭衡量方法」（該方法隱含著無套利機會）可將 2.1.2 節的「眞實機率」轉成「風險中立機率」；換言之，於等值平賭衡量方法下，例如歐式選擇權買權價格 c 可寫成：

$$c_t = e^{-r(T-t)} E^{\pi}\left[\max\left(S_T - K, 0\right)\right] \tag{2-17}$$

其中 r、S_T 與 K 分別表示無風險利率、標的資產到期價格與履約價，而 $E^{\pi}(\cdot)$ 則表示以風險中立機率計算的期望值。顯然，透過等值平賭衡量方法，於（2-17）式內我們已將（2-4）式改成：

$$S(T) = S(0)\exp\left[\left(r - \frac{1}{2}\sigma^2\right)T + \sigma W_T\right]$$

即已經用 r 取代 μ 值的估計[13]。當然，上述是假定無風險利率 r 是一個固定的數值。於本節我們將簡單介紹 BSM 模型的使用方式。

於《衍商》一書內，我們曾介紹過 BSM 模型定價模型，該模型可用於計算歐式選擇權買權與賣權合約價格。BSM 模型的定價公式可以寫成：

$$c_t = S_t e^{-q(T-t)} N(d_1) - K e^{-r(T-t)} N(d_2) \tag{2-18}$$

與

$$p_t = K e^{-r(T-t)} N(-d_2) - S_t e^{-q(T-t)} N(-d_1) \tag{2-19}$$

其中

$$d_1 = \frac{\log(S_t / K) + (r - q + \sigma^2 / 2)(T - t)}{\sigma\sqrt{T - t}}$$

---

[13] 利用等值平賭衡量方法推導出 BSM 模型定價公式的過程，有興趣的讀者可以參考例如 Iacus（2011）。

與

$$d_2 = \frac{\log(S_t / K) + (r - q - \sigma^2 / 2)(T - t)}{\sigma\sqrt{T - t}} = d_1 - \sigma\sqrt{T - t}$$

其中 c_t、p_t 與 S_t 分別表示第 t 期買權價格、賣權價格以及標的資產價格；另外，K、r、q、σ 以及 T 分別表示履約價、無風險利率、股利支付率、波動率以及到期日（以年率表示）。最後，$N(\cdot)$ 表示標準常態分配的 CDF。

表 2-1 分別列出臺指選擇權（TXO）的 2010 年 12 月期的買權與賣權的市場行情。利用表 2-1 內的資訊，我們倒是可以練習（2-18）與（2-19）二式的使用。假定投資人於 10/6 日未開盤前欲知當日的買權與賣權價格爲何，則該投資人可以使用（2-18）與（2-19）二式計算。此相當於令 $S_t = 8{,}200.43$、$K = 8{,}400$、$q = 0$、$r = 1.13/100$、$\sigma = 0.1723$ 與 $T = 51/252$，再分別代入（2-18）與（2-19）二式內，分別可得 c_t 與 p_t 約爲 176.14 與 356.52。同理，於 11/30 日未開盤前投資人亦可以用相同的方式計算 c_t 與 p_t 分別約爲 110.61 與 138.92。

若與表 2-1 內的結果比較，上述 c_t 與 p_t 的估計值與實際價格有些差距，不過上述差距應該還不算太大。因此，BSM 公式的確可以提供一個「大概」的參考值；或者說，市場的交易人亦使用 BSM 公式的估計值爲「粗略」的參考值。

表 2-1　TXO201012C8400 與 TXO201012P8400 的市場行情

日期	開盤價	最高價	最低價	收盤價	T	波動率
買權						
10/6	162	200	162	192	51/252	0.1723
11/30	112	137	99	114	12/252	0.1703
賣權						
10/6	350	360	350	358	51/252	0.1723
11/30	115	127	88	110	12/252	0.1703

說明：1. 10/5 日與 11/29 日標的資產的收盤價分別爲 8,200.43 與 8,367.17。
2. 無風險利率爲 1.13/100 與履約價爲 8,400。
3. 資料來源：臺灣經濟新報（TEJ）。
4. 波動率取自圖 1-2 內的波動率估計值。

我們除了可以用 BSM 公式例如（2-18）與（2-19）二式計算理論的參考值之外，其實我們亦可以用 BSM 公式繪製圖形。例如：圖 2-11 與 2-12 分別繪製出買權與賣權的買方（賣方）的到期收益曲線；當然，未到期的收益曲線亦可繪製如上述二圖內的虛線所示，其中未到期表示 $T = 1$ 的收益曲線。讀者倒是可以參考所附的 Python 指令得知如何繪製出該圖，同時亦可以與第 1 章的繪製方法比較。

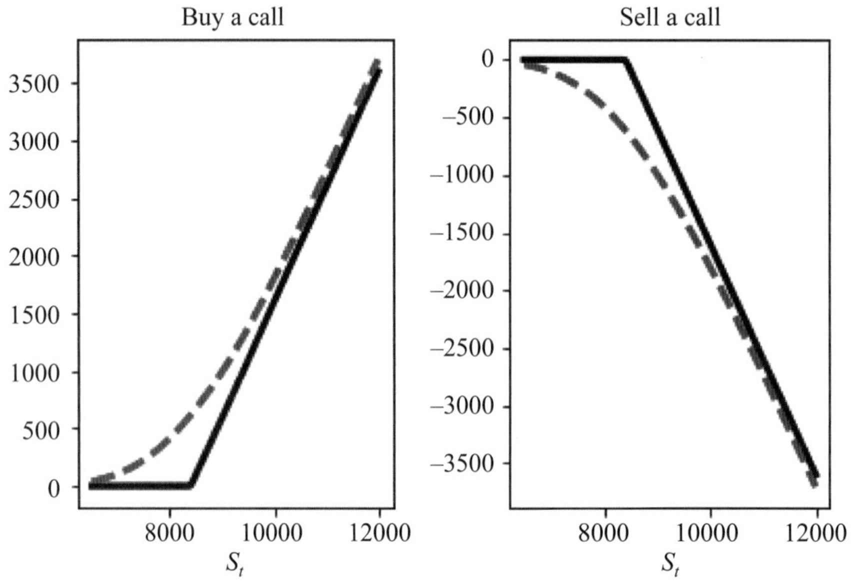

圖 2-11　買方與賣方之買權的到期與未到期收益曲線

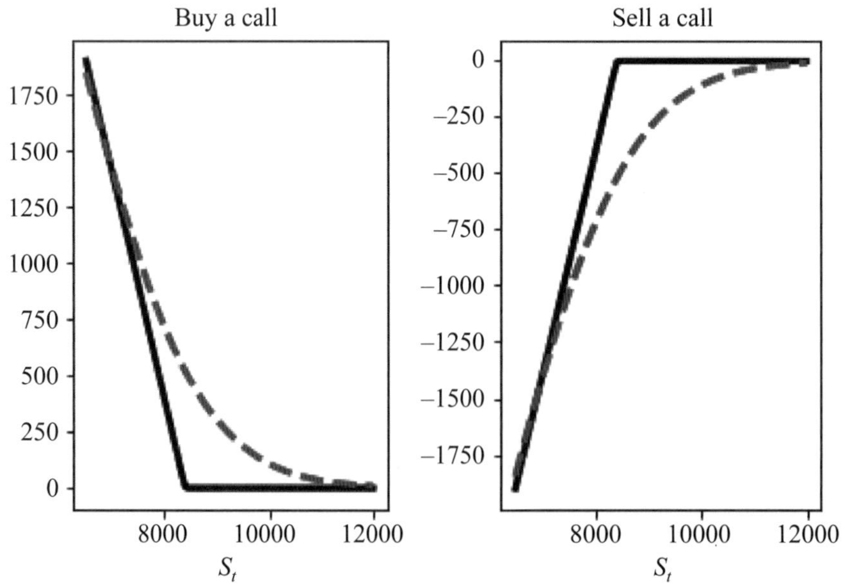

圖 2-12　買方與賣方之賣權的到期與未到期收益曲線

例 1 買權與賣權的影響因子

於（2-18）與（2-19）二式內可以看出以 BSM 模型計算對應的歐式買權與賣權價格必須事先決定一些重要的參數值如 S_t、K、r、q、T 與 σ；換言之，若上述參數值有改變，則買權或賣權價格亦隨之改變。例如：圖 2-13 繪製出不同 σ 值的（未到期）買權與賣權價格曲線，而從該圖內可看出 σ 值與買權或賣權價格之間呈現正的相關；因此，應用類似的方法，我們可以知道不同參數值與買權或賣權價格之間的關係。

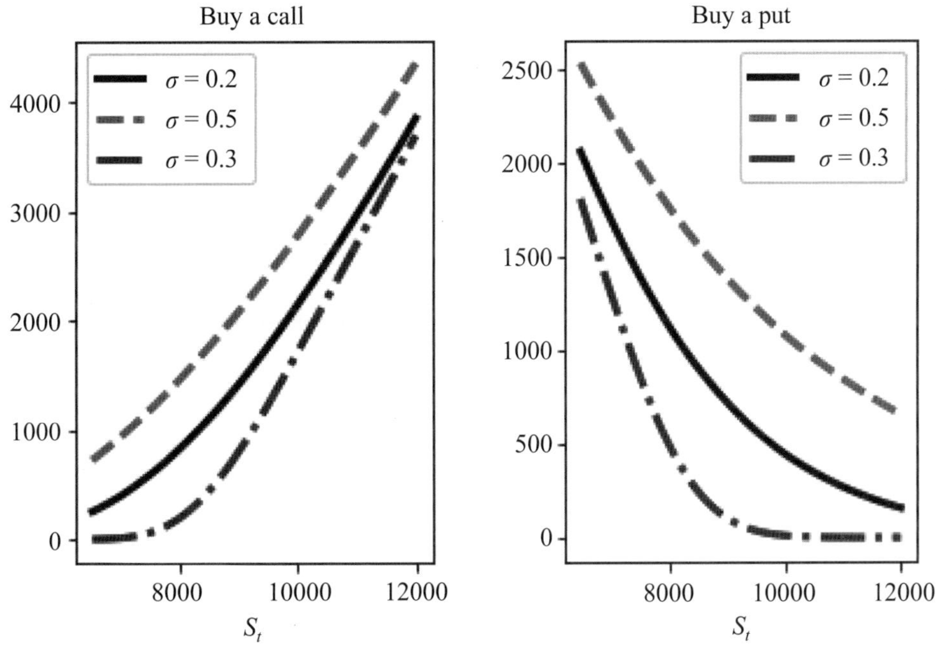

圖 2-13 不同 σ 值的（未到期）買權與賣權價格曲線

例 2 買賣權平價理論

於歐式選擇權內存在一個買賣權平價關係如（1-13）式所示，我們重新寫該式爲：

$$p(S_t,K,r,T,\sigma)-c(S_t,K,r,T,\sigma)+S_t=e^{-r(T-t)}K \quad (2\text{-}20)$$

其中 $q=0$（與（2-18）或（2-19）式比較）。（2-20）式內的買權與賣權價格係根據（2-18）與（2-19）二式寫成函數型態，讀者可以練習函數內參數變化對買權與賣權價格的影響。買賣權平價關係是重要的，因爲透過該關係，我們可以知道 $p(\cdot)$、$c(\cdot)$、S 與 K 之間的依存關係。根據（2-20）式，圖 2-14 繪製出 $t = T$ 的上述關係。換言之，$e^{-(T-t)}K$ 可用貼現債券表示，而於 $t = T$ 之下，從圖 2-14 內可看出透過（買）賣權、（做多）標的資產與（賣）買權的資產組合竟可以複製出 $e^{-(T-t)}K$ 貼現債券（由左至右）[14]。利用（2-20）式，讀者當然可以考慮其他情況。

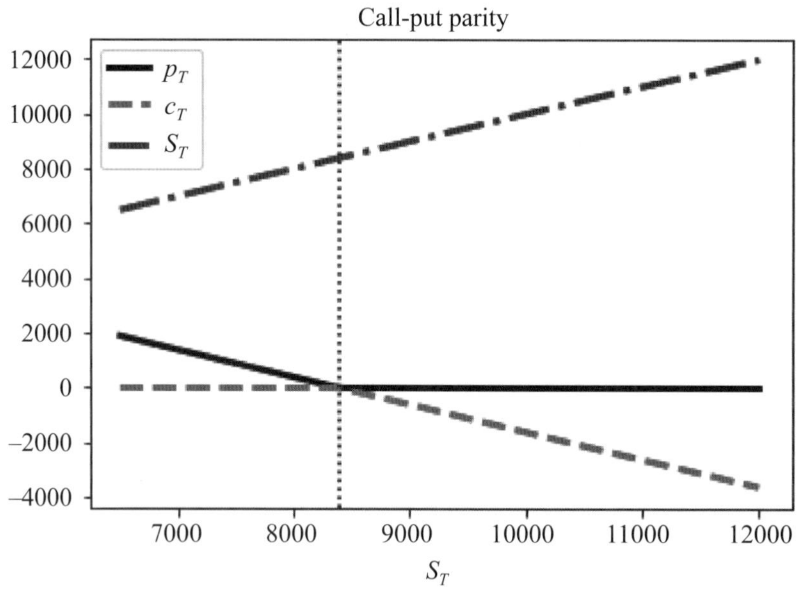

圖 2-14　買賣權平價理論的應用

例 3　隱含波動率

（2-20）式的檢視是有意義的，因爲該式隱含著相同條件（相同履約價與到期日相同等）的買權與賣權合約彼此之間可以複製；不過，因我們用 BSM 公式計算例如表 2-1 內的市場行情，其理論價格未必等於市場行情價格。若仔細檢視，竟然隱含著不一致的現象。例如：於 10/6 未開盤之前，我們用 BSM 公式計算買權與賣權的理論價格分別約爲 176.14 與 356.52，而當天買權與賣權的開盤價則分別爲 162 與 350，顯然理論與實際價格之間有差距。我們當然會檢視爲何會存在上述差距。若重新檢視（2-18）或（2-19）二式，可知影響買權與賣權價格的參數內，只有 q、

[14] 直覺而言，圖 2-14 內垂直虛線的左側與右側，$p_T - c_T + S_T$ 應皆是一條水平線即 K。

r 與 σ 三個參數是未知的，不過因 q 影響的力道相當有限幾乎可以忽略而當天無風險利率應該也不會有太大的變動，因此只剩下波動率 σ 這個參數有問題，更何況我們已經知道波動率存在有 GARCH 現象[15]。

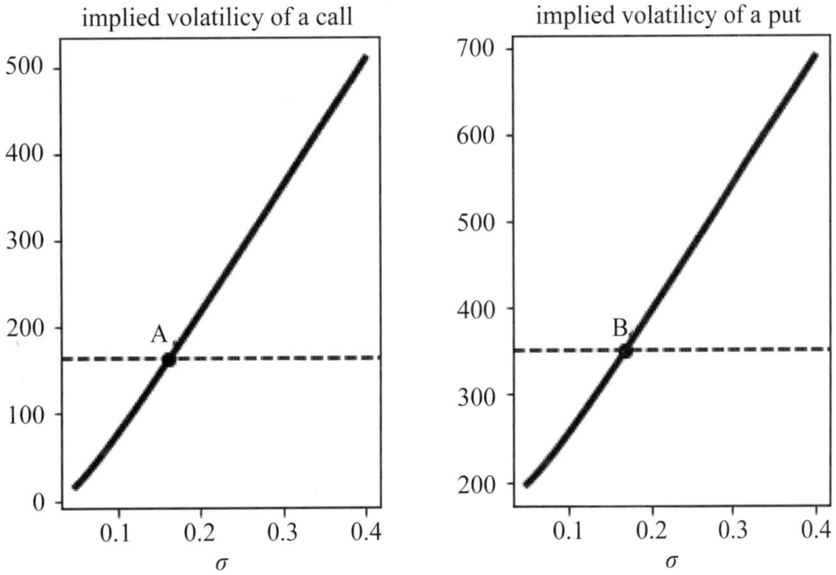

圖 2-15　**利用** 10/6 **日的開盤價（表** 2-1**）估計對應的隱含波動率**

雖說如此，我們不禁想到若使用 BSM 公式計算，於其他參數值不變的情況下，究竟 σ 值應爲何才會產生 10/6 日當天買權與賣權的開盤價？此時計算出的 σ 值就稱爲隱含波動率（implied volatility）。其實，隱含波動率的計算相當簡易，即只要將許多不同的 σ 值代入 BSM 公式內，自然就可以找出買權與賣權開盤價所對應的隱含波動率，可以參考圖 2-15。於圖 2-15 內，我們考慮介於 0.05～0.4 之間的 3,500 個 σ 值，而各相鄰波動率之間的差距爲 0.0001。除了波動率之外，仍使用上述其餘的參數值，圖 2-15 內的左圖與右圖分別繪製出不同波動率與買權價格以及不同波動率與賣權價格之間的曲線關係，其中水平虛線表示對應的開盤價。因此，檢視水平虛線與曲線的交叉點，自然可以找出對應的隱含波動率。利用上述檢視方式，可以分別得出買權與賣權開盤價的隱含波動率分別約爲 0.1624 與 0.1677。若

[15] GARCH 現象指的是波動率具有群聚現象（volatility clustering），即不同程度的外力衝擊對於資產價格的影響程度當然不一樣，不過其皆會產生「餘波盪漾」（大波動伴隨大餘波，而由小震動亦會引起一些漣漪）；因此，GARCH 現象隱含著波動率並非是一個固定的數值。

與表 2-1 內的波動率比較，顯然表內的波動率高估，但是眞正的波動率究竟爲何？即我們應該使用買權的隱含波動率抑或是賣權的隱含波動率？

由於估計的買權與賣權的隱含波動率不相等，顯然買賣權平價關係如（2-20）式並不能成立（該式是使用相同的波動率），此時自然會讓我們聯想到原來於 BSM 模型內波動率是假定爲一個固定的數值，但是該假定未必與實際的市場情況一致。

例 4　使用牛頓逼近法估計隱含波動率

於《財數》或《財統》內我們曾介紹牛頓逼近法（Newton-Raphson method），而利用該方法我們倒是可以迅速地估計隱含波動率（讀者亦可以透過所附的 Python 程式了解該方法）。換言之，利用牛頓逼近法我們可以計算表 2-1 內各買權與賣權價格所對應的隱含波動率。例如：令波動率的期初值爲 0.11，使用牛頓逼近法，10/6 日買權與賣權開盤價所對應的隱含波動率分別約爲 0.1624 與 0.1677（與例 2 的估計差異不大）；至於最高價、最低價與收盤價則分別約爲 0.1889 與 0.1747、0.1624 與 0.1677 以及 0.1834 與 0.1733。因此，於 10/6 日當天（隱含）波動率最高約爲 18.89%，而最低波動率則約爲 16.24%。

例 5　投資策略

圖 2-13 的結果是有意義的，因爲它明確指出波動率與買權（賣權）價格之間的正向關係，而利用上述關係我們倒是可以思考一種投資策略。以買權爲例，當買權的隱含波動率大於（小於）「平均或一般」波動率水準時，隱含著買權的價格偏高（偏低），故應採取賣出（買進）的投資策略。類似的思考模式應也可以適用於賣權。因此，如何估計出「平均或一般水準」的波動率水準倒是非常重要。也就是說，就表 2-1 內的例子而言，若我們視圖 1-2 所計算出的波動率爲平均或一般水準（即 10/6 日與 11/30 日的平均波動率分別爲 17.23% 與 17.03%）[16]，讀者倒是可以判斷上述投資策略是否能奏效。

習題

(1) BSM 模型有何假定？試解釋之。

(2) 何謂隱含波動率？試解釋之。

(3) 利用表 2-1 內的資料，試計算 11/30 日買權與賣權的隱含波動率。

---

[16] 圖 1-2 所計算出的波動率亦可稱爲歷史波動率。

(4) 何謂歷史波動率？其有何優缺點？試解釋之。
(5) 我們有何方式可以估計波動率？試解釋之。
(6) 爲何隱含波動率的估計相當重要？試解釋之。提示：市場交易人對於未來波動的預期。
(7) 試解釋波動率與市場行情之間的關係。

2.2.2 BSM 模型的避險參數

雖說 BSM 模型的假定未必符合實際市場情況，不過其仍具有一些優勢，即 BSM 模型除了提供完整的歐式選擇權定價公式如（2-18）與（2-19）二式外，另外利用後者我們卻可進一步計算歐式買權與歐式賣權價格，對不同參數值變動的敏感程度，此可提供上述買權與賣權的發行人控制風險的參考依據。例如：著名的 Delta 避險（hedge）可用於決定資產組合內買權或賣權合約的數量以達到一種中立部位（neutral position）的目標。

因此，發行人或金融機構可以透過避險參數的衡量，得知選擇權合約的風險部位。BSM 模型的避險參數可以用特定的名詞表示，而其意義可以分述如下[17]：

Delta

$$\Delta_t^c = \frac{\partial c_t}{\partial S_t} = e^{-q(T-t)}N(d_1) \text{ 與 } \Delta_t^p = \frac{\partial p_t}{\partial S_t} = e^{-q(T-t)}[N(d_1)-1] \qquad (2\text{-}21)$$

即 Delta 值或避險比率（hedge ratio）用於衡量買權或賣權價格對於標的資產價格變動的敏感程度，可以參考例 1。

Gamma

$$\Gamma_t^c = \frac{\partial \Delta_t}{\partial S_t} = \frac{\partial^2 c_t}{\partial S_t^2} = \frac{e^{-q(T-t)}}{S_t \sigma \sqrt{T-t}} N'(d_1) \text{ 與 } \Gamma_t^p = \frac{\partial \Delta_t}{\partial S_t} = \frac{\partial^2 p_t}{\partial S_t^2} = \Gamma_t^c \qquad (2\text{-}22)$$

即 Delta 值或避險比率對 S_t 變動的敏感程度稱爲 Gamma 值。值得注意的是，BSM 模型之歐式買權與賣權價格的 Gamma 值是相同的，如（2-22）式所示。

---

[17] 根據（2-18）與（2-19）二式，我們可以分別計算 c_t 與 p_t 對不同參數值的偏微分，即可得 BSM 模型的避險參數。詳細的推導過程可以參考 Chen et al.（2010）。

Theta

$$\Theta_t^c = \frac{\partial c_t}{\partial t} = -rKe^{-r(T-t)}N(d_2) + qS_t e^{-q(T-t)}N(d_1) - \frac{K\sigma e^{-r(T-t)}}{2\sqrt{T-t}}N'(d_2) \quad (2\text{-}23)$$

與

$$\Theta_t^p = \frac{\partial p_t}{\partial t} = \Theta_t^c + rKe^{-r(T-t)} - qS_t e^{-q(T-t)} \quad (2\text{-}24)$$

即買權與賣權價格對到期期限的敏感度稱爲買權與賣權價格的 Theta 值。由於買權與賣權具有時間價值，故隨著到期日的接近，於其他情況不變下，買權與賣權價格應會下降，隱含著 Theta 值爲負數值；相反地，距離到期日愈遠，買權與賣權價格反而較高。值得注意的是，因時間皆用年率表示，故（2-23）與（2-24）二式的結果亦以年率表示；也就是說，若要取得每日的 Theta 值，我們還要除以 365[18]。

Vega

$$\nu_t^c = \frac{\partial c_t}{\partial \sigma} = S_t e^{-q(T-t)}N'(d_1)\sqrt{T-t} \text{ 與 } \nu_t^p = \frac{\partial p_t}{\partial \sigma} = \nu_t^c \quad (2\text{-}25)$$

即買權與賣權價格對波動率的敏感度稱爲買權與賣權價格的 Vega 值。類似於買權與賣權價格的 Gamma 值，買權與賣權價格的 Vega 值亦相同。值得注意的是，波動率是以百分比表示，故依（2-25）式所計算的結果仍需除以 100。

Rho

$$\rho_t^c = \frac{\partial c_t}{\partial r} = (T-t)Ke^{-r(T-t)}N(d_2) \text{ 與 } \rho_t^p = \frac{\partial p_t}{\partial r} = -(T-t)Ke^{-r(T-t)}N(-d_2) \quad (2\text{-}26)$$

即買權與賣權價格對利率的敏感度稱爲買權與賣權價格的 Rho 值。上述的結果是以利率變動 1（即 100%）表示。通常我們是以利率變動 1% 表示對利率的敏感度，故（2-26）式的結果仍需除以 100。

---

[18] 此是表示 1 年有 365 日。若只著重於交易日的計算，則假定 1 年有 252 個交易日，則上述 Theta 值應除以 252。可以參考所附的 Python 指令，我們是以 1 年有 365 日計算 Theta 值。

Psi

$$\psi_t^c = \frac{\partial c_t}{\partial q} = -(T-t)S_t e^{-q(T-t)}N(d_1) \text{ 與 } \psi_t^p = \frac{\partial p_t}{\partial q} = (T-t)S_t e^{-q(T-t)}N(-d_1) \quad (2\text{-}27)$$

即買權與賣權價格對（連續）股利支付率的敏感度稱爲買權與賣權價格的 Psi 值。類似於 Rho 值，（2-27）式的結果仍需除以 100。

我們舉一個例子說明。令 S_0 = 8,756.5、K = 8,700、r = 0.02、q = 0.01、σ = 0.2203 以及 T = 1，利用（2-21）～（2-27）式，我們可以計算出上述假定之買權合約的避險參數分別爲：$\Delta_t^c \approx 0.5677$、$\Gamma_t^c \approx 0.0002$、$\Theta_t^c \approx -1.1169$、$\nu_t^c \approx 33.9994$、$\rho_t^c \approx 41.4355$ 以及 $\psi_t^c \approx -49.7064$；至於賣權合約則爲 $\Delta_t^p \approx -0.4224$、$\Gamma_t^p \approx 0.0002$、$\Theta_t^p \approx -0.8871$、$\nu_t^p \approx 33.9994$、$\rho_t^p \approx -43.8418$ 以及 $\psi_t^p \approx 36.9873$。讀者可參考所附的 Python 指令並且嘗試解釋上述估計值的意義。

例 1 Delta 避險

我們舉一個例子說明 Delta 避險，可以參考圖 2-16。該圖繪製出一種歐式買權合約（K = 8,700）的未到期價格曲線，而圖內的圓形黑點可以對應至 S_t 與 c_t 分別約爲 9,000 與 971.18。假定上述買權的賣方位於 S_t = 9,000 處，根據（2-21）式，此時買權的 Delta 值（即避險比率）約爲 $\Delta^c \approx 0.6153$（此恰爲圖內虛線的斜率值），

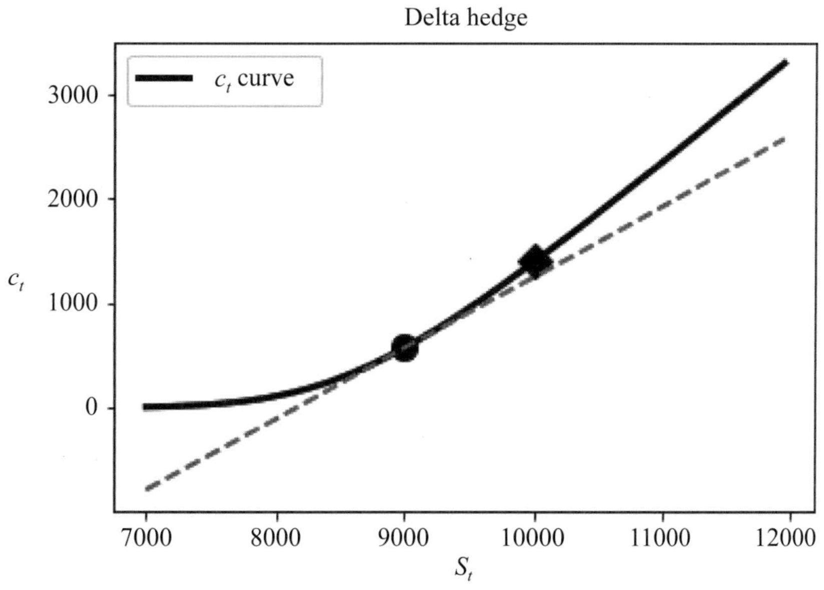

圖 2-16 Delta 避險

則該賣方如何控制或管理風險？假定上述一口買權合約可以對應至標的資產 5,000 股。一家金融機構賣一口買權合約為了達到 Delta 中立部位，該金融機構必須買進 3,076.6 股（即 $5{,}000\Delta^c$），此隱含著若到期股價上升 1（下跌 1），因買權價格亦隨之上升，故買權部位有 $5{,}000\Delta^c$ 的損失（獲利），不過因標的資產部位亦有 $5{,}000\Delta^c$ 的獲利（損失），故金融機構的總收益為 0。

例 2　Gamma 與 Vega 曲線

面對 BSM 模型的避險參數函數如（2-21）～（2-27）式，我們不難繪製出各避險參數函數型態。例如：圖 2-17 與 2-18 分別繪製出 Gamma 與 Vega 曲線，其中前者係繪製出不同 T 值下的 Gamma 曲線，而後者則繪製出不同 σ 值下的 Vega 曲線，讀者可嘗試解釋上述二圖以及練習繪製其他的避險參數曲線。可以參考所附的 Python 指令。

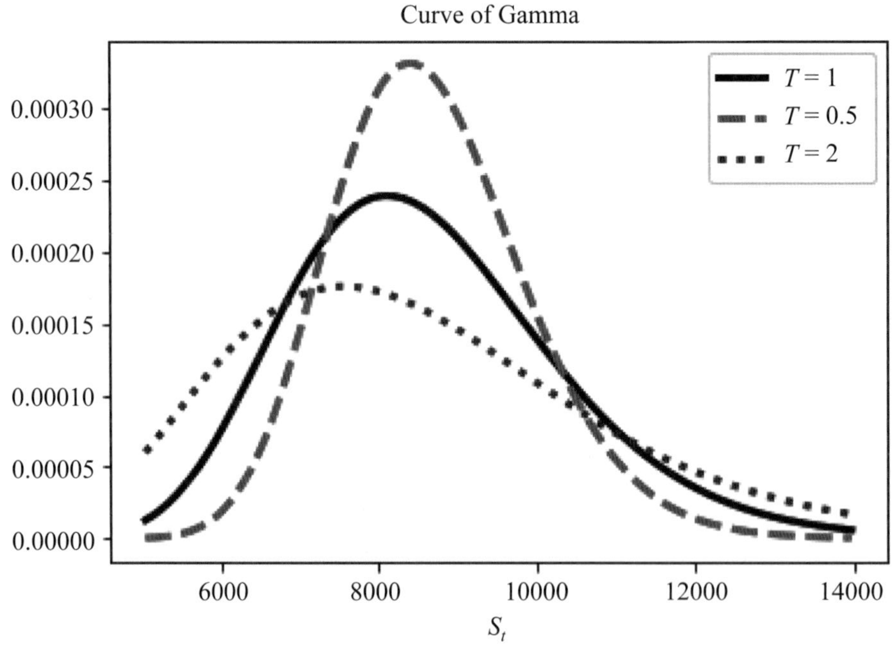

圖 2-17　Gamma 曲線

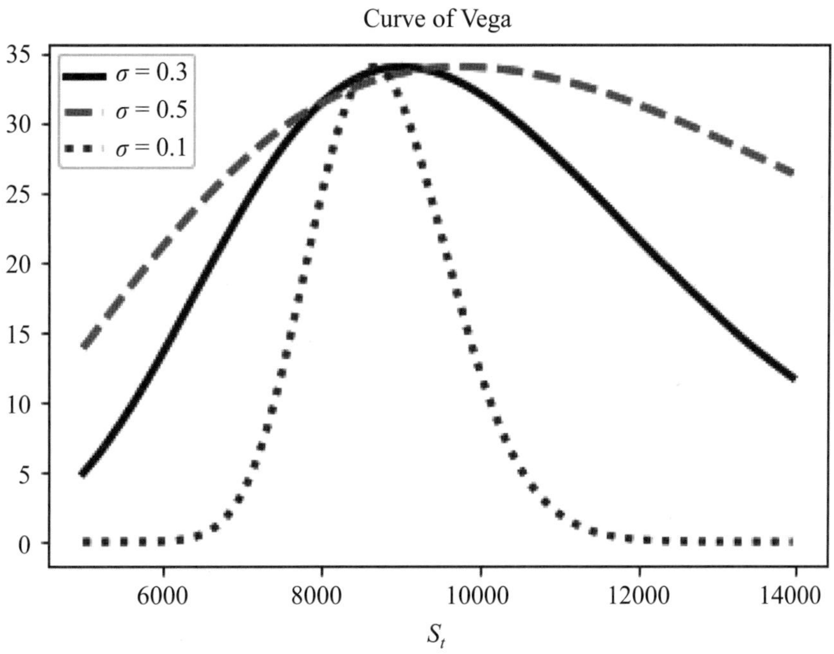

圖 2-18 Vega 曲線

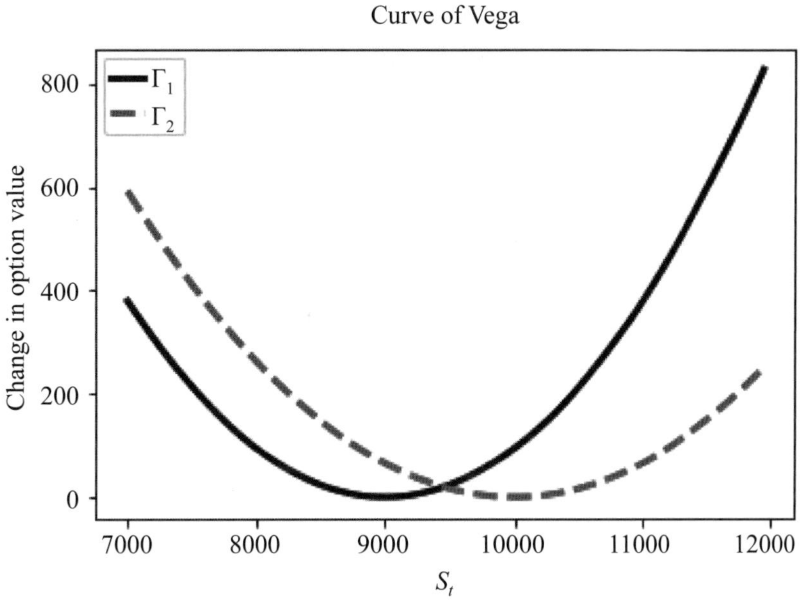

圖 2-19 Delta 中立下買權價值的變動，其中 Γ_1 與 Γ_2 可對應至圖 2-16 內之圓形黑點與菱形黑點

例 3 Gamma 的應用

於例 1 內，若 S_t 的變動較大，則 Delta 避險會失眞。直覺而言，上述失眞程度與 Gamma 值的大小有關。換言之，我們可以利用 Delta 與 Gamma 值計算 S_t 變動下的買權或賣權價格的變化。令 $V(S)$ 表示買權或賣權價格函數而 S 爲標的資產價格。利用泰勒（Taylor）展開式，於 S_0 之下可得：

$$V(S) \approx V(S_0) + \frac{\partial V(S_0)}{\partial S}(S - S_0) + \frac{1}{2!}\frac{\partial^2 V(S_0)}{\partial S^2}(S - S_0)^2 + o(S)$$

$$\Rightarrow V(S) - V(S_0) = \Delta(S - S_0) + \frac{1}{2}\Gamma(S - S_0)^2 \qquad (2\text{-}28)$$

即 Gamma 值可用於校正例如圖 2-16 內 c_t 屬於非線性曲線所引起的失眞，而該失眞程度與 c_t 曲線的非線性程度有關。

因此，根據（2-28）式，採取 Delta 中立避險，當 S 有變動，$V(S)$ 的變動反而是 $\frac{1}{2}\Gamma(S - S_0)^2$ 而不是 0。根據圖 2-16，圖 2-19 繪製出 Delta 中立下買權價值的變動，其中 Γ_1 與 Γ_2 可對應至圖 2-16 內之圓形黑點與菱形黑點。我們從該圖內可看出即使採取 Delta 中立避險策略，買權價值的變動幅度仍會隨 S_t 變動幅度的擴大而變大。

例 4 資產組合的 Delta 與 Gamma 中立

考慮一個資產組合 $P = n_1c_1(S) + n_2c_2(S) + n_3S$，其中 c_1 與 c_2 爲有相同標的資產的二種買權合約，而 $n_i(i = 1,2,3)$ 爲對應的購買數量，即 P 表示由上述二種買權合約與標的資產所構成的資產組合。根據 P，我們可以分別計算對應的 Delta 與 Gamma 中立，即：

$$\Delta^P = n_1\Delta_1^c + n_2\Delta_2^c + n_3 = 0 \text{ 與 } \Gamma^P = n_1\Gamma_1 + n_2\Gamma_2 = 0$$

是故，若 Δ_i^c 與 Γ_i 爲已知值，則可知 $n_i(i = 1,2,3)$ 值爲何。例如：若 $\Delta_1^c = 0.5$、$\Delta_2^c = 0.3$、$\Gamma_1 = 0.03$ 與 $\Gamma_2 = 0.025$，則當 $n_1 = -100$，可得：

$$n_2 = -n_1\Gamma_1 / \Gamma_2 = 120 \text{ 與 } n_3 = -n_1\Delta_1^c - n_2\Delta_2^c = 14$$

同理，若 $n_1 = -60$，則 n_2 與 n_3 分別爲 72 與 8.4。

例 5　資產組合的 Gamma 與 Vega 中立

例 4 的例子提醒我們爲了同時達到 Delta 與 Gamma 中立，資產組合內必須包括至少二種相同標的資產的選擇權合約。我們繼續延伸。假定上述資產組合的 Gamma 與 Vega 值分別爲 Γ^P 與 ν^P，而第一種與第二種選擇權合約的 Gamma 與 Vega 值分別爲 Γ^1 與 ν^1 以及 Γ^2 與 ν^2，則可得：

$$\text{Gamma 中立：}\Gamma^P + n_1\Gamma^1 + n_2\Gamma^2 = 0$$
$$\text{Vega 中立：}\nu^P + n_1\nu^1 + n_2\nu^2 = 0$$

故可得：

$$\begin{cases} n_1\Gamma^1 + n_2\Gamma^2 = -\Gamma^P \\ n_1\nu^1 + n_2\nu^2 = -\nu^P \end{cases}$$

解上述聯立方程式自然可得n_1與n_2。舉一個例子說明。令 $\Gamma^P = -3,200$、$\nu^P = -2,500$、$\Gamma^1 = 1.2$、$\nu^1 = 1.5$、$\Gamma^2 = 1.6$ 與 $\nu^2 = 0.8$，因此可知 $n_1 = 1,000$ 與 $n_2 = 1,250$ [19]。

習題

(1) 何謂 BSM 模型的避險參數？有何用處？

(2) BSM 模型的偏微分方程式可寫成：

$$\frac{\partial \Pi}{\partial t} + rS\frac{\partial \Pi}{\partial S} + \frac{1}{2}\sigma^2 S^2 \frac{\partial^2 \Pi}{\partial S^2} = r\Pi$$

---

[19] 若檢視所附的 Python 指令，我們有使用行列式求解。Python 的行列式指令爲 np.linalg.det(a)，其中 a 表示矩陣。試下列 Python 指令：

```
a = np.array([[1, 2], [3, 4]])
a
np.linalg.det(a) # -2.0000000000000004
```

讀者可試試。

其中 Π 表示選擇權合約的價值。上式可改用避險參數表示，即：

$$\Theta + rS\Delta + \frac{1}{2}\sigma^2 S^2 \Gamma = r\Pi$$

試舉一個例子說明上式。

(3) 何謂 Delta 中立？試解釋之。

(4) 若金融機構採取 Delta 中立避險策略，試說明於圖 2-16 內圓形黑點至菱形黑點的調整過程。

(5) 試解釋例 5。若再加入 Delta 中立，結果為何？

2.3 波動率微笑曲線與波動率曲面

若我們重新檢視 BSM 公式，應會注意到 BSM 公式其實可以再深入了解；換言之，面對 BSM 公式如（2-18）與（2-19）二式，應該可以分成二個步驟來看：第一當然是知道如何透過上述二式計算出買權與賣權的價格，而第二則是從第一個步驟內可知必須事先知道一些參數值（如 r、T 或 σ 等），然後才能計算出對應的買權與賣權的價格，只不過若上述參數值有改變，對應的買權與賣權價格亦會隨之改變，後者則稱為買權與賣權的敏感度（sensitivity）。因此，為了能有效「監控」選擇權交易，我們亦需要注意選擇權的敏感度分析。

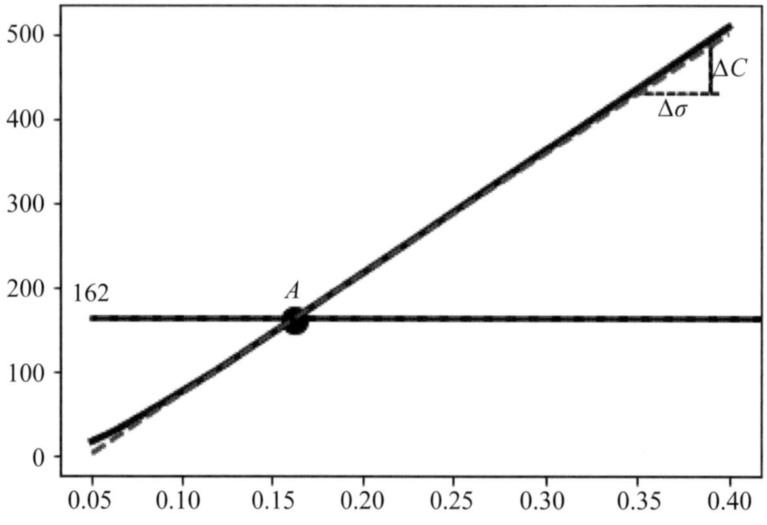

圖 2-20　買權 Vega 值的意義

我們已經知道選擇權的敏感度分析可以稱爲避險參數分析，即習慣上以 Delta、Theta、Gamma，Vega 以及 Rho 值分別表示不同參數值與選擇權價格之間的關係。於本節，我們檢視 Vega 避險參數。於 2.2.2 節內，我們知道買權與賣權價格對波動率的敏感度可以稱爲買權與賣權價格的 Vega 值，重寫（2-25）式，即：

$$\begin{aligned} v_t^c &= \frac{\partial c_t}{\partial \sigma} = S_t e^{-q(T-t)} N'(d_1)\sqrt{T-t} \\ &= Ke^{-r(T-t)} N'(d_2)\sqrt{T-t} \end{aligned} \tag{2-29}$$

其中 $v_t^p = \dfrac{\partial p_t}{\partial \sigma} = v_t^c$，即歐式買權與賣權的 Vega 值相同[20]。我們可以透過圖 2-20 了解 Vega 值的意義。直覺而言，按照 Vega 值的定義，其不就是圖 2-15 內曲線（線上）每點的斜率值嗎？

以買權爲例，圖 2-20 重新繪製圖 2-15 內的左圖，而我們有興趣想要知道 A 點的斜率值爲何？我們以圖內虛線的斜率值取代 A 點的斜率值，而該虛線的斜率值可爲：

$$m = \frac{\Delta c}{\Delta \sigma} = \frac{162.0249 - 161.8827}{0.0001} = 1,422.311$$

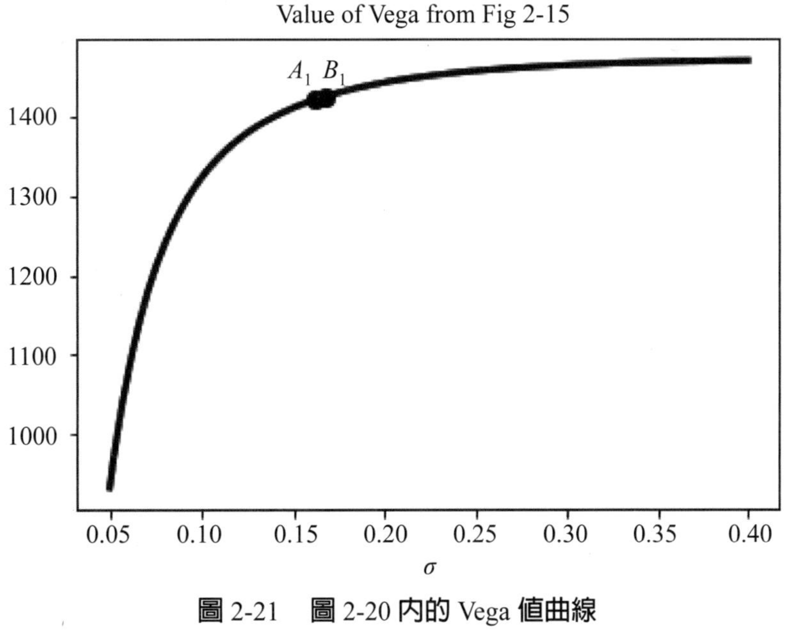

圖 2-21　圖 2-20 內的 Vega 值曲線

[20] 因 $S_t N'(d_1) = Ke^{-r(T-t)} N'(d_2)$，故 v_t^c 或 v_t^p 有二種表示方式。

換言之，若波動率上升 0.01%，則買權價格約上升 0.1422。若使用（2-29）式，則於 A 點處，其 Vega 的估計值則約爲 1,422.27，而該估計值與上述 m 值差距不大。我們亦可以進一步估計圖 2-20 內曲線上每點的 Vega 估計值，其結果則繪製於圖 2-21，其中 A_1 點可以對應至圖 2-20 內的 A 點。值得注意的是，從（2-29）式可知買權與賣權的 Vega 估計值曲線應該是相同的，但是從圖 2-15 內卻可發現左圖與右圖未必完全相同，即買權與賣權的隱含波動率並不相同；換言之，讀者應該不難證明圖 2-21 內的 B_1 點可以對應至圖 2-15 內的 B 點。因此，若檢視 10/6 日的開盤價（表 2-1），我們竟發現買權與賣權的 Vega 估計值並不相等，明顯地與（2-29）式衝突。

嚴格來講，對於上述衝突或不一致的現象我們並不意外，因爲於第 2 節內，我們其實已經有注意到波動率絕非是一個常數。透過圖 2-21，我們發現 Vega（估計值）曲線的線上每點可以對應至買權或賣權的隱含波動率，而我們從（2-29）式內，亦可發現該隱含波動率竟然與 K 與 T 有關，此豈不是隱含著隱含波動率竟是後二者的函數嗎？也就是說，於相同的到期日之下，不同履約價買權與賣權的波動率是否相等？BSM 模型是假定波動率是一個固定的常數值，然而實際的情況如何呢？

表 2-2　TXO 的市場行情（2010/11/1）

K	7,900	8,000	8,100	8,200	8,300	8,400	8,500
開盤價							
c	480	391	327	260	201	159	110
p	58	96	117	154	195	250	304
收盤價							
c	520	440	360	298	234	186	138
p	51	71	97	129	169	213	268

說明：1. $S_0 = 8{,}287.09$（2010/10/29）、$r = 1.13/100$、$q = 0$ 與 $T = 33/252$。
2. c 與 p 分別表示買權與賣權價格。
3. 資料來源：TEJ。

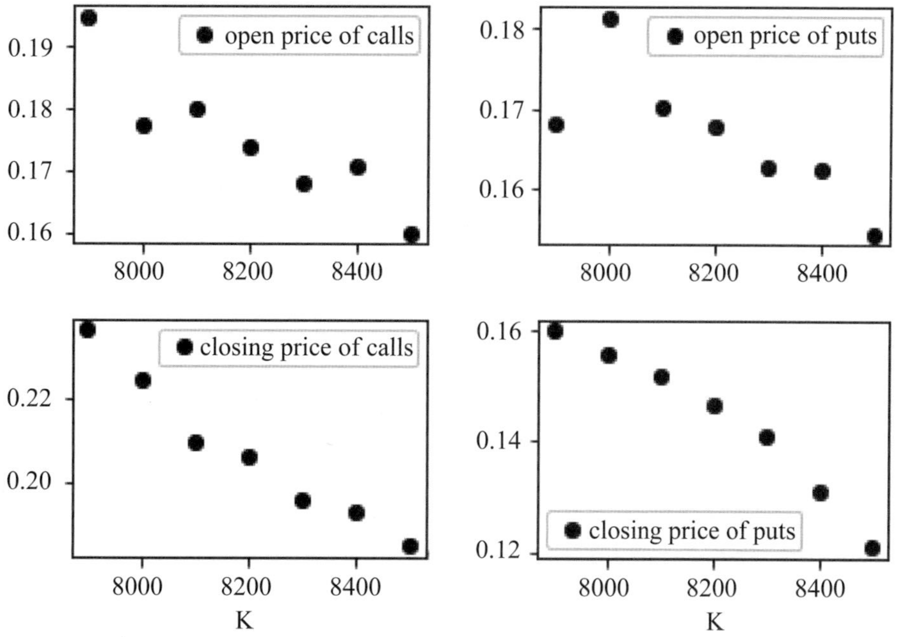

圖 2-22　表 2-2 內買權以及賣權之開盤價與收盤價的波動率微笑曲線

表 2-2 列出 2010/11/1 日的 TXO201012 的買權與賣權市場行情（到期日爲 2010/12/16），即表 2-2 內存在有履約價分別爲 7,900、8,000、8,100、8,200、8,300、8,400、與 8,500 的合約。面對表 2-2 的市場行情，一個自然的反應是上述市場價格的隱含波動率爲何？我們考慮二種情況，即分別計算開盤價與收盤價的隱含波動率。若以前一個交易日（10/29）的標的資產收盤價爲期初值，即 $S_0 = 8{,}287.09$；另外，利用 $r = 1.13/100$、$q = 0$ 與 $T = 32/252$，我們可以分別計算不同履約價下（相同到期日）的隱含波動率，而其計算結果可以繪製如圖 2-22 所示。通常，我們稱圖 2-22 內的曲線爲波動率微笑曲線（volatility smiles）[21]。根據 BSM 模型的假定，上述波動率微笑曲線應該是一條水平直線（即隱含波動率皆相等），但是我們從圖 2-22 內可以看出開盤價或收盤價的隱含波動率卻並非如此，其反而顯示出隱含波動率與履約價大致維持負的關係；換言之，市場實際情況的確與 BSM 模型的假定相衝突。

[21] 通常外匯選擇權的波動率微笑曲線較像「微笑」的形狀，而股票選擇權的波動率微笑曲線較像圖 2-22 內曲線的形狀，可以參考例如 Hull（2015）。

表 2-3　TXO201012C 之部分開盤價

日期／K	7,900	8,000	8,100	8,200	8,300	8,400	8,500
11/1	480	391	327	260	201	159	110
11/2	510	444	360	297	240	199	140
11/3	510	460	375	314	248	193	146
11/4	493	400	338	259	181	160	114
11/5	570	435	420	380	280	200	165
11/8	590	492	420	347	280	215	175
11/9	555	478	397	317	253	199	157

說明：1. T 依序分別爲 33/252、32/252、31/252、30/252、29/252、28/252 與 27/252。
2. S_0 依序分別爲 8,287.09、8,379.75、8,344.76、8,293.9、8,357.85、8,449.34 與 8,430.58。
3. $r = 1.13/100$ 與 $q = 0$。
4. 資料來源：TEJ。

我們可以進一步檢視圖 2-22 內波動率微笑曲線的動態變化。表 2-3 延續表 2-2，不過其只列出 TXO201012C 之部分開盤價（11/1～11/9）。我們仍以表內每一個開盤價的前一日標的資產價格的收盤價爲期初值；另外，令 $r = 1.13/100$ 與 $q = 0$，圖 2-23 繪製出表 2-3 對應的「動態」波動率微笑曲線。也許，我們不易從圖 2-23 內的 3D 立體圖看出端倪，不過若將上述立體圖拆解，則可繪製如圖 2-24 所示。從圖 2-22 或 2-24 內可以看出動態的波動率微笑曲線仍並非是一個固定的曲線。是故，BSM 模型內假定波動率爲一個固定的常數值，的確是一個值得進一步檢視或探討的課題。

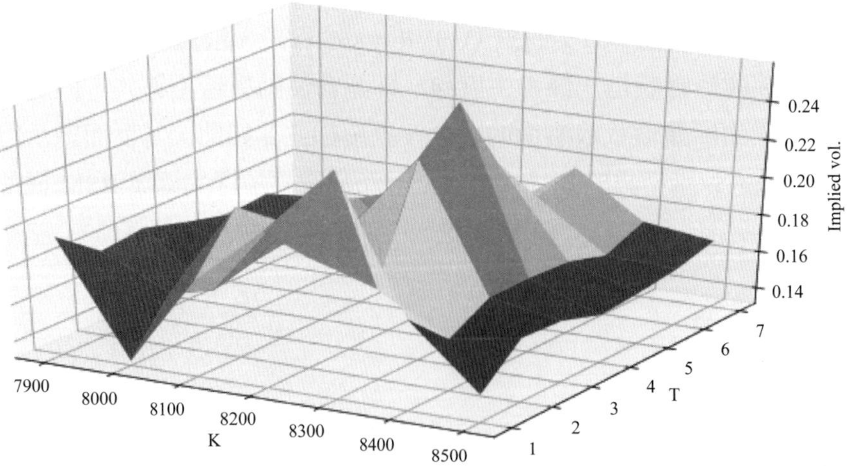

圖 2-23　TXO201012C 之部分開盤價的動態波動率微笑曲線（11/1～11/9）

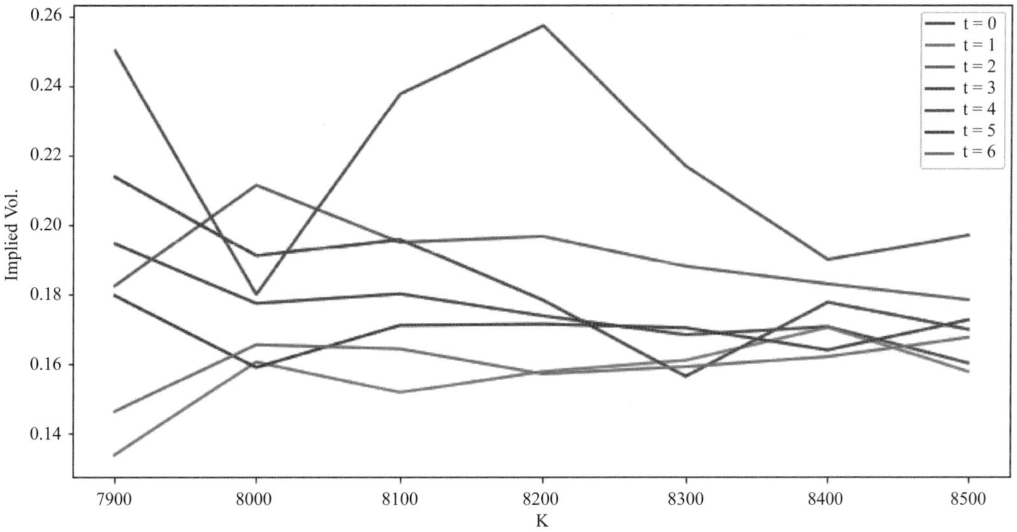

圖 2-24 圖 2-23 的解析

例 1 再談隱含波動率的估計

其實圖 2-15 就是用所謂的「畫格子（grid）」方法以估計隱含波動率，而該方法實際上就是「嘗試錯誤（try and error）」方法的應用，即例如以 BSM 公式所計算的價格與市價有差距時再做修正。上述嘗試錯誤方法不難用程式表示，可以參考所附的 Python 指令。我們舉一個例子說明。假定我們所面對的是以 S&P500 爲標的而履約價爲 100 的歐式買權合約，該合約的到期日爲 2019/12/20[22]。今天是 2019/10/03，而 S&P500 的收盤價爲 2,887.61 以及買權的收盤價爲 2,848.89。令 $r = 0.02$、$q = 0$ 以及 $T = 0.2137$（按實際日數計算），利用上述嘗試錯誤方法所計算出的隱含波動率竟高達 704.36%。根據上述波動率，讀者亦可用 BSM 公式檢視該波動率是否有誤。隱含波動率如此高，之前所用的估計方法未必能估計到。

例 2 歷史波動率與隱含波動率

如前所述，圖 1-2 所估計的波動率是屬於歷史波動率，顧名思義，歷史波動率屬於「事前」的概念；另外，有了實際選擇權市價後才能計算隱含波動率，故隱含波動率是屬於「事後」的概念。因此，出現一個實際的問題，究竟歷史波動率可否估計到隱含波動率？圖 2-25 繪製出 TXO201012C8300 合約內的部分結果

[22] 上述合約名稱可寫成 SPX191220C00100000。

（2010/9/16～2010/12/3，到期日爲2010/12/16）[23]，其中歷史波動率資料取自圖1-2。從該圖內可看出相對於隱含波動率而言，歷史波動率的時間走勢較爲平穩，而隱含波動率卻有較大波動的時間走勢，尤其是離到期日愈近，隱含波動率估計的困難度愈高而且波動幅度也愈大。既然於圖 2-25 內可看出利用歷史波動率估計隱含波動率有一定的困難度，那我們是否可以用歷史的（即過去的）隱含波動率估計未來的波動率？前述的 SV 或 GARCH 模型不就是希望如此嗎？

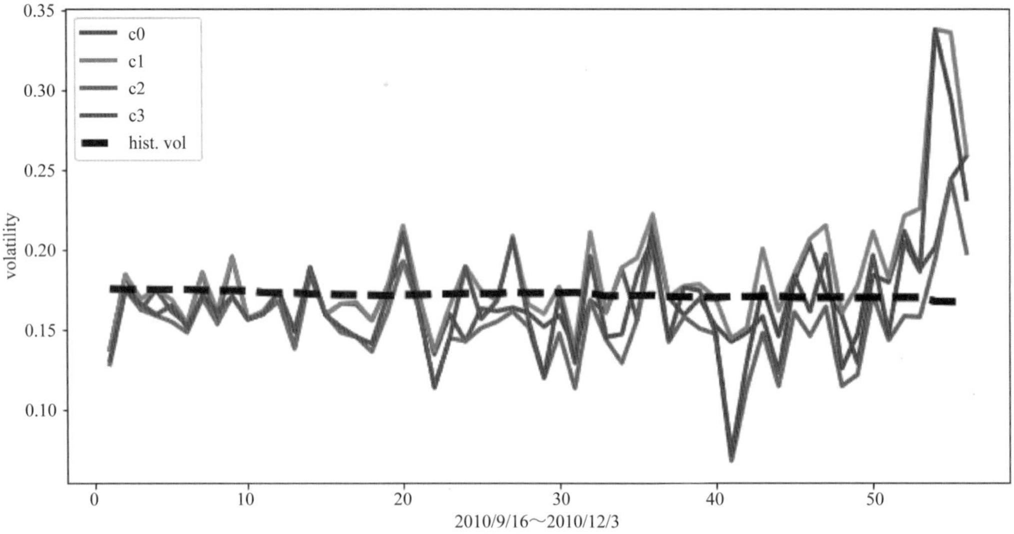

圖 2-25　TXO201012C8300 合約內歷史波動率與隱含波動率的比較

表 2-4　（相同交易日）虛構的歐式買權價格

T/K	200	210	220	230	…	300
0.0877	49.95	40.45	31.10	22.20	…	0.14
0.1644	51.35	42.30	33.75	25.85	…	0.97
0.4329	57.25	49.40	42.05	35.30	…	6.40

[23] 圖 2-25 內的資料取自 TEJ，因版權關係，筆者無法提供該檔資料，讀者若有需要，需要自行至 TEJ 下載。圖 2-25 內的 $c0$、$c1$、$c2$ 與 $c3$ 分別表示買權開盤價、最高價、最低價與收盤價。

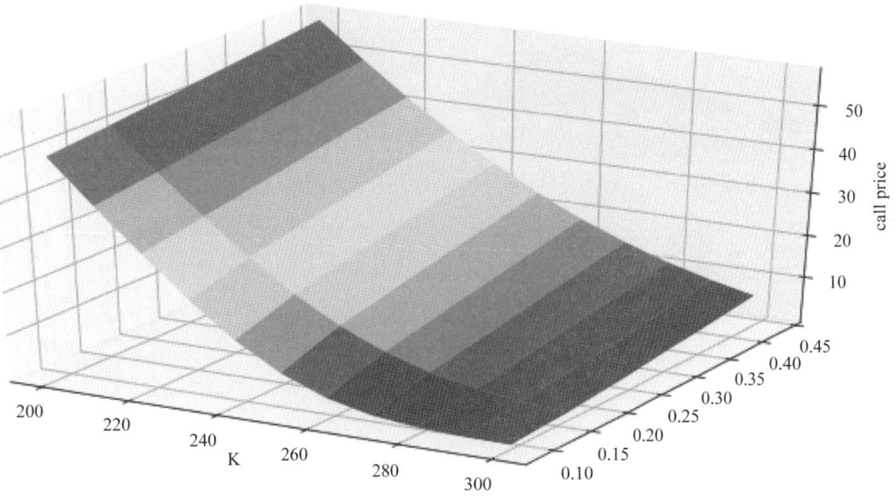

圖 2-26 買權價格曲面

例 3 隱含的波動率曲面

若重新檢視圖 2-22～2-25 內的波動率微笑曲線，應該可以發現上述圖內的曲線只描述隱含波動率的「一面」而已，畢竟其只估計於相同到期日下，不同履約價的隱含波動率；換言之，若有不同的到期日，則不同履約價的隱含波動率爲何？考慮下列的虛構資料如表 2-4 所示。表 2-4 與表 2-3 不同的是，前者是不同到期日而後者則有相同的到期日；換言之，表 2-4 是於某一個交易日下存在有不同履約價（從 200 至 300，其中不同履約價之間的間隔爲 10，可以參考所附的 Python 指令）與不同到期日的（歐式）買權價格。圖 2-26 繪製出上述買權價格曲面。

假定 $S_0 = 249.1$、$r = 0.03$ 與 $q = 0$，我們可以先估計出歐式買權價格的隱含波動率後，再繪製其圖形如圖 2-27 所示。圖 2-27 的 3D 立體圖描述了不同到期日與不同履約價的隱含波動率估計，其中 3D 立體圖則稱爲隱含的波動率曲面（implied volatility surface）。類似於圖 2-23 與 2-24 的關係，圖 2-27 隱含著圖 2-28，而後者描述著到期日不同的波動率微笑曲線。有意思的是，於 T = 0.0877 之下，對應的波動率微笑曲線已隱約可看到「微笑」的形狀。也許，就是因爲隱含波動率曲面的存在，而該曲面透露了市場對於未來波動（率）的訊息，故選擇權交易的操作亦需要學習隱含波動率曲面的建立[24]。

---

[24] 有興趣的讀者可以參考例如 Gatheral（2006）。

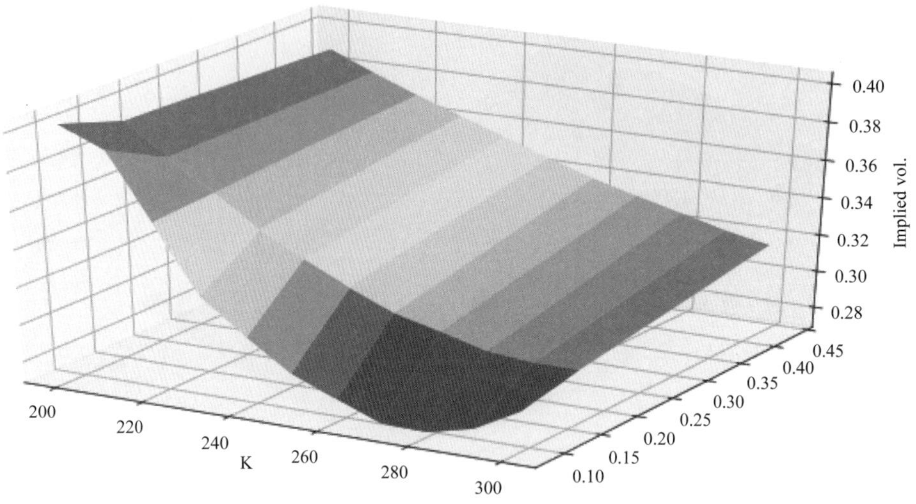

圖 2-27　**隱含波動率曲面**

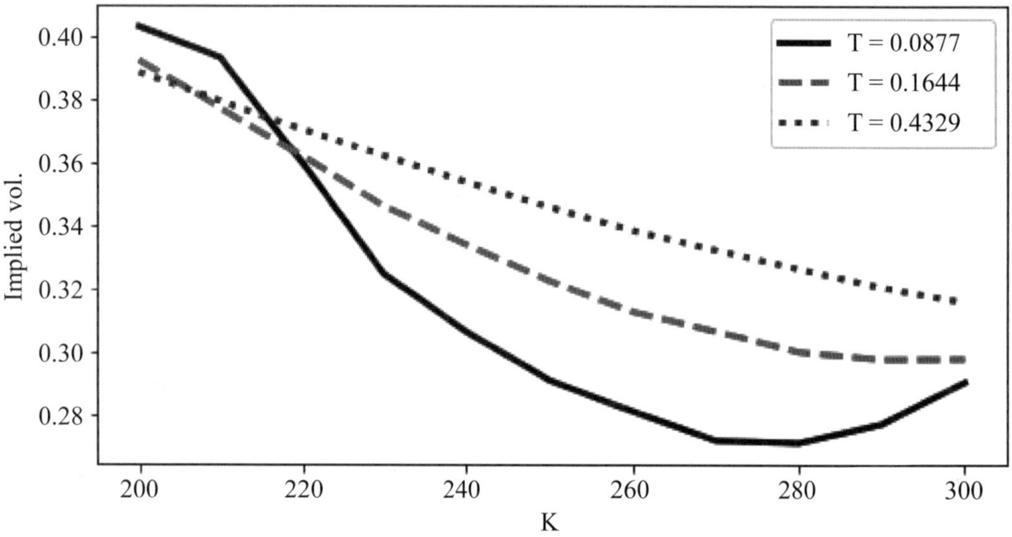

圖 2-28　圖 2-27 **的拆解**

例 4　波動率微笑

顧名思義，波動率微笑（volatility smile）指的是隱含波動率與不同履約價之間的關係，因其像「微笑」形狀如圖 2-29 所示，故稱為波動率微笑曲線。我們從圖 2-29 內可看出，相對於價平（ATM）而言，當合約愈趨向於價外（OTM）或價內（ITM），隱含波動率反而不降反升。如前所述，根據 BSM 模型的預期，於不同的履約價下，模型內的（隱含）波動率應該是一個水平直線；也就是說，按照BSM 模型的假定，市場應該不會出現類似於圖 2-29 的結果。當然，未必所有的選擇權合約會出現波動率微笑情況，大概只有短期股票選擇權或外匯選擇權容易出現波動率微笑的例子。

最早較少有出現波動率微笑的例子，不過自 1987 年股市崩盤[25]後，投資人或市場交易人有意識到極端事件可能會發生，故反而易出現波動率歪斜的情況；換言之，時至今日投資人應將極端事件出現的可能性納入選擇權定價模型內，即愈接近OTM 或 ITM 等極端情況，波動率有可能反而會愈高。

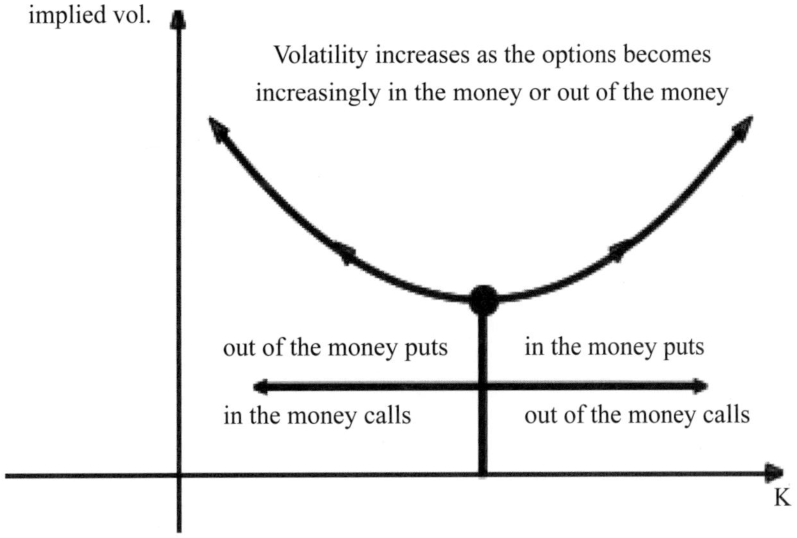

圖 2-29　波動率微笑曲線

例 5 VIX

顧名思義，歷史波動率只能反映過去的結果，故基本上其屬於一種落後的指標，與之對應的是波動率指數（volatility index, VIX），其乃根據 S&P500 選擇權的隱含波動率所編製而成，因其可反映市場交易人對未來風險的預期，故其屬於一種「領先指標」。VIX 又稱爲「恐慌指數」，顧名思義，若 VIX 上升，表示市場

[25] 道瓊指數於 1987 年 10 月 19 日當天曾創下有史以來最大的跌幅達 22.6%，該天又稱爲「黑色星期一（Black Monday）」。

的波動提高，投資人感到恐慌不安；相反地，若 VIX 趨向平緩，表示市場的波動不高，投資人的恐慌不安程度反而下降。

利用 Python，我們也可以直接從 Yahoo 下載 VIX。圖 2-30 同時繪製出 S&P500 與 VIX 的收盤價時間序列走勢（1999/12/31～2020/12/18），讀者不難看出 VIX 所扮演的角色。

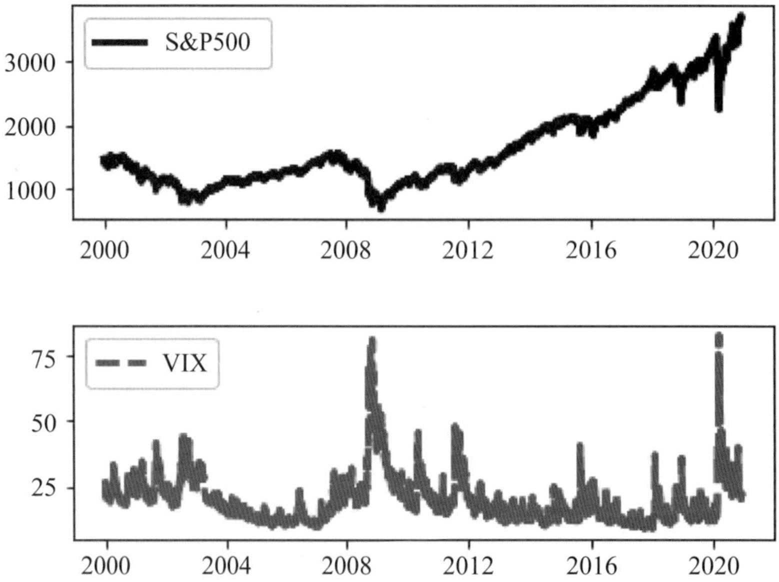

圖 2-30　S&P500 **與** VIX **收盤價之時間走勢**（1999/12/31～2020/12/18）

上述 S&P500 與 VIX 的收盤價時間序列可用下列的 Python 指令下載，即：

```
import yfinance as yf
SP = yf.download("^GSPC", start="2000-01-01", end="2020-12-20")
St_SP = SP.Close # 收盤價
VIX = yf.download("^VIX", start="2000-01-01", end="2020-12-20")
St_VIX = VIX.Close
```

例 6　從 Yahoo 下載選擇權歷史資料

試執行下列 Python 指令：

```
aapl = yf.Ticker("AAPL")
aapl.options
opt = aapl.option_chain('2020-12-24')
aaplcalls = opt.calls
aaplputs = opt.puts
aaplcalls['contractSymbol']
aaplcalls['lastTradeDate']
aaplcalls['strike']
aaplcalls['lastPrice']
# save
aaplcalls.to_excel('F:/OptionsPython/ch2/data/aaplcalls2020.xlsx')
aaplputs.to_excel('F:/OptionsPython/ch2/data/aaplputs2020.xlsx')
```

上述指令下載 AAPL 的選擇權資料，讀者應可了解上述指令的意義[26]。

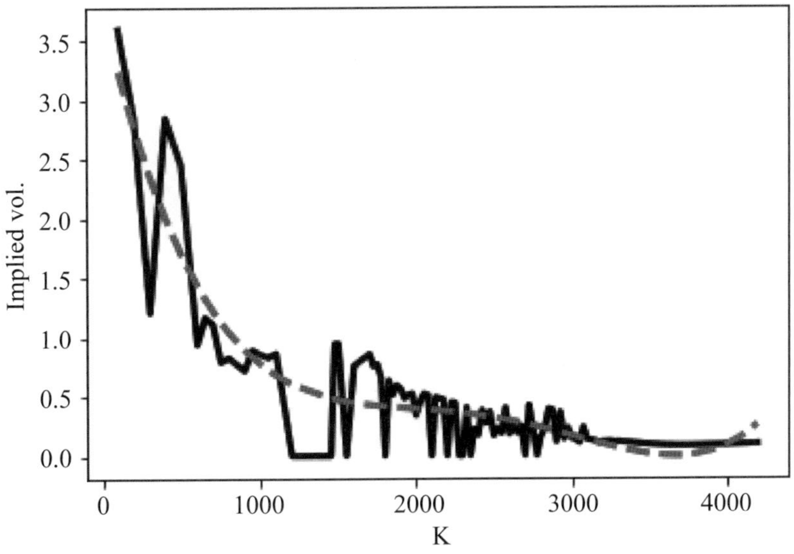

圖 2-31　S&P500 買權的波動率微笑曲線的估計

[26] 因上述指令只提供下載當日的資料，而讀者下載時間未必與筆者相同，讀者可挑選任一時間的合約資料。

例 7 S&P500 買權的波動率微笑曲線

假定我們所面對的是 S&P500 爲標的的歐式買權合約，該合約的到期日爲 2020/12/18。假定今天是 2020/1/4，即 $S_0 = 3{,}234.85$ 與 $T = 0.9562$。令 $r = 0.02$ 與 $q = 0$，我們不難估計出對應的波動率微笑曲線如圖 2-31 的實線所示（K 與 c_t 值可參考所附的檔案）。由於波動的變動太頻繁，該估計的波動率微笑曲線並不平滑。面對上述情況，我們嘗試使用多項式迴歸模型（polynomial regression）以取得該波動率微笑曲線的平滑配適曲線；換言之，多項式迴歸模型可寫成：

$$y = \beta_1 + \beta_2 x + \beta_3 x^2 + \cdots + \beta_{n+1} x^n + u$$

其中 u 爲誤差項。若分別以隱含波動率以及履約價取代 y 與 x，使用 $n = 4$ 與最小平方法（OLS），即可得圖 2-31 內的虛線，即該虛線表示上述迴歸線的配適曲線。

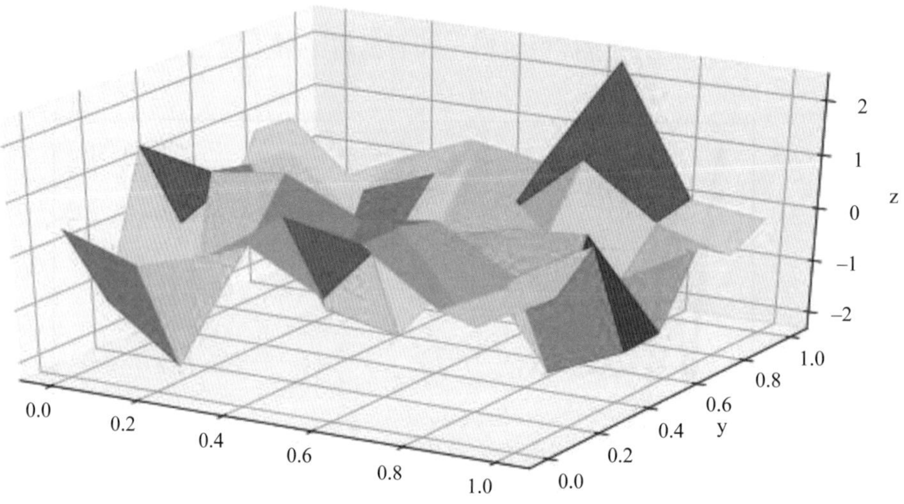

圖 2-c

習題

(1) 何謂波動率微笑曲線？試解釋之。

(2) 隱含波動率爲何是 T 與 K 的函數？試解釋之。

(3) 何謂波動率曲面？試解釋之。

(4) 爲何會出現波動率微笑曲線？試解釋之。提示：可以上網查詢。（資產價格跳動與槓桿效果）。

(5) 歷史波動率爲何與隱含波動率不同？試解釋之。

(6) 令 **X** 是一個 7×8 的矩陣，而其內之元素爲標準常態分配的觀察值。若 **X** 的列向量的單位爲介於 0 與 1 的 7 個等分，而 **X** 的行向量的單位爲介於 1 與 10 的 8 個等分，試繪製出 **X** 的 3D 立體圖。提示：可以參考圖 2-c。

(7) 若使用 NR(·) 函數指令計算隱含波動率如圖 2-22，會出現何種情況？

(8) 續上題，其結果爲何？試解釋之。

(9) 若今天是 2019/12/20，即 $S_0 = 3{,}426.92$ 與 $T = 1.1589$。令 $r = 0.02$ 與 $q = 0$。K 與 c_t 值可參考所附的檔案，試估計 S&P500 買權（2021/12/17 到期）的波動率微笑曲線。提示：可以參考圖 2-d。

(10) 何謂恐慌指數？試解釋之。

(11) 我們總共介紹多少種估計隱含波動率的方法？試解釋之。

(12) 波動率微笑曲線的涵義爲何？試解釋之。提示：可上網查詢。

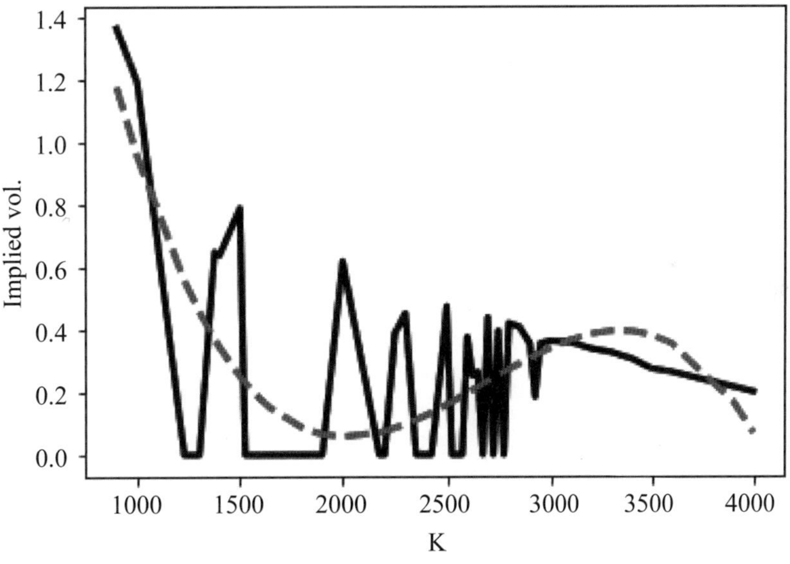

圖 2-d

Chapter 3

MJD模型

於圖 2-7 內我們大概已經知道 TWI 日對數報酬率時間序列資料並非屬於常態分配，底下我們進一步檢視。圖 3-1 繪製出二種情況，即左圖繪製出圖 1-1 內 TWI 日對數報酬率序列資料的實證 PDF（直方圖）（2000/1/4～2019/7/31），而右圖則繪製出 2019/7/31 日之前的最近 1 年資料（1 年有 252 個交易日）的實證直方圖，其中實線爲對應的常態分配的 PDF（以樣本的平均數與變異數爲常態分配的參數）。從圖 3-1 內可看出相對於常態分配而言，上述實證直方圖具有「高峰、腰瘦、左偏且厚尾」的特性；換言之，從圖 3-1 內可看出 TWI 日對數報酬率時間序列資料應該不會屬於常態分配，隱含著 TWI 日收盤價並不屬於對數常態分配。

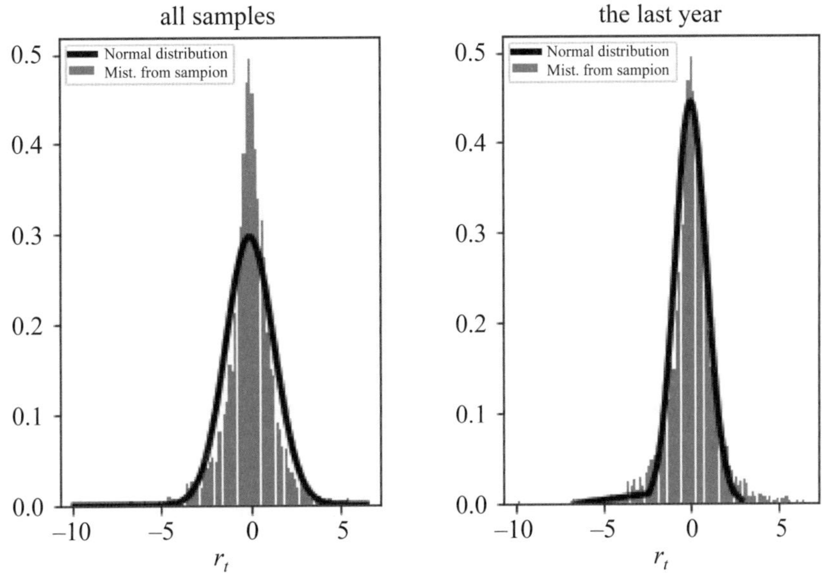

圖 3-1　圖 1-1 內 TWI 日對數報酬率資料的實證分配

我們如何解釋上述「高峰、腰瘦、左偏且厚尾」的特性？可以參考表 3-1。表 3-1 列出圖 3-1 內實證 PDF 與常態 PDF 的一些樣本敘述統計量，而上述統計量可以整理成：

(1) 高峰特性可由樣本峰態係數顯示，即圖 3-1 內左圖與右圖內的實證 PDF 的峰態係數分別約為 6.7643 與 14.0291（表 3-1 內的樣本 1 與 2），而常態分配的理論峰態係數等於 3。
(2) 至於厚尾特性，以樣本 1 為例，從表 3-1 內可看出日對數報酬率的最小值與最大值分別約為 –9.936% 與 6.5242%，而理論的常態分配的最大與最小值則不超過絕對值 4%；另一方面，從 99% 區間的臨界值亦可看出實證 PDF 的範圍大於對應的常態分配範圍，隱含著日對數報酬率落於大於 4.5% 或小於 –4.5% 範圍的機率大於對應的常態分配，即就常態分配而言，落於上述範圍的可能性是微乎其微。
(3) 其次，檢視腰瘦的特性，即比較表 3-1 內實證 PDF 與理論 PDF 之 80% 區間的臨界值，自然可以看出端倪。
(4) 從圖 3-1 內可看出 TWI 日對數報酬率的實證分配並非對稱而是屬於偏左的分配，我們從表 3-1 內的樣本偏態係數為負值得到驗證。
(5) 再檢視表 3-1，若 TWI 的實際日對數報酬率有可能落於大於 4% 或小於 –4% 範圍內（該範圍幾乎不可能於常態分配內出現），其不是隱含著 TWI 的日收盤價的時間走勢並非如圖 2-a 所示，而是於某段時間會出現垂直上下跳動的曲線嗎？

表 3-1　圖 3-1 內的一些資訊（單位：%）

	偏態	峰態	最大值	最小值	80%	99%
樣本 1	–0.2793	6.7643	6.5246	–9.9360	[–1.4942, 1.4003]	[–4.6356, 4.6146]
常態 1	0	3	小於 4	大於 –4	[–1.7167, 1.7255]	[–3.4549, 3.4636]
樣本 2	–1.4943	14.0291	2.8563	–6.5206	[–0.9016, 0.8900]	[–2.4478, 2.4748]
常態 2	0	3	小於 4	大於 –4	[–1.1507, 1.1499]	[–2.3124, 2.3116]

說明：1. 偏態、峰態、最大值與最小值是指日對數報酬率序列之樣本偏態係數、峰態係數、最大值與最小值。
2. 80%（99%）是指以平均數為中心左右擴充 80%（99%）範圍。
3. 樣本 1 是指 2000/1/4～2019/7/31，而常態 1 是指對應的常態分配，其中平均數與變異數以樣本 1 的平均數與變異數取代。
4. 樣本 2 是指離 2019/7/31 最近的一年資料（252 個交易日），而常態 2 是指對應的常態分配，其中平均數與變異數以樣本 2 的平均數與變異數取代。

因此，從表 3-1 內大致可以看出 TWI 日收盤價的特性，而該特性實際上是與 GBM 的假定衝突；也就是說，從實際的市場資料可以看出資產價格屬於 GBM 並非是一個合理的假定，那是否存在可以取代 GBM 的假定？我們考慮一種可能，即於本章內，我們將檢視 MJD 模型的假定。

3.1 跳動的 GBM

事實上，於 MJD 模型內資產價格仍屬於 GBM 假定的延伸，即該資產價格有時會跳動，因此 MJD 模型相當於假定資產價格屬於會跳動的 GBM；換言之，MJD 模型相當於是 BS 模型的一般化推廣，即後者可視爲前者的一個特例。當然，於尚未介紹 MJD 模型之前，我們需要知道資產價格有時會跳動應如何模型化。

3.1.1 卜瓦松過程與複合卜瓦松過程

MJD 模型內的「跳動」過程其實是根據卜瓦松過程（Poisson process）。卜瓦松過程是一種計數過程（counting process）①，而卜瓦松過程強調跳動的幅度恆等於 1 且二個相鄰跳動的路徑是固定的。例如：圖 3-2 繪製出計數過程的一些實現值走勢，而從圖內可看出於圖 (a) 內有跳動幅度等於 2，故其並不屬於卜瓦松過程；反觀其餘三圖因其跳動幅度皆等於 1，故其倒是皆屬於卜瓦松過程。底下，我們自然會解釋圖 (b)～(d) 的意義。從圖 3-2 內倒是可以看出卜瓦松過程的特色，即其實現值走勢像上山的階梯（前面不知何時有階梯），即有時走很久才有一步階梯，但是有時卻有許多連續的階梯，不過上述階梯的特色是其高度皆相同。其實，若仔細思考，圖 3-2 內的卜瓦松過程倒有點像第 2 章內的布朗運動特徵；也就是說，套用統計學內的術語，從圖 3-2 內可以看出卜瓦松過程的不同增量（increments）之間彼此相互獨立且每一增量是屬於恆定的（stationary），即每一增量的分配是相同的且與時間無關。

大致了解卜瓦松過程的意義後，我們可以定義卜瓦松過程。其實卜瓦松過程可用二種方式定義。定義 1 爲考慮一個計數過程 N_t，其中 $N_0 = 0$ ②。於 t 期時，N_t 可寫成：

---

① 顧名思義，計數過程是指介於 [0,T] 時間內事件發生次數的隨機過程，即事件發生的次數可以計算，但是不知上述事件何時會發生；換言之，一段時間（即 [0,T]）顧客人數或電話鈴響次數等皆屬於計數過程，其特色是事件發生的時間 t_i 是隨機變數，其中 $0 \le t_i \le T$。

② $N_0 = 0$ 亦可寫成 $N(0) = 0$。

$$N_t = \sum_{k \geq 1} \mathbf{1}_{[T_k,\infty)}(t), t \in R_+ \tag{3-1}$$

其中

$$\mathbf{1}_{[T_k,\infty)}(t) = \begin{cases} 1, & t \geq T_k \\ 0, & 0 \leq t < T_k \end{cases}$$

T_k 表示跳動的時間。理所當然，若 N_t 是一種卜瓦松過程，需要滿足下列二個條件：

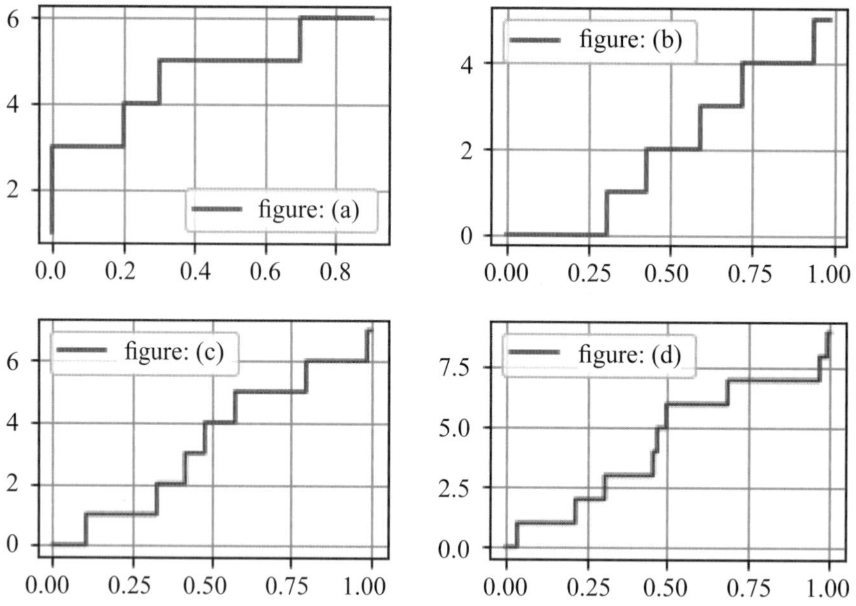

圖 3-2　圖 b～d 屬於卜瓦松過程，圖 a～d 對應的 Δt **分別為** 0.1、0.01、0.001 **與** 0.0001，**其中** $\lambda = 5$

(1) 獨立增量，即若 $0 \leq t_0 < t_1 < \cdots < t_n$ 與 $n \geq 1$，則增量可寫成：

$$N_{t_1} - N_{t_0}, \cdots, N_{t_n} - N_{t_{n-1}}$$

而獨立增量是指上述增量彼此之間相互獨立。

(2) 增量的恆定性，即就所有 $h > 0$ 與 $0 \leq s \leq t$ 而言，$N_{t+h} - N_{s+h}$ 與 $N_t - N_s$ 有相同的分配。

根據例如 Ross（1996），N_t 若滿足上述二個條件，則 N_t 的增量屬於卜瓦松分配，即：

$$P\left(N_t - N_s = k\right) = e^{-\lambda(t-s)} \frac{\left[\lambda\left(t-s\right)\right]^k}{k!}, k = 0,1,2,\cdots \quad (3\text{-}2)$$

其中 $0 \le s \le t$ 與固定參數 $\lambda > 0$ 稱爲卜瓦松過程的抵達率（arrival rate）或強度（intensity）。參數 λ 表示單位時間內預期的跳動次數。我們不難了解上述單位時間以及 λ 的意思，即令 $h = \Delta t = t - s$，故 $\mu = \lambda\Delta t$ 帶入（3-2）式內，則（3-2）式不就是熟悉的卜瓦松分配的機率函數嗎？換句話說，假定一段時間爲 $[0, T]$。若 $T = n\Delta t$ ，即將 T 分割成 n 個 Δt，此時 $T = 1$ 就稱爲單位時間。我們舉一個例子說明。令 $T = 1$、$\lambda = 5$ 與，此時 $\mu = \lambda\Delta t = 0.05$，此隱含著若 100 個交易日的預期跳動次數爲 5 次，則 1 個交易日的預期跳動次數爲 0.05 次。圖 3-2 內圖 (c) 就是根據上述參數以及卜瓦松分配如（3-2）式所繪製而成。

至於定義 2，根據 Ross（1996），一種計數過程 N_t 屬於參數爲 λ 的卜瓦松過程，其必須滿足下列條件：

(1) $N(0) = 0$。
(2) 該過程的增量爲恆定的分配且增量之間彼此獨立。
(3) $P\left[N(h) = 1\right] = \lambda h + o(h)$ ③。
(4) $P\left[N(h) \ge 2\right] = o(h)$。

上述定義 1 與 2 是相等的 ④。

從定義 1 內不難看出卜瓦松過程的確類似於布朗運動，即二者皆從 0 開始且二者皆有獨立的增量；不同的是，布朗運動的增量分配屬於常態分配，而卜瓦松過程的增量分配卻屬於卜瓦松分配，其中常態分配與卜瓦松分配皆屬於恆定的分配（即與時間無關的分配）。至於定義 2，我們從條件 (3) 與 (4) 內可看出 $P\left[N(h) = 0\right] = 1 - \lambda h + o(h)$ 而根據條件 (4) 可以得到 $P\left[N(h) = 2\right] \approx h^2 \frac{\lambda^2}{2} = o(h)$（Ross, 1996）；因此，定義 2 隱含者：

---

③ 若 $f(h)$ 爲 $o(h)$ 指的是 $\lim_{h \to 0} \frac{f(h)}{h} = 0$，可以參考《財時》。

④ 定義 2 隱含著定義 1，該證明可參考 Ross（1996）。

$$\begin{cases} P\left[N(h)=0\right]=1-\lambda h+o(h) \\ P\left[N(h)=1\right]=\lambda h+o(h) \\ P\left[N(h)=2\right]\approx h^2+0.5\lambda^2 h=o(h) \end{cases} \quad (3\text{-}3)$$

換言之，從（3-3）式內可看出出現 0 的機率為 $1-\lambda h$ 而出現 1 的機率為 λh，至於出現高於或等於 2 的機率則等於 0，因此卜瓦松過程實際上就是一種伯努利分配（Bernoulli distribution）。

利用定義 1～2 與（3-3）式我們倒是可以解釋圖 3-2。首先，從定義 1 內可看出我們從卜瓦松分配抽取出卜瓦松過程的觀察值。令 $T=1$，$h=\Delta t$ 以及 $\lambda=5$。根據（3-3）式，於圖 (a) 內可知 $P[N(h)=0]$、$P[N(h)=1]$ 與 $P[N(h)=2]$ 分別約為 0.5、0.5 與 0.125；是故，圖 (a) 並不屬於卜瓦松過程。至於圖 (b)～(d)，按照上述機率順序，圖 (b) 分別約為 0.95，0.05 與 0.00125、圖 (c) 分別約為 0.995，0.005 與 0.0000125 以及圖 (d) 分別約為 0.9995，0.0005 與 0.000000125。以圖 (b) 與 (c) 為例，其出現跳動 1 次的機率分別約為 5% 與 0.5%，而其出現跳動 2 次的機率則分別約為 0.125% 與 0.00125%。即圖 (b)～(d) 內出現跳動 2 次的機率接近於 0。

例 1　二項式分配與卜瓦松分配

某零件工廠產品的不良率為 3%。現在從該工廠隨機抽取 10 件產品，其中有一件屬於不良品的機率為何？從基本統計學內知道可以使用二項式機率分配計算上述機率，即令 $n=10$、$x=1$ 以及 $p=0.03$ 代入二項式機率函數內可得機率約為 0.2281（讀者倒是可以思考於 Python 內有何方式可以計算出上述機率值）。現在不良率改為 0.3%、0.03% 與 0.003%，則上述機率值分別約為何？答案：分別約為 0.0292、0.003 與 0.0003。

其實，上述機率亦可以用卜瓦松分配計算。以 $p=0.03$ 為例，利用二項式機率分配的期望值公式可知 $\mu=np=0.03$，而若是使用卜瓦松分配計算，因 $\mu=0.3$ 與 $x=1$，代入卜瓦松分配的機率函數內可得機率值 0.2222，倒也與二項式機率有些差距，只不過該差距會隨著 p 值的下降而縮小。

事實上，上述機率亦可以使用卜瓦松過程計算。仍以 $p=0.3$ 為例，因 $\mu=0.03$，令 $h=\Delta t=1/n=1/10$，則 $\lambda=\mu/\Delta t=3$，根據（3-3）式可得：

$$P\left[N(h)=1\right]=\lambda h=\lambda\Delta t=0.3$$

當然與上述機率值有差距，不過當再考慮 p 分別為 0.3%、0.03% 與 0.003%，此時對應的 λ 值分別為 0.3、0.03 與 0.003，則根據（3-3）式可得 $P[N(h)=1]$ 分別為 0.03、0.003 與 0.0003，已接近於上述使用二項式分配計算的機率值。

例 2 複合卜瓦松過程

從圖 3-2 內可以看出卜瓦松過程雖然已經將跳動的時間轉成隨機變數，但是其缺點卻是跳動的幅度皆是固定數值；是故，卜瓦松過程於使用上仍有其缺陷。因此，我們必須將重心移至跳動幅度為隨機變數的跳動過程上，其中複合卜瓦松過程（compound Poisson process）是其中一種選項。假定存在 $\{Q_k\}_{k\geq 1}$ 是一系列 IID（獨立且相同分配）的隨機變數，而 $\{N_t\}_{t\in R_+}$ 屬於一種卜瓦松過程，其中 $\{Q_k\}_{k\geq 1}$ 與 $\{N_t\}_{t\in R_+}$ 相互獨立，則複合卜瓦松過程可以寫成：

$$Y_t = Q_1 + Q_2 + \cdots + Q_{N_t} = \sum_{j=1}^{N_t} Q_j, t \in R_+ \tag{3-4}$$

根據（3-4）式，我們倒是可以有多種選擇。例如：假定 Q 屬於均等分配（介於 0 與 1 之間），令 $\lambda = 5$ 與 $\Delta t = 0.001$ 以及與 $\Delta t = 0.0001$，圖 3-3 繪製出二種複合卜瓦松過程的實現值時間走勢。我們從圖 3-3 內可以看出複合卜瓦松過程的特色，即跳動時間與跳動幅度皆是一個隨機變數。

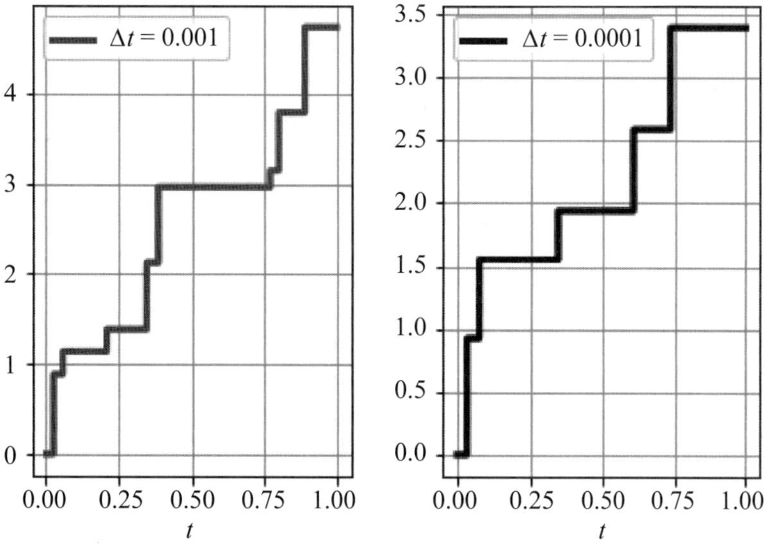

圖 3-3 跳動幅度為均等分配的複合卜瓦松過程

例 3 常態分配下的複合卜瓦松過程

於例 2 內，若 Q_j 使用常態分配而不是均等分配呢？其結果又會如何？我們考慮一個簡單的情況，考慮 $Q_j \sim N(\mu,\sigma^2)$，即 Q_j 有相同的平均數與變異數。根據（3-4）式可知 $Y_t = \sum_{j=1}^{N_t} Q_j \sim N\left(k\mu, k\sigma^2\right)$；是故，令 $\lambda = 5$、$\Delta t = 0.001$（$\Delta t = 0.0001$）、$\mu = 0.5$ 與 $\sigma = 1$，圖 3-4 亦繪製出二種常態分配下的複合卜瓦松過程實現值之時間走勢，而從圖內可以看出此時不僅跳動時間而且跳動幅度皆是隨機變數。有意思的是，圖內假定跳動幅度屬於平均數與變異數分別爲 μ 與 σ^2 的常態分配，其中 k 爲跳動的次數，當然，k 亦是一個隨機變數。

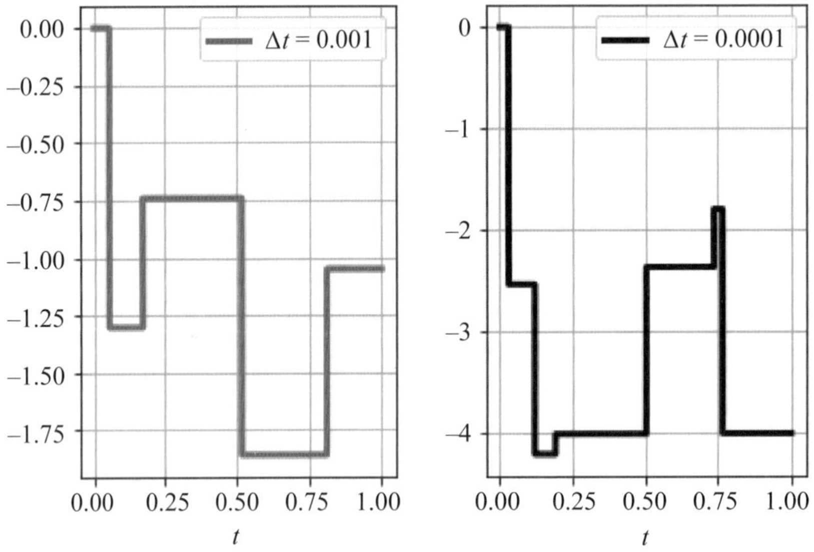

圖 3-4 跳動幅度為常態分配的複合卜瓦松過程

習題

(1) 何謂卜瓦松過程？試解釋之。

(2) 試解釋卜瓦松過程與卜瓦松分配之間的關係。

(3) 何謂複合卜瓦松過程？試解釋之。

(4) 爲何我們需要考慮複合卜瓦松過程？試解釋之。

(5) 試解釋如何模擬出複合卜瓦松過程實現值的時間走勢。

(6) 令 $\lambda = 20$ 與 $\Delta t = 0.001$，試模擬出一種卜瓦松過程實現值的時間走勢。

(7) 續上題，此時每次跳動 0、1 與 2 次的機率分別爲何？

(8) 令 $\lambda = 20$、$\Delta t = 0.001$、$\mu = 0.5$ 與 $\sigma = 1$，試模擬出一種常態分配的複合卜瓦松過程實現值的時間走勢。

3.1.2 跳動－擴散過程

我們從圖 3-1 或表 3-1 內可看出 TWI 日對數報酬率序列並非屬於常態分配，事實上該序列之分配存在左偏且厚尾（即樣本偏態係數為負值且樣本峰態係數大於 3）的現象；因此，我們倒是考慮可以取代前述 GBM 的過程，其中 Merton 的跳動－擴散過程（MJD 模型）是其中一個選項。

MJD 模型是一種指數型 Lévy 過程[⑤]，即資產價格 S_t 可寫成：

$$S_t = S_0 e^{X_t} \tag{3-5}$$

其中 X_t 是一種 Lévy 過程。Merton（1976）選擇 Lévy 過程是以一種具漂浮項（drift）的布朗運動再加上一種複合卜瓦松過程為主，即：

$$X_t = \left(\mu - \frac{\sigma^2}{2} - \lambda\kappa\right)t + \sigma W_t + \sum_{i=1}^{N_t} Y_i \tag{3-6}$$

其中 $\kappa = e^{\gamma+\delta^2/2} - 1$ 與 $(\mu - \sigma^2/2 - \lambda\kappa)t + \sigma W_t$ 為具漂浮項的布朗運動，而 $\sum_{i=1}^{N_t} Y_i$ 項則為複合卜瓦松過程；因此，MJD 模型其實包括常態與非常態（abnormal）成分。是故，BS 模型與 MJD 模型之間最大的差別，就是 MJD 模型多考慮了 $\sum_{i=1}^{N_t} Y_i$ 項。$\sum_{i=1}^{N_t} Y_i$ 項內含二種隨機性，其中之一是 N_t 為一種強度為 λ 的卜瓦松過程，其可主導「隨機跳動時間」；另外一種隨機性是只要有跳動，跳動的幅度是隨機變數。可以注意的是，上述「隨機跳動時間」與「隨機跳動幅度」之間相互獨立。

Merton 假定對數資產價格跳動屬於常態分配，即 $Y_t \sim NID(\gamma, \delta^2)$。換句話說，為了能掌握前述的負偏態與超額峰態現象，若與 BS 模型比較，Merton 額外多考慮了 λ、γ 與 δ 三個參數，而上述三個參數皆為有限數值。既然從（3-5）式內可看出 S_t 可用指數型 Lévy 過程模型化，此隱含著對數報酬率可用一種 Lévy 過程模型化，即：

---

⑤ Lévy 過程將在本書第 6 章介紹。

$$\log\left(\frac{S_t}{S_0}\right)=X_t=\left(\mu-\frac{\sigma^2}{2}-\lambda\kappa\right)t+\sigma W_t+\sum_{i=1}^{N_t}Y_t \qquad (3\text{-}7)$$

根據 Merton，（3-7）式若寫隨機微分方程式（SDE）型態，其可寫成：

$$\frac{dS_t}{S_t}=(\mu-\lambda\kappa)dt+\sigma dW_t+(y_t-1)dN_t \qquad (3\text{-}8)$$

其中 $Y_t=\log y_t$。比較（2-2）與（3-8）二式，自然可以看出 BS 模型與 MJD 模型的不同。

我們嘗試解釋 SDE 如（3-8）式的意義。假定於微小的時間 dt 內，資產價格從 S_t 跳至 y_tS_t（即 y_t 表示絕對變動量），故相對的變動量為 $\frac{dS_t}{S_t}=\frac{y_tS_t-S_t}{S_t}=y_t-1$，而 Merton 假定 $Y_t=\log y_t\sim N(\gamma,\delta^2)$，此隱含著 y_t 屬於對數常態分配，其中 $E(y_t)=e^{\gamma+\frac{1}{2}\delta^2}$ 與 $E[y_t-E(y_t)]^2=e^{2\gamma+\delta^2}\left(e^{\delta^2}-1\right)$ [⑥]。是故，$E(y_t-1)=e^{\gamma+\frac{1}{2}\delta^2}-1=\kappa$，即 κ 為 $\frac{dS_t}{S_t}$ 的期望值。換言之，若對（3-8）式取期望值可得：

$$\begin{aligned}E\left(\frac{dS_t}{S_t}\right)&=E[(\mu-\lambda\kappa)dt]+E[\sigma dW_t]+E[(y_t-1)dN_t]\\&=(\mu-\lambda\kappa)dt+0+\kappa\lambda dt=\mu\end{aligned} \qquad (3\text{-}9)$$

如前所述，Merton 假定「隨機跳動時間」與「隨機跳動幅度」之間相互獨立，隱含著 $E[(y_t-1)dN_t]=E(y_t-1)E(dN_t)$，其中「隨機跳動時間」以 dN 表示，其期望值等於 λdt；另一方面，「隨機跳動幅度」則用 (y_t-1) 表示，而其期望值則為 κ。換句話說，MJD 模型引進跳動隨機因子，其可預期的部分為 $\kappa\lambda dt$，因此於（3-8）式內需額外再考慮一個補償因子 $-\kappa\lambda dt$，使得模型內的跳動隨機因子部分變成不可測。

最後，我們再比較 BS 模型與 MJD 模型的不同。於 BS 模型內 $\log(S_t/S_0)$ 屬於

---

⑥ 即若 $\log x\sim N(a,b)$，則 $x\sim LN\left(e^{a+\frac{1}{2}b^2},e^{2a+b^2}\left(e^{b^2}-1\right)\right)$，其中 $LN(\cdot)$ 表示對數常態分配，後者的期望值與變異數的計算可以參考例如 McDonald（2013）。

常態分配，即 $\log(S_t/S_0)\sim N\left(\left(\mu-0.5\sigma^2\right)t,t\sigma^2\right)$，不過因 MJD 模型多考慮了 $\sum_{i=1}^{N_t}Y_t$ 項，使得上述的分配變成非常態，即於 MJD 模型內 $x_t=\log(S_t/S_0)$ 的分配會收斂至下列型態：

$$P(x_t\in A)=\sum_{i=0}^{\infty}P(N_t=i)P(x_t\in A\mid N_t=i) \tag{3-10}$$

其中 $P(N_t=i)$ 與 $P(x_t\in A\mid N_t=i)$ 分別可寫成：

$$P(N_t=i)=\frac{e^{-\lambda t}(\lambda t)}{i!} \tag{3-11}$$

與

$$\begin{aligned}P(x_t\in A\mid N_t=i)&=N\left(x_t;\left(\mu-\frac{\sigma^2}{2}-\lambda\kappa\right)t+i\gamma,\sigma^2t+i\delta^2\right)\\&=\frac{1}{\sqrt{2\pi\left(\sigma^2t+i\delta^2\right)}}\exp\left\{-\frac{\left[x_t-\left(\left(\mu-\frac{\sigma^2}{2}-\lambda\kappa\right)t+i\gamma\right)\right]^2}{2\left(\sigma^2t+i\delta^2\right)}\right\}\end{aligned} \tag{3-12}$$

即（3-11）式表示於 t 期資產價格跳動 i 次的機率，而（3-12）式則表示於資產價格跳動 i 次的條件下，BS 之 x_t 的常態密度函數（條件分配）。因此，也許我們可將 MJD 模型之 x_t 的分配視爲一種 BS 模型的條件分配的加權平均分配，其中權數爲跳動的機率。

（3-10）式的確有些複雜，不過我們倒是可以透過模擬的方式檢視其對應的分配；不過，首先我們來看 MJD 模型內資產價格的模擬時間走勢。利用（3-7）式，令 $S_0=100$、$\mu=0.22$、$\sigma=0.15$、$\lambda=1$、$\gamma=-0.5$、$\delta=0.02$、$T=1$ 以及 $dt=1/252$，圖 3-5 繪製出 MJD 模型內模擬的資產價格 1 年時間走勢（實線），爲了比較起見，圖內亦繪製出對應的 BS 模型的資產價格模擬走勢（虛線）。從圖內可看出 MJD 模型內資產的模擬價格的確出現跳動的情況。

爲了凸顯出 MJD 模型報酬率分配的特性，我們以 $\delta=0.5$ 取代 $\delta=0.02$，其餘使用圖 3-5 的參數值，圖 3-6 的左圖繪製出 n 條 MJD 模型的模擬資產價格走勢，其中 $n=10$，而若我們只取 $t=1$ 內的模擬值，如此不是可以取得於 $t=1$ 之下，n

個 S_t 的觀察値嗎？換言之，圖 3-6 內的右圖繪製出 $n = 5{,}000$ 的 $\log S_t$ 的實證分配，其中實線爲常態分配。圖內 5,000 個 $\log S_t$ 的樣本偏態係數與樣本峰態係數分別約爲 –1.3037 與 5.2094，是故 MJD 模型的對數資產價格是一種左偏且高峰的分配，即其並不屬於常態分配。因此，透過圖 3-6，我們倒是約略得到（3-10）式的樣貌。

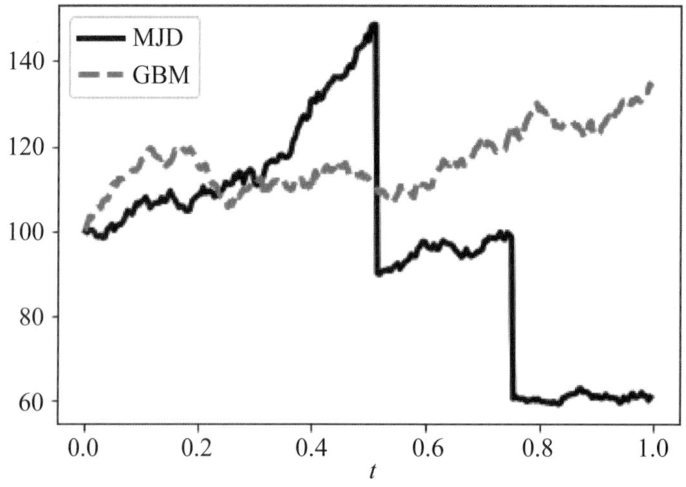

圖 3-5　MJD 模型與 BS 模型資產價格的時間模擬走勢

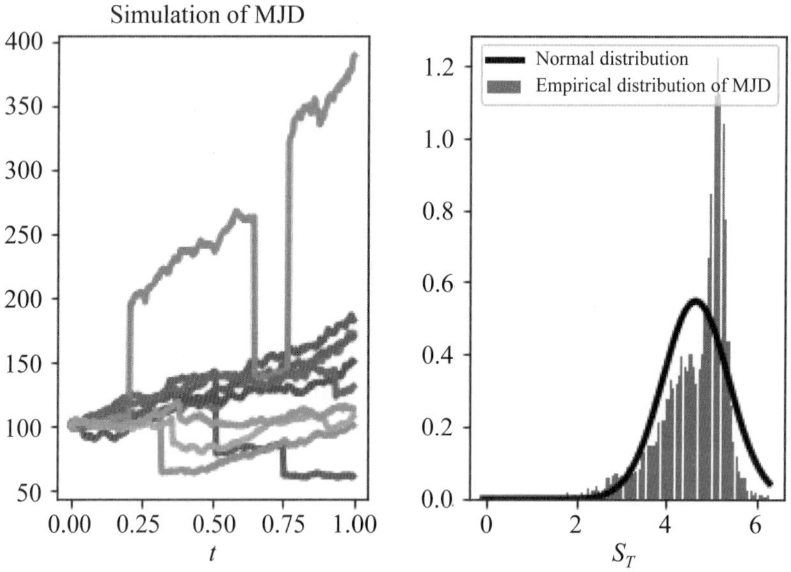

圖 3-6　MJD 模型資產報酬率的實證分配

例 1 γ **所扮演的角色**

如前所述，相對於 BS 模型，MJD 模型多了 γ、δ 與 λ 三個參數值，我們倒是可以進一步檢視上述三個參數值各自所扮演何角色？首先，我們檢視 γ 所扮演的角色。類似於圖 3-6 的繪製，我們以 $\gamma = 0.5$ 取代 $\gamma = -0.5$，其餘參數值不變，圖 3-7 繪製出 MJD 模型之對數資產價格的實證分配，從圖內可看出該分配仍不屬於常態分配，只不過與圖 3-6 不同的是，該分配卻是一種右偏的分配；換言之，我們進一步計算圖 3-7 內實證分配的樣本偏態係數與樣本峰態係數分別約爲 1.4 與 5.73，即該分配有可能屬於右偏且高峰的分配。因此，比較圖 3-6 與 3-7，可知若 $\gamma < 0$，對數資產價格的實證分配屬於左偏的分配；反之，若 $\gamma > 0$，則屬於右偏的分配。

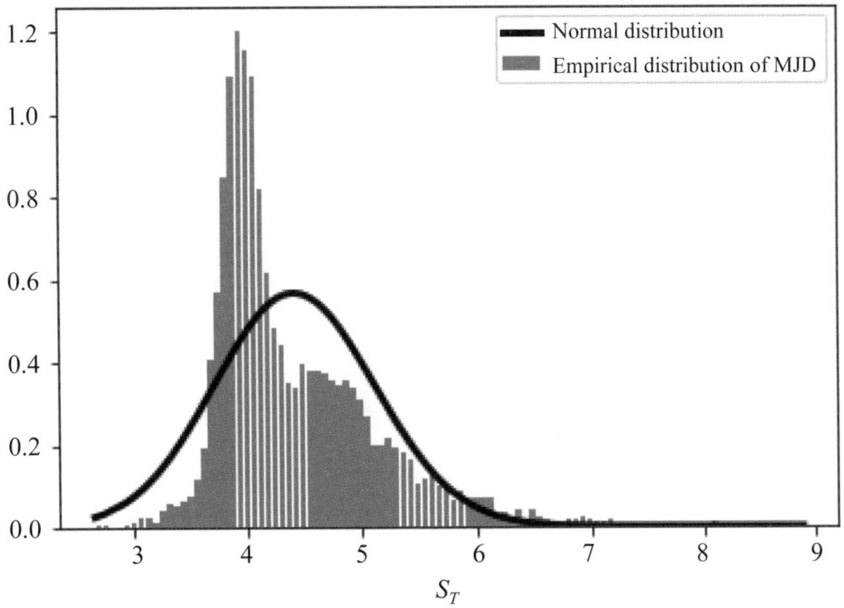

圖 3-7　MJD 模型資產報酬率的實證分配

例 2 δ **所扮演的角色**

至於 δ 所扮演的角色，我們將 δ 值改用 $\delta = 2$，即使用圖 3-5 內的參數值，圖 3-8 繪製出 MJD 模型資產報酬率的實證分配，而從圖內可看出該實證分配與常態分配的差距更擴大，即該分配的樣本偏態係數與樣本峰態係數分別約爲 –0.78 與 6.3。因此，可看出 δ 所扮演的角色。

例 3 λ **所扮演的角色**

我們回到圖 3-5 的情況。以 $\lambda = 10$ 取代 $\lambda = 1$，其餘參數值不變，圖 3-9 繪製出於上述參數值之下的 MJD 模型的資產價格時間模擬走勢，而比較圖 3-5 與 3-9，我們自然可以看出 λ 所扮演的角色。讀者不妨解釋看看上述二圖的意義爲何。

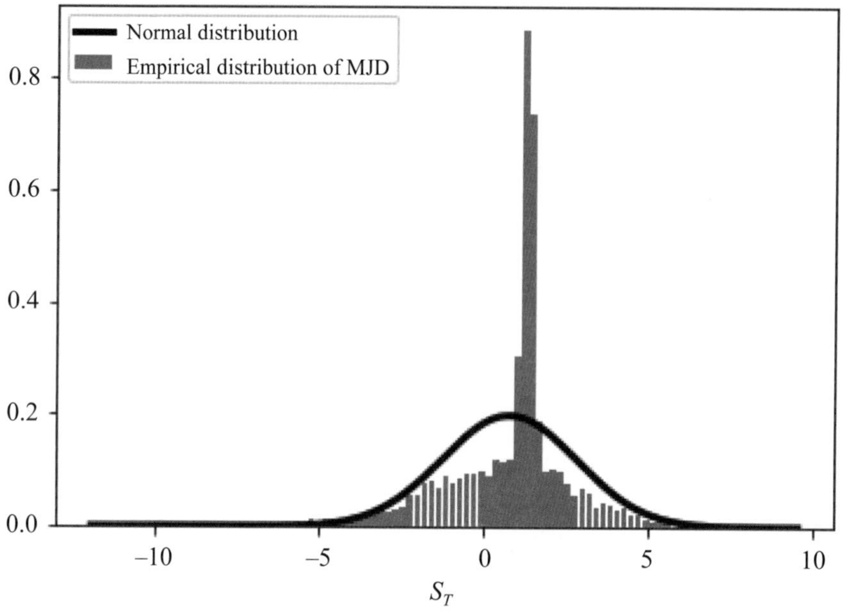

圖 3-8　MJD 模型資產報酬率的實證分配

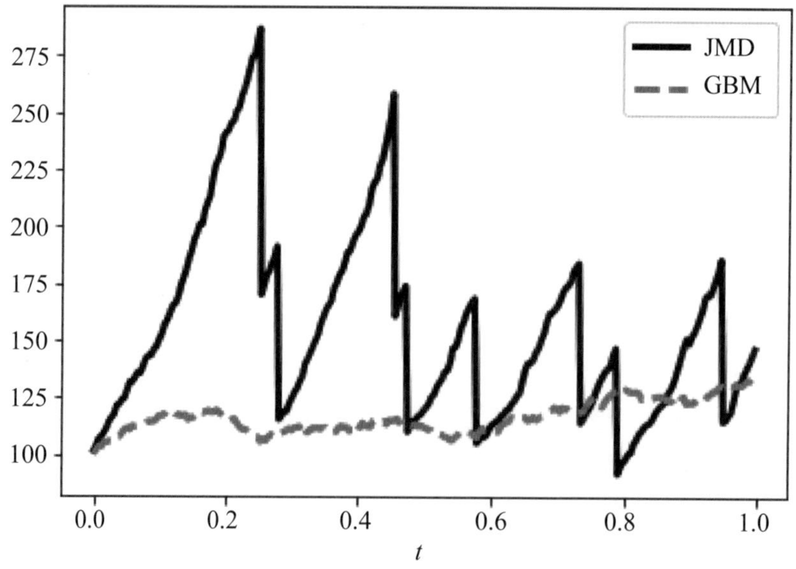

圖 3-9　MJD 模型與 BS 模型資產價格的時間模擬走勢

習題

(1) 試比較 BS 模型與 MJD 模型的區別。

(2) MJD模型比BS模型多了λ、γ與δ三個參數，試分別解釋上述三個參數的意義。

(3) 何謂 Lévy 過程？試解釋之。

(4) 於 MJD 模型內，應如何設定λ、γ與δ三個參數值，才能使得 $\log S_t$ 的分配接近於常態分配？

(5) 於 MJD 模型內，應如何設定λ、γ與δ三個參數值，才能使得 $\log S_t$ 的分配不等於常態分配？

(6) 圖 3-5 係繪製出 1 年期的 $\log S_t$ 的分配，若仍使用圖 3-5 內的假定而將其改成 5 年，結果爲何？此相當於將 1 年視爲 252 個交易日改爲 1 年有 1,250 個交易日。提示：可以參考圖 3-a。

(7) 續上題，此時跳動的幅度爲何？

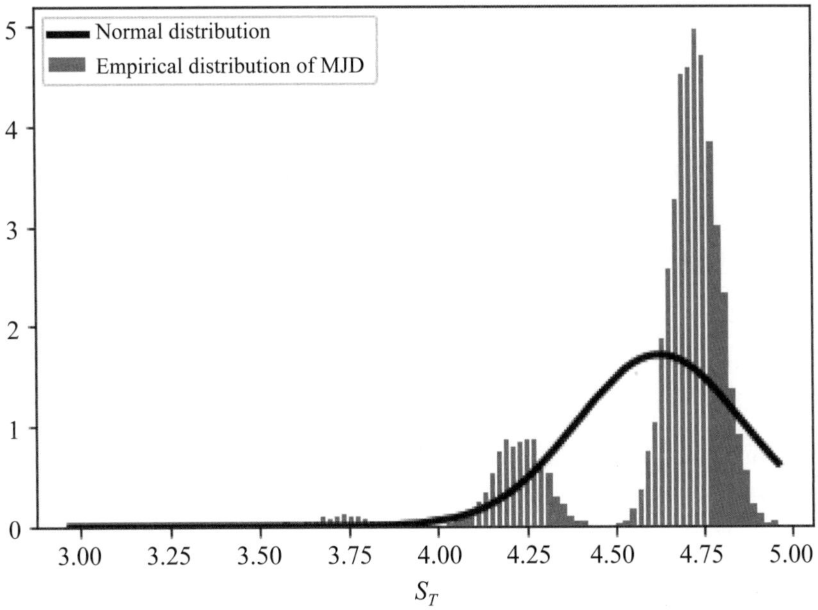

圖 3-a

3.2 估計的 MJD 模型

於第 1 節內，我們只繪製出 MJD 模型內模擬的對數資產價格的實證分配，而該實證分配的形狀取決於對應的參數值。於本節，我們將使用 ML 方法估計 MJD

模型內的參數值。本節可以分成二部分，其中第一部分介紹如何於 MJD 模型下使用 ML 估計方法，另一部分，則使用動差法計算 MJD 模型內資產報酬率分配的前四級動差。

3.2.1 最大概似估計法

於 3.1.2 節內，MJD 模型內的參數值是隨意取的，現在我們使用 ML 方法來估計 MJD 模型內的參數值。若假定對數報酬率屬於 IID，則根據（3-10）～（3-12）三式可得概似函數爲：

$$L(x;\theta) = \prod_{j=1}^{n} f(x_j)$$

其中 $f(x_j) = P(x_j \in A)$ 爲 MJD 模型內的 PDF，而參數向量 $\theta = (\mu, \sigma, \lambda, \gamma, \delta)$。當然，若寫成對數概似型態，則上述概似函數亦可寫成：

$$l(x;\theta) = -\log L(x;\theta) = -\sum_{j=1}^{n} \log f(x_j) \tag{3-13}$$

即上述概似函數轉換成負數值型式，因此極小化（3-13）式可得最大概似值。

嚴格來說，極小化（3-13）式的過程是麻煩的，因爲我們必須先定義對數報酬率變動的幅度超過何數值方可視爲「跳動」；另一方面，極小化（3-13）式的過程內亦需要選擇適當的期初值。於文獻內，Tang（2018）倒是提出一個不錯的想法，故底下我們採取 Tang 的方法。以圖 1-1 內的 TWI 日對數報酬率序列爲例。令 r_t 表示上述序列。我們分別考慮三種情況，即 $|r_t| > w$，其中 $w = 2\%, 3\%, 4\%$；換言之，若 r_t 變動的幅度超過 $\pm w$ 值，即視爲出現跳動的可能。就 BS 模型而言，假定 1 年有 252 個交易日，r_t 變動幅度超過 ±2%、±3% 與 ±4% 的機率分別約爲 13.56%、2.53% 與 0.29%[⑦]。

我們從（3-10）～（3-12）三式內可看出若 $\lambda = \gamma = \delta = 0$，上述三式其實就是 BS 模型，不過若 $\lambda \neq 0$、$\gamma \neq 0$ 與 $\delta \neq 0$，則上述三式就與 BS 模型有偏離；換言之，BS 模型可視爲日對數報酬率沒有出現跳動的模型，而 MJD 模型則可視爲日對數報酬率有出現跳動的情況。以 $w = 4\%$ 爲例（即 r_t 的變動超過 ±4% 視爲有跳動），首先

---

⑦ 就圖 1-1 內的 r_t 而言，其總樣本個數爲 4,816，而我們分別計算 $|r_t| > 2\%$、$|r_t| > 3\%$ 與 $|r_t| > 4\%$ 占的比重分別約爲 11.46%、4.69% 與 1.76%。可以留意的是讀者下載的時間與筆者不同，故讀者的結果會與書內的結果稍有不同。

我們來看如何事先計算 λ 值。我們先將 r_t 序列拆成有跳動與沒有跳動即 r_{1t} 與 r_{2t} 二部分。就 r_{1t} 而言，我們可以計算 λ 的事前值 λ_0 爲：

$$\lambda_0 = \frac{n_1}{ndt} \tag{3-14}$$

其中 n_1 與 n 分別表示 r_{1t} 與 r_t 內觀察值的個數，而 $dt = 1/252$。就上述 r_t 序列（2000/1/5～2019/7/31）而言，可以計算 n_1 與 n 分別爲 85 與 4,816，故根據（3-14）式可得 λ_0 約爲 4.4477，即 1 年平均約跳動 4.45 次。

表 3-2 ML 估計的期初值與估計值

參數	$w = 2\%$		$w = 3\%$		$w = 4\%$	
	期初值	估計值	期初值	估計值	期初值	估計值
μ	0.1248	0.2353 (0.0431)	0.0866	0.2353 (0.0427)	0.0463	0.2353 (0.0523)
σ	0.1305	0.0998 (0.0023)	0.1627	0.0998 (0.0039)	0.1856	0.0998 (0.0024)
λ	28.8837	146.573 (0.0775)	11.8256	146.5598 (1.2184)	4.4477	146.5855 (0.7246)
γ	-0.0036	-0.0015 (0.0004)	-0.0053	-0.0015 (0.0004)	-0.0040	-0.0015 (0.0004)
δ	0.0312	0.0154 (0.0003)	0.0398	0.0154 (0.0006)	0.0496	0.0154 (0.0004)

註：小括號內之值爲對應的估計標準誤。

其次，我們分別再計算 r_{1t} 與 r_{2t} 的事前平均數與標準差。利用（3-11）與（3-12）二式，可得 r_{2t} 的事前平均數與標準差分別約爲 0.0463 與 0.1856；最後，Tang 使用 r_{1t} 的平均數與變異數扣除 r_{2t} 的事前平均數與變異數當作 r_{1t} 的事前平均數與標準差估計值，其分別約爲 –0.004 與 0.0496。類似的作法，可以分別得出 $w = 2\%$ 與 $w = 3\%$ 的期初值，其結果則列於表 3-2。從表 3-2 的估計結果可看出不同的 w 值所對應的 λ_0（期初值）並不相同，而其結果頗符合直覺的判斷，即 w 值愈大，所對應的 λ_0 值愈小。

利用表 3-2 內的期初值，我們使用 ML 估計方法分別估計不同 w 值的三種情況，而其估計結果亦列於表 3-2 內。讀者亦可參考所附的 Python 指令得知如何使用 ML 估計[8]。有意思的是，從表 3-2 內可看出於不同 w 值之下，除了 λ 參數估計值稍有不同之外，其餘的參數估計值竟皆相同。讀者可檢視所附的對應 Python 指令可以發現三種情況皆出現求解極小值有出現收斂的情況；另一方面，根據表 3-2 的結果，可知每一參數估計值皆能顯著異於 0。讀者可以檢視看看。

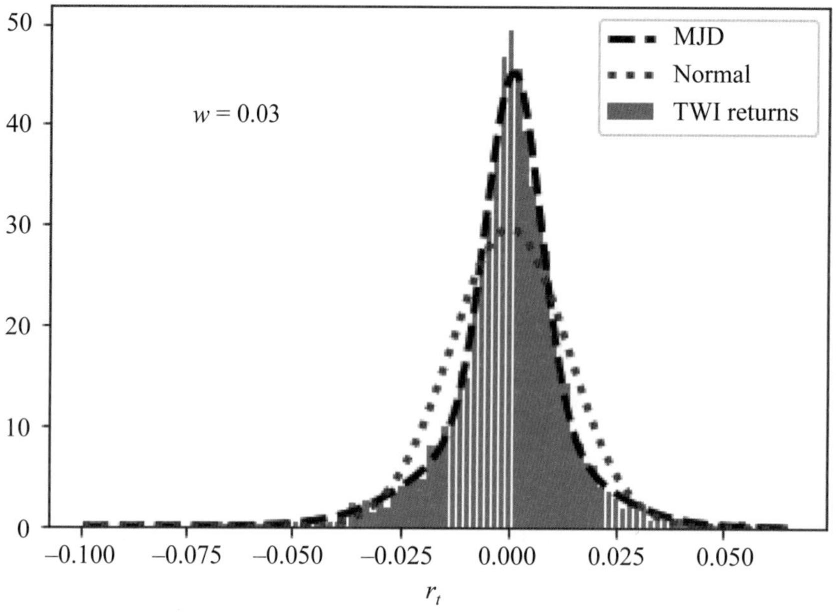

圖 3-10　TWI 日對數報酬率實證分配與 MJD 模型以及 BS 模型的比較

以 w = 3% 爲例，我們進一步根據表 3-2 內的 ML 估計值繪製出 MJD 模型的 PDF，其結果則繪製如圖 3-10 所示；換言之，圖 3-10 內的直方圖部分爲上述 r_t 的實證分配曲線，而二條虛線則分別爲 MJD 模型與 BS 模型的 PDF 曲線。從圖內可看出估計的 MJD 模型的 PDF 曲線頗接近於實證分配曲線；也就是說，相對於 BS 模型而言，上述 r_t 資料，以使用 MJD 模型估計較爲恰當。

例 1　$1-\alpha$ 區間估計

根據圖 3-10 與表 3-2 的估計結果，我們應該可以估計 MJD 模型內參數的 $1-\alpha$ 信賴區間估計值。例如：若 $\alpha = 0.05$ 或 $\alpha = 0.01$，根據 BS 分配（即常態分配）對應的臨界值約爲 1.96 或 2.58；但是，若爲 MJD 分配，則對應的臨界值約爲 2.07 或

[8] 表 3-2 與《時選》的估計結果稍有差異，後者是使用 R 語言估計。

3.43。因此，我們的確可以取得 MJD 模型內參數的 $1-\alpha$ 信賴區間估計值，其結果則列於表 3-3。表 3-3 只列出 $w = 3\%$ 的情況。從表 3-3 內的結果可以發現仍是 λ 的估計值變化較大。

表 3-3　MJD 模型內參數的 $1-\alpha$ 信賴區間估計值（$w = 3\%$）

θ	μ	σ	λ	γ	δ
BS 分配					
$\alpha = 0.05$	[0.15, 0.32]	[0.09, 0.11]	[122,7 170.4]	[0.000, 0.000]	[0.01, 0.02]
$\alpha = 0.01$	[0.13, 0.35]	[0.09, 0.11]	[115.2, 177.9]	[0.000, 0.000]	[0.01, 0.02]
MJD 分配					
$\alpha = 0.05$	[0.15, 0.32]	[0.09, 0.11]	[121.2, 171.9]	[0.000, 0.000]	[0.01, 0.02]
$\alpha = 0.01$	[0.09, 0.38]	[0.09, 0.11]	[104.7, 188.4]	[0.000, 0.000]	[0.01, 0.02]

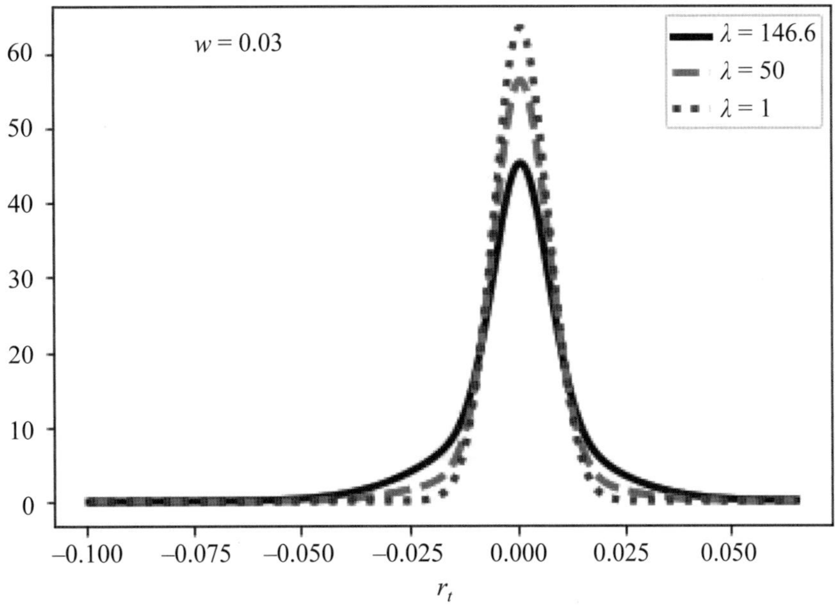

圖 3-11　MJD 模型內不同 λ 值的比較

例 2　λ 所扮演的角色

既然於表 3-3 內已經發現 λ 的估計值變化較大，我們自然希望進一步找出 λ 所扮演的角色，可以參考圖 3-11。仍使用 $w = 3\%$ 的情況，不過其內的 λ 估計值分別以 146.6、50 與 1 取代，圖 3-11 繪製出 MJD 模型的 PDF 曲線，從圖內可以發現 λ 值愈小（愈大），峰頂愈高（愈低）。

例 3 2000/1/4～2010/10/20 期間

圖 3-10 內的結果是讓人印象深刻的，不過上述分析是使用 r_t 的所有樣本資料（即 TWI 日對數報酬率資料，2000/1/4～2019/7/31），其實我們亦可以檢視 r_t 的部分資料看看。例如：圖 3-12 繪製出 2000/1/4～2010/10/20 期間結果，我們從該圖亦可看出 r_t 的部分資料仍以 MJD 模型化較爲恰當；換言之，令 $w = 0.03$，我們以 ML 方法估計 r_t 之上述期間，可得 θ 內的估計值分別約爲 0.2762、0.1104、230.49、-0.0012 與 0.0151。讀者可以與表 3-2 的結果比較。

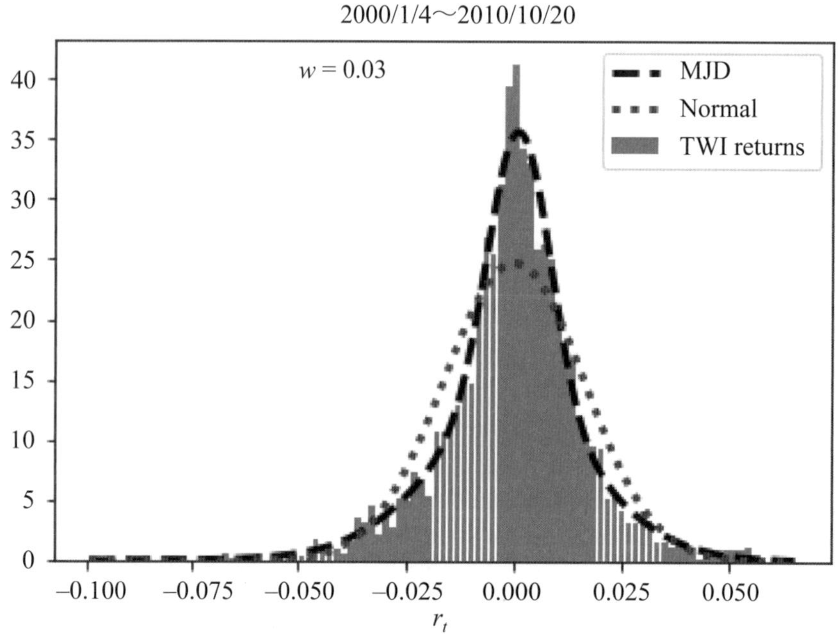

圖 3-12　TWI 日對數報酬率之實證分配（2000/1/4～2010/10/20）

習題

(1) 試敘述如何估計 MJD 模型內的參數值。

(2) 爲何需要選擇適當的期初值？若期初值選擇爲 $\theta_0 = (0,0,1,0,0)$，其結果爲何？

(3) 若選擇 $w = 5\%$，按照表 3-2 的估計過程，其是否會出現估計收斂的結果？

(4) 續上題，於圖 3-12 內補上 $w = 5\%$ 的 PDF 曲線。

(5) 我們如何估計出表 3-3 內 MJD 模型參數的 $1-\alpha$ 信賴區間估計值？試解釋之。

(6) 我們如何繪製出 MJD 模型內的 PDF 曲線？需要用原始資料嗎？試解釋之。
(7) 利用例 3 內的資料以及令 $w = 4\%$，ML 的估計結果爲何？
(8) 試利用 2010/1/4～2019/12/18 期間的 TWI 日收盤價資料，重做例 3，結果爲何？提示：可以參考圖 3-b。
(9) 續上題，試利用上述估計結果模擬出 TWI 的時間走勢。提示：可以參考圖 3-c。

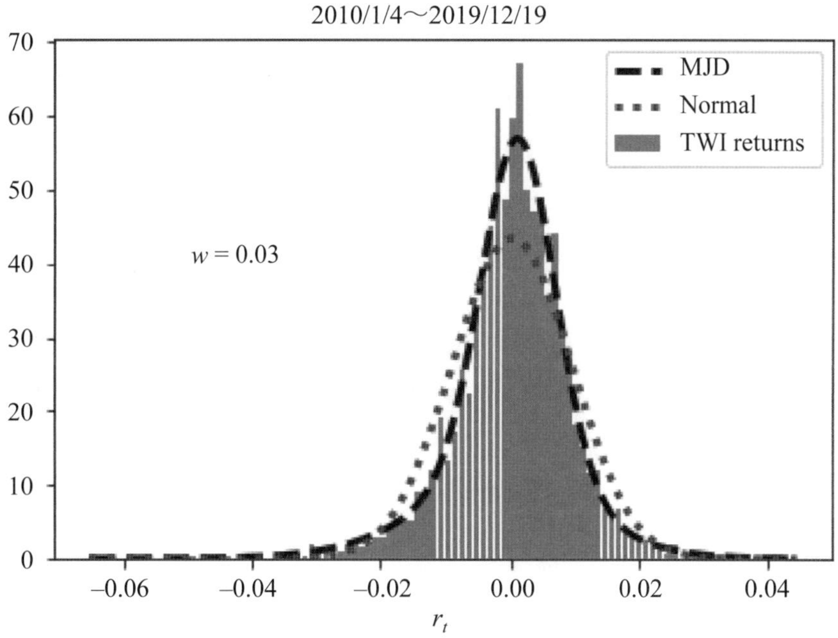

圖 3-b

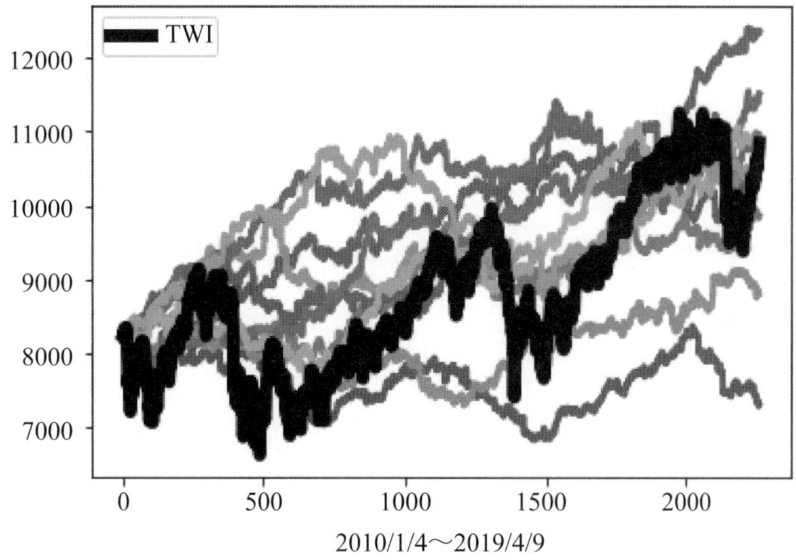

圖 3-c

3.2.2 動差法

敏感的讀者應該可以注意到圖 3-10～3-12 的繪製只需要 MJD 模型內的參數（估計）值；其實也沒有錯，本來就是如此，例如我們可以回想如何繪製出常態分配的 PDF 曲線。有了 PDF 曲線，我們自然可以進一步了解該 PDF 曲線的特性，例如進一步計算其對應的第 1～4 級動差；換言之，MJD 模型內的 PDF 曲線的平均數、變異數、偏態係數與峰態係數應如何計算？前面用目測的方式當然不夠準確。是故，本節將介紹如何計算 MJD 模型的動差。

首先，我們先來看 BS 模型的第 1～4 級（中央型）動差如何計算。令 $R_{\Delta t}=\log\dfrac{S_{t+\Delta t}}{S_t}$ 表示對數報酬率，則根據（2-5）式可得：

$$R_{\Delta t}=\left(\mu-0.5\sigma^2\right)\Delta t+\sigma\Delta W_t \tag{3-15}$$

其中 $\Delta W_t=\sqrt{\Delta t}Z$，而 Z 爲標準常態分配的隨機變數。利用（3-15）式，我們可以分別計算 BS 模型的第 1～4 級（中央型）動差分別爲：

$$\begin{aligned}
&E\left(R_{\Delta t}\right)=\left(\mu-0.5\sigma^2\right)\Delta t\\
&Var\left(R_{\Delta t}\right)=E\left[R_{\Delta t}-E\left(R_{\Delta t}\right)\right]^2=\sigma^2\Delta t\\
&E\left[R_{\Delta t}-E\left(R_{\Delta t}\right)\right]^3=E\left(\sigma\Delta W_t\right)^3=\sigma^3\left(\Delta t\right)^{3/2}E\left(Z^3\right)\\
&E\left[R_{\Delta t}-E\left(R_{\Delta t}\right)\right]^4=\sigma^4\left(\Delta t\right)^2E\left(Z^4\right)
\end{aligned}$$

因 $E(Z^3)=0$ 與 $E(Z^4)=3$，故偏態係數 Sk 與峰態係數 Ku 分別爲：

$$Sk=\frac{E\left[R_{\Delta t}-E\left(R_{\Delta t}\right)\right]^3}{Var\left(R_{\Delta t}\right)^{3/2}}=E\left(Z^3\right)=0 \text{ 與 } Ku=\frac{E\left[R_{\Delta t}-E\left(R_{\Delta t}\right)\right]^4}{Var\left(R_{\Delta t}\right)^2}=E\left(Z^4\right)=3$$

即 BS 模型的平均數、變異數、偏態係數與峰態係數分別爲 $(\mu-0.5\sigma^2)\Delta t$、$\Delta t\sigma^2$、0 與 3。

至於 MJD 模型，則根據（3-7）式可得：

$$R_{\Delta t}=\left(\mu-0.5\sigma^2-\lambda\kappa\right)\Delta t+\sigma\Delta W_t+Y_t\Delta N_t \tag{3-16}$$

其中 $Y_t \sim N(\gamma, \delta^2)$ 以及 ΔN_t 屬於卜瓦松分配如（3-2）式所示。若對（3-16）式取期望值可得：

$$E\left(R_{\Delta t}\right) = \left(\mu - 0.5\sigma^2 - \lambda\kappa\right)\Delta t + \gamma\lambda\Delta t \tag{3-17}$$

其中卜瓦松分配的期望值爲 $E(\Delta N_t) = \lambda\Delta t$。其次，MJD 模型的變異數可爲：

$$\begin{aligned} Var\left(R_{\Delta t}\right) = E\left[R_{\Delta t} - E\left(R_{\Delta t}\right)\right]^2 &= E\left(\sigma\Delta W_t + Y_t\Delta N - \gamma\lambda\Delta t\right)^2 \\ &= \sigma^2\Delta t + \left(\delta^2 + \gamma^2\right)\lambda\Delta t \end{aligned} \tag{3-18}$$

（3-18）式的推導已稍嫌複雜；因此，第 3～4 級動差我們則直接取自 Rémillard（2013）與 Tang（2013）的結果[⑨]，即第 3～4 級動差分別爲：

$$E\left[R_{\Delta t} - E\left(R_{\Delta t}\right)\right]^3 = \lambda\Delta t\left(3\gamma\delta^2 + \gamma^3\right)$$

與

$$\begin{aligned} E\left[R_{\Delta t} - E\left(R_{\Delta t}\right)\right]^4 = &\lambda\Delta t\left(3\delta^4 + 6\gamma^2\delta^2 + \gamma^4\right) \\ &+ \left[3\lambda^2\left(\gamma^2 + \delta^2\right)^2 + 6\lambda\sigma^2\left(\gamma^2 + \delta^2\right) + 3\sigma^4\right]\Delta t^2 \end{aligned}$$

因此，對應的偏態係數與峰態係數分別爲：

$$Sk = \frac{\lambda\Delta t\left(3\gamma\delta^2 + \gamma^3\right)}{\left[\sigma^2\Delta t + \lambda\Delta(\gamma^2 + \delta^2)\right]^{3/2}} \text{ 與 } Ku = \frac{\lambda\Delta t\left(3\delta^4 + 6\gamma^2\delta^2 + \gamma^4\right)}{\left[\sigma^2\Delta t + \lambda\Delta t\left(\gamma^2 + \delta^2\right)\right]^2} + 3 \tag{3-19}$$

綜合上述結果，利用前述 r_t 序列資料，我們可以分別計算 BS 模型與 MJD 模型之 PDF 的四種特徵，而該結果則列於表 3-4 內。於表 3-1 內，我們已經知道 r_t 的樣本偏態係數與樣本峰態係數分別約爲 –0.2768 與 6.7666，因此從表 3-4 內可以看出 MJD 模型的確較 BS 模型適合模型化 r_t 序列資料。

---

⑨ Rémillard（2013）是利用 MJD 模型的機率分配的累積母函數（cumulant generating function, CGF）所推導而得，CGF 將於本書第 6 章介紹。

表 3-4　TWI 日對數報酬率的 PDF 的特徵

	$E(R_{\Delta t})$	$Var(R_{\Delta t})$	$Sk(R_{\Delta t})$	$Ku(R_{\Delta t})$
BS 模型				
	0.0000	0.0002	0	3
MJD 模型				
(1)	-0.0036	0.0002	-0.256	6.1257
(2)	-0.005	0.0002	-0.3351	5.3313

說明：1. (1)MJD 模型的計算是使用表 3-2 內的參數估計值（$w = 0.03$）。
2. (2)MJD 模型的計算是使用 3.2.1 節的例 3 之參數估計值。

例 1　r_t 內的部分序列資料

如 3.2.1 節的例 3，若只取 r_t 內的部分序列資料（2008/2/18～2012/3/1），重新再估計一次，而其結果則列於表 3-4。讀者可以執行所附的 Python 指令後相互比較。

例 2　不同的 Δt

上述的估計皆是假定 $\Delta t = 1/\text{m}$，其中 $m = 252$；換言之，若使用不同的 m 值例如 $m = 1{,}000$，其結果會有不同（於相同的 w 下可能無法取得收斂的極小化值）。讀者亦可以比較看看。

習題

(1) 爲何 Δt 不同，估計結果就不同？試解釋之。
(2) 試分別說明（3-15）與（3-16）二式的意義與同時比較二式的差異。
(3) 試解釋如何導出（3-17）式。
(4) 試於 Yahoo 內下載 Google 公司的日收盤價（2004/8/19～2020/7/31）。
(5) 續上題，將日收盤價序列轉成日對數報酬率序列後，後者的樣本偏態與峰態係數分別爲何？
(6) 續上題，若令 $\Delta t = 1/252$ 與 $w = 6\%$，則以 ML 估計 MJD 模型的 PDF，期初值爲何？
(7) 續上題，以 ML 估計 MJD 模型的 PDF 參數，而各參數的 t 檢定統計量爲何？何者不顯著異於 0？
(8) 續上題，利用上述參數估計值，試分別繪製出 Google 日對數報酬率的實證分配以及 MJD 與 BS 模型的 PDF 曲線。提示：可以參考圖 3-d。

(9) 續上題，MJD 模型的 PDF 曲線的估計偏態係數與峰態係數分別爲何？

(10) 續上題，MJD 模型的 PDF 曲線的特徵爲何？

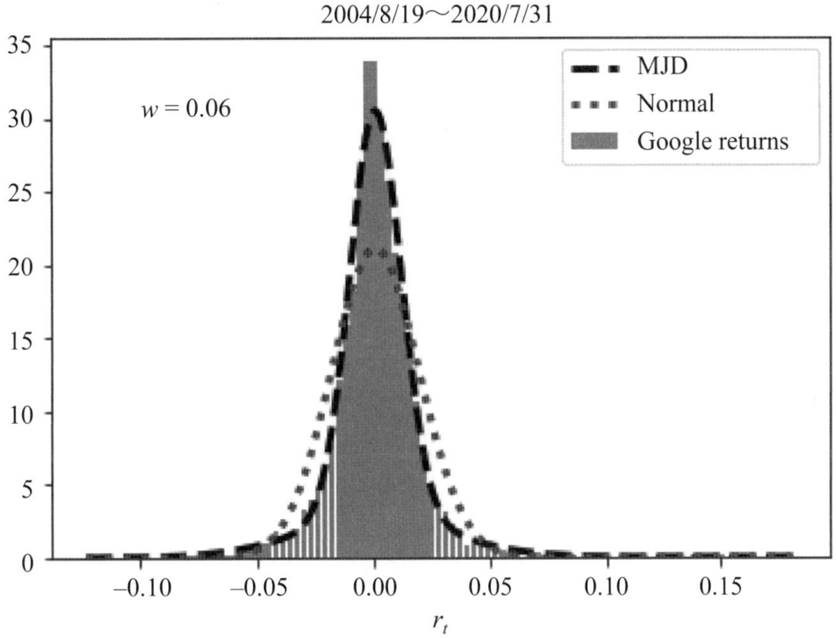

圖 3-d

3.3 MJD 模型下的選擇權定價

令 $\{W_t; 0 \le t \le T\}$ 爲一種於眞實機率衡量 P 的標準布朗運動（維納過程）。於 P 之下，BS 模型的資產價格動態屬於對數常態分配，即：

$$P(S_t) = \frac{1}{S_t\sqrt{2\pi\sigma^2 t}} \exp\left\{ -\frac{\left[\log S_t - \left(\log S_0 + \left(\mu - 0.5\sigma^2\right)t\right)\right]^2}{2\sigma^2 t} \right\} \qquad (3\text{-}20)$$

其中（3-20）式內隱含著資產價格 S_t 屬於 GBM，即：

$$S_t = S_0 \exp\left[\left(\mu - 0.5\sigma^2\right)t + \sigma W_t\right] \qquad (3\text{-}21)$$

BS 模型的特色是其屬於一種完全的模型（complete model），而後者隱含著存在唯一的等值平賭風險中立衡量 Q；換言之，於 Q 之下，資產價格過程的貼現值 $\{e^{-rt}S_t;\ 0 \le t \le T\}$ 屬於一種平賭過程。BS 模型利用改變 GBM 的漂移項（其他參數不變）以找出等值平賭風險中立衡量 Q_{BS} 使得：

$$S_t = S_0 \exp\left[\left(r - 0.5\sigma^2\right)t + \sigma W_t^{Q_{BS}}\right] \quad (3\text{-}22)$$

其中 r 表示無風險利率以及 $\{W_t^{Q_{BS}};0 \le t \le T\}$ 表示於 Q_{BS} 下的標準布朗運動。是故，於 Q_{BS} 之下，$\{e^{-rt}S_t;0 \le t \le T\}$ 屬於一種平賭過程；換言之，陽春型歐式買權與賣權價格可以分別寫成：

$$c_t = e^{-r(T-t)}E^{Q_{BS}}\left[\max\left(S_T - K, 0\right)\right] \text{與 } p_t = e^{-r(T-t)}E^{Q_{BS}}\left[\max\left(K - S_T, 0\right)\right]$$

其中 K 表示履約價而 T 爲到期期限。因此，簡單地說，BSM 模型是利用等值平賭風險中立機率計算出買權與賣權價格。

至於 MJD 模型呢？於眞實機率衡量 P 下，MJD 模型的資產價格動態過程可以寫成：

$$S_t = S_0 \exp\left[\left(\mu - 0.5\sigma^2 - \lambda\kappa\right)t + \sigma W_t + \sum_{k=1}^{N_t} Y_k\right] \quad (3\text{-}23)$$

因 MJD 模型屬於 Lévy 過程，而後者卻屬於一種不完全的模型（incomplete model），即其隱含著有多種的等值平賭風險中立衡量[10]。Merton 用下列方式找出等值平賭風險中立衡量，即 Merton 改變（3-23）式內的漂移項（而其他參數值不變）藉以找出等值平賭風險中立衡量 Q_M；換言之，於 Q_M 下，（3-23）式可以改成：

$$S_t = S_0 \exp\left[\left(r - 0.5\sigma^2 - \lambda\kappa\right)t + \sigma W_t^{Q_M} + \sum_{k=1}^{N_t} Y_k\right] \quad (3\text{-}24)$$

---

[10] 我們倒是可以用直覺的方式解釋完全模型與不完全模型的差異。因 BS 模型只有一種隨機項（即 S_t 本身），故該隨機項可透過 S_t 與無風險資產複製消除。至於 MJD 模型則存在二種隨機項（即 S_t 本身與 S_t 會跳動），故透過 S_t 與無風險資產複製只能消除其中一種隨機項。

令選擇權的收益函數爲$H(S_t)$，利用（3-24）式，則歐式選擇權的價格可以寫成：

$$\begin{aligned}V^{Merton}(t,S_t)&=e^{-r(T-t)}E^{Q_M}\left[H\left(S_T\right)\right]\\&=e^{-r(T-t)}E^{Q_M}\left[H\left(S_t\exp\left(\left(r-0.5\sigma^2-\gamma\kappa\right)(T-t)+\sigma W_{T-t}^{Q_M}+\sum_{k=1}^{N_{T-t}}Y_k\right)\right)\right]\end{aligned}\tag{3-25}$$

其中 $N_{T-t}=0,1,2,\cdots,i$ 與 $\sum_{k=1}^{N_{T\_t}}Y_k\sim N\left(i\gamma,i\delta^2\right)$。

令$\tau=T-t$，（3-25）式亦可寫成（3-10）～（3-12）三式型態，即：

$$V^{Merton}(t,S_t)=e^{-r\tau}\sum_{i\geq 0}\frac{e^{-\lambda\tau}\left(\lambda\tau\right)^i}{i!}Q_M\left\{H\left[S_t\exp\left(X_t\right)\right]\right\}\tag{3-26}$$

其中 $X_t=\left(r-0.5\sigma^2-\lambda\kappa\right)\tau+\sigma W_\tau^{Q_M}+\sum_{k=1}^{i}Y_k$。比較（3-10）與（3-26）二式，可知眞實機率衡量$P(\cdot)$已由等値平賭風險中立衡量$Q_M(\cdot)$取代。因$\sum_{k=1}^{N_{T-t}}Y_k\sim N\left(i\gamma,i\delta^2\right)$，故$X_t$可再改寫成$\left(r-0.5\sigma^2-\lambda\kappa\right)\tau+i\gamma+\sqrt{\frac{\sigma^2\tau+i\delta^2}{\tau}}W_\tau^{Q_M}$，即顯然$X_t$屬於平均數與變異數分別爲$\left(r-0.5\sigma^2-\lambda\kappa\right)\tau+i\gamma$與$\sigma^2\tau+i\delta^2$的常態分配（因$Var\left(W_\tau^{Q_M}\right)=\tau$），即：

$$X_t=\left(r-0.5\sigma^2-\lambda\kappa\right)\tau+i\gamma+\sqrt{\frac{\sigma^2\tau+i\delta^2}{\tau}}W_t^{Q_M}\sim N\left(\left(r-0.5\sigma^2-\lambda\kappa\right)\tau+i\gamma,\sigma^2\tau+i\delta^2\right)\tag{3-27}$$

將$X_t=\left(r-0.5\sigma^2-\lambda\kappa\right)\tau+i\gamma+\sqrt{\frac{\sigma^2\tau+i\delta^2}{\tau}}W_t^{Q_M}$代入（3-26）式內，整理後可得[11]：

$$\begin{aligned}&V^{Merton}(t,S_t)\\&=e^{-r\tau}\sum_{i\geq 0}\frac{e^{-\lambda\tau}\left(\lambda\tau\right)^i}{i!}Q_M\left\{H\left[S_t\exp\left(i\gamma+\frac{i\delta^2}{2}-\lambda\kappa\tau\right)\exp\left(\left(r-\frac{\sigma_i^2}{2}\right)\tau+\sigma_i W_\tau^{Q_M}\right)\right]\right\}\end{aligned}\tag{3-28}$$

[11] 可以參考例如 Matsuda（2004）。

其中 $\sigma_i^2 = \sigma^2 + \dfrac{i\delta^2}{\tau}$。

（3-28）式的結果是讓人印象深刻的，因爲（3-28）式內等號右側的最後一項不就是 BS 模型的定價公式嗎？換言之，於 BS 模型內，歐式選擇權的價格亦可寫成：

$$V^{BS}(\tau, S_t) = e^{-r\tau} E^{Q_{BS}} \left\{ H\left[S_t \exp\left(\left(r - \frac{\sigma^2}{2} \right)\tau + \sigma W_\tau^{Q_{BS}} \right) \right] \right\} \tag{3-29}$$

事實上，整理（3-28）式後可得：

$$V^{Merton}(\tau, S_t) = e^{-r\tau} \sum_{i \ge 0} \frac{e^{-\bar{\lambda}\tau}\left(\bar{\lambda}\tau\right)^i}{i!} Q_M \left\{ H\left[S_t \exp\left(r_i - \frac{\sigma_i^2}{2} \right)\tau + \sigma_i W_\tau^{Q_M} \right] \right\} \tag{3-30}$$

其中 $r_i = r - \lambda\kappa + \dfrac{i\gamma + i\delta^2/2}{\tau}$ 與 $\bar{\lambda} = \lambda(1+\kappa)$。換句話說，比較（3-28)～(3-30）三式，可以發現我們發現 $V^{Merton}(\tau, S_t)$ 內含 $V^{BS}(\tau, S_t)$，即（3-30）式可再寫成：

$$V^{Merton}(\tau, S_t) = \sum_{i \ge 0} \frac{e^{-\bar{\lambda}\tau}\left(\bar{\lambda}\tau\right)^i}{i!} V^{BS}\left(\tau, S_t; \sigma_i, r_i\right) \tag{3-31}$$

即 Merton 的選擇權價格竟是 BS 模型的選擇權價格的加權平均數，其中權數爲跳動次數爲 i 的機率值。

最後，我們重新整理 Merton 與 BS 模型的選擇權價格內的參數值，即：

$$\begin{cases} \sigma_i^2 = \sigma^2 + \dfrac{i\delta^2}{\tau} \\ r_i = r - \lambda\kappa + \dfrac{i\gamma + i\delta^2/2}{\tau} = r - \lambda\left(e^{\gamma+\delta^2/2} - 1\right) + \dfrac{i\gamma + i\delta^2/2}{\tau} \\ \bar{\lambda} = \lambda(1+\kappa) = \lambda e^{\gamma+\delta^2/2} \end{cases}$$

我們可以回想 $\kappa = e^{\gamma+\delta^2/2} - 1$。我們從（3-31）式可以看出 MJD 模型的選擇權價格是以上述的 σ_i 與 r_i 取代 BS 模型內的 σ 與 r，即根據 σ_i 與 r_i，我們亦可以使用 BS 模型的選擇權價格計算 MJD 模型的選擇權價格。

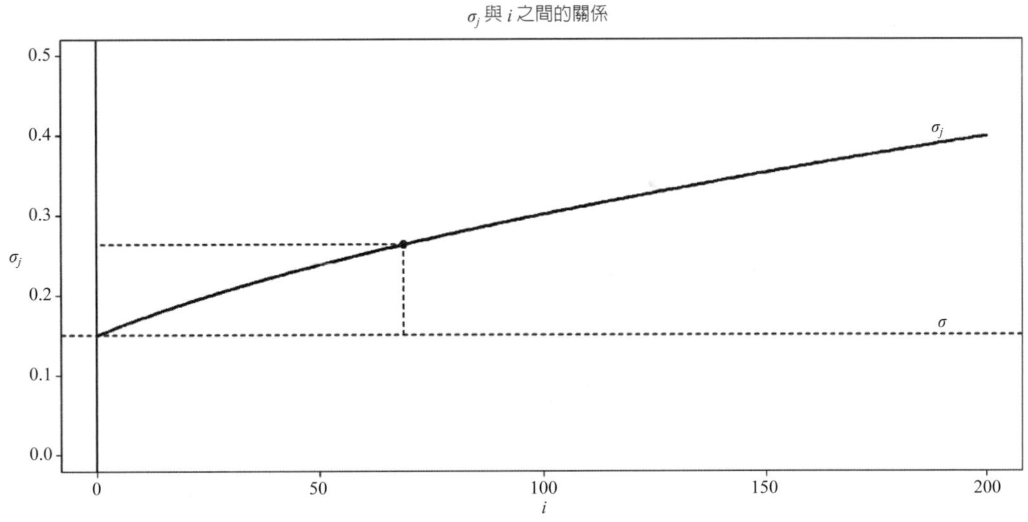

圖 3-13　σ_j 與 σ 以及 j 之間的關係

我們舉一個例子說明。令 $S_t = 8{,}756.55$、$K = 8{,}700$、$r = 0.02$、$q = 0$、$\sigma = 0.25$、$T = 1$、$\lambda = 28.8448$、$\gamma = -0.0038$ 與 $\delta = 0.0261$，根據（3-30）式，我們可以計算 MJD 模型下的（歐式）買權與賣權價格分別約爲 829.3248 與 600.5032；但是若使用 BS 模型，則買權與賣權價格分別約爲 639.0973 與 410.2757。顯然，MJD 模型因多考慮了「跳動」因素，拉高了波動的幅度，使得 MJD 模型買權與賣權價格高於對應的 BS 模型價格。其實利用 $\sigma_j^2 = \sigma^2 + i\delta^2 / T$ 之間的關係，而該關係則繪製於圖 3-13 內，我們可以找出對應的 σ_j 與 i 值。令 $\varepsilon = 1e-10$，於 $\sum_{i \ge 0} \frac{e^{-\bar{\lambda}T}\left(\bar{\lambda}T\right)^i}{i!} \le 1-\varepsilon$ 的情況下，我們可以找出上述 MJD 模型買權與賣權價格的 i 值等於 69（可以參考所附的 Python 指令），故 σ_j 值約爲 0.2638。

我們再進一步比較 MJD 與 BS 模型的買權與賣權價格曲線，其結果則繪製如圖 3-14 所示。就買權或賣權的價格曲線而言，從圖內可看出於價平附近，MJD 與 BS 模型的買權與賣權價格差距較大，至於深價內或深價外附近，上述差距則較小。讀者自然可以驗證看看。有意思的是，不管用何 S_t 計算（其餘參數值不變），上述 i 值皆爲 69，隱含著 MJD 模型亦是一種波動率爲常數值的模型。

例 1　參數所扮演的角色

若將圖 3-14 內的 λ 值改爲 100，其餘參數值則不變，我們可以計算 σ_j 值約爲 0.3712，而其對應的買權與賣權價格曲線則繪製於圖 3-15 的上圖。同理，於圖 3-15

的下圖，我們仍使用圖 3-14 內參數的假定，只不過將其內的 γ 值改爲 0.15，結果 σ_j 值約爲 0.2727。我們從圖 3-15 內的各圖可以看出上述二種情況皆會使得 MJD 與 BS 模型的買權與賣權價格差距擴大。讀者亦可以練習其他的情況。

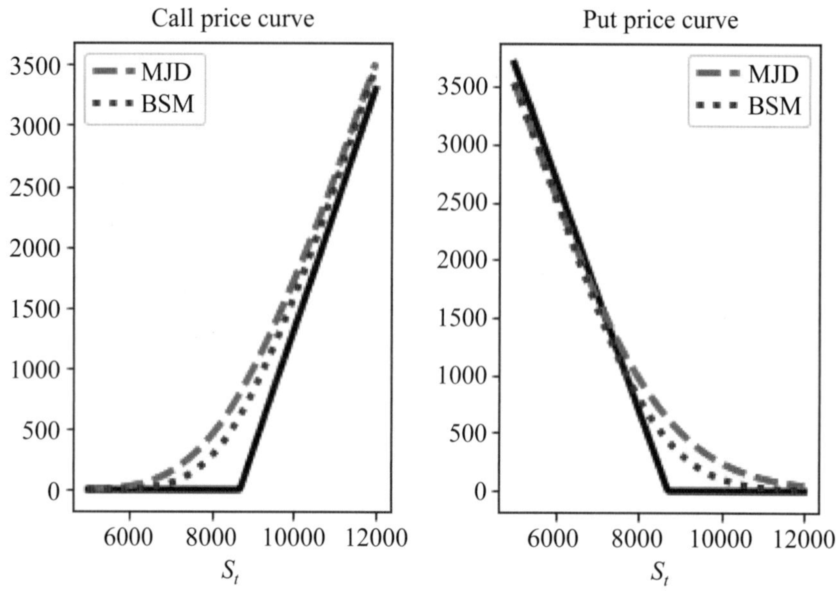

圖 3-14　MJD 與 BS 模型買權與賣權價格曲線的比較

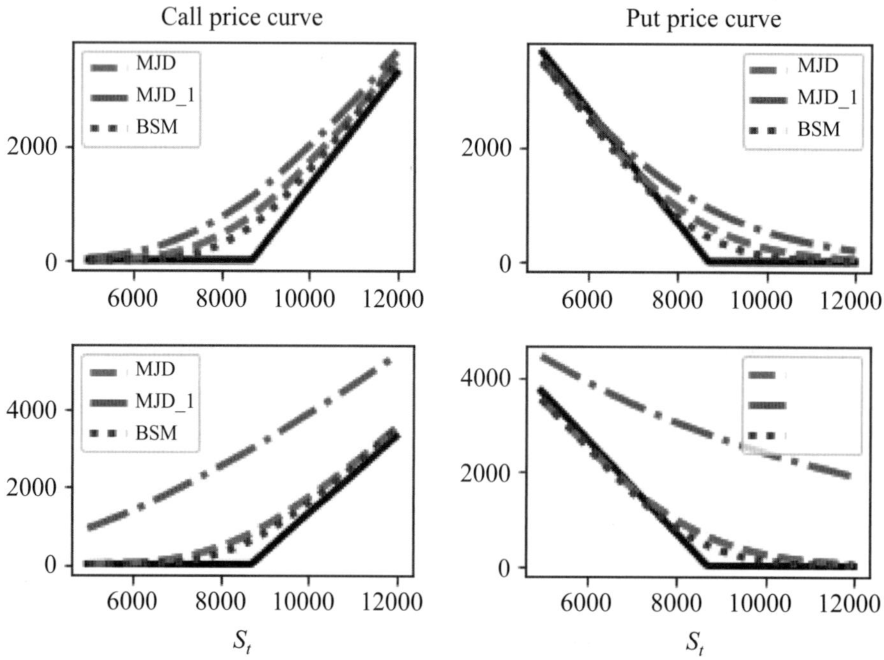

圖 3-15　MJD 與 BS 模型買權與賣權價格曲線的比較

例 2 Merton 的公式

Merton（1976）曾提出下列的歐式買權定價公式，即令 c_0 表示歐式買權價格，可得：

$$c_0=\sum_{n=0}^{\infty}\frac{e^{-\lambda' T}\left(\lambda' T\right)^n}{n!}c_0^1\left(r_n,\sigma_n\right) \tag{3-32}$$

其中 $\lambda'=\lambda\left(1+\mu_J\right)$ 而 c_0^1 則表示 BSM 模型的買權價格，不過後者是根據 r 與 σ 的調整值計算，即 $r_n=r-\lambda\mu_J+\frac{n\log\left(1+\mu_J\right)}{T}$ 與 $\sigma_n^2=\sigma^2+\frac{n\sigma_J^2}{T}$。（3-32）式頗類似於（3-31）式，其中 $\mu_j=\gamma$ 與 $\sigma_J^2=\delta^2$；因此，我們亦可以直接以（3-32）式計算 MJD 模型的價格。令 $n=100$、$S_t=8{,}756.55$、$K=8{,}700$、$r=0.02$、$q=0$、$\sigma=0.15$、$T=1$、$\lambda=28.8448$、$\gamma=-0.0038$ 與 $\delta=0.0261$，根據（3-32）式可得買權價格約為 829.9271，此結果接近於之前根據（3-31）所計算的 829.3248。因此，除了（3-31）式之外，尚有另一個公式如（3-32）式可以計算 MJD 模型的買權價格。

例 3 找出適當的 n 值

續例 2，上述 $n=100$ 是任意取的。於（3-32）式內，我們當然可以使用不同的 n 值；換言之，圖 3-16 繪製出於不同 n 值下的 c_0 與 σ_n^2。我們從該圖內可看出 c_0 值有隨 n 值收斂的情形，而 σ_n^2 值卻隨 n 值的增加而變大。我們進一步發現約從 $n\geq 58$，c_0 的收斂值約為 829.927；因此，若選擇 $n=69$，對應的 σ_n 值則約為 0.2638（圖內虛線），該值亦接近於圖 3-14 所取得的 σ_j 值（即圖 3-14 相當於使用 $n=69$）。其實，若允許若干誤差的存在例如選擇 $n=45$，對應的 σ_n 值則約為 0.2307（圖內另一虛線），也許也是一種另一選擇。不過，圖 3-16 提醒我們，其實（3-32）式內的 n 值不須太大。

例 4 TXO201101C 買權

現在我們利用 MJD 模型來檢視臺灣的實際選擇權合約價格資料。考慮 TXO201101C 買權價格資料（該資料列於第 7 章之表 7-1）。表 7-1 的資料期間為 2010/10/21 ～2011/1/19）。首先，為了能掌握「價格跳動」的特性，我們取 2000/1/3～ 2010/10/20 期間之 TWI 日收盤價資料（當然期間不能太短）。於 3.2.1 節的例 3 內，我們已經用 ML 方法取得 MJD 模型的參數估計值（亦可參考圖 3-12），利用上述參數估計值，我們進一步計算表 7-1 內不同履約價之 MJD 模型的買權價格，其結果分別可以繪製如圖 3-17a 與 3-17b 所示。

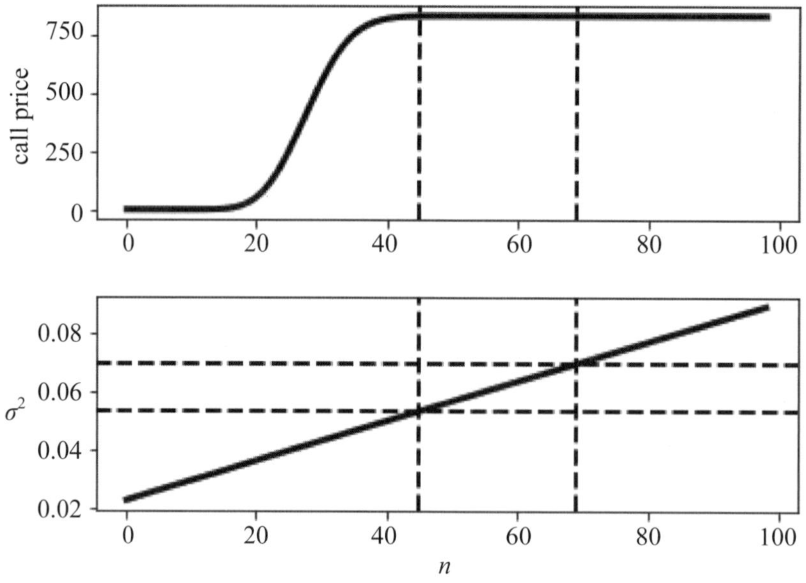

圖 3-16　找出適當的 n 值

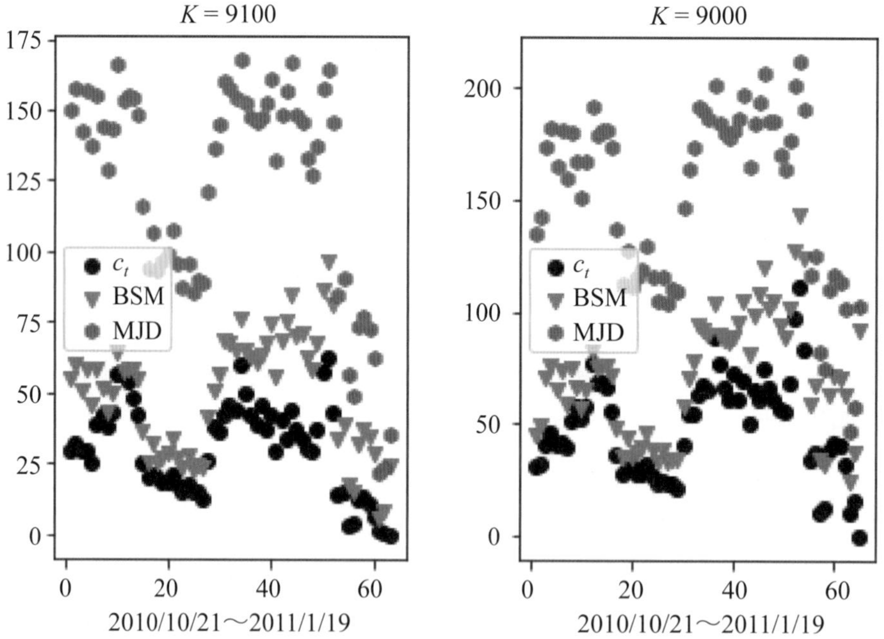

圖 3-17a　使用 MJD 模型估計 TXO201101 買權價格，其中 c_t、BSM 與 MJD 分別表示實際的買權結算價、BSM 與 MJD 模型的買權價格

例 5 **TXO202009C 買權**

續例 4，我們再考慮 TXO202009C 買權價格資料（該資料列於第 9 章之表 9-3），利用 3.2.1 節的習題 (8) 的參數估計值，我們亦可以計算表 9-3 內不同履約價之 MJD 模型的買權價格，其結果分別可以繪製如圖 3-18a 與 3-18b 所示。從圖 3-17 內可以發現，若與實際買權價格或是 BSM 模型的買權價格比較，MJD 模型的買權價格普遍出現高估的情況；但是，於圖 3-18 內，可看出 MJD 模型有可能優於對應的 BSM 模型。於後面的章節內，我們會再檢視表 7-1 與 9-3 二表的情況。讀者可以嘗試比較圖 3-18 的結果，見習題 (9)。因此，從圖 3-17 與 3-18 二圖的結果可知我們未必只有 BSM 模型一種選項。

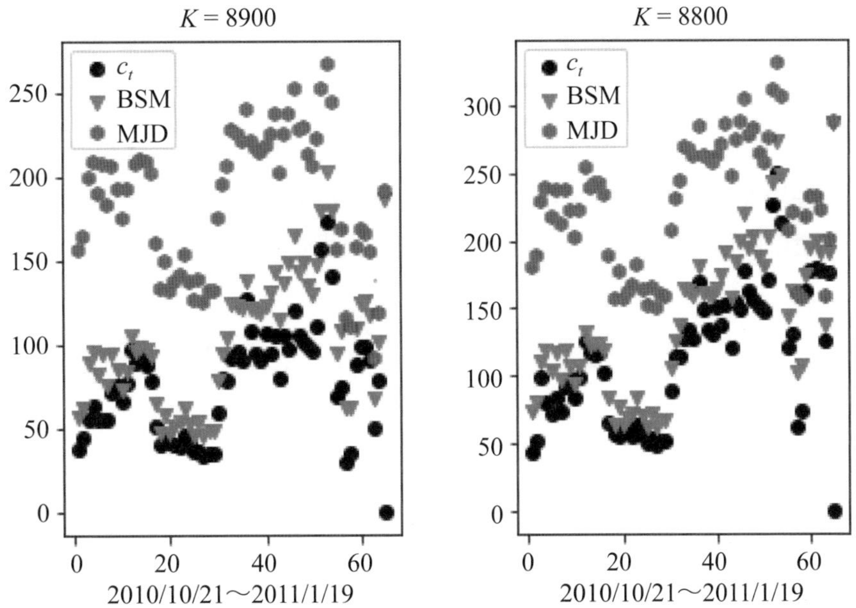

圖 3-17b 使用 MJD 模型估計 TXO201101C 買權價格（續），其中 c_t、BSM 與 MJD 分別表示實際的買權結算價、BSM 與 MJD 模型的買權價格

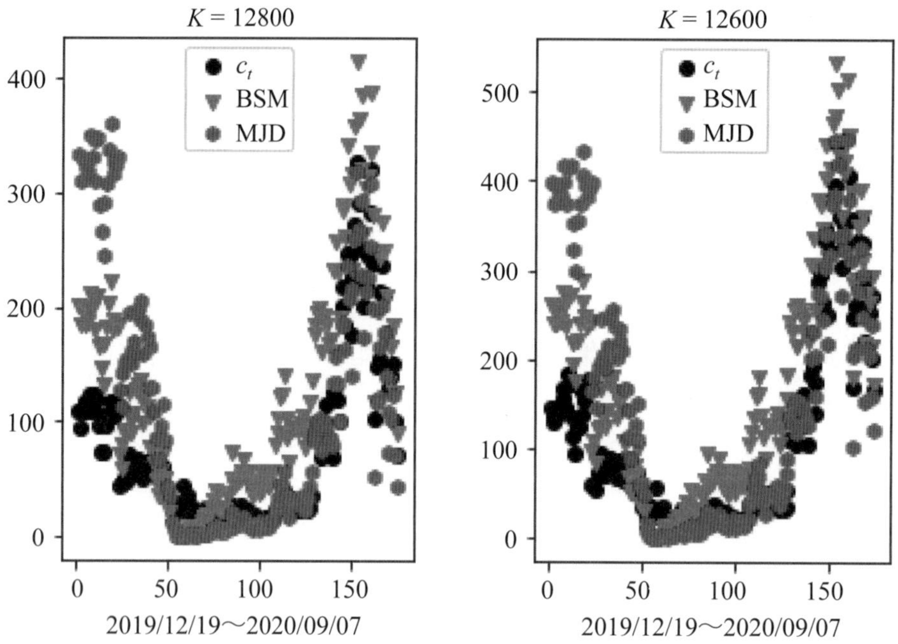

圖 3-18a　使用 MJD 模型估計 TXO202009C 買權價格，其中 c_t、BSM 與 MJD 分別表示實際的買權結算價、BSM 與 MJD 模型的買權價格

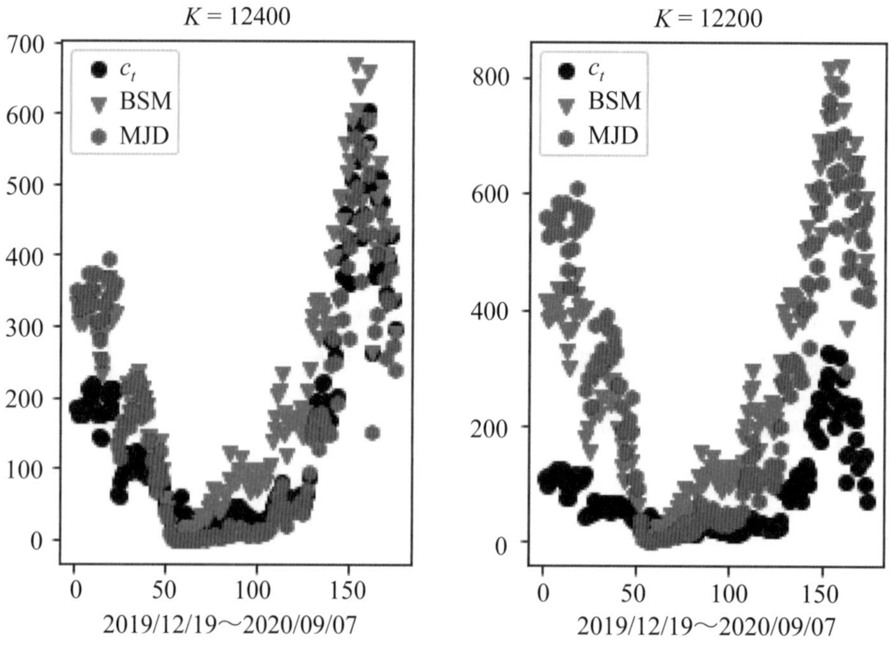

圖 3-18b　使用 MJD 模型估計 TXO202009C 買權價格（續），其中 c_t、BSM 與 MJD 分別表示實際的買權結算價、BSM 與 MJD 模型的買權價格

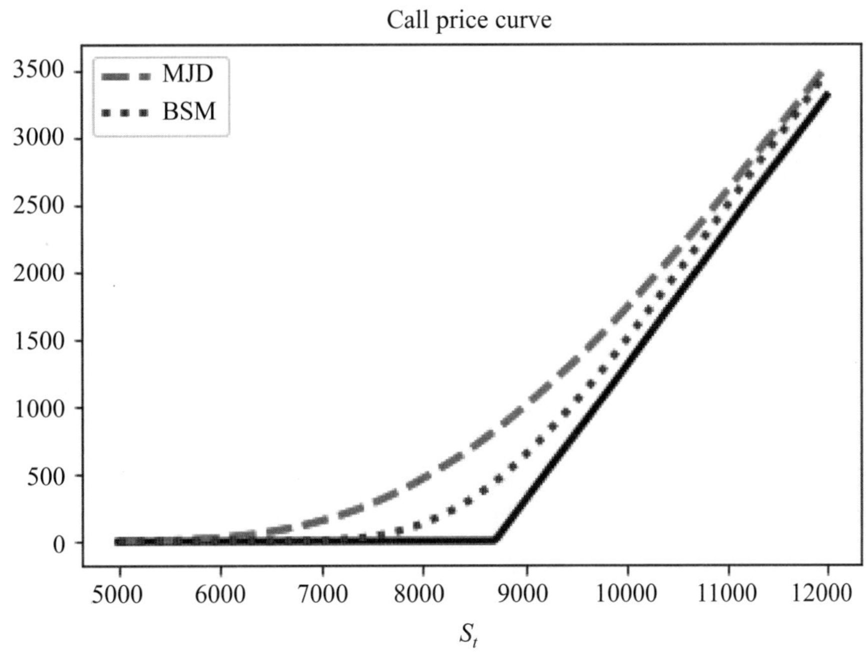

圖 3-e

習題

(1) 試解釋 MJD 模型如何決定歐式買權價格。其與 BSM 模型有何關係？

(2) 試說明如何利用（3-31）式決定歐式買權價格。

(3) 試說明如何利用（3-32）式決定歐式買權價格。

(4) 令 $K = 8{,}700$、$r = 0.02$、$q = 0$、$S_0 = 8{,}756.55$ 與 $T = 1$。參數 σ、λ、γ 與 δ 估計值則取自表 3-2。若使用（3-31）式估計，則對應的歐式買權價格爲何？對應的歐式賣權價格爲何？

(5) 續上題，i 值爲何？對應的隱含波動率又爲何？

(6) 續上題，若改爲（3-32）式計算，其結果又爲何？

(7) 令 $K = 8700$、$r = 0.02$、$q = 0$、$\sigma = 0.2$ 與 $T = 1$。參數 λ、γ 與 δ 估計值則取自表 3-2，試繪製出 MJD 模型的買權價格曲線。提示：可以參考圖 3-e。

(8) MJD 模型的波動率是否是一個固定數值？試解釋之。

(9) 利用圖 3-18 的結果，試計算 BSM 與 MJD 模型之買權價格估計誤差。可以參考圖 3-f。

(10) 就讀者而言，爲何圖 3-17 與 3-18 的結果會出現不一致？

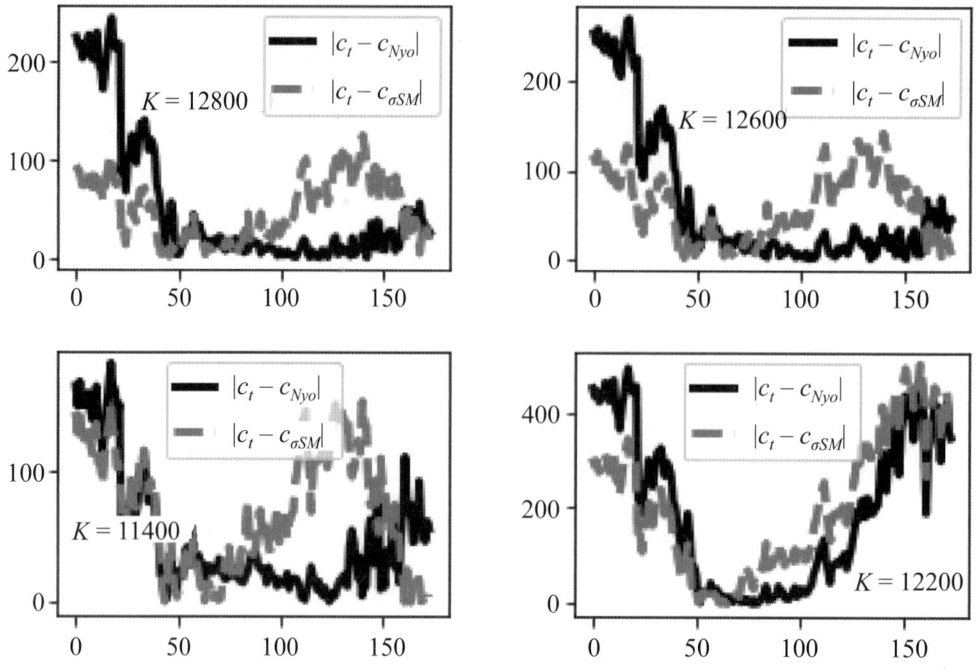

圖 3-f

Chapter 4 利率的模型化

於本章，我們將檢視利率衍生性商品以及利率的模型化。顧名思義，利率的衍生性商品就是其收益（函數）與利率水準有關。其實利率衍生性商品的種類相當多元且複雜。例如：利率交換（interest rate swaps）、遠期利率協定（forward rate agreements）、可贖回與可賣回債券（callable and puttable bonds）、債券選擇權以及利率上限與利率下限選擇權（interest rate caps and floors）等等皆屬於利率的衍生性商品。直覺而言，利率衍生性商品的定價是困難的，因爲我們須使用利率將未來的現金流量貼現，而另一方面未來的現金流量又與利率有關；因此，若與非利率商品如股票等衍生性商品比較，利率衍生性商品的分析的確相當複雜。

本章我們將分成選擇權定價與時間序列分析二部分介紹。首先第一部分我們將介紹或複習（可以參考《衍商》）Black 模型或稱爲 Black-76 模型（Black, 1976a）以及 Vasicek（1977）與 Cox et al.（CIR, 1985）模型。Black 模型可視爲 BSM 模型的延伸，而其可用於計算利率衍生性商品的價格。Black 模型的缺點是其假定標的資產（如債券價格或利率）屬於對數常態分配以及忽略利率會隨時間改變；因此，Black 模型無法用於計算所有的利率衍生性商品價格。於文獻上除了 Black 模型之外，倒是存在許多不同的模型嘗試模型化利率結構，故本章的第一部分將再額外介紹二種基本的利率模型，即 Vasicek 與 CIR 模型。

至於本章的第二部分則是從時間序列的觀點來檢視利率模型，我們將檢視由 Chan et al.（CKLS, 1992）所提出的利率時間序列模型，而 CKLS 模型的特色是該模型除了可以包括 Vasicek 與 CIR 模型之外，另一方面 CKLS 使用一般化動差法（generalized method of moments, GMM）估計利率時間序列模型內的參數；因此，於本章內，除了可以繼續練習 ML 估計方法之外，尚可以見識到 GMM 的應用。

4.1 Black 模型

本節我們將檢視 Black 模型。第 1 節將簡單介紹 Black 模型並說明 Black 模型與 BSM 模型之間的關係，而第 2 節則說明如何利用 Black 模型計算利率上限與利率下限選擇權價格。

4.1.1 期貨選擇權價格的計算

基本上，Black 模型可以用於計算期貨（合約）選擇權的價格，而期貨（合約）選擇權相當於給予期貨（合約）選擇權的擁有者於未來有權利買進或賣出期貨合約；是故，Black 模型除了以期貨價格取代現貨價格之外，其餘倒是仍沿用 BSM 模型的假定。令 F 表示期貨價格而 F 屬於 GBM，即：

$$dF_t = \mu F_t dt + \sigma F_t dW_t \tag{4-1}$$

（4-1）式頗類似於（2-1）式。因此，若存在無風險利率水準 r，Black 的（歐式）期貨選擇權模型倒是接近於 BSM 模型；換言之，Black 模型內的期貨買權與賣權價格可以寫成：

$$c_t = e^{-r(T-t)}\left[F_t N\left(d_1\right) - KN(d_2)\right] \text{與 } p_t = e^{-r(T-t)}\left[KN(-d_2) - F_t N\left(-d_1\right)\right] \tag{4-2}$$

其中

$$d_1 = \frac{\log\left(\frac{F_t}{K}\right) + \frac{\sigma^2}{2}(T-t)}{\sigma\sqrt{T-t}} \text{ 與 } d_2 = \frac{\log\left(\frac{F_t}{K}\right) - \frac{\sigma^2}{2}(T-t)}{\sigma\sqrt{T-t}}$$

比較（2-17）～（2-18）二式與（4-2）式，自然可以發現於 BSM 模型內，若令 $F_t = S_t$ 以及 $r = q$，BSM 模型就是 Black 模型[①]。我們舉一個例子說明。令 $F_0 = 120$、$K = 100$、$r = 0.05$、$\sigma = 0.2$ 與 $T = 5$，利用 BSM 模型可以得到買權與賣權的價格分別約爲 24.1636 與 8.5875[②]。

① 其實，Black 的期貨選擇權模型相當於 BSM 模型內令國內與國外的（無風險）利率水準相等的外匯選擇權模型。

② 如前所述，上述 Black 的買權與賣權價格亦可以使用第 2 章的 BSM 公式計算，即於 BSM 公式內令 $F_0 = S_0$ 與 $r = q$。

假定 $F_0 = 100$、$r = 0.05$ 與 $\sigma = 0.2$，同時令 K 從 80 逐次遞增至 120（遞增幅度爲 5），而 T 亦從 0 遞增至 5（遞增幅度爲 0.5），圖 4-1 與 4-2 繪製出對應的 Black 的買權與賣權價格的 3D 立體圖，讀者倒是可以嘗試解釋上述二圖的意義。可以參考所附的 Python 指令。

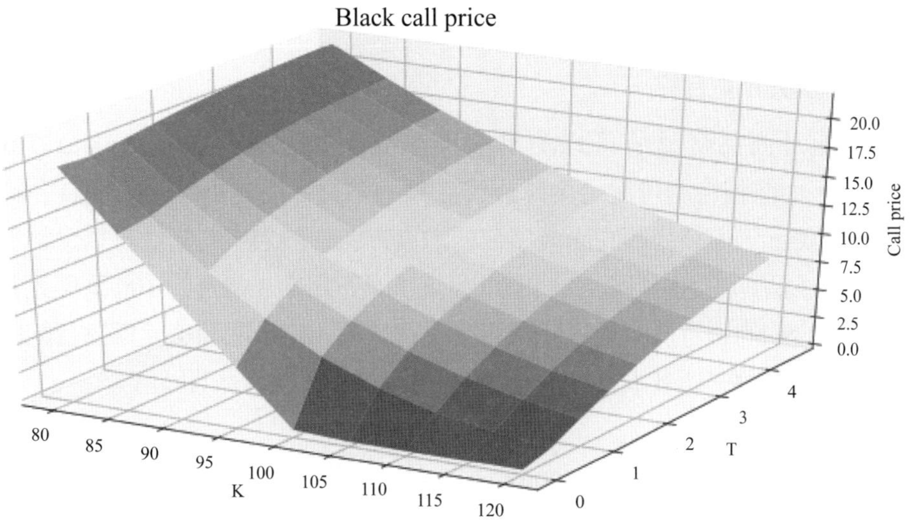

圖 4-1 Black **買權價格的計算**（$F_0 = 120$、$r = 0.05$ **與** $\sigma = 0.2$）

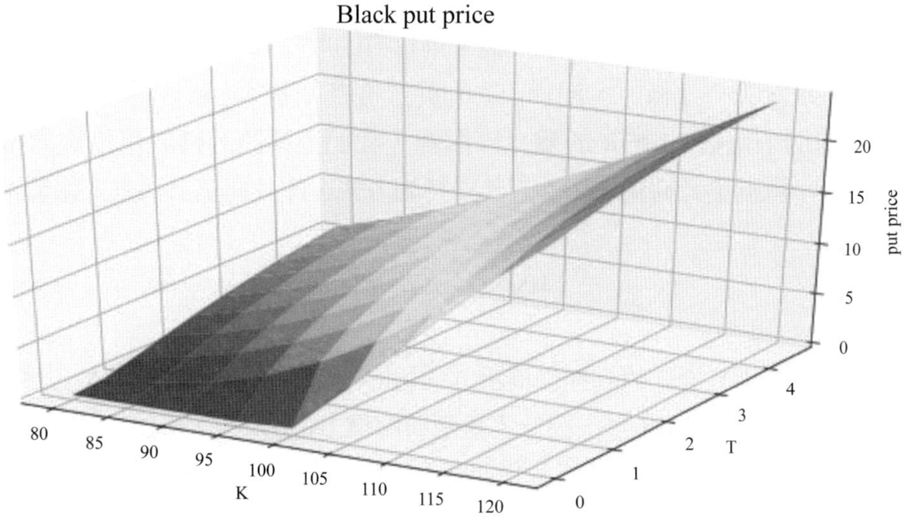

圖 4-2 Black **賣權價格的計算**（$F_0 = 120$、$r = 0.05$ **與** $\sigma = 0.2$）

例 1 利用（4-2）式計算

令 $F_0 = 2{,}006$、$K = 2{,}100$、$r = 0.051342$、$\sigma = 0.35$ 與 $T = 0.08493$ 代入（4-2）式內可得 d_1 與 d_2 分別約爲 -0.398 與 -0.5，進一步可得 $N(d_1)$ 與 $N(d_2)$ 分別約爲 0.3453 與 0.3085；另一方面，因 $N(-d_1)$ 與 $N(-d_2)$ 分別約爲 0.6547 與 0.6915，故買權與賣權價格分別約爲 44.5782 與 138.1692。可以參考所附的 Python 指令。

例 2 歐洲美元期貨合約

在芝加哥商品交易所可以交易歐洲美元期貨合約（Eurodollar futures contract），而該種合約可說是全球最爲活躍的期貨合約。歐洲美元期貨合約的面額爲 100 萬美元，而該合約的涵義爲合約的買方願意於未來的交貨日以交易日的利率（通常爲 3 個月期定期存款的 LIBOR）借予賣方爲期 3 個月的 100 萬美元貸款；同理，期貨合約的賣方於交貨日同意接受上述款項。由於歐洲美元期貨合約的面額爲 100 萬美元，故一個基本點（即 0.0001）相當於 25 美元，即：

$$\$1,000,000 \times \frac{1}{100} \times \frac{1}{100} \times \frac{90}{360} = \$25$$

因此，若期貨合約的買方以目前 LIBOR 爲 4% 的價格（交易日）買進一口歐洲美元期貨合約，而於交貨日當天的 LIBOR 爲 5%，顯然上述買方有損失 2,500 美元；同理，若交貨日當天的 LIBOR 爲 3.5%，則買方的收益爲 1,250 美元。因此，簡單地說，LIBOR 上升（下降），期貨合約的買方賠錢（賺錢）。

上述的例子是用 LIBOR 的變化來解釋，我們不難將其轉成用指數的型態來看。事實上，歐洲美元期貨的報價有其獨特的方式，即其根據下列方式報價：

$$100 \times (1 - LIBOR)$$

例如某歐洲美元期貨合約的到期價格爲 94.4025，其隱含的 LIBOR 爲 5.5975%，即 $100 \times (1 - 0.05975) = 94.4025$。因此不難重新解釋上述例子，即以 LIBOR 爲 4% 買進一口期貨合約的價格爲 96，而若到期時 LIBOR 爲 5% 即該合約價值爲 95，故買方有損失 100 個基本點。

例 3 歐洲美元期貨合約價値的計算

假定一位投資人以 92.58 的價位買進一口歐洲美元期貨合約，而隔日以 92.62

的價格賣出，則該投資人可得 100 美元的收益。該收益計算如下：92.58 的價格之對應的隱含 LIBOR 爲 0.0742（即 1 – 92.58/100），而 92.62 的價格之對應的隱含 LIBOR 爲 0.0738（即 1 – 92.62/100），故該投資人可得 4 個基本點的收益。有意思的是該收益不僅可用價格的差異計算，同時亦可用隱含的 LIBOR 差異計算。因此，從歐洲美元期貨合約不僅可以看到「指數期貨」同時亦可以看到「利率期貨」。

例 4 LIBOR

某投資人利用歐洲美元定期存款市場借入 100 萬美元，而其期限爲 45 天且利率爲 5.25%。我們可以計算該投資人所需負擔的利息支出爲 6,562.5 美元。該利息支出的計算過程爲：

$$I = \$1,000,000 \times 0.0525 \times \frac{45}{360} = \$6,562.5$$

可以注意的是上述的計算是以 1 年有 360 日爲基準。

習題

(1) 試解釋 Black 與 BSM 模型的異同。

(2) 於 Black 模型內買權與賣權平價關係爲何？試解釋之。

(3) 於 $F_t = K$ 之下，Black 模型內買權與賣權價格各爲何？

(4) 假定 $F_0 = 100$、$r = 0.05$ 與 $T = 1$，若 K 與 σ 皆存在多種可能値，試計算出 Black 的買權與賣權價格。

(5) 續上題，試繪製出 Black 的買權與賣權價格的 3D 立體圖。

(6) 儲蓄者與貸款人如何利用歐洲美元期貨避險？試解釋之。

4.1.2 利率上限、利率下限與利率上下限選擇權 ③

於芝加哥商品交易所的國際貨幣市場分部（IMM）有歐洲美元期貨選擇權的交易。根據 4.1.1 節可知，歐洲美元期貨的買權隱含著相等的 LIBOR 賣權；同理，歐洲美元期貨的賣權隱含著相等的 LIBOR 買權，可以參考圖 4-3，其中買權與賣權的履約價分別爲 94.25 與 94.75。如前所述，期貨價格與 LIBOR 之間的關係爲 $F = 100 \times (1 - LIBOR)$，故上述履約價對應的 LIBOR 分別爲 0.0575 與 0.0525。

値得注意的是，上述選擇權與歐洲美元（ED）期貨的到期日皆相同。我們不

③ 本節大部分內容係參考 Sundaresan（2009）。

難了解圖 4-3 內各圖的意義。以歐洲美元期貨買權爲例，因履約價爲 94.25，故到期時買權的價值爲 $\max(F_T - 94.25, 0)$，其中 F_T 爲歐洲美元期貨的到期價格。因期貨價格與 LIBOR 的關係可知 $F_T = 100 - LIBOR_T$，其中 $LIBOR_T$ 表示到期的 LIBOR，故上述買權的到期價值可改寫成 $\max(0.0575 - LIBOR_T, 0)$，隱含著 LIBOR 的賣權到期價值；因此，歐洲美元期貨買權可對應至到期期限相同的 LIBOR 賣權。換句話說，投資人因看多歐洲美元期貨而買進歐洲美元期貨買權，不過因歐洲美元期貨價格與 LIBOR 之間的負關係，即看多歐洲美元期貨隱含著看空 LIBOR，因此買進歐洲美元期貨買權相當於買進 LIBOR 賣權。同理，買進歐洲美元期貨賣權相當於買進 LIBOR 買權，讀者不難將其合理化。

根據圖 4-3 內的買權與賣權合約，假定投資人可以以 0.24 與 0.27（此相當於 24 個基本點與 27 個基本點）分別買進一口歐洲美元期貨買權與賣權，故買權與賣權的購入成本分別爲 600 美元（24×25）與 675 美元（27×25）。表 4-1 列出使用選擇權與期貨策略的到期淨收益。以買進一口買權爲例，其購入成本 0.24，若到期期貨價格爲 94.5，則到期淨收益爲 $\max(94.5 - 94.25, 0) - 0.24 = 0.01$，其餘可類推。至於買 ED 期貨，表內假定期初購買價爲 94.48，故買進一口期貨於到期期貨價格爲 94.5 的淨收益爲 $94.5 - 94.48 = 0.02$，其餘當然可以類推。

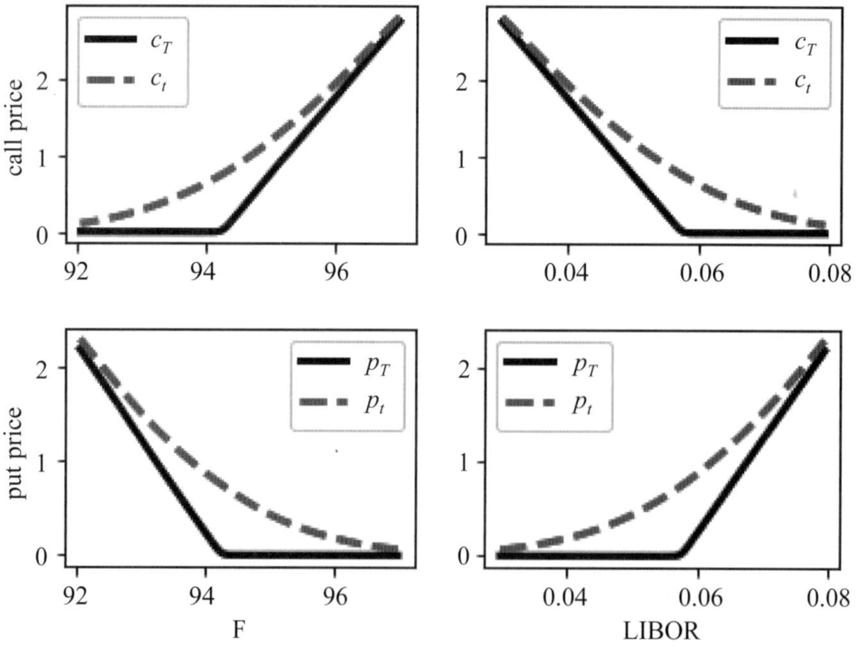

圖 4-3　歐洲美元期貨的買權與賣權收益曲線

表 4-1 期貨與選擇權的到期淨收益

$LIBOR_T$(%)	3	3.5	4	4.5	5	5.5	6	6.5	7	7.5	8
F_T	97	96.5	96	95.5	95	94.5	94	93.5	93	92.5	92
買權 $K=94.25$	2.51	2.01	1.51	1.01	0.51	0.01	-0.24	-0.24	-0.24	-0.24	-0.24
賣權 $K=94.785$	-0.27	-0.27	-0.27	-0.27	-0.27	-0.02	0.48	0.98	1.48	1.98	2.48
買 ED 期貨	2.52	2.02	1.52	1.02	0.52	0.02	-0.48	-0.98	-1.48	-1.98	-2.48
賣 ED 期貨	-2.52	-2.02	-1.52	-1.02	-0.52	-0.02	0.48	0.98	1.48	1.98	2.48

說明：1. 上述買權與賣權亦可對應至買權 $K=5.75\%$ 與賣權 $K=5.25\%$。

2. 上述買權與賣權（皆買進一口）係計算淨收益（即到期收益減期初購入成本），而買權與賣權的購入成本分別爲 0.24 與 0.27。

3. 買（賣）ED 期貨係指買進（賣出）一口歐洲美元（ED）期貨，期初購買價（賣出價）爲 94.48（94.48）。

例 1 利率上限選擇權

考慮一位債券發行人（借款者）每百萬美元依照 LIBOR（90 天期）支付負債成本利息。例如若 LIBOR 爲 6%，則百萬美元的利息成本支出爲：

$$\$1,000,000\times\frac{90}{360}\times 0.06=\$15,000$$

表 4-2 分別不同 LIBOR（3～6%）下，百萬美元的利息成本支出。

表 4-2 利率上限、利率下限以及利率上下限（單位：美元）

$LIBOR_T$(%)	3	3.5	4	4.5	5	5.25	5.5	5.575	6
利息成本	-7,500	-8,750	-10,000	-11,250	-12,500	-13,125	-13,750	-14,375	-15,000
買賣權成本	-675	-675	-675	-675	-675	-675	-50	575	1,200
總成本（賣權 + 利息）	-8,175	-9,425	-10,675	-11,925	-13,175	-13,800	-13,800	-13,800	-13,800
賣買權成本	-6,275	-5,025	-3,775	-2,525	-1,275	-650	-25	600	600
總成本（買權 + 利息）	-13,775	-13,775	-13,775	-13,775	-13,775	-13,775	-13,775	-13,775	-14,400
總成本（買權 + 賣權 + 利息）	-14,450	-14,450	-14,450	-14,450	-14,450	-14,450	-13,825	-13,200	-13,200

若發行人認爲未來 90 天的 LIBOR 很有可能會超過 5.25%，則其可以買一口履約價爲 94.75 的歐洲美元期貨賣權「避險」，於表 4-2 內可看出 LIBOR 超過 5.25% 的總支出成本皆被「鎖定」在：

$$\$1,000,000 \times \frac{90}{360} \times 0.0525 + (27 \times 25) = \$13,800$$

此即爲一種利率上限選擇權（cap）的例子。根據表 4-2 的結果，圖 4-4 進一步繪製出利率上限選擇權到期成本曲線。讀者可以嘗試解釋該圖形。

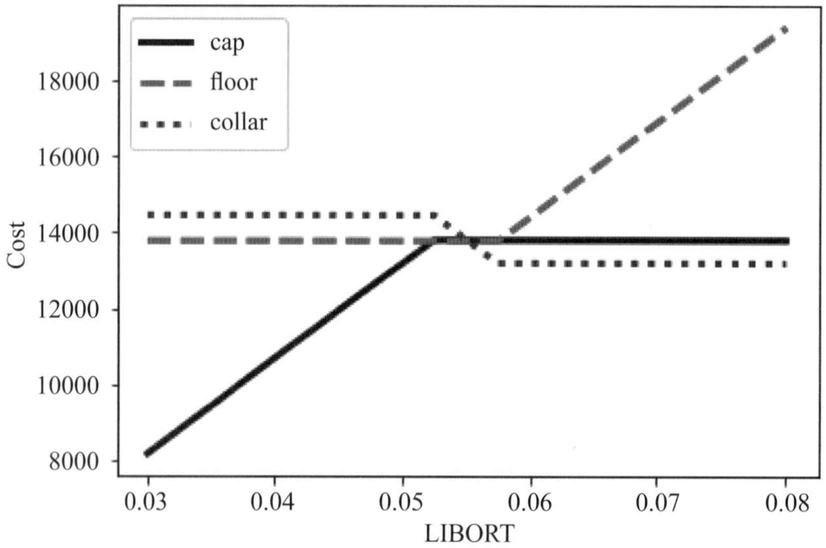

圖 4-4　一種 cap、floor **與** collar **的例子**（LIBORT **表示到期** LIBOR）

例 2　利率下限選擇權

續例 1，我們從另一個角度來看，有人認爲未來的 LIBOR 至少會高於 5.75%，則上述發行人可賣出履約價爲 94.25 的買權，即其每百萬美元有 25×24 = $600 的權利金收益。表 4-2 亦列出該策略下的到期收益。例如：到期 LIBOR 爲 5% 可對應的期貨到期價格爲 95，發行人損失 75×25 = $1,875 的（買權）收益，故買權的淨收益爲損失 1,275 美元；另一方面，因利息支出爲 12,500 美元，故總支出成本爲 13,775 美元。表內的其餘情況可類推。我們可看出於 LIBOR 低於 5.75% 之下，總支出成本皆維持於 13,775 美元，此構成一種利率下限選擇權（floor）的例子，可參考圖 4-4。

例 3 利率上下限選擇權

續例 1 與 2，有了 cap 與 floor，我們進一步可看利率上下限選擇權（collar），可參考表 4-2 與圖 4-4。讀者可試著將其合理化。

例 4 caps 的評價

於市場上，caps 根據 LIBOR 有不同到期交易，即一年期 90 天期 LIBOR 的 cap 合約有包括四種子契約（caplet），其中 caplet 逐季重新設定 cap 交易，可以參考表 4-3。該表描述一種標的物爲 90 天期 LIBOR 的一年期 cap 合約，而該合約的履約價與名目本金分別爲 3% 與 100 萬美元。假定某金融機構一年需逐季根據 LIBOR 支付 100 萬美元本金的利息。我們可以分別考慮不使用與使用一年期 cap 交易的情況。值得注意的是，根據例 1 與圖 4-3，可知 cap 相當於買 LIBOR 的買權。

表 4-3 cap 的收益

	Q1	Q2	Q3	Q4
No cap	A	A	A	A
來自 cap 的現金流量	$Max\left[0,(LIBOR-3\%)\times 100\times\frac{90}{360}\right]\times 1,000,000$			
總成本	$Min\left[(LIBOR,3\%)\times 100\times\frac{90}{360}\right]\times 1,000,000$			

註：A：$-LIBOR\times 100\times\frac{90}{360}\times 1,000,000$。

首先，表 4-3 內的第 1 列（即 No cap）列出不使用 caps 交易的利息成本。表內的第 2 列則列出上述金融機構買進 1 年期 cap 合約的每季現金流量，即買進 cap 合約的每季現金流量爲 LIBOR 超過 3% 的部分或是等於 0。舉一個例子說明。例如：若第 1 季（Q1）的 LIBOR 等於 5%，則上述機構須支付 1,250,000 美元的利息，不過因買進 cap 合約可得 500,000 美元的收益④，故其淨成本爲 750,000 美元，此相當於 3% 的利息支出；相反地，若 Q1 的 LIBOR 低於 3%，則該機構並不會執行該季的 cap 合約。因此，買進 cap 合約相當於將利率鎖定在 3% 以下，於此可看出爲何 cap 合約稱爲利率上限選擇權合約。

---

④ 即 $(5\%-3\%)\times 1,000,000\times 100\times 90/360=\$500,000$。

例 5 使用 Black 模型

考慮一種 3 個月 LIBOR 的 1 年期 cap 合約，其對應的合約利率為 K。如例 4 所述，上述合約根據 LIBOR 每 3 個月重新設定一次，即於重新設定日該合約的收益可寫成：

$$N\frac{1}{4}Max\left(0, R-K\right)$$

其中 N 與 R 分別表示名目本金與 LIBOR。考慮利息支付的時間線如：

```
----------------|----------------|--------------->
                τ               2τ
```

即 2τ 期的利息支付是根據 τ 期的 LIBOR。不過因未來的 LIBOR 為未知，故以遠期利率取代；因此，於 $k\tau$ 期下，上述合約收益可進一步寫成：

$$N\frac{\tau}{1+F_k\tau}Max\left(0, R-K\right)$$

其中 F_k 表示 $k\tau$ 至 $(k+1)\tau$ 期的遠期利率。令 $Fk = R$，於 $k\tau$ 期下，我們使用 Black 模型計算 caplet 的價格，即（4-2）式內的 c_t 可改寫成：

$$N\frac{\tau}{1+F_k\tau}e^{-rk\tau}\left[F_kN(d_1)-KN(d_2)\right] \tag{4-3}$$

其中

$$d_1=\frac{\log\left(\frac{F_k}{K}\right)+\frac{1}{2}k\tau\sigma_F^2}{\sigma_F\sqrt{k\tau}} \text{ 與 } d_2=d_1-\sigma_F\sqrt{k\tau}$$

我們舉一個例子說明。（4-3）式亦可使用 BSM 模型估計，即令 $N = 1{,}000{,}000$、$r = q = 0.055$、$K = 0.0563$、$\sigma_F = \sigma = 0.09$、$T = 0.25, 0.5, 0.75, 1$ 以及對應的遠期利率為 $F_k = S = 0.055, 0.0575, 0.06, 0.0625$。根據 BSM 可得四種 caplet 的價格分別約為 116.9、509.02、999.42 與 1,520.01 美元，故 1 年期 cap 合約價格約為 3,145.36 美元。

習題

(1) 試解釋圖 3-3。

(2) 何謂 collar？試解釋之。（買 cap 賣 floor 的組合）

(3) 其實我們亦可利用 BSM 模型直接計算 cap、floor 與 collar 價格並繪製對應的收益曲線，即將標的資產與履約價分別改為 LIBOR 與利率。試舉一例說明。提示：可參考圖 4-a。

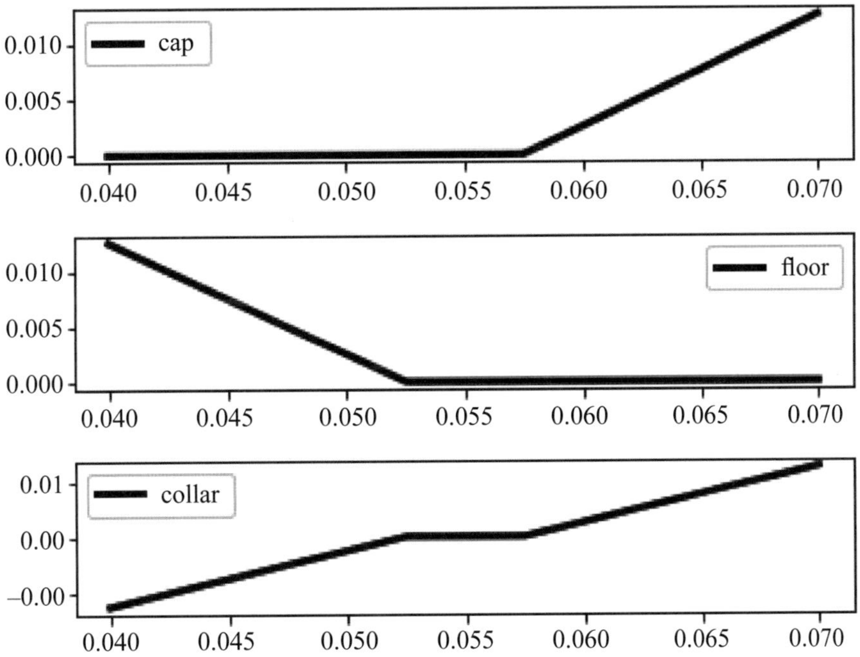

圖 4-a

(4) 於實務上，我們可以利用 Black 模型計算出 cap 合約市場價格的隱含波動率。試利用例 5 的例子說明如何計算出 1 年期 cap 合約市場價格為 4,000 美元的隱含波動率。

4.2 利率的模型化

至目前為止，我們大多假定短期利率是一個常數值或屬於確定的變數。現在，我們討論二種「古典的」瞬時利率（instantaneous interest rate）或即期利率（spot interest rate）的隨機模型，其分別為 Vasicek 模型與 CIR 模型。於文獻上，上述二模型皆屬於單因子短期利率模型（one-factor short rate model）。

4.2.1 Vasicek 模型

Vasicek 提出下列的問題：若瞬時短期利率 r 符合下列的隨機微分方程式如：

$$dr_t = \beta\left(\mu - r_t\right)dt + \sigma dW_t, r(0) = r_0 \tag{4-4}$$

則面額爲 1 美元的貼現債券（到期爲 T）於 t 期的價值 $P(t, T)$ 爲何？（4-4）式內的 β、μ 與 σ 分別稱爲（平）均數反轉（mean-reversion）、長期平均數與波動率（短期利率）參數，而 W 則爲標準布朗運動。直覺而言，（4-4）式屬於一種定態的隨機過程，因只要短期利率 r_t 與 μ 值不一致，r_{t+dt} 會反轉趨向於 μ 值，其反轉力道取決於 β 值，即 $\beta > 0$。

面對（4-4）式的第二個直覺反應是，若（4-4）式可用於貼現債券的定價，則其所描述的並非「眞實的市場情況」而是一種「風險中立的環境」；換言之，根據 Vasicek，「眞實機率衡量」與「風險中立衡量」之間的關係可寫成：

$$d\tilde{W}(t) = dW(t) + \lambda r(t)dt \tag{4-5}$$

代入（4-4）式可得：

$$dr_t = \left[\beta\mu - \left(\beta + \lambda\sigma\right)r_t\right]dt + \sigma d\tilde{W}_t \tag{4-6}$$

Vasicek 稱 λ 爲風險市場價格（market price of risk）。Brigo 與 Mercurio（2006）進一步解釋 λ 爲：「針對無風險利率而言，每單位風險的超額報酬」。Vasicek 假定 $\lambda = \lambda_1 + \lambda_2 r_1$，不過其卻令 $\lambda_2 = 0$；換言之，就 Vasicek 而言，上述「眞實衡量」與「風險中立衡量」之間的差距只表現在漂浮項的差距而已。

就所有的 t 而言，根據 Vasicek，因 $\lambda = \lambda_1$，自然也包括 $\lambda_1 = 0$ 的情況；因此，爲了簡化分析起見，底下我們的分析皆假定 $\lambda = 0$，隱含著（4-4）與（4-6）二式的利率動態過程一致[5]。

根據（4-4）式，其對應的「間斷版」的隨機過程可寫成：

---

⑤ Rémillard（2013）使用較複雜的情況，即其探討與利用（4-6）式。Rémillard 的分析結果可參考 R 語言的程式套件（SMFI5）。

$$r_{t+\Delta t} = r_t + \beta(\mu - r_t)\Delta t + \sigma\sqrt{\Delta t}Z \tag{4-7}$$

其中 Z 表示標準常態隨機變數。我們亦舉一個例子說明如何使用（4-7）式。令 $\mu = 2$、$\beta = 0.5$、$\sigma = 2$、$r_0 = 1.5$、$\Delta t = T/n$、$T = 1$ 與 $n = 360$，圖 4-5 繪製出 10 條 Vasicek 模型的短期利率的時間走勢（單位：%）。我們從該圖可看出 Vasicek 模型的缺點，即根據（4-7）式，有可能產生負的利率值。於所附的 Python 程式內，我們有自行設計的 Vasicek_sim(.) 函數指令，讀者可以嘗試更改不同參數值以檢視其他的情況。

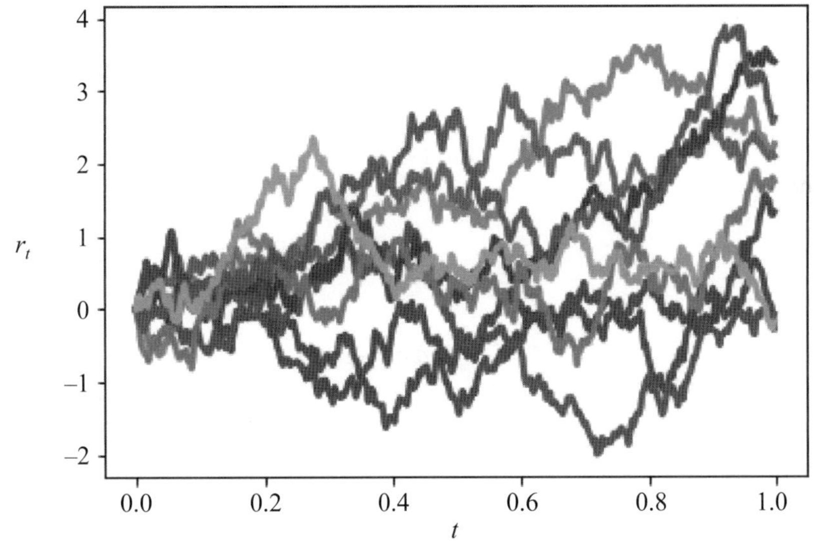

圖 4-5 Vasicek **過程之短期利率時間走勢的模擬（單位**：%**）**

我們進一步說明如何使用 ML 以估計（4-4）式內的參數值。重寫（4-4）式可得：

$$dr_t = [b - ar_t]dt + \sigma dW_t \tag{4-8}$$

其中 $b = \beta\mu$ 與 $a = \beta$。同理，解（4-8）式可得：

$$r_t = r_s e^{-a(t-s)} + \frac{b}{a}\left(1 - e^{-a(t-s)}\right) + \sigma\int_s^t e^{-a(t-s)} dW_u du \tag{4-9}$$

其中 $0 > s$。根據例 1，可知（4-9）式內的 r_t 屬於 Ornstein-Uhlenbeck 過程，即 r_t 屬於常態分配，其中平均數與變異數分別為：

$$E(r_t)=r_s e^{-a(t-s)}+\frac{b}{a}\left(1-e^{-a(t-s)}\right) \text{與} Var(r_t)=\frac{\sigma^2}{2a}\left(1-e^{-2a(t-s)}\right) \quad (4\text{-}10)$$

令 $\mu=b/a$、$\alpha=e^{-a\delta}$ 與 $V^2=\frac{\sigma^2}{2a}\left(1-e^{-2a\delta}\right)$，其中 $\delta=t-s$ 表示時間的間隔如 1 天，Brigo 與 Mercurio（2006）曾指出使用 ML 估計可得完整的（closed-form）估計式公式；換言之，若有 $r_0, r_1, \cdots, r_n$ 的觀察值，μ、α 與 V^2 的 ML 估計式分別可寫成：

$$\hat{\alpha}=\frac{n\sum_{i=1}^{n} r_i r_{r-1}-\sum_{i=1}^{n} r_i \sum_{i=1}^{n} r_{i-1}}{n\sum_{i=1}^{n} r_{i-1}^2-\left(\sum_{i=1}^{n} r_{r-1}\right)^2} \quad (4\text{-}11)$$

$$\hat{\mu}=\frac{\sum_{i=1}^{n}\left(r_i-\hat{\alpha} r_{i-1}\right)}{n(1-\hat{\alpha})} \quad (4\text{-}12)$$

與

$$\hat{V}^2=\frac{1}{n}\left[r_i-\hat{\alpha}\hat{r}_{i-1}-\hat{\mu}(1-\alpha)\right]^2 \quad (4\text{-}13)$$

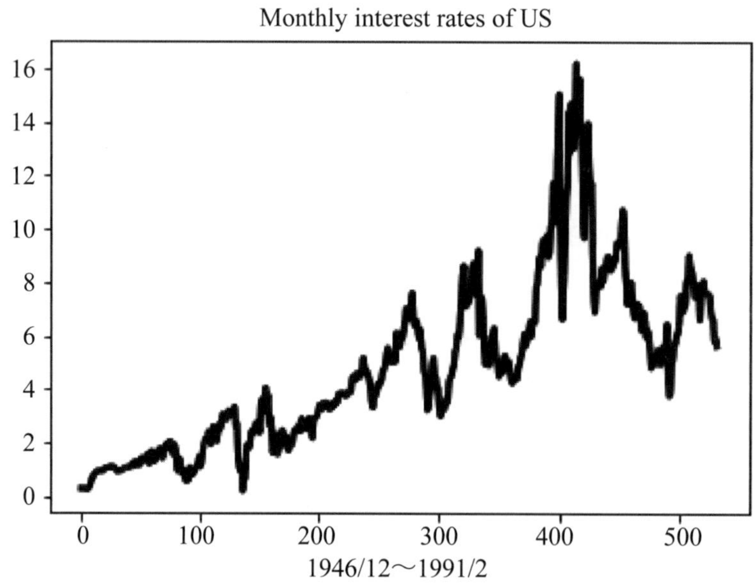

圖 4-6　美國月利率的時間走勢（1946/12～1991/2）

我們亦舉一個例子說明（4-11）～（4-13）三式的使用。圖 4-6 繪製出美國月利率的時間走勢（1946/12～1991/2）[⑥]。根據（4-11）～（4-13）三式，利用圖 4-6 內的資料，可得 α、μ 與 V 的估計值分別約為 5.32、0.24 與 2.11。利用上述估計值，我們進一步模擬出 Vasicek 模型的走勢，其結果就繪製如圖 4-7 所示（虛線），其中該圖是將 1946/12～1991/2 期間分別轉換至 [0, 1]。從圖 4-7 內可看出利用 Vasicek 模型化美國月利率時間走勢（實線）會低估利率水準。

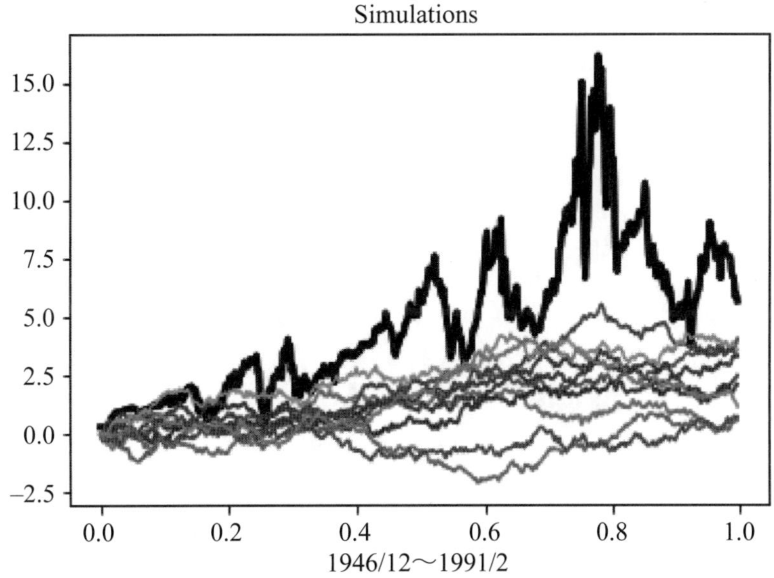

圖 4-7　美國月利率的時間走勢與模擬的 Vasicek 模型比較

例 1　Ornstein-Uhlenbeck 過程

基本上，就機率理論而言，（4-4）式相當於假定 r_t 屬於一種 Ornstein-Uhlenbeck（OU）過程，即求解（4-4）式可得：

$$r_t = r_s e^{-\beta(t-s)} + \mu\left(1 - e^{-\beta(t-s)}\right) + \sigma\int_s^t e^{-\beta(t-u)} dW_u(u)$$

其中 $t > s$。Brigo 與 Mercurio（2006）或 Rémillard（2013）曾指出 r_t 屬於常態分配，其平均數與變異數分別可寫成：

---

⑥ 該月利率資料取自 R 語言的程式套件（Ecdat）。

$$E(r_t)=r_s e^{-\beta(t-s)}+\mu\left(1-e^{-\beta(t-s)}\right) \text{與} Var(r_t)=\frac{\sigma^2}{2\beta}\left(1-e^{-2\beta(t-s)}\right)$$

有關於 OU 過程的性質可參考 Rémillard（2013）。根據上述結果我們不難檢視 OU 過程的實現值走勢。利用圖 4-5 內的假定，圖 4-8 分別繪製出 Vasicek 模型與 OU 過程的時間實現值走勢，從圖內可看出二走勢非常接近，隱含著後者包含前者。

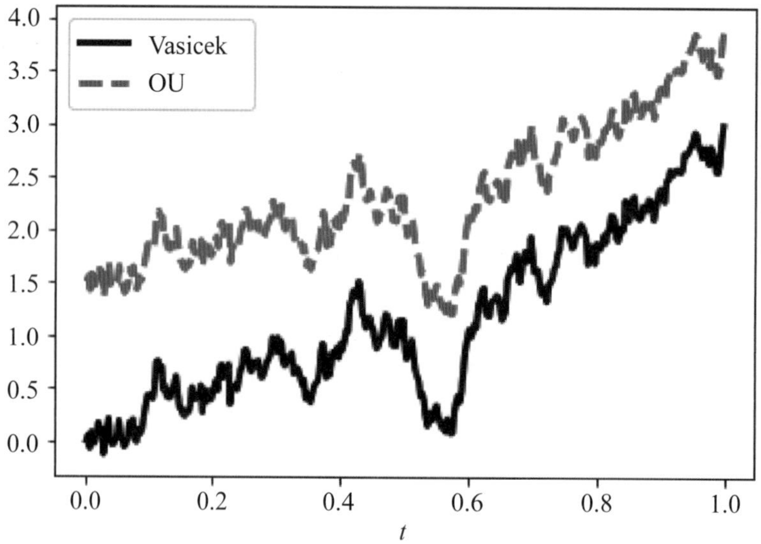

圖 4-8　Vasicek **模型與** OU **過程時間實現值之比較**

例 2　再談 ML 估計

（4-11）～（4-13）三式雖說可取得 α、μ 與 V 的估計值，但是其卻有缺點，即無法得知對應的標準誤，故不知上述三估計值是否顯著異於 0。仍使用前述美國月利率資料，我們使用「BFGS」方法估計參數 $\theta=(\theta_1,\theta_2,\theta_3)$，其中 $\theta_1=\alpha$、$V=\theta_3$ 與 $\mu=\theta_1/\theta_2$，可得 θ 之 ML 估計值分別約為 1.28、0.24 與 2.11，而其對應的標準誤分別約為 0.57、0.1 與 0.07，故可知上述三估計值皆顯著異於 0（顯著水準為 5%）。

例 3　貼現債券定價

直覺而言，若我們能事先知道例如圖 4-5 的結果，則可以根據下列式子取得面額為 1（美元）的貼現債券價格 $P(t, T)$，即：

$$P(t,T)=e^{-r(s)(T-s)} \tag{4-14}$$

其中 $P(T, T) = 1$。利用圖 4-5 內的假定，圖 4-9 的左圖繪製出二種 $r(t)$ 的走勢。如前所述，若 $r(t)$ 爲已知，根據（4-14）式，則可以繪製出對應的 $P(t, T)$ 的走勢如圖 4-9 的右圖所示。從圖 4-9 內可看出 $r(t)$ 與 $P(t, T)$ 走勢的隨機性。

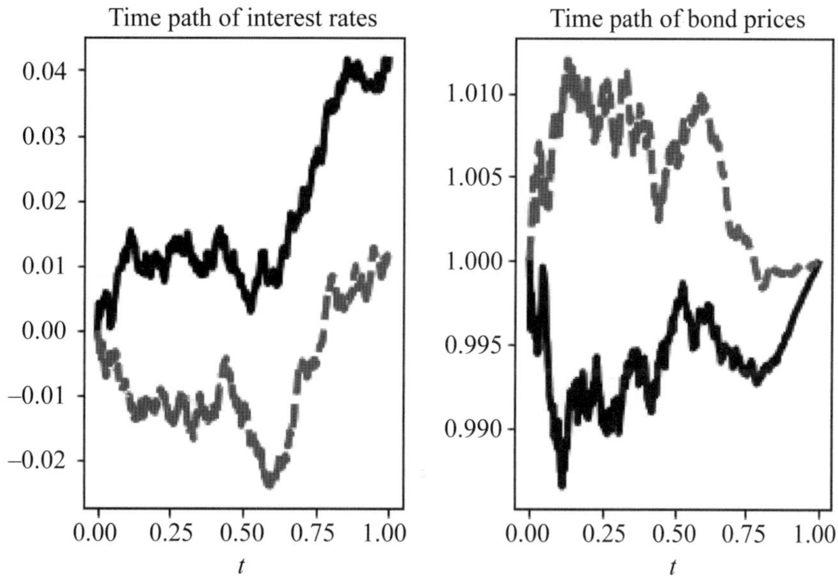

圖 4-9　模擬的即期利率與貼現債券價格走勢

例 4　貼現債券定價（續）

續例 3，可惜的是，我們無法事先得知例如圖 4-5 的結果。若 $E_t(\cdot)$ 表示蒐集至 t 期所做的預期，則（4-14）式可改寫成：

$$P(t,T)=E_t\left[e^{-\int_t^T r_s ds}\right] \tag{4-15}$$

根據（4-4）式，Brigo 與 Mercurio（2006）曾指出 $P(t, T)$ 可寫成完整的公式如：

$$P(t,T)=A(t,T)e^{-B(t,T)r(t)} \tag{4-16}$$

其中

$$A(t,T)=\exp\left\{\left(\mu-\frac{\sigma^2}{2\beta^2}\right)\left[B(t,T)-T+t\right]-\frac{\sigma^2}{4\beta}B(t,T)^2\right\} \text{ 與 } B(t,T)=\frac{1}{\beta}\left[1-e^{-\beta(T-t)}\right]$$

換言之，於 t 期下，$P(t, T)$ 的預期會牽涉到（4-4）式內參數的預期。我們亦舉一個例子說明。假定 $t = 0$ 與 $T = 1/12, 2/12, \cdots, 4$，故總共有 48 種貼現債券。令 $\mu = 5.3199$、$\beta = 0.2393$、$\sigma = 2.1081$ 與 $r(0) = 0.325$（單位：%）。根據（4-16）式，我們可以繪製 Vasicek 過程的貼現價格走勢如圖 4-10 所示。我們從該圖可看出 Vasicek 過程竟然存在負的貼現債券價格；換言之，Vasicek 過程不僅可能產生負值的利率水準，同時亦可能產生負值的貼現債券價格！

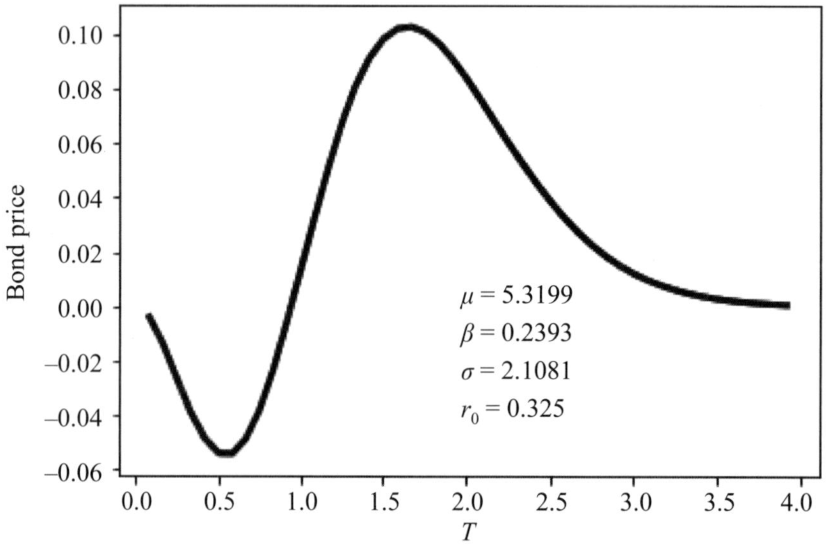

圖 4-10　一種 Vasicek 過程的貼現債券價格走勢

習題

(1) 何謂 Vasicek 過程？試解釋之。

(2) 其實 OU 或 Vasicek 過程就是一種 AR(1) 過程，即（4-9）式可改寫成：

$$r_t-\mu=\phi\left(r_{t-1}-\mu\right)+\varepsilon_t$$

其中 ε_t 爲獨立的常態隨機變數（亦與 r_t 相互獨立），其平均數與變異數分別爲

0 與 $\sigma^2\left(\dfrac{1-\phi^2}{2\beta}\right)$。試求 ϕ 值。

(3) 續上題，$\phi=e^{-\beta\Delta t}$。令 $\mu=5.3199$、$T=1$、$\Delta t=1/360$、$\sigma=2.1081$ 與 $r(0)=0.325$。分別考慮二種 $\beta_1=0.2393$ 與 $\beta_2=50$ 值，試繪製對應的 Vasicek 過程模擬走勢圖，有何涵義？提示：可參考圖 4-b。

(4) 若根據 Vasicek 過程檢視上述美國月利率資料，結論為何？

(5) 若只改變圖 4-10 內的 β 值，結論為何？

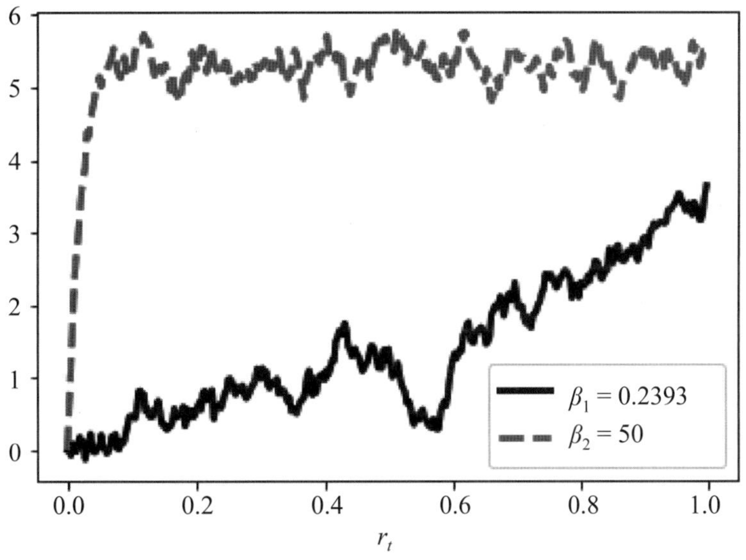

圖 4-b

4.2.2 CIR 模型

現在我們來檢視 CIR 模型（過程）。考慮下列的 CIR 過程：

$$dr_t=\beta\left(\mu-r_t\right)dt+\sigma\sqrt{r_t}dW_t, r(0)=r_0 \tag{4-17}$$

其中 $\beta>0$、$\mu>0$ 與 $\sigma>0$，三種參數的意義類似於 Vasicek 過程。若與（4-4）式比較，可知 CIR 過程係針對 Vasicek 過程會產生負的利率值做修正；換言之，比較（4-4）與（4-17）二式，Vasicek 過程與 CIR 過程之間的差異，在於後者的擴散參數內有「即期利率水準的平方根」。因此，上述二過程的分析方式頗為類似，即若假定風險市場價格等於 0（即 $\lambda = 0$），則「眞實機率衡量」與「風險中立衡量」的動態過程是一致的。

直覺而言，因平方根內部不爲負值，故（4-17）式的模擬是困難的。於機率理論內，CIR 過程接近於 Feller 過程，而後者根據 Rémillard（2013）指出：於 r_u 下（其中 $u \in [0,s]$），r_{t+s} / w_t 是一種自由度爲 $\nu = 4\dfrac{\beta\mu}{\sigma^2}$ 與非中央參數（non-centrality parameter）爲 $D_t = r_s \dfrac{e^{-\beta t}}{w_t}$ 的非中央型卡方分配，其中 $w_t = \sigma^2\left(\dfrac{1-e^{-\beta t}}{4\beta}\right)$。有關於卡方分配與非中央型卡方分配的比較，可以參考例 1。

利用圖 4-5 內的假定，圖 4-11 繪製出 10 條 CIR 過程的實現值時間走勢（單位：%）。若與圖 4-5 比較，我們從圖 4-11 內可看出 CIR 過程的實現利率值已不可能出現負值。圖 4-11 內 CIR 過程的模擬係筆者修改 R 語言之程式套件（SMFI5）內的函數指令而得。讀者可以嘗試改變上述的參數值以取得更多 CIR 過程的結果。

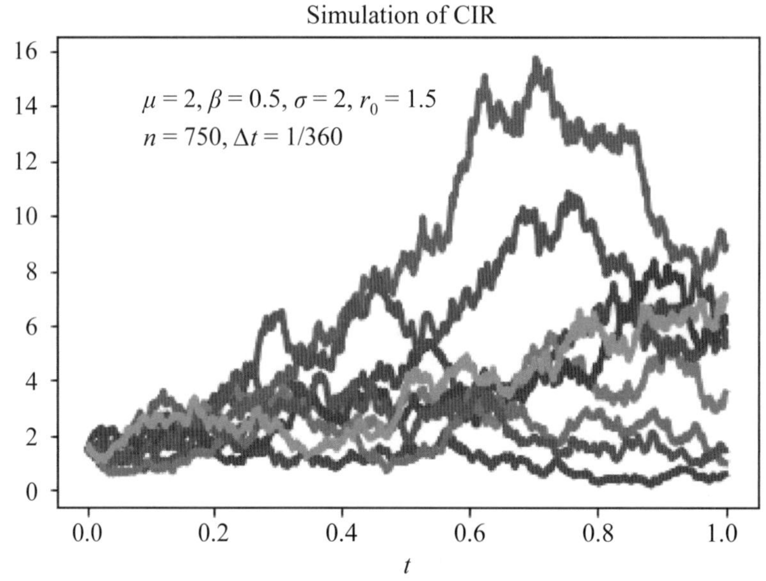

圖 4-11　Vasicek **過程之即期利率時間走勢的模擬（單位：%）**

接下來，我們以 CIR 過程來模型化上述美國月利率時間序列資料。仍使用傳統的 ML 估計（可參考所附的 Python 程式），其估計結果可寫成：

$$d\hat{r}_t = (0.92 - 0.16 r_t)dt + 0.83\sqrt{r_t}\,dW_t$$
$$(0.00)\ (0.00)\qquad (0.00)$$

其中小括號內之值爲對應的標準誤[7]。上述估計結果係寫成類似於（4-8）式型態，故可知 $\hat{\beta}=0.17$ 與 $\hat{\mu}=5.56$。因 $\Delta t=1/12$，於 4.2.1 節的習題內可看出 CIR 過程實際上亦是一種 AR(1) 過程，其中 $\hat{\phi}=e^{-\hat{\beta}\Delta t}\approx 0.99$；換言之，上述美國月利率時間序列資料若使用 CIR 過程模型化，該資料有可能不屬於定態的隨機過程！

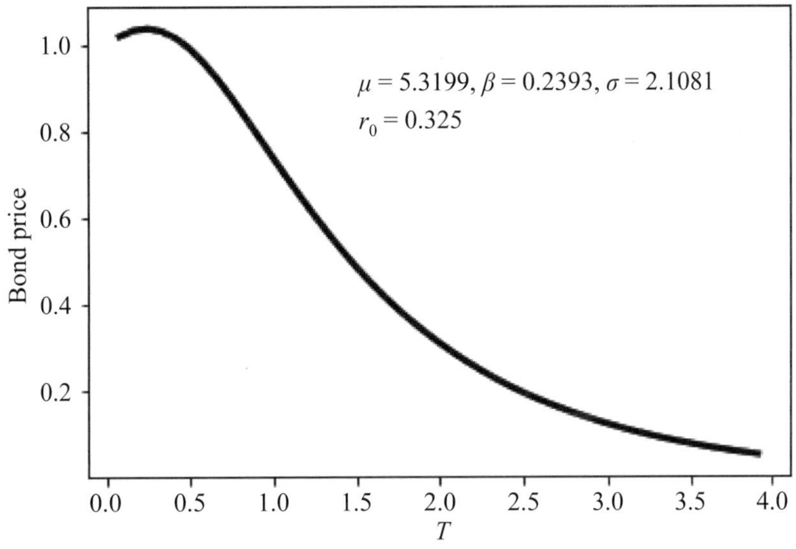

圖 4-12　一種 CIR 過程的貼現債券價格走勢

最後，我們來檢視若 r_t 屬於 CIR 過程，則對應的面額 1 美元的貼現債券價格 $P(t, T)$ 爲何？根據 Brigo 與 Mercurio（2006），上述 $P(t, T)$ 亦可以用完整的公式表示，即：

$$P(t,T)=A(t,T)e^{-B(t,T)r(t)} \tag{4-18}$$

其中

$$h=\sqrt{\beta^2+2\sigma^2}、A(t,T)=\left\{\frac{2h\exp\left[(\beta+h)(T-t)/2\right]}{2h+(\beta+h)\left[\exp((T-t)h)-1\right]}\right\}^{2\beta\mu/\sigma^2}$$

---

[7] 例如顯著水準爲 5%，上述參數估計值皆顯著異於 0。於上述的估計過程內，我們分別使用「L-BFGS-B」與「BFGS」二種估計方法，二種方法的估計結果非常接近，不過前者有出現極小化收斂的情況而後者則無。雖說如此，我們卻可用後者計算對應的估計標準誤，可以參考所附的 Python 指令。

與

$$B(t,T)=\frac{2\left\{\exp\left[(T-t)/h\right]-1\right\}}{2h+(\beta+h)\left\{\exp\left[(T-t)/h\right]-1\right\}}$$

仍使用圖 4-10 內的假定，圖 4-12 繪製出 CIR 過程的貼現債券價格 $P(0, T)$ 走勢。我們從該圖可以看出不同到期日的貼現價格於 CIR 過程下已不存在負值。

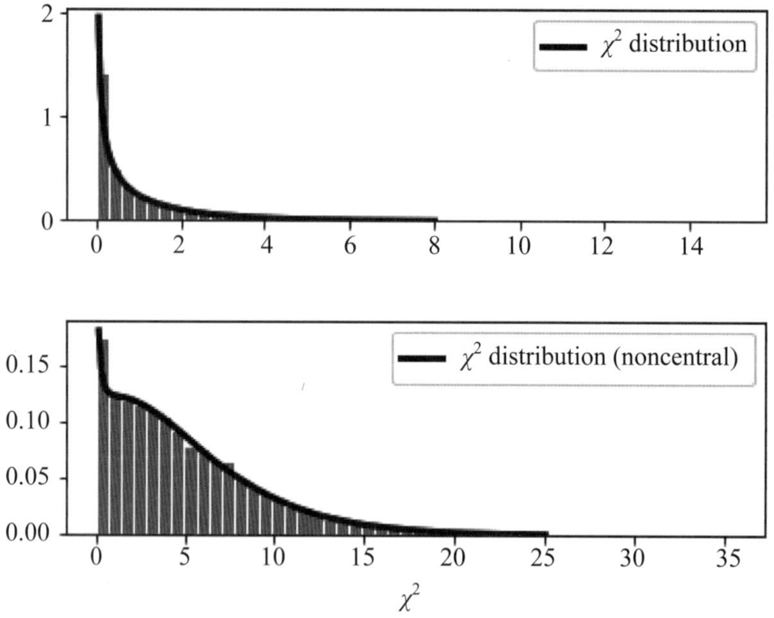

圖 4-13　卡方分配與非中央型卡方分配的理論與實際（$k=1$ **與** $\mu_1=2$）

例 1　卡方分配與非中央型卡方分配

於《財時》內，我們已經知道 k 個標準常態分配隨機變數的平方和會接近於自由度為 k 的卡方分配。若將上述 k 個標準常態分配隨機變數改成 k 個常態分配隨機變數，其中對應的平均數分別為 μ_i（$i = 1, 2, \cdots, k$）與變異數皆為 1，則 k 個常態分配隨機變數的平方和亦會接近於卡方分配，不過此時該卡方分配內有二個參數，其中之一是自由度為 k，另外之一是非中央型參數 $ncp=\sum\mu_i^2$，該卡方分配即屬於非中央型卡方分配。我們舉一個例子說明。令 $k = 1$ 與 $\mu_1 = 2$，圖 4-13 繪製出卡方分配與非中央型卡方分配的理論與實際，讀者應能解釋該圖。

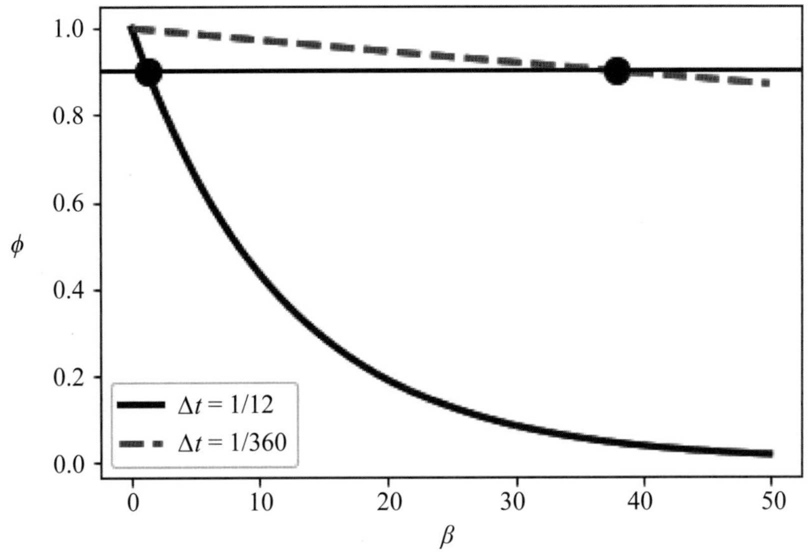

圖 4-14　於 Δt 固定下，β 與 ϕ 之間的關係

例 2　β 與 Δt 所扮演的角色

如前所述，CIR 過程亦可寫成 AR(1) 過程的型態，其中參數 $\phi = e^{-\beta\Delta t}$。底下考慮二種情況，即於 Δt 分別固定於 1/12 與 1/360 下，檢視 β 與 ϕ 之間的關係，該關係可繪製如圖 4-14 所示。於圖 4-14 內，我們分別檢視 ϕ 值若低於 0.9，則 β 值應爲何？答案是 β 值應分別大於 1.27 與 37.93（按照 $\Delta t = 1/2$ 與 $\Delta t = 1/360$ 的順序）。

例 3　AR(1) 過程

前述的美國月利率（以 x_t 表示）資料若以 AR(1) 過程估計，其估計結果可寫成：

$$\hat{x}_t = 0.07 + 0.98 x_{t-1}$$
$$(0.05)\ (0.01)$$

即估計的 ϕ 值約爲 0.98。因屬於月資料，故 Δt = 1/12，隱含著 β 值約爲 0.24。上述結果與前述之 ML 估計值差距不大。

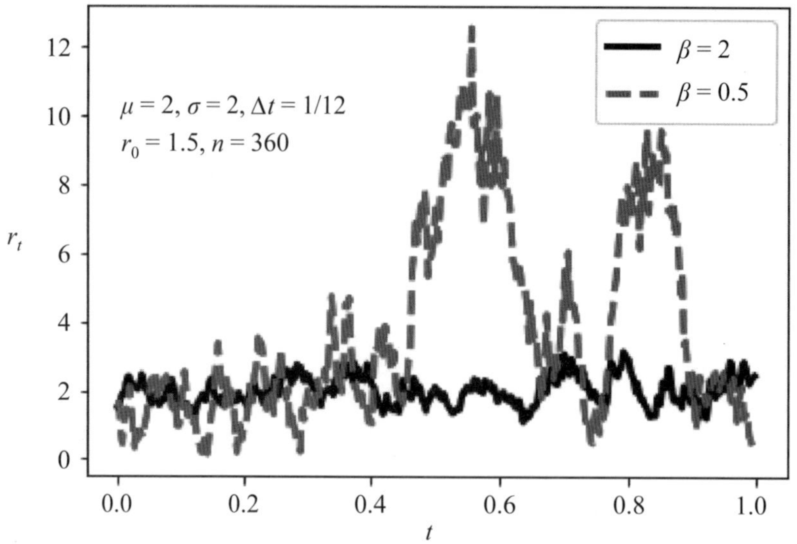

圖 4-c

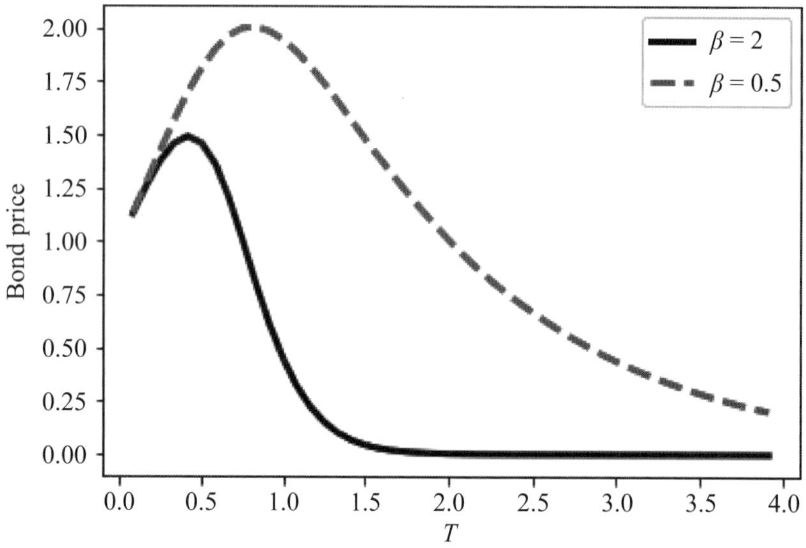

圖 4-d

習題

(1) 何謂 CIR 過程？試解釋之。

(2) 令 $\mu = \sigma = 2$、$r_0 = 1.5$、$\Delta t = 1/12$ 與 $n = 360$。利用上述假定，分別考慮 $\beta = 0.5$ 與 $\beta = 2$ 二種情況，試分別繪製出二種情況的 CIR 過程之實現值走勢。提示：

可以參考圖 4-c。

(3) 續上題，利用二種情況的實現值走勢資料，試分別以 AR(1) 過程估計，其結果爲何？有何涵義？

(4) 根據（4-18）式，圖 4-13 內的貼現債券價格對應的利率爲何？提示：r_0。

(5) 圖 4-13 內的假定若改成 $\mu=\sigma=2$、$r_0=1.5$。仍考慮 $\beta=0.5$ 與 $\beta=2$ 二種情況，試分別繪製出 $P(0,T)$ 的走勢。有何涵義？提示：可以參考圖 4-d。

4.3 GMM 的應用

類似於（4-4）與（4-17）二式，CKLS 過程的即期利率動態方程式可寫成：

$$dr_t=\left(\alpha+\beta r_t\right)dt+\sigma r_t^{\gamma}dW_t,r(0)=r_0 \quad (4\text{-}19)$$

其中參數向量[8] $\theta=\left(\alpha,\beta,\sigma^2,\gamma\right)^T$。顯然 CKLS 過程的隨機微分方程式（SDE）可以包括前述的 Vasicek 過程與 CIR 過程的 SDE。若 $\gamma=0$ 或 $\gamma=1/2$，則（4-19）式分別等於（4-4）或（4-17）式；換言之，Vasicek 過程與 CIR 過程分別屬於 CKLS 過程的一個特例。

如前所述，CKLS 使用 GMM 估計 θ。因此，本節將分成二部分介紹，其中第一部分將簡單介紹 GMM，而第二部分則介紹 CKLS 模型。

4.3.1 GMM

實際上，4.2.1 與 4.4.2 節所使用 ML 估計方法有一個缺點，就是其必須先假定標的隨機變數的機率分配屬於何分配，方能設定對應的概似函數。至於 GMM 呢？其竟然只須找出並設定標的隨機變數的動差函數而已。因此，直覺而言，若標的隨機變數的機率分配爲已知，而該機率分配的特性亦可由對應的動差表示，則 ML 與 GMM 的估計式應是相同的；當然，若標的隨機變數的機率分配爲未知，反而 GMM 較具優勢，因其並不需要額外的假定。

於經濟或財務領域內，有關於動態最適化的第一階條件的理論常常欠缺機率分配的描述，以致於使用 ML 估計方法只能取得一些「特例（ad hoc assumption）」；反觀 GMM，由於需要的假定條件較少，反而應用的層面較廣。

---

[8] $\theta=(\cdot)^T$，其中 $(\cdot)^T$ 表示轉置（transpose）向量。於（4-19）式內，參數 $\alpha,\gamma,\sigma>0$ 以及 $\beta<0$。

換句話說，於經濟與財務的應用上，GMM 反而較 ML 估計方法重要多了[9]。

4.3.1.1 動差法

假定隨機變數 $y_1, y_2, \cdots, y_T$ 與 K 維度參數向量 θ，由一個 N 維度向量 $m(y_t; \theta)$ 所設定的一種 GMM 模型可寫成：

$$E[m(y_t; \theta_0)] = \mathbf{0} \tag{4-20}$$

其中 θ_0 表示眞實的參數向量。可以留意的是，（4-20）式內有 N 條方程式，其可稱爲母體動差條件或稱爲母體動差（population moments）。一種 GMM 模型就是由上述母體動差所構成。

我們舉一個例子說明（4-20）式的意義。若 $E(y_t) = \theta_0$，則令：

$$m(y_t; \theta) = y_t - \theta \tag{4-21}$$

故符合（4-20）式，於此情況下，$N = K = 1$。又若 $E(y_t) = \theta_0$ 與 $Var(y_t) = \sigma_0^2$，則令 $\theta = (\mu, \sigma^2)^T$ 以及：

$$m(y_t;\theta) = \begin{bmatrix} y_t - \mu \\ (y_t - \mu)^2 - \sigma^2 \end{bmatrix} \tag{4-22}$$

故根據（4-20）式，可知 $\theta_0 = \left(\mu, \sigma_0^2\right)^T$，隱含著 $E(y_t) = \theta_0$ 與 $E(y_t - \mu_0)^2 = \sigma_0^2$，於此情況下，$N = K = 2$。

上述例子可推廣。若 $E(y_t^i) = \theta_{i,0}\,(i = 1, 2, \cdots, K)$，則令 $\theta = (\theta_1, \theta_2, \cdots, \theta_K)^T$ 以及：

$$m(y_t;\theta) = \begin{bmatrix} y_t - \theta_1 \\ y_t^2 - \theta_2 \\ \vdots \\ y_t^K - \theta_K \end{bmatrix} \tag{4-23}$$

即（4-23）式是寫成原始動差（或稱非中央型動差）的型態。根據原始動差與中央

[9] GMM 是由 Hansen（1982）所提出。有關於 GMM 於財金上的應用，可以參考例如 Jagannathan et al.（2002）等文獻。

型動差的關係，（4-23）式亦可寫成：

$$m(y_t;\theta)=\begin{bmatrix} y_t-\theta_1 \\ (y_t-\theta_1)^2-\theta_2 \\ \vdots \\ (y_t-\theta_1)^K-\theta_K \end{bmatrix} \tag{4-24}$$

當然，此時對應的先決條件為 $E(y_t)=\theta_{1,0}$ 與 $E(y_t-\theta_{1,0})^2=\theta_{i,0}$（$i=2, 3, \cdots, K$）。最後，我們亦可以使用不同函數型態的動差。例如：若 $E(\log y_t)=\theta_0$，則：

$$m(y_t;\theta)=\log y_t-\theta \tag{4-25}$$

又若 $E(1/y_t)=\theta_0$，則：

$$m(y_t;\theta)=1/y_t-\theta \tag{4-26}$$

根據動差法（method of moments, MM），面對上述的母體動差，我們可以計算對應的樣本動差或稱為實證動差（empirical moments）。就任何 θ 而言，實證動差的一般式可寫成：

$$M_T(\theta)=\frac{1}{T}\sum_{t=1}^{T}m(y_t;\theta) \tag{4-27}$$

若 $N=K$，我們稱（上述）GMM 模型屬於正確認定（exactly identified），則 GMM 的估計式 $\hat{\theta}$，根據（4-20）式，可寫成：

$$M_T(\hat{\theta})=\mathbf{0} \tag{4-28}$$

即（4-28）式可視為（4-20）式的「樣本翻版」。當然，若 $N>K$，則對應的 GMM 模型可稱為過度認定（over identified），因模型內的方程式數量大於對應的未知參數，故於過度認定的 GMM 模型內，並不存在唯一解如（4-28）式所示。

上述（4-21）～（4-26）式皆屬於正確認定的 GMM 模型，我們倒是可以取得對應的 $\hat{\theta}$，可以分述如下：

(1) 就（4-21）式的設定而言，根據（4-27）式，可得：

$$M_T(\theta)=\frac{1}{T}\sum_{t=1}^{T}(y_t-\theta)=\frac{1}{T}\sum_{t=1}^{T}y_t-\theta$$

代入（4-28）式，可得：

$$\hat{\theta}=\frac{1}{T}\sum_{t=1}^{T}y_t$$

換言之，母體平均數的 GMM 估計式竟然就是樣本平均數。

(2) 就（4-22）式的設定而言，根據（4-27）式，可得：

$$M_T(\theta)=\begin{bmatrix}\frac{1}{T}\sum_{t=1}^{T}y_t-\mu\\ \frac{1}{T}\sum_{t=1}^{T}(y_t-\mu)^2-\sigma^2\end{bmatrix}$$

代入（4-28）式，分別可得：

$$\hat{\mu}=\frac{1}{T}\sum_{t=1}^{T}y_t \text{ 與 } \hat{\sigma}^2=\frac{1}{T}\sum_{t=1}^{T}(y_t-\mu)^2$$

可以留意的是，就 σ^2 而言，ML 與 GMM 的估計式是相同的。

(3) 就（4-23）式的設定而言，根據（4-27）式，可得：

$$M_T(\theta)=\begin{bmatrix}\frac{1}{T}\sum_{t=1}^{T}y_t-\theta_1 & \frac{1}{T}\sum_{t=1}^{T}y_t^2-\theta_2 & \cdots & \frac{1}{T}\sum_{t=1}^{T}y_t^K-\theta_K\end{bmatrix}^T$$

代入（4-28）式，分別可得傳統的原始動差爲：

$$\hat{\theta}_i=\frac{1}{T}\sum_{t=1}^{T}y_t^i$$

其中 $i=1,2,\cdots,K$。

(4) 就（4-24）式的設定而言，根據（4-27）式，可得：

$$M_T(\theta)=\left[\frac{1}{T}\sum_{t=1}^{T}y_t-\theta_1 \quad \frac{1}{T}\sum_{t=1}^{T}(y_t-\theta_1)^2-\theta_2 \quad \cdots \quad \frac{1}{T}\sum_{t=1}^{T}(y_t-\theta_1)^K-\theta_K\right]^T$$

代入（4-28）式，分別可得中央型動差爲：

$$\hat{\theta}_1=\frac{1}{T}\sum_{t=1}^{T}y_t \text{ 與 } \hat{\theta}_i=\frac{1}{T}\sum_{t-1}^{T}\left(y_t-\theta_1\right)^i$$

其中 $i=2,\cdots,K$。

(5) 就（4-25）與（4-26）二式的設定而言，根據（4-27）與（4-28）二式，分別可得：

$$\hat{\theta}=\frac{1}{T}\sum_{t=1}^{T}\log y_t \text{ 與 } \hat{\theta}=\frac{1}{T}\sum_{t=1}^{T}\frac{1}{y_t}$$

例 1 t 分配的參數估計

假定 y_t 是標準 t 分配的隨機變數，其中後者的參數分別爲 μ、σ^2 與 ν。我們已經知道 y_t 的變異數爲 $\sigma^2=\dfrac{\nu}{\nu-2}$（可以參考《財統》或《統計》）；因此，母體動差可以寫成：

$$E(y_t)=\mu_0 \text{ 與 } E\left[\left(y_t-\mu_0\right)^2\right]=\frac{\nu_0}{\nu_0-2}$$

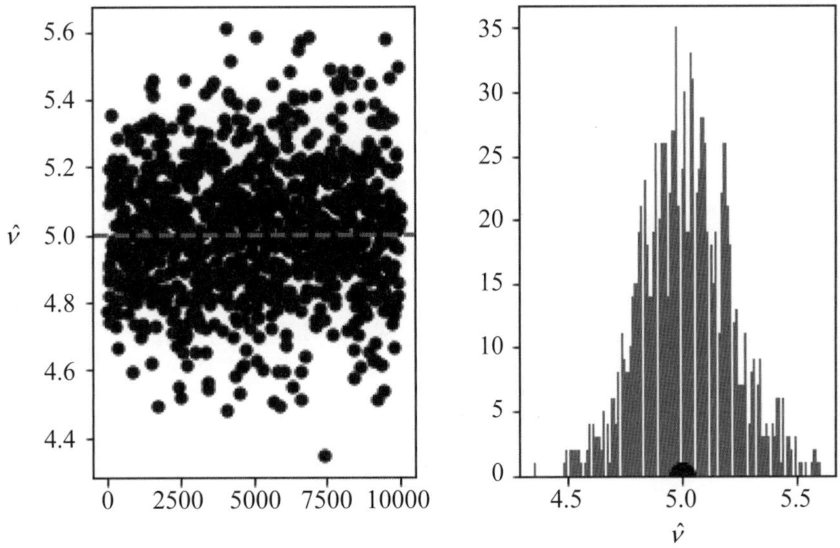

圖 4-15　於標準 t 分配下，ν 的 GMM 估計值

即就 $\theta=\left(\mu,\nu\right)^T$ 而言，GMM 模型可以寫成：

$$m\left(y_t;\theta\right)=\begin{bmatrix} y_t-\mu \\ \left(y_t-\mu\right)^2-\dfrac{\nu}{\nu-2} \end{bmatrix}$$

代入（4-28）式，可得 $\hat{\mu}=\dfrac{1}{T}\sum_{t=1}^{T}y_t$ 與 $\dfrac{\hat{\nu}}{\hat{\nu}-2}=\dfrac{1}{T}\sum_{t=1}^{T}\left(y_t-\hat{\mu}\right)^2$，其中根據後者可得出 $\hat{\nu}=\dfrac{2\dfrac{1}{T}\sum_{t=1}^{T}\left(y_t-\hat{\mu}\right)^2}{\dfrac{1}{T}\sum_{t=1}^{T}\left(y_t-\hat{\mu}\right)^2-1}$。我們舉一個例子說明。令 $\mu_0=2$、$\sigma_0^2=1.6667$ 與 $\nu_0=5$，從上述標準 t 分配內連續抽取 n 個觀察值後，再分別計算 GMM 的估計值 $\hat{\nu}$，其結果就繪製如圖 4-15 所示。我們從圖 4-15 的左圖內可看出 $\hat{\nu}$ 似乎不受 n 值大小的影響，因不管 n 值爲何 $\hat{\nu}$ 值皆圍繞於眞實值 ν_0 附近；另一方面，若將左圖內的 $\hat{\nu}$ 值以次數分配的型態表示可得右圖的直方圖，從該圖內可看出，就平均值而言，$\hat{\nu}$ 會估計到眞實值 ν_0。

例 2 條件預期

許多模型可用條件預期的型態表示，最明顯的例子就是迴歸模型。考慮一個簡單的線性迴歸模型如 $y_t=\beta_1+\beta_2x_t+u_t$。根據迴歸分析的假定，可知：

$$E(u_t\mid x_t)=0$$

利用重複期望值定理（law of iterated expectations）可知[10]：

$$E(u_tx_t)=E[E(u_tx_t)\mid x_t]=E[x_tE(u_t\mid x_t)]=0$$

因此，利用（4-28）式，可得 GMM 之估計式 $b_{G,1}$ 與 $b_{G,2}$ 分別爲：

[10] 即 $E(u)=E[E(u\mid x)]$，可以參考《財時》。

$$M_n(b_{G,1},b_{G,2})=\begin{bmatrix}\frac{1}{n}\sum_{t=1}^{n}(y_t-b_{G,1}-b_{G,2}x_t)\\ \frac{1}{n}\sum_{t=1}^{n}x_t(y_t-b_{G,1}-b_{G,2}x_t)\end{bmatrix}=0$$

求解上式，可得：

$$b_{G,1}=\bar{y}_t-b_{G,2}\bar{x}_t \text{ 與 } b_{G,2}=\frac{\sum_{t=1}^{n}(x_t-\bar{x}_t)(y_t-\bar{y}_t)}{\sum_{t=1}^{n}(x_t-\bar{x}_t)^2}$$

我們可以發現上述二個估計式就是 OLS 的估計式。因此，OLS 可看成是 GMM 的一個特例。

例 3 工具變數法

續例 2，於迴歸分析內，$E(u_t \mid x_t)=0$ 是一個重要的假定，因該假定若不成立，則 OLS 估計式不僅是偏的估計式，同時其亦不具有一致性的性質[11]。仍考慮一個簡單的線性迴歸模型如 $y_t=\beta_1+\beta_2 x_t+u_t$，若 x_t 與 u_t 有關，則 x_t 可稱爲內生變數（endogenous variable）；反之，若 x_t 與 u_t 無關，則 x_t 即爲外生變數（exogenous variable）。

若 x_t 與誤差項 u_t 之間有相關，可想成 x_t 內可以分成二部分：其一是與 u_t 有關而另一部分則與 u_t 無關，故若能去掉 x_t 之前一部分只保留後一部分，則 OLS 之估計所產生的不一致或偏誤，將可迎刃而解，此大概就是工具變數（method of instrument variables, IV）的精髓。即若能找到與 x_t 有關而與 u_t 無關的變數，則該變數即爲工具變數。其實，若存在一個工具變數 z_t，則不是可以 OLS 估計下列二個迴歸模型，即：

$$x_t=\alpha_1+\alpha_2 z_t+v_t \text{ 取得 } \hat{x}_t=\hat{\alpha}_1+\hat{\alpha}_2 z_t$$
$$y_t=\beta_{TSLS,1}+\beta_{TSIS,2}\hat{x}_t+\upsilon_t \text{ 取得 } \hat{y}_t=b_{TSLS,1}+b_{TSLS,2}\hat{x}_t$$

上述二步驟所得到的估計式，可稱爲二階段最小平方法（method of two stage least

[11] $E(u_t \mid x_t)=0$ 隱含著 x_t 與 u_t 之間無關；相反地，若 $E(u_t \mid x_t)\neq 0$ 隱含著 x_t 與 u_t 之間有關。

squares, TSLS）的估計式。除了使用 TSLS 外，其實也可以使用 GMM 取得 IV 的估計式。即令 $\tilde{y}_t = \beta_2 \tilde{x}_t + u_t$，其中 $\tilde{y}_t = y_t - \bar{y}$ 與 $\tilde{x}_t = x_t - \bar{x}$。即爲了方便說明起見，我們以「去除平均數」的方式表示。令工具變數 $\tilde{z}_t = z_t - \bar{z}$，則：

$$E(u_t / \tilde{z}_t) = 0 \Rightarrow E(u_t \tilde{z}_t) = E[(y_t - \beta_2 \tilde{x}_t)\tilde{z}_t] = 0$$

因此，GMM 模型以及對應的估計式爲：

$$m(\tilde{y}_t, \tilde{x}_t, \tilde{z}_t; \beta_2) = (\tilde{y}_t - \beta_2 \tilde{x}_t)\tilde{z}_t \Rightarrow M_n \begin{pmatrix} b_{IV,1} \\ b_{IV,2} \end{pmatrix} = \begin{bmatrix} \dfrac{1}{n}\sum_{t=1}^{n}(y_t - b_{IV,1} - b_{IV,2}x_t) \\ \dfrac{1}{n}\sum_{t=1}^{n}(y_t - b_{IV,1} - b_{IV,2}x_t)z_t \end{bmatrix} = 0$$

求解上式，可得：

$$b_{\mathrm{IV},1} = \bar{y}_t - b_{\mathrm{IV},2}\bar{x}_t \text{ 與 } b_{\mathrm{IV},2} = \frac{\sum_{t=1}^{n}(z_t - \bar{z}_t)(y_t - \bar{y}_t)}{\sum_{t=1}^{n}(x_t - \bar{x}_t)(z_t - \bar{z})}$$

比較 $b_{G,2}$ 與 $b_{IV,2}$，可看出 OLS 與 IV 之估計式的差異。不過，因我們皆用 GMM 模型估計，故 $b_{G,2}$ 與 $b_{IG,2}$ 皆包含於 GMM 模型內。

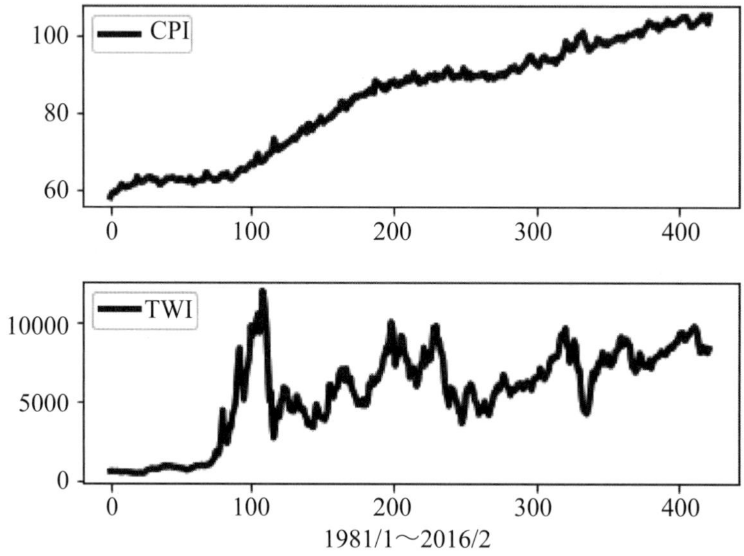

圖 4-16　CPI 與 TWI 的時間走勢

例 4 IV 的應用

圖 4-16 分別繪出 1981/1～2016/2 期間 CPI 與 TWI 之時間走勢圖，於圖內可看出二序列有隨時間逐漸走高的走勢。面對圖 4-16 的結果，我們提出一個疑問：於通貨膨脹的「侵蝕」下，究竟保有例如 TWI 股票（假定其爲一種股票），其是否可以保值[12]？考慮下列的迴歸式：

$$r(t,k) = \alpha_1 + \alpha_2 E[\pi(t,k) \mid I(t,k)] + \varepsilon(t,k) \tag{4-29}$$

其中 $t-k$ 至 t 期之名目股票報酬率、通貨膨脹率與資訊分別以 $r(t, k)$、$\pi(t, k)$ 與 $I(t, k)$ 表示；因此，$E[\pi(t,k) \mid I(t,k)]$ 表示根據至 $t-k$ 期的資訊所得出的 $t-k$ 期至 t 期之預期通貨膨脹率。由於預期通貨膨脹率序列並不易取得，一般習慣用實際的通貨膨脹率 $\pi(t, k)$ 取代 $E[\pi(t,k) \mid I(t,k)]$，可得：

$$r(t,k) = \beta_1 + \beta_2 \pi(t,k) + u(t,k) \tag{4-30}$$

若假定 $\alpha_1 = \beta_1$ 與 $\alpha_2 = \beta_2$，利用（4-29）與（4-30）二式，可得：

$$u(t,k) \equiv \varepsilon(t,k) + \beta_2 \{E[(\pi(t,k) \mid I(t,k)] - \pi(t,k)\} \tag{4-31}$$

因此，若以 OLS 估計（4-30）式，取得不偏的或一致性估計式的條件是 $E[\pi(t,k) \mid I(t,k)] = \pi(t,k)$；否則，因從（4-31）式內可看出 $u(t, k)$ 與 $\pi(t, k)$ 有關，（4-30）式的 OLS 估計式應不具有一致性的性質。

若實際的通貨膨脹率未必恆等於預期通貨膨脹率，於此情況下，（4-29）式應如何估計？我們可以思考以過去的通貨膨脹率如 $\pi(t-k, k)$ 取代，即 $\pi(t-k, k)$ 應與 $E[\pi(t,k) \mid I(t,k)]$ 有關但卻與 $\varepsilon(t, k)$ 無關；換言之，可以視 $\pi(t-k, k)$ 爲工具變數而以 IV 估計（4-30）式。

若使用上述 CPI 與 TWI 序列資料並以下二式計算通貨膨脹率與保有之報酬率，即：

---

[12] CPI 資料取自主計總處網站而 TWI 資料則取自 TEJ。上述資料亦可以於《財統》一書內找到；換言之，本節的例子應可視爲《財統》的補充。

$$\pi(t,k)=100\times[\log(CPI_t)-\log(CPI_{t-k})]$$
$$\pi(t-k,k)=100\times[\log(CPI_{t-k})-\log(CPI_{(t-k)-k})]$$
$$r(t,k)=100\times[\log(TWI_t)-\log(TWI_{t-k})]$$

其中 CPI_t 與 TWI_t 分別表示第 t 期之消費者物價指數與股價指數。我們分別考慮 $k = 12, 60, 120$（即 1、5 與 10 年），使用 IV 估計（4-30）式，β_2 的估計值分別約爲 -17.5262、12.5464 與 8.2791；另一方面，若使用 TSLS，$k = 60, 120$（即 5 與 10 年），其估計結果則分別爲：

$$r(t,60)=-95.433+12.546\hat{\pi}(t,60) \text{ 與 } r(t,120)=-84.446+8.279\hat{\pi}(t,120)$$
$$(69.014)\quad(7.674)\qquad\qquad\qquad\qquad(10.558)\ (0.852)$$

其中小括號內之值爲對應之估計的標準誤。

從以上的結果可看出，IV 與 TSLS 的估計結果非常接近；不過，由於我們尚未介紹如何計算 IV 估計之標準誤，故列出 TSLS 的第二階段的估計結果。從上述結果不難看出，若保有臺股指數 10 年，其對數報酬率已逐漸「追上」通貨膨脹率的腳步，表示股票資產具有「保値」的功能。類似地，若使用 OLS 估計，其結果可爲（$k = 120$）：

$$r(t,120)=63.155-2.049\pi(t-120,120)$$
$$(4.992)\quad(0.211)$$

也就是說，工具變數對報酬率的迴歸式若以 OLS 估計，則會有通貨膨脹率會侵蝕報酬率的結論。IV 的重要性，可見一斑。

4.3.1.2 GMM 的估計步驟

4.3.1.1 節的結果是讓人印象深刻的，因爲 OLS 與 IV 竟然包括於 GMM 內。我們自然好奇 GMM 的估計式是否擁有不偏或一致性的性質？重新檢視圖 4-15 內的結果。嚴格來說，於圖 4-15 內，我們著實看不出於不同 n 下，GMM 估計式的性質，因此有必要重新檢視。換言之，仍使用圖 4-15 內的假定，我們分別估計 n 等於 500、1,000、5,000 與 10,000 下的 $\hat{v}$ 的抽樣分配，其結果就繪製如圖 4-17 所示，其中垂直線表示眞實値 $v = 5$ 的位置。我們從圖 4-17 內可看出，隨著 n 値的提高，$\hat{v}$ 的抽樣分配不僅以眞實値爲中心，同時其對應的標準誤亦隨之變小，即 GMM 估

計式如 $\hat{v}$ 是 v 的一致性估計式。其實，讀者可以嘗試估計小樣本的情況，應會發現 $\hat{v}$ 的抽樣分配的波動幅度相當大，其中 $\hat{v}$ 值亦有可能出現負值的情況。因此，從圖 4-17 內可看出 GMM 較適合用於「大樣本數」的情況。從圖 4-17 的結果大致可看出 GMM 估計式具有一致性與漸近常態的特性，我們可以進一步檢視如何取得 GMM 估計式的一般結果。

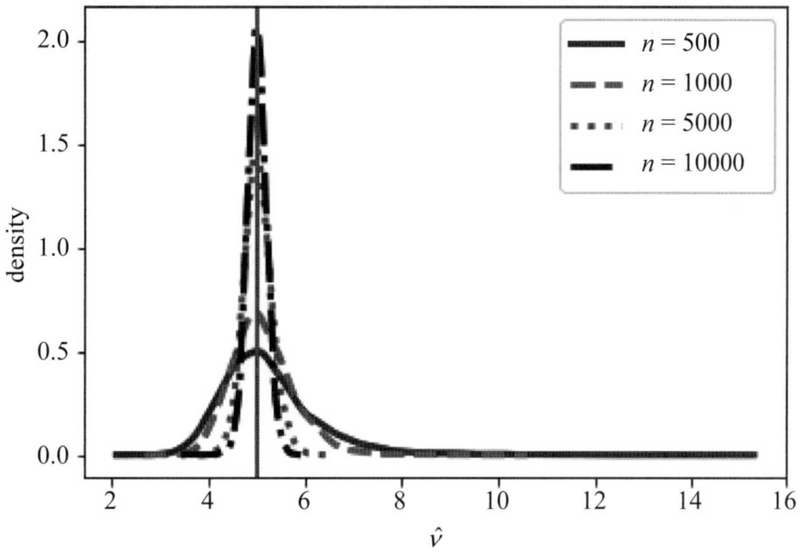

圖 4-17　t 分配自由度的抽樣分配

假定 $y_1, y_2, \cdots, y_n$ 屬於一種定態的隨機過程[13]，其對應的參數向量爲 $\theta(K\times1)$。令 $u_i = u(y_i; \theta)$ 是一個 $N\times1$ 實數函數（$N \geq K$），其具有下列的特色，即就任何 i 與 j 而言，可得：

$$E(u_i) = \mu$$

與

$$Cov(u_i, u_{i+j}) = E[(u_i - \mu)(u_{i+j} - \mu)^T] = S_j$$

同理，可得 $S_{-j} = Cov(u_i, u_{i+j})$。

---

[13] 爲了避免產生困擾，即樣本數 T 與轉置符號 T 相同，本節將樣本數改爲 $i = 1, 2, \cdots, n$。

若 θ_0 表示眞實參數向量，則可得：

$$E[u(y_t;\theta_0)]=0 \tag{4-32}$$

（4-32）式可稱爲動差條件（moment condition）或正交條件（orthogonality condition）。令（4-32）式的「樣本版」爲：

$$g_n(\theta)=\frac{1}{n}\sum_{i=1}^{n}u(y_i;\theta) \tag{4-33}$$

理所當然，我們可以預期 $E[g_n(\theta_0)]=0$[14]。若與 4.3.1.1 節比較，（4-32）式可對應至（4-28）式，而（4-33）式可以對應至（4-27）式。

假定 $u(\cdot)$ 的結構或動差存在且爲已知，如 4.3.1.1 節所述，若 $N=K$（正確認定），則存在唯一解；然而，有些時候會存在 $N\geq K$（過度認定）的情況。因此，求解最適化問題未必與例如最小平方法一致，即於 GMM 模型內，最適化問題可以寫成：

$$\hat{\theta}=\min_{\theta}Q(\theta)=\min_{\theta}g_n(\theta)^T Wg_n(\theta) \tag{4-34}$$

其中 W 表示權數，而其是一個正定矩陣（positive matrix）。根據（4-34）式，可知 W 的選定是以 $\hat{\theta}$（GMM 估計式）的漸近變異數最小爲依歸。

令 $S=E(uu^T)$ 表示長期變異數，而 S 可以透過下列方式求得，即根據實際資料可得：

$$\hat{S}=S_0+\sum_{j=1}^{l}w_j\left(S_j+S_j^T\right) \tag{4-35}$$

其中

$$\hat{S}_j=\frac{1}{n}\sum_{i=j+1}^{n}u_iu_{i-j}^T,\ j=0,1,2,\cdots,l$$

於（4-35）式內，l 表示事先決定的最大落後期數，而 w_j 的選定則通常爲：

---

⑭ 事實上，假定存在強 LLN，可知 $g_n(\theta)\xrightarrow{a.s.}E\left[u(y_i;\theta)\right]$。

$$w_j = 1 - \frac{j}{l+1}$$

上述 w_j 亦可稱爲 Bartlett 權數。

Hansen（1982）提出一種二階段的估計步驟，可以分述如下：

步驟 1：

令 $S = I$，其中 I 爲單位矩陣（identity matrix）。根據（4-34）式，可得：

$$\hat{\theta}^{(1)} = \min_{\theta} g_n(\theta) g_n(\theta)^T$$

步驟 2：

計算 $\hat{u}_i = u\left(y_i; \hat{\theta}^{(1)}\right)$ 以及根據（4-35）式可得 $\hat{S}$。令 $W = \hat{S}$，可得：

$$\hat{\theta}^{(2)} = \min_{\theta} g_n(\theta) W g_n(\theta)^T$$

步驟 2 可以重複至 $\hat{\theta}^{(k+1)} \approx \theta^{(k)}$ 爲止。換言之，GMM 估計式的漸近分配爲平均數與漸近變異數分別爲 θ_0 與 $\frac{V}{n} = \left(DS^{-1}D\right)^{-1} / n$ 的常態分配，其中 D 表示 g_n 於 θ_0 處的梯度（gradient）。

上述估計的詳細步驟可以參考《時選》。底下，我們倒是可以介紹如何使用 Python 內的函數指令估計。參考下列的 Python 指令：

```
from statsmodels.sandbox.regression.gmm import GMM
class GMMREM(GMM):

    def momcond(self, params):
        beta1, beta2 = params
        z = self.instrument
        m1 = (z[:,0]*(y-beta1-beta2*x))
        m2 = (z[:,1]*(y-beta1-beta2*x))
        return np.column_stack((m1, m2))
```

```
model1 = GMMREM(y, x, zvar, k_moms=2, k_params=2)
b0 = [1,0]
res1 = model1.fit(b0, maxiter=100, optim_method='bfgs', wargs=dict(centered=False))
res1.summary()
# using weights_method='hac' of first-order autocovariance
res2 = model1.fit(b0, maxiter=100, optim_method='bfgs', weights_method='hac',
                   wargs=dict(centered=False,maxlag=1))
res2.summary()
```

上述指令是使用模組（statsmodels）內的 GMM(.) 函數指令估計。從上述指令大致可以看出我們打算用 GMM 方法估計簡單的線性迴歸模型。可以回想 4.4.1.1 節內的例 3。簡單的線性迴歸模型可以寫成：

$$y = \beta_1 + \beta_2 x + u$$

若令 $z = [1, x]$ 爲工具變數，則可用 GMM(·) 函數群內的指令估計，其結果應與 OLS 的估計結果一致。底下，我們檢視一些情況。

例 1 GMM 與 OLS

利用上述的簡單迴歸模型。令 $\beta_1 = 3$、$\beta_2 = 1$、x 屬於平均數、尺度（scale）與自由度分別爲 0、2 與 5 的 t 分配隨機變數以及 u 爲標準常態分配的隨機變數，於樣本數爲 100 下，OLS 與 GMM 的一種估計結果可爲：

$$\text{OLS：} \hat{y} = \underset{(0.098)}{2.9723} + \underset{(0.042)}{0.9387}x \qquad \text{GMM：} \hat{y} = \underset{(0.097)}{2.9723} + \underset{(0.041)}{0.9387}x$$

其中 GMM 內的參數估計標準誤是使用「HAC」標準誤。我們可看出二種估計結果非常接近。

例 2 J 檢定

Hansen（1982）亦提出一種「過度認定」的檢定，其可寫成：

$$J = ng_n(\hat{\theta})^T W g_n(\theta) \sim \chi^2_{N-K} \quad (4\text{-}36)$$

其對應的虛無假設爲 $H_0 : E[u_i(\theta)] = 0$。換言之，若 $N = K$，則 $J = 0$；但是，若 $N > K$，則 $J > 0$。於某些條件下，J 檢定統計量會接近於自由度爲 $N - K$ 的卡方分配。利用例 1 內的結果，可得 J 檢定統計量約等於 0，隱含著並不存在過度認定。

例 3 估計常態分配的參數

假定我們欲以 GMM 方法估計（一種）常態分配的參數値 $\theta = (\mu, \sigma)$。根據（4-20）式可得下列的動差條件爲：

$$E\left[m(x_i, \theta)\right] = E\begin{bmatrix} \mu - x_i \\ \sigma^2 - (x_i - \mu)^2 \\ x_i^3 - \mu(\mu^2 + 3\sigma^2) \end{bmatrix} = 0$$

其中 1～3 階動差條件可以利用常態分配之動差母函數（moment generating function, MGF）[15]求得。我們舉一個例子說明，參考下列的 Python 指令：

```
np.random.seed(1234)
x1 = norm.rvs(2,4,10000)

class GMM2(GMM):

    def momcond(self, params):
        mu, sigma = params
        x = self.endog
        # z = self.instrument
        m1 = mu-x
        m2 = sigma**2-(x-mu)**2
```

[15] MGF 將於第 5 章介紹。

```
        m3 = x**3-mu*(mu**2+3*sigma**2)
        return np.column_stack((m1, m2, m3))

# fake exog and instruments, but k_moms should be given
z = x = np.ones((x1.shape[0], 3))
model2 = GMM2(x1, x, z) # 內生,外生,工具變數
b0 = [0,1]
res3 = model2.fit(b0, maxiter=100, optim_method='bfgs', wargs=dict(centered=False))
res3.summary()
res3.jtest() # (3.7807659742276862, 0.05184492197050171, 1)
res4 = model2.fit(b0, maxiter=100, optim_method='bfgs', weights_method='hac',
                  wargs=dict(centered=False,maxlag=1))
res4.summary()
res4.jtest() # (3.7979770516795957, 0.05131454422832024, 1), 統計量,p 值,自由度
```

讀者可與上述簡單迴歸模型的估計指令比較，應該可以看出上述指令的意思。值得注意的是，我們亦可以得出 J 檢定的檢定統計量、p 值與自由度分別約爲 3.8、0.051 與 1。因此，上述例子於顯著水準爲 10% 之下，有可能屬於過度認定的情況。

習題

(1) 何謂 MM？試解釋之。

(2) 何謂 GMM？試解釋之。

(3) 若 x 爲 t 分配的隨機變數，試用模擬的方式「證明」：$E(x-\mu)^2 = \dfrac{\nu}{\nu-2}$ 與 $E(x-\mu)^4 = \dfrac{3\nu}{(\nu-2)(\nu-4)}$。提示：可以參考圖 4-e。

(4) 續上題，試以 GMM 估計三個動差之 t 分配的參數。

(5) 續上題，使用 J 檢定，其結果爲何？

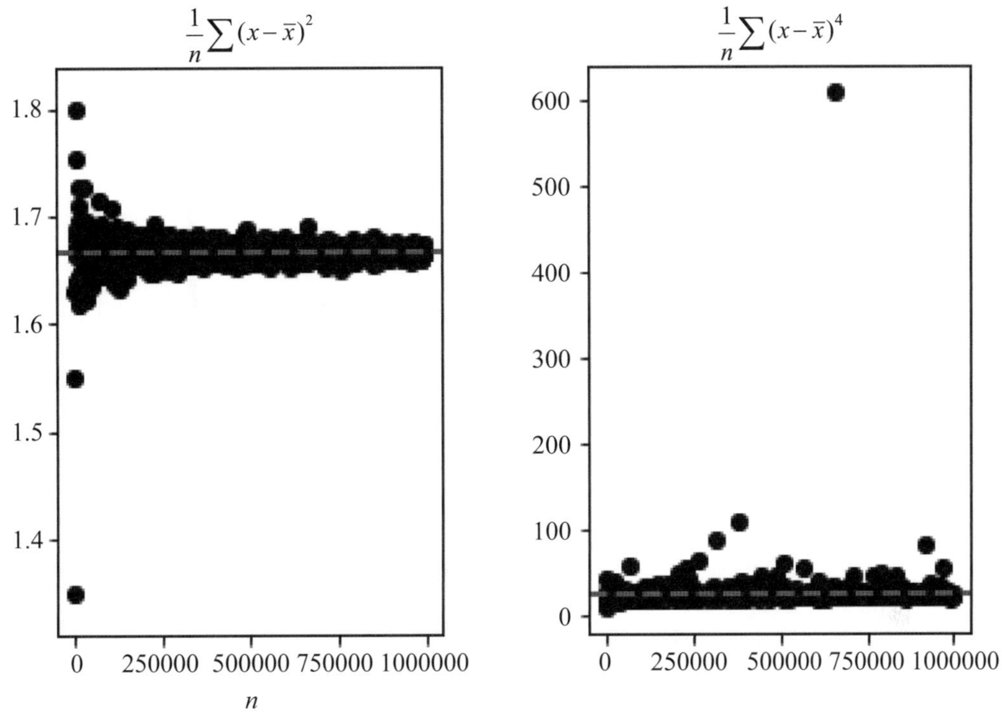

圖 4-e

4.3.2 CKLS 模型

現在我們來檢視 CKLS 模型。重新檢視（4-19）式，我們可以寫成對應的「間斷版」過程，即令 $0=t_0<t_1<\cdots<t_n$，（4-19）式可改寫成：

$$r(t_{i+1})=r(t_i)+\left[\alpha+\beta r(t_i)\right](t_{i+1}-t_i)+\sigma r(t_i)^{\gamma}\sqrt{t_{i+1}-t_i}\,z_{i+1} \tag{4-37}$$

其中 z_i 表示 IID 標準常態隨機變數。令 $\Delta t=t_{i+1}-t_i$，根據（4-37）式，可以繪製 CKLS 模型的實現值走勢如圖 4-18 所示。

圖 4-18 內的結果是有意思的，即按照 $\gamma=1$ 可分成二類，即若 $\gamma<1$，此時 σ 值不能太大，否則不容易根據（4-37）式模擬出實現值，即前述的 CIR 模型（$\gamma=0.5$）亦可使用（4-37）式模擬[16]；另一方面，若 $\gamma\geq 1$，則上述限制條件並不明顯。例如：圖 4-18 內的右圖繪製出 $\gamma=1.5$ 的情況，即於右圖的假定下，我們無法模擬出 $\gamma<1$

[16] 參考的條件爲 $2\alpha>\sigma^2$。

的情況。換言之，就 CKLS 模型而言，只要 $\gamma \geq 1$，利用（4-37）式，我們不難模擬出 CKLS 模型的實現值走勢。

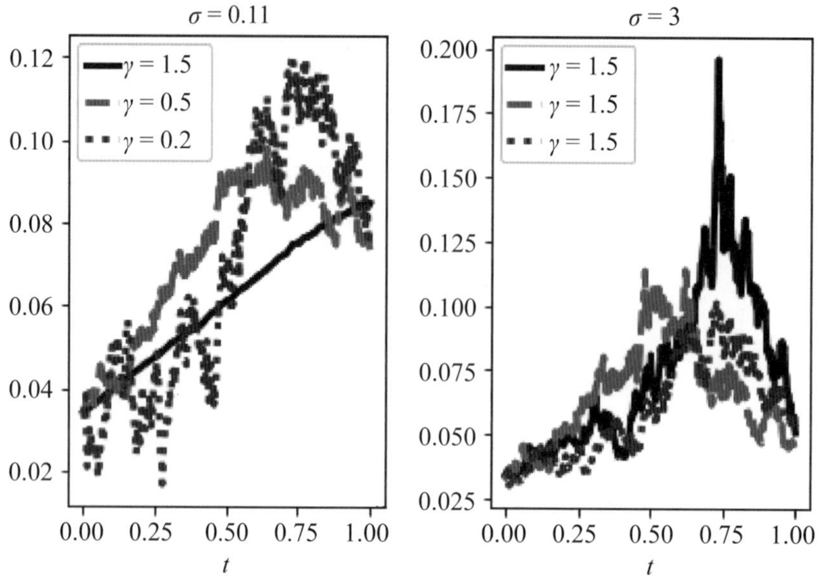

圖 4-18　CKLS 模型的實現值走勢（$\alpha = 0.04, \beta = -0.05, r_0 = 0.0341, \Delta t = 1/360$）

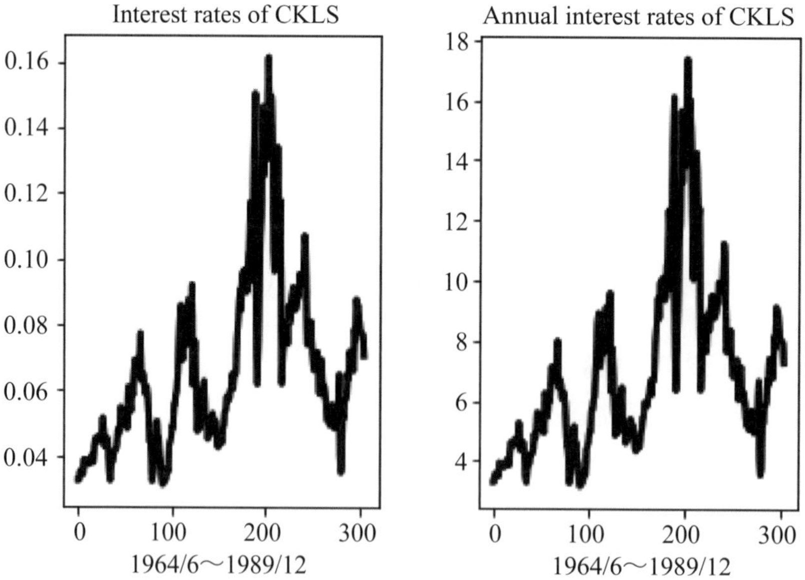

圖 4-19　CKLS 的月利率與其年率化資料

現在，我們嘗試利用（4-37）式估計 CKLS 模型。首先，圖 4-19 繪製出 CKLS 的美國國庫券的月利率時間序列資料[17]，其中左圖係原始資料而右圖則為對應的「年率化」資料[18]。我們從圖 4-19 內可看出除了原始資料的時間走勢並不受年率化轉換後的影響之外；其次，上述資料的時間走勢卻有點類似於圖 4-18 右圖內的走勢。底下，我們將使用年率化後的資料，而使用該資料有一個優點，那就是可以將（4-37）式改寫成：

$$r_{t+1} - r_t = \alpha + \beta r_t + \sigma r_t^{\gamma} z_{i+1} \tag{4-38}$$

因此，根據（4-38）式，因 $E_t\left(\sigma r_t^{\gamma} z_{t+1}\right) = \sigma r_t^{\gamma} E\left(z_{t+1}\right) = 0$，故可得第一階條件動差為：

$$E_t\left(r_{t+1} - r_t\right) = \alpha + \beta r_t \tag{4-39}$$

另外，可再計算對應的條件變異數為：

$$\begin{aligned} Var_t\left(r_{t+1} - r_t\right) &= E_t\left\{\left[r_{t+1} - r - E_t\left(r_{t+1} - r\right)\right]^2\right\} \\ &= E_t\left[\left(\sigma r_t^{\gamma} z_{t+2}\right)^2\right] \\ &= \sigma^2 r_t^{2\gamma} E_t\left[z_{t+2}^2\right] = \sigma^2 r_t^{2\gamma} \end{aligned} \tag{4-40}$$

即條件變異數呈現出與 r_t 有關的異値變異。可以注意的是，上述異値變異的波動程度，端視參數 γ 的大小而定。

合併（4-39）與（4-40）二式，令：

$$u\left(r_{t+1}, r_t; \theta\right) = \begin{bmatrix} r_{t+1} - r_t - \alpha - \beta r_t \\ \left(r_{t+1} - r_t - \alpha - \beta r\right)^2 - \sigma^2 r_t^{2\gamma} \end{bmatrix} \tag{4-41}$$

可以進一步寫成：

$$E_t\left[u\left(r_{t+1}, r_t; \theta\right)\right] = E\left[u\left(r_{t+1}, r_t; \theta\right) \mid w_t^T\right] = 0 \tag{4-42}$$

---

[17] CKLS 資料係取自 Cliff（2003），其與 CKLS 的原始資料稍有不同。

[18] 年率化是指 $100[(1 + r_t/12)^{12} - 1]$，其中 r_t 係原始資料。

其中 w_t 表示至 t 期所蒐集到有關於標的變數的資訊。根據重複期望值定理，（4-42）式隱含著：

$$E\left\{E\left[u\left(r_{t+1},r_t;\theta\right)\mid w_t^T\right]w_t^T\right\}=E\left[u\left(r_{t+1},r_t;\theta\right)w_t^T\right]=0 \qquad (4\text{-}43)$$

（4-43）式隱含著一種 GMM 模型，其形態可寫成：

$$m\left(r_{t+1},r_t;\theta\right)=u\left(r_{t+1},r_t;\theta\right)w_t^T \qquad (4\text{-}44)$$

令工具變數 $w_t=[1, r_t]^T$，代入（4-44）式，即可得到：

$$m\left(r_t,r_{t-1};\theta\right)=\begin{bmatrix} r_t-r_{t-1}-\alpha-\beta r_{t-1} \\ \left(r_t-r_{t-1}-\alpha-\beta r_{t-1}\right)r_{t-1} \\ \left(r_t-r_{t-1}-\alpha-\beta r_{t-1}\right)^2-\sigma^2 r_{t-1}^{2\gamma} \\ \left[\left(r_t-r_{t-1}-\alpha-\beta r_{t-1}\right)^2-\sigma^2 r_{t-1}^{2\gamma}\right]r_{t-1} \end{bmatrix} \qquad (4\text{-}45)$$ [19]

（4-45）式就是 CKLS 的 GMM 模型。可以注意的是，CKLS 模型是屬於正確認定的模型。

表 4-4　CKLS 模型的 GMM 估計結果

	α	β	σ^2	γ
估計值	0.3705	-0.0519	0.0375	1.5114
標準誤	0.184	0.032	0.021	0.271
t 值	2.011	-1.634	1.757	5.57
p 值	0.044	0.102	0.079	0.0000

利用（4-45）式與圖 4-19 內的資料，我們以 GMM 估計，其估計結果則列於表 4-4，其中標準誤係根據「HAC」所計算而得。我們發現於顯著水準為 10% 之下，θ 內的參數估計值除了 β 值之外，其餘皆顯著異於 0；另一方面，因屬於正確認定的 GMM 估計結果，故對應的 J 檢定統計量等於 0。

[19] 可注意（4-45）式並不是用「矩陣相乘」得出。

例 1 以 GMM 估計 CIR 模型

令 $\gamma = 0.5$，仍使用（4-45）式與圖 4-20 內的資料，我們以 GMM 估計 CIR 模型，其估計值按照 α、β 與 σ^2 的順序，分別約為 0.146（0.157）、-0.015（0.028）與 0.261（0.019）（小括號內之值為對應的估計「HAC」標準誤）。顯然，於顯著水準為 10% 之下，只有 σ^2 的估計值顯著異於 0。另一方面，於（4-45）式內，可知 $N = 4$ 而 $K = 3$，故屬於過度認定的情況，其對應的 J 檢定統計量與 p 值分別約為 4.1 與 0.04，故於顯著水準為 5% 之下，拒絕虛無假設為正確認定的情況。

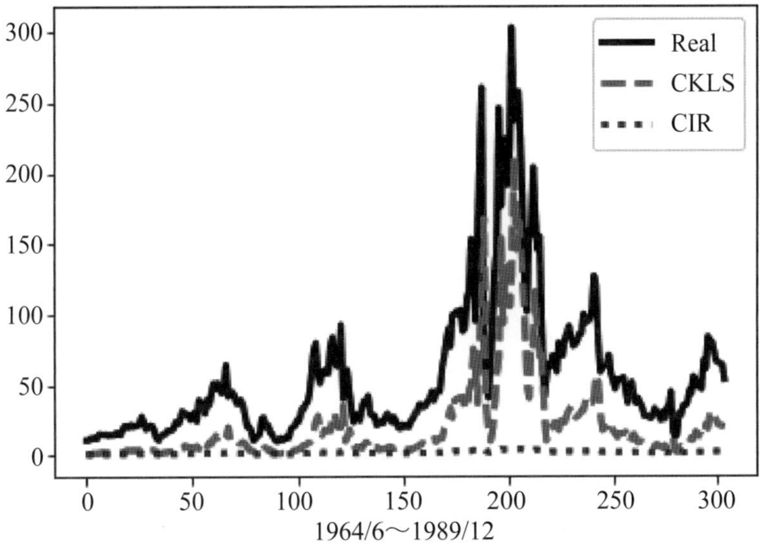

圖 4-20 CKLS 模型的條件變異數估計

例 2 條件變異數估計

利用上述 CKLS 與 CIR 模型的估計結果，根據（4-40）式，我們可以進一步估計條件變異數，其結果就繪製如圖 4-20 所示，其中眞實值以原始資料的平方表示。從圖 4-20 可看出眞實值較適合用 CKLS 模型化。

習題

(1) 試敘述 CKLS 模型內各參數所扮演的角色。

(2) 試敘述如何於 CKLS 模型內使用 GMM。

(3) 試根據表 4-4 內的結果，是否可以模擬出 CKLS 模型的走勢？

(4) 根據（4-40）式，令 $\gamma = 0.9$，試分別以 CKLS 與 CIR 估計值估計條件變異數，何者較佳？提示：可以參考圖 4-f。

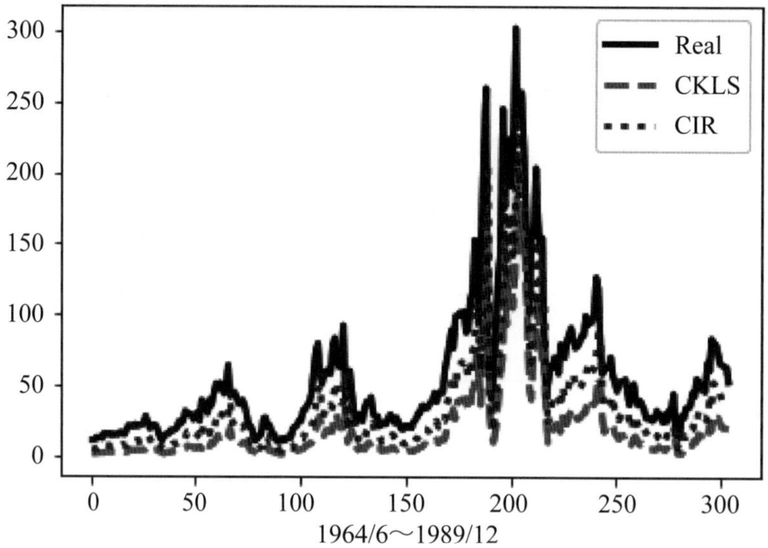
300
250
200
150
100
50
0
Real
CKLS
CIR
0
50
100
150
200
250
300
1964/6～1989/12

圖 4-f

Chapter 5

傅立葉轉換

於資產定價或財務經濟內，傅立葉轉換（Fourier transform, FT）的觀念與應用已愈來愈重要了；或者說，由於考慮到資產報酬率的超額峰態（即容易出現極端值）或隨機波動等性質，FT 已逐漸成爲一個重要的分析工具，可以參考 Schmelzle（2010）、Carr 與 Maddan（1999）或 Carr 與 Wu（2004）等，其中較完整的介紹或說明則可參考 Cherubini et al.（2010）與 Zhu（2010）等文獻。如序言所述，當代選擇權定價模式已使用 FT 工具，我們當然需要對 FT 有一定的認識；不過，嚴格來說，FT 的觀念是抽象的，我們並不容易接近①。因此，本章將簡單介紹 FT 以及其所衍生的一些觀念；另一方面，根據 FT，我們可以找出標的資產價格的特性函數（characteristic function），採用數值（積分）的方式，亦可以計算出選擇權的價格。於本章內可看出若不使用電腦程式語言，欲了解本章的內容的確困難重重。

5.1 傅立葉轉換的意義

首先，我們介紹 FT 的意義，可以留意 FT 有二種定義方式。不過，在未介紹之前，我們需要一些準備。

5.1.1 一些準備

考慮一種正弦曲線或正弦波（sine wave）$g(t) = \sin(2\pi ft)$。於《財時》內，我們已經知道 f 稱爲頻率（frequency），而 $T = 1/f$ 則稱爲週期（period）或循環

① 畢竟例如微積分或經濟（財務）數學內並沒有包括 FT 的介紹。

（cycle）。其實，f 的單位稱爲赫茲（Hertz, Hz）。1 Hz 相當於每秒完成一個週期（循環）。因一個週期等於 2π，故有些時候，我們會用「角頻率（angular frequency）」表示，即上述正弦波可以再改寫成 $g(t) = \sin(\omega t)$，其中 $\omega = 2\pi f$。因此，若 $f = 5$，隱含著 T = 0.2，表示每秒完成 5 個週期，其中每週期的長度爲 0.2 秒（二高峰或低谷之間的距離），可以參考圖 5-1；換言之，圖 5-1 內的曲線亦可稱爲角頻率爲 10π 的正弦波。

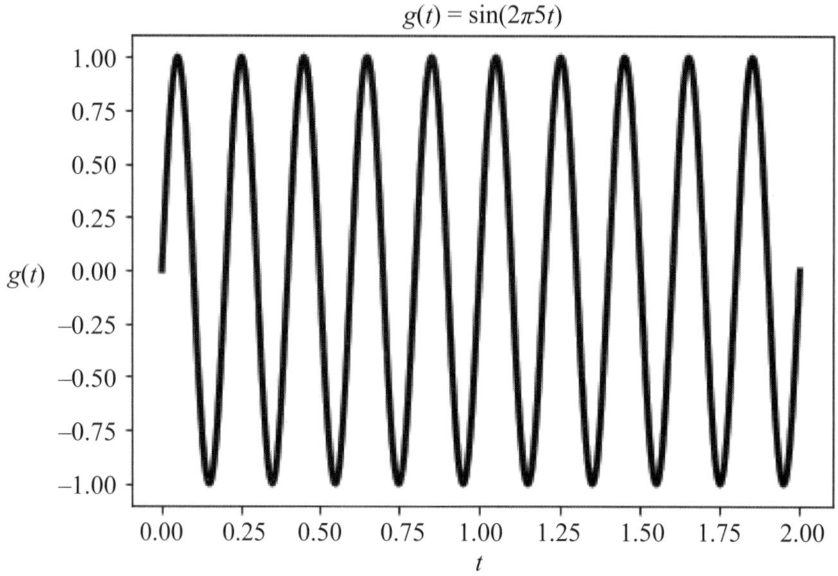

圖 5-1　$g(t) = \sin(10\pi t)$

通常角度 θ 亦可用弧度或稱弳度（radian）表示。因一個完全圓爲 2π 約等於 6.28319 弧度，故 1 弧度約等於 $360°/2\pi \approx 57.2958°$；換言之，1°（1 度）相當於 0.0175 弧度。同理，$\theta = 45° = \pi/4 \approx 0.7854$ 弧度。從國（高）中數學已知：

$$\sin(\theta) = \cos(\theta) = 1/\sqrt{2} \approx 0.7071$$

讀者可試著用 Python 證明上述結果。可以參考圖 5-2。於該圖內，可知：

$$\sin(\theta)^2 + \cos(\theta)^2 = 1$$

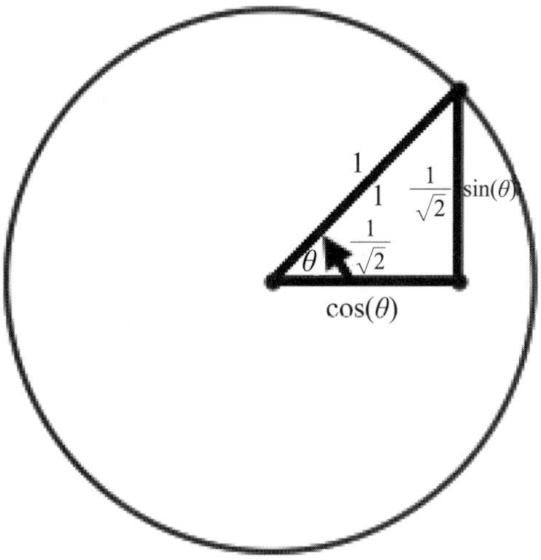

圖 5-2 **單位圓內的** $\sin(\theta)$ **與** $\cos(\theta)$

我們已經知道 $\sin(\theta)$ 與 $\cos(\theta)$ 屬於週期性函數，其週期爲 2π；因此，可以分別得到 $\sin(\theta) = \sin(\theta + 2\pi n)$ 以及 $\cos(\theta) = \cos(\theta + 2\pi n)$ 的結果，其中 n 爲整數。圖 5-3 分別繪製出一種 $\sin(\theta + 2\pi n)$ 與 $\cos(\theta + 2\pi n)$ 的形狀。

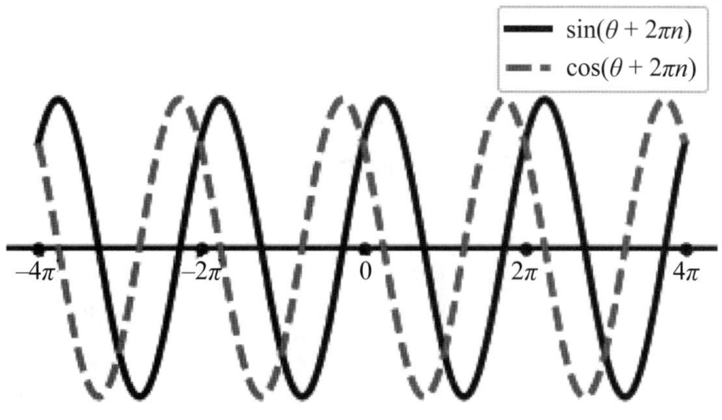

圖 5-3 $\sin(\theta + 2\pi n)$ **與** $\cos(\theta + 2\pi n)$**，其中** $\theta = \pi/4$ **與** $n = -2, -1, 0, 1, 2$

於微積分內，可知 $\sin(\theta)$ 與 $\cos(\theta)$ 可用泰勒級數（Taylor series）估計，即就 $x \in R$ 而言，可得：

$$\sin(x) = x - \frac{x^3}{3!} + \frac{x^5}{5!} - \frac{x^7}{7!} + \cdots = \sum_{n=0}^{\infty} \frac{(-1)^n}{(2n+1)!} x^{2n+1} \quad (5\text{-}1)$$

與

$$\cos(x) = 1 - \frac{x^2}{2!} + \frac{x^4}{4!} - \frac{x^6}{6!} + \cdots = \sum_{n=0}^{\infty} \frac{(-1)^n}{(2n)!} x^{2n} \qquad (5\text{-}2)$$

當然我們不會證明（5-1）與（5-2）二式，不過卻可利用 Python 說明。例如：令 $x = 3$，圖 5-4 分別根據（5-1）與（5-2）二式繪製出 sin(3) 與 cos(3) 的結果。從該圖內可看出大概 $n = 10$，利用（5-1）與（5-2）二式就可估計對應的 sin(3) 與 cos(3)。

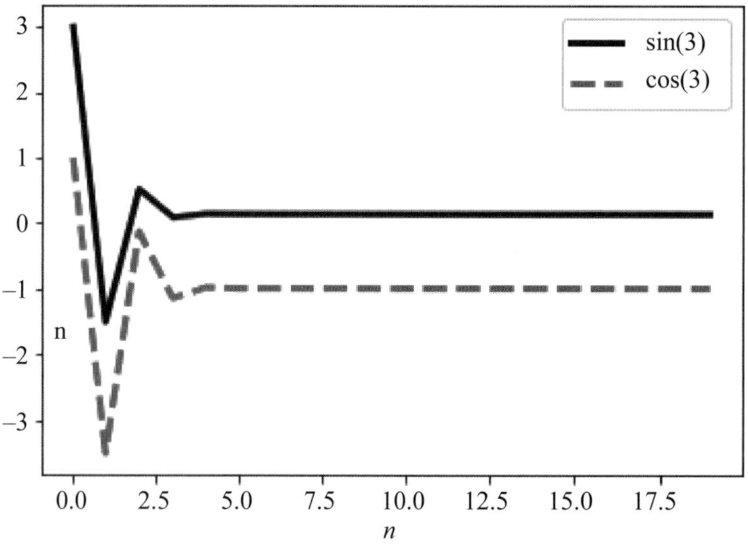

圖 5-4　sin(3) 與 cos(3)

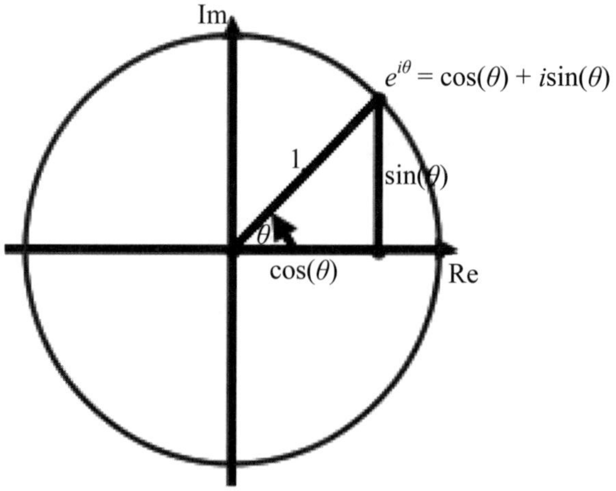

圖 5-5　$e^{i\theta}$ 之座標

接下來，我們介紹尤拉公式（Euler's formula）。尤拉公式說明了複數指數與三角函數之間的關係，即就 $x \in R$ 而言，可得：

$$e^{ix} = \cos(x) + i\sin(x) \tag{5-3}$$

其中 $i = \sqrt{-1}$。類似於圖 5-2，e^{ix} 之座標亦可繪製於圖 5-5，其中橫軸與縱軸分別表示實數（Re）與虛數（Im）；換言之，$e^{ix} = \cos(x) + i\sin(x)$ 包括實數與虛數部分。

根據（5-3）式，可得：

$$e^{-ix} = \cos(x) - i\sin(x) \tag{5-4}$$

以及

$$e^{ix} + e^{-ix} = 2\cos(x) \text{ 與 } e^{ix} - e^{-ix} = 2i\sin(x) \tag{5-5}$$

因此，透過（5-1）～（5-5）式，可得：

$$\sin(x) = \mathrm{Im}(e^{-ix}) = \sum_{n=0}^{\infty} \frac{(-1)^n}{(2n+1)!} z^{2n+1} = \frac{e^{ix} - e^{-ix}}{2i} \tag{5-6}$$

與

$$\cos(x) = \mathrm{Re}(e^{ix}) = \sum_{n=0}^{\infty} \frac{(-1)^n}{(2n)!} z^{2n} = \frac{e^{ix} + e^{-ix}}{2} \tag{5-7}$$

令 $x = 3$，利用 Python，讀者可以嘗試說明（5-1）～（5-7）式。

例 1　1 Hz 頻率變成 2 Hz 頻率

令 $g(t) = a\sin(2\pi ft)$，其中 a 稱為振幅（amplitude）。圖 5-6 繪製出 $g_1(t) = 2\sin(2\pi t)$ 與 $g_2(t) = 2\sin(4\pi t)$ 的時間走勢。於該圖內可看出 a 所扮演的角色（表示高度）；其次，當 f 值從 1 變為 2 時，我們可看出週期數增加一倍。

例 2　位相

令 $g(t) = a\sin(2\pi ft + b)$，其中 b 稱為位相（phase）。令 $a = 2$、$f = 10$ 與 $b =$

$\pi/2$，圖 5-7 分別繪製出 $g_3(t) = 2\sin(20\pi t)$ 與 $g_4(t) = 2\sin(20\pi t + \pi/2)$ 的時間走勢。於該圖內亦可看出 b 所扮演的角色（將期初值移至高度 2 處）。

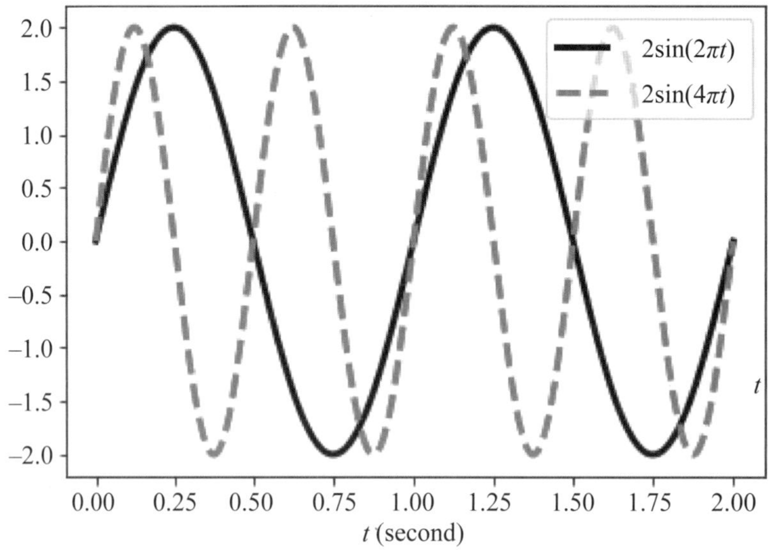

圖 5-6　$g_1(t) = 2\sin(2\pi t)$ 與 $g_2(t) = 2\sin(4\pi t)$ 的時間走勢

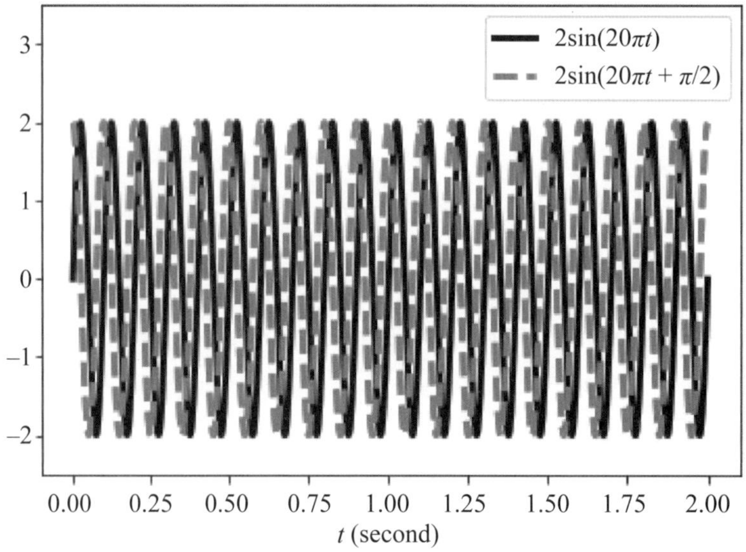

圖 5-7　$g_3(t) = 2\sin(20\pi t)$ 與 $g_4(t) = 2\sin(20\pi t + \pi/t)$ 的時間走勢

習題

(1) 試分別繪製出 $5\cos(100\pi t)$ 與 $5\sin(100\pi t + \pi/4)$ 的時間走勢。

(2) 試繪製出 $5\cos(100\pi t) + 5\sin(100\pi t + \pi/4)$ 的時間走勢。提示：可以參考圖 5-a。

(3) 令 $x = 0.3$，試分別說明（5-1）～（5-7）式。

(4) 何謂 Hz？試解釋 50 Hz。

(5) 令 $i = \sqrt{-1}$，試計算 i^2、i^3 與 i^4。

(6) 令 $z = a + bi$，則 $\bar{z} = a - bi$ 可稱為 z 之共軛複數，試舉一個例子說明 $|z| = \sqrt{z\bar{z}}$。

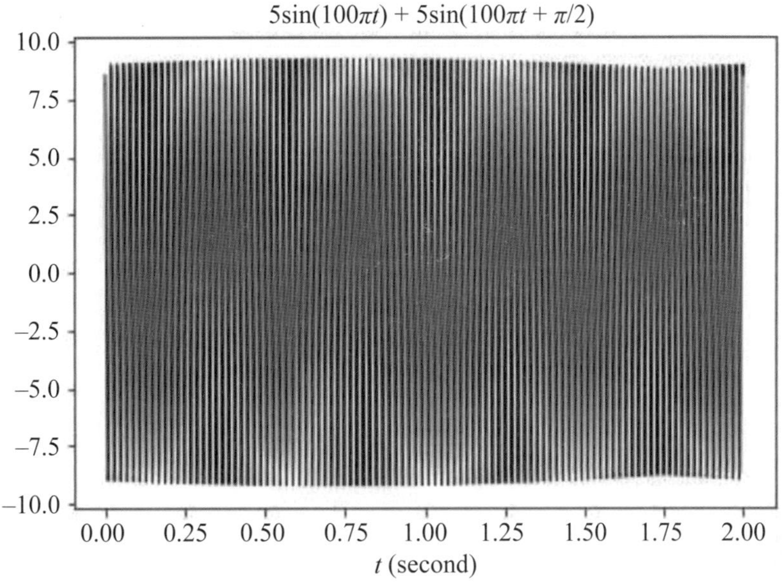

圖 5-a

5.1.2 傅立葉轉換的定義

於 5.1.1 節內，我們已經知道「頻率」同時可以用 f 與 ω 表示，二者之間的關係為：

$$\omega = 2\pi f \tag{5-8}$$

即 1 Hz 相當於 2π，2 Hz 相當於 4π，依此類推。考慮一個函數 $g(t)$，若我們將時間 t 轉換至角頻率 ω，即將 $g(t)$ 轉換至 $G(\omega)$，上述轉換可稱為 FT。因此，我們會遇到 FT 與逆（inverse）FT（IFT），前者為 $g(t) \rightarrow G(\omega)$，而後者則為 $G(\omega) \rightarrow g(t)$。

FT 與 IFT 的一般式分別可定義為：

$$G(\omega)=\Im\left[g(t)\right](\omega)=\sqrt{\frac{|b|}{(2\pi)^{1-a}}}\int_{-\infty}^{\infty}e^{ib\omega t}g(t)dt \qquad (5\text{-}9)$$

與

$$g(t)=\Im^{-1}\left[G(\omega)\right](t)=\sqrt{\frac{|b|}{(2\pi)^{1+a}}}\int_{-\infty}^{\infty}e^{-ib\omega t}G(\omega)d\omega \qquad (5\text{-}10)$$

其中 a 與 b 可稱為 FT 參數，其可為任何數值。

（5-9）與（5-10）二式是定義於頻率 ω。有些時候，使用頻率 f 可能比較簡易；換言之，根據（5-8）式，（5-9）與（5-10）二式亦可改成：

$$H(f)=\sqrt{\frac{|b|}{(2\pi)^{1-a}}}\int_{-\infty}^{\infty}h(t)e^{ibft}dt \text{ 與 } h(t)=\sqrt{\frac{|b|}{(2\pi)^{1+a}}}\int_{-\infty}^{\infty}H(f)e^{-ibft}df \qquad (5\text{-}11)$$

（5-9）與（5-10）二式或（5-11）式倒是可以「互用」。我們分別舉一個例子說明。

首先，我們先檢視（5-9）與（5-10）二式。令 $(a, b) = (1, 1)$，則（5-9）與（5-10）二式分別可簡化成：

$$G(\omega)=\Im\left[g(t)\right](\omega)=\int_{-\infty}^{\infty}e^{i\omega t}g(t)dt \qquad (5\text{-}12)$$

與

$$g(t)=\Im^{-1}\left[G(\omega)\right](t)=\frac{1}{2\pi}\int_{-\infty}^{\infty}e^{-i\omega t}G(\omega)d\omega \qquad (5\text{-}13)$$

因 $G(\omega)$ 與 $g(t)$ 所描述的是同一件事，故（5-12）與（5-13）二式之間是相通的；換言之，我們不難證明 $\frac{1}{2\pi}\int_{-\infty}^{\infty}e^{-i\omega t}G(\omega)d\omega=g(t)$。就 $t\in R$ 而言，根據尤拉公式如 $e^{it}=\cos(t)+i\sin(t)$，（5-12）式可再改寫成：

$$G(\omega)=\Im\left[g(t)\right](\omega)=\int_{-\infty}^{\infty}\cos(\omega t)g(t)dt+i\int_{-\infty}^{\infty}\sin(\omega t)g(t)dt \qquad (5\text{-}14)$$

即 $G(\omega)$ 實際上是由無窮多的正弦波與餘弦波的加總所構成。

其實，對於上述的結果我們並不陌生，因爲於《財時》內我們已經知道一種隨機過程（或時間序列資料），不僅可使用時域分析（time domain analysis），同時亦可以使用頻域分析（frequency domain analysis）方法檢視。由於面對的是相同的標的，故上述二方法的結果應該是一致的。雖說如此，因檢視的角度不一樣，自然表示的方式就不同；換句話說，透過 FT 與 IFT 之間的關係，可以發現時域分析與頻域分析其實是相通的。

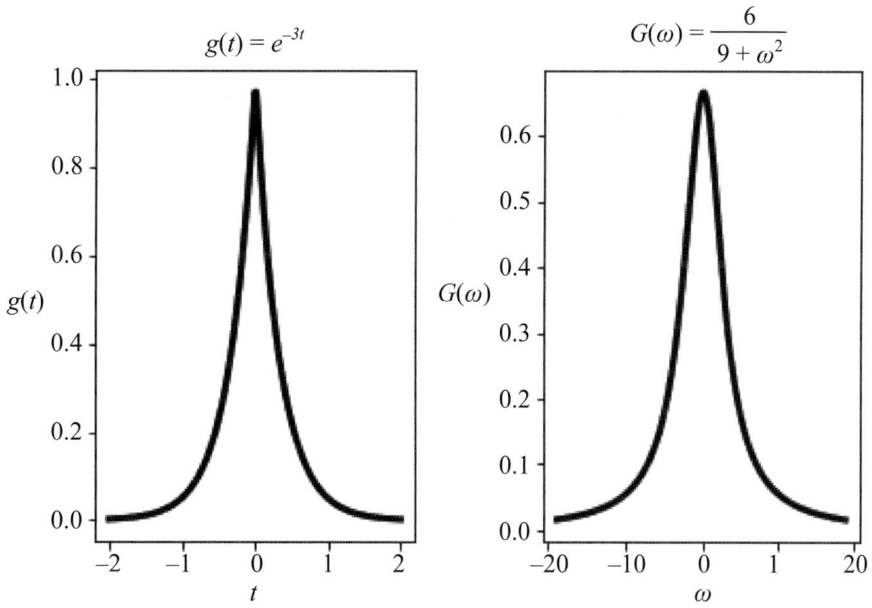

圖 5-8 雙邊指數函數的二種表示方式：$g(t)$ **與** $G(\omega)$

例如：考慮一種稱爲雙邊指數函數（double-sided exponential function）$g(t)=Ae^{-\alpha|t|}$，其中 $A,\alpha\in R$。根據（5-13）式，可得：

$$G(\omega)=\int_{-\infty}^{\infty}e^{i\omega t}g(t)dt=\int_{-\infty}^{\infty}e^{i\omega t}Ae^{-\alpha|t|}dt=A\left(\int_{-\infty}^{0}e^{i\omega t}e^{\alpha t}dt+\int_{0}^{\infty}e^{i\omega t}e^{-\alpha t}dt\right)$$

$$=A\left(\frac{1}{\alpha+i\omega}+\frac{1}{\alpha-i\omega}\right)=\frac{2A\alpha}{\alpha^2+\omega^2}$$

令 $A=1$ 與 $\alpha=3$，圖 5-8 分別繪製出上述雙邊指數函數的二種表示方式，即其分別可從 $g(t)$ 與 G(ω) 的角度檢視對應的形狀，可以留意橫軸的表示方式並不相同。從

該圖內可以發現 $g(t)$ 與其對應的 $G(\omega)$ 的形狀有些類似，是故上述雙邊指數函數不僅可以從 t 同時亦可以從 ω 的角度檢視，仍隱含著時域分析與頻域分析的共通性。

接下來，我們來檢視（5-11）式的應用。令 $(a, b) = (0, 2\pi)$，則（5-11）式分別可爲：

$$h(t) = \int_{-\infty}^{\infty} H(f)e^{-i2\pi ft}df \text{ 與 } H(f) = \int_{-\infty}^{\infty} h(t)e^{i2\pi ft}dt \tag{5-15}$$

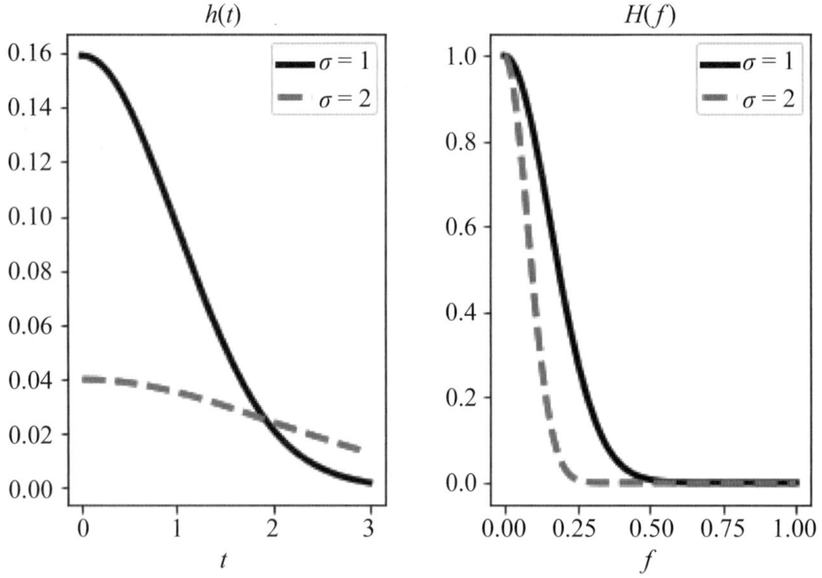

圖 5-9 $h(t)$ **與** $H(f)$

例如：考慮一個高斯函數（Gaussian function）如：

$$h(t) = \frac{1}{\sqrt{2\pi\sigma^2}}e^{-\frac{t^2}{2\sigma^2}}$$

根據（5-15）式，可得（省略導出步驟）$H(f) = e^{-2\pi^2\sigma^2 f^2}$。圖 5-9 分別繪製出 $h(t)$ 與 $H(f)$ 曲線的單邊形狀。於該圖內，我們分別考慮 $\sigma = 1$ 與 $\sigma = 2$ 二種情況。值得注意的是，從圖 5-9 內可發現高斯函數若轉換成用 f 表示，反而 σ 值愈大，於相同的 $H(f)$ 值之下，對應的頻率 f 愈低。因高斯函數是對稱的，故讀者可以想像 f 值小於 0 的情況。

因此，我們倒是可以視何者的數學型態較爲簡易而來定義 FT 與 IFT。通常 FT

之 $G(\omega)$ 是一個複數（可以參考例 1），即：

$$G(\omega)=\text{Re}(\omega)+i\,\text{Im}(\omega)=\left|G(\omega)\right|e^{i\theta(\omega)} \tag{5-16}$$

其中 $\left|G(\omega)\right|$ 與 θ 分別表示「高度」與「位相」，二者的計算分別為：

$$\left|G(\omega)\right|=\sqrt{\text{Re}(\omega)^2+\text{Im}(\omega)^2} \text{ 與 } \theta(\omega)=\tan^{-1}\left[\frac{\text{Im}(\omega)}{\text{Re}(\omega)}\right] \tag{5-17}$$

例 1 $H(f)$ 的共軛複數

雖說 $h(t)$ 是一個實數函數，不過其對應的 FT 即 $H(f)$ 卻是一個複數函數；換言之，根據（5-15）式可知 $H(-f)=\overline{H(f)}$，其中 $\overline{H(f)}$ 表示 $H(f)$ 的共軛複數。

例 2 FT 的移動性質

假定 $k(t)=h(t+\tau)$，根據（5-15）式可得：

$$k(t)=\int_{-\infty}^{\infty}K(f)e^{-2\pi ift}df=\int_{-\infty}^{\infty}H(f)e^{-2\pi if(t+\tau)}df=h(t+\tau)$$

隱含著 $K(f)=e^{-2\pi i\tau}H(f)$，即「時序」內的移動即 $t\rightarrow t+\tau$，相當於「頻譜（spectrum）」內乘上一個複數。

例 3 FT 之線性性質

考慮二個時序的函數 $f(t)$ 與 $g(t)$，其對應的 FT 分別為 $F(\omega)$ 與 $G(\omega)$，則根據（5-12）式，可得：

$$\begin{aligned}\int_{-\infty}^{\infty}\left[cf(t)+dg(t)\right]e^{i\omega t}dt&=c\int_{-\infty}^{\infty}f(t)e^{i\omega t}dt+d\int_{-\infty}^{\infty}g(t)e^{i\omega t}dt\\&=cF(\omega)+dG(\omega)\end{aligned}$$

其中 c 與 d 表示常數。

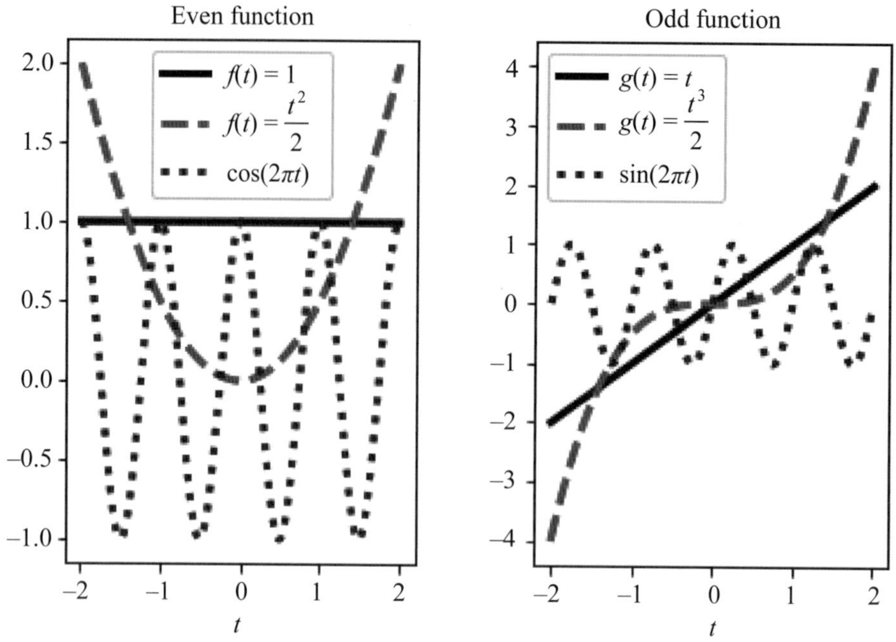

圖 5-10　偶函數與奇函數

例 4　FT 之偶函數與奇函數

就 $x \in R$ 而言，若 $f(x)$ 是一個偶函數（even function），則 $f(x) = f(-x)$；同理，若 $g(x) = -g(-x)$，則 $g(x)$ 是一個奇函數（odd function）。圖 5-10 分別繪製出一些偶函數與奇函數的例子，我們不難分別圖內 $f(t)$ 與 $g(t)$ 的差異。值得注意的是，$\sin(\cdot)$ 是一個奇函數，而 $\cos(\cdot)$ 則是一個偶函數。偶函數與奇函數具有一些重要的性質，可以分述如下：

(1) 偶函數的加總仍為偶函數，奇函數的加總仍為奇函數。

(2) 二個偶函數的乘積仍為偶函數，二個奇函數的乘積為偶函數。

(3) 偶函數與奇函數的乘積為奇函數。

(4) 令 $g(x)$ 是一個奇函數，則 $\int_{-A}^{A} g(x)dx = 0$。

(5) 令 $f(x)$ 是一個偶函數，則 $\int_{-A}^{A} f(x)dx = 2\int_{0}^{A} f(x)dx$。

利用上述性質，不難得到偶函數與奇函數之 FT。考慮 $g(t)$ 是一個偶函數，根據（5-12）式與尤拉公式可知，$g(t)$ 之 FT 為：

$$G(\omega)=\int_{-\infty}^{\infty}e^{i\omega t}g(t)dt=\int_{-\infty}^{\infty}\cos(\omega t)g(t)dt+i\int_{-\infty}^{\infty}\sin(\omega t)g(t)dt$$

因 $\sin(\omega t)g(t)$ 與 $\cos(\omega t)g(t)$ 分別是一個奇函數與偶函數，故根據上述性質，隱含著 $\int_{-\infty}^{\infty}\sin(\omega t)g(t)dt=0$ 與 $\int_{-\infty}^{\infty}\cos(\omega t)g(t)dt=2\int_{0}^{\infty}\cos(\omega t)g(t)dt$；因此，$g(t)$ 之 FT 可以寫成 $G(\omega)=2\int_{0}^{\infty}\cos(\omega t)g(t)dt$，隱含著 $G(\omega)$ 亦是一個偶函數，其屬於實數函數且以 $\omega=0$ 爲中心的對稱函數。

同理，若 $g(t)$ 是一個奇函數，因 $\sin(\omega t)g(t)$ 與 $\cos(\omega t)g(t)$ 分別是一個偶函數與奇函數，隱含著 $G(\omega)=i\int_{-\infty}^{\infty}\sin(\omega t)g(t)dt$ 是一個不對稱（就 $\omega=0$ 而言）的複數函數。

例 5 FT 的時間標度

根據（5-12）式，可知：

$$G(\omega)=\int_{-\infty}^{\infty}e^{i\omega t}g(t)dt$$

若改變時間標度（time scaling）爲 $at=s$，則若 $a>0$，可得：

$$\int_{-\infty}^{\infty}e^{i\omega t}g(at)dt=\int_{-\infty}^{\infty}e^{i\omega s/a}g(s)d\left(\frac{s}{a}\right)t=\frac{1}{a}\int_{-\infty}^{\infty}e^{i(\omega/a)s}g(s)ds=\frac{1}{a}G\left(\frac{\omega}{a}\right)$$

而若 $a<0$，可得：

$$\int_{-\infty}^{\infty}e^{i\omega t}g(at)dt=\int_{-\infty}^{\infty}e^{i\omega s/a}g(s)d\left(\frac{s}{a}\right)t=-\frac{1}{a}\int_{-\infty}^{\infty}e^{i(\omega/a)s}g(s)ds=-\frac{1}{a}G\left(\frac{\omega}{a}\right)$$

故 $\frac{1}{|a|}G\left(\frac{\omega}{a}\right)=\int_{-\infty}^{\infty}e^{i\omega t}g(at)dt$。

例 6 迴積分定理

二時序函數 $f(t)$ 與 $g(t)$ 的迴積分（convolution）可寫成 $(f*g)(t)$，即：

$$(f*g)(t)=\int_{-\infty}^{\infty}f(\tau)g(t+\tau)d\tau \quad (5\text{-}18)$$

根據（5-18）式，簡單來看，有部分重疊的 $f(t)$ 與 $g(t)$ 二函數，其中迴積分定理是指可以產生另一個新的時序函數。事實上，（5-18）式所對應的 FT 可寫成（省略導出過程）：

$$(f*g)(t)=\int_{-\infty}^{\infty}\left[\int_{-\infty}^{\infty}F(f_1)e^{-2\pi i f_1\tau}df_1\right]\left[\int_{-\infty}^{\infty}G(f_2)e^{-2\pi i f_2(t+\tau)}df_2\right]d\tau$$
$$=\int_{-\infty}^{\infty}F(f_1)\overline{G(f_1)}e^{-2\pi i f_1}df_1 \qquad (5\text{-}19)$$

即 $f(t)$ 與 $g(t)$ 二函數的迴積分爲對應的 FT 相乘。迴積分的觀念普遍應用於時間序列分析。例如：時間序列 $h(t)$ 與其自身的迴積分就是 ACF，即：

$$R(\tau)=\int_{-\infty}^{\infty}h(t+\tau)h(t)dt$$

其中 $R(\tau)$ 爲 $h(t)$ 的 ACF。根據（5-19）式可知：

$$R(\tau)=\int_{-\infty}^{\infty}H(f)\overline{H(f)}e^{-2\pi i f}df=\int_{-\infty}^{\infty}P(f)e^{-2\pi i f}df$$

其中 $P(f)=H(f)\overline{H(f)}$ 可稱爲功率頻譜（power spectrum）。換言之，時序分析的 ACF 相當於對應之功率頻譜的逆 FT，再一次說明時序分析與頻譜分析的共通性。

習題

(1) 何謂 FT 與 IFT？試解釋之。

(2) 爲何 FT 的定義有不同的方式？

(3) 試利用圖 5-10 內的函數說明偶函數與奇函數的性質。

(4) $f(t)$ 與 $g(t)$ 分別屬於常態分配，其中對應的平均數與變異數分別爲 μ_1 與 μ_2 以及 σ_1^2 與 σ_2^2。定義 $(f*g)(t)=\frac{1}{\sqrt{2\pi(\sigma_1^2+\sigma_2^2)}}\exp\left\{-\frac{[t-(\mu_1+\mu_2)]}{2(\sigma_1^2+\sigma_2^2)}\right\}$。試分別繪製出 $f(t)$、$g(t)$ 與 $(f*g)(t)$ 之圖形。提示：可以參考圖 5-b。

(5) 續上題，試解釋之。

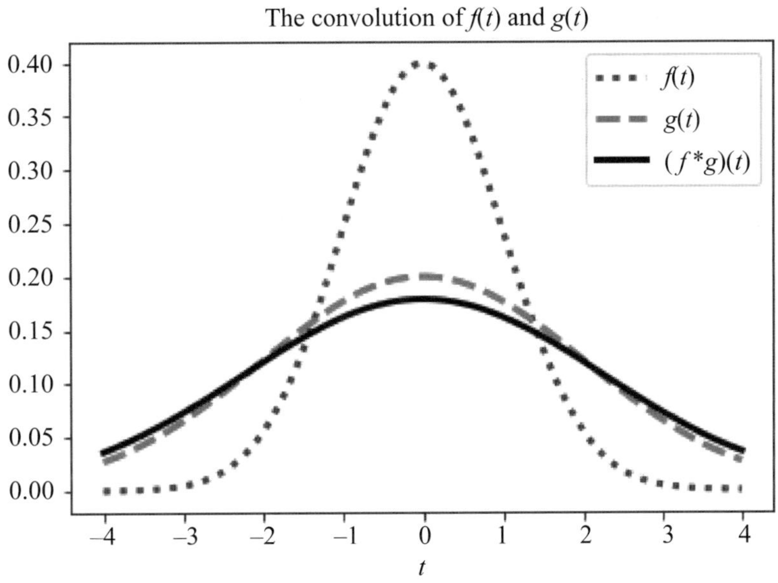

圖 5-b

5.2 特性函數

於機率或統計理論內，我們有二種方法描述隨機變數的特徵與性質，其一是透過該隨機變數的 PDF（或 CDF），而另一則是透過上述隨機變數的特性函數。或者說，上述隨機變數的 PDF 與其對應的特性函數之間的關係，猶如 FT 與其 IFT 之間的關係；另一方面，若隨機變數存在對應的動差母函數（moment-generating function, MGF），則該隨機變數的特性函數可以拓展至複數空間範圍。可惜的是，隨機變數的 PDF 與 MGF 未必存在，但是其對應的特性函數卻必定存在；因此，相對上隨機變數的特性函數重要多了。

5.2.1 特性函數的意義

若 X 是一個隨機變數而其對應的 PDF 爲 $f_X(x)$。我們可以透過 FT 之參數 $(a, b) = (1, 1)$，找出 $f_X(x)$ 的特性函數 $\phi_X(\omega)$，其中 $\omega \in R$。換句話說，根據（5-12）式，可得：

$$\phi_X(\omega) = \int_{-\infty}^{\infty} e^{i\omega x} f_X(x)dx = E\left(e^{i\omega x}\right) \tag{5-20}$$

即 X 的特性函數 $\phi_X(\omega)$ 就是 $f_X(x)$ 的 FT。

有關於 $\phi_X(\omega)$ 的性質，可以分述如下：

(1) 就有限的實數值 ω 與 x 而言，因 $|e^{i\omega x}|$ 爲封閉的連續函數，故 $\phi_X(\omega)$ 必定存在。
(2) 就任何 x 而言，$\phi_X(0)=1$。
(3) $|\phi_X(\omega)|\le 1$。
(4) $\overline{\phi_X(\omega)}=\phi_X(-\omega)$。
(5) 若 $Y=a+bX$，則 $\phi_Y(\omega)=e^{i\omega a}\phi_X(b\omega)$。
(6) 若 X_1 與 X_1 爲相互獨立的隨機變數且其對應的特性函數分別爲 $\phi_{X_1}(\omega)$ 與$\phi_{X_2}(\omega)$，則 $\phi_Y(\omega)=\phi_{X_1}(\omega)\phi_{X_2}(\omega)$，其中 $\phi_Y(\omega)$ 爲新的隨機變數 $Y=X_1+X_2$ 的特性函數②。

其實，特性函數的主要性質在於其與（機率）分配函數之間的關係，即每一種隨機變數皆有對應「唯一的」特性函數，而該隨機變數所對應的機率分配特徵卻可以藉由上述的特性函數解釋；換言之，顧名思義，機率分配函數的特徵可以利用對應的特性函數得知。尤其甚者，透過 FT 與 IFT 之間的關係，我們不是可以透過 IFT，利用特性函數「反推」出機率分配函數嗎？上述過程就稱爲「逆定理（inverse theorem）」。就選擇權的定價而言，逆定理可說是最重要的定理。

根據 Schmelzle（2010），隨機變數 X 的 CDF 可以寫成：

$$F_X(x)=P\left(X\le x\right)=\frac{1}{2}-\frac{1}{2\pi}\int_{-\infty}^{\infty}\frac{e^{-i\omega x}\phi_X(\omega)}{i\omega}d\omega \tag{5-21}$$

即由逆定理轉換而得的 $F_X(x)$ 可寫成特性函數的積分型態③。根據 CDF 與 PDF 之間的關係，$F_X(x)$ 的微分爲 $f_X(x)$ 可寫成：

$$f_X(x)=\Im^{-1}\left[\phi_X(\omega)\right]=\frac{1}{2\pi}\int_{-\infty}^{\infty}e^{-i\omega x}\phi_X(\omega)d\omega \tag{5-22}$$

即（5-22）式不是亦可以根據（5-13）式取得嗎？即我們亦可以透過 IFT 取得 $f_X(x)$，即 $\phi_X(\omega)$ 與 $f_X(x)$ 之間存在一定的關係。

我們從（5-20）式可知 $\phi_X(\omega)$ 一個複數。根據（5-6）與（5-7）二式可知：

---

② 上述性質的證明可以參考 Prolella（2007）。
③ 相同地，（5-21）式的證明亦可以參考 Prolella（2007）。

$$\mathrm{Re}\left[\phi_X(\omega)\right]=\frac{\phi_X(\omega)+\phi_X(-\omega)}{2} \text{ 與 } \mathrm{Im}\left[\phi_X(\omega)\right]=\frac{\phi_X(\omega)+\phi_X(-\omega)}{2i} \qquad (5\text{-}23)$$

隱含著 $\phi_X(\omega)$ 的實數與虛數成分（即 $\mathrm{Re}\left[\phi_Z(z)\right]$ 與 $\mathrm{Im}\left[\phi_Z(z)\right]$）分別是一個偶函數與奇函數。因若以 $\omega = 0$ 爲中心，偶函數是一個對稱的函數，隱含著 $\omega > 0$ 與 $\omega < 0$ 的積分部分是相同的，故 $f_X(x)$ 可以進一步寫成：

$$\begin{aligned}
f_X(x) &= \frac{1}{2\pi}\mathrm{Re}\left[\int_{-\infty}^{0} e^{-i\omega x}\phi_X(\omega)d\omega\right]+\frac{1}{2\pi}\mathrm{Re}\left[\int_{0}^{\infty} e^{-i\omega x}\phi_X(\omega)d\omega\right] \\
&= \frac{1}{2\pi}\mathrm{Re}\left[\int_{0}^{\infty} \overline{e^{-i\omega x}\phi_X(\omega)d\omega}\right]+\frac{1}{2\pi}\mathrm{Re}\left[\int_{0}^{\infty} e^{-i\omega x}\phi_X(\omega)d\omega\right] \\
&= \frac{1}{2\pi}\mathrm{Re}\left[2\int_{0}^{\infty} e^{-i\omega x}\phi_X(\omega)d\omega\right] \\
&= \frac{1}{\pi}\mathrm{Re}\left[\int_{0}^{\infty} e^{-i\omega x}\phi_X(\omega)d\omega\right] \qquad (5\text{-}24)
\end{aligned}$$

同理，$F_X(x)$ 亦可以寫成：

$$\begin{aligned}
F_X(x) &= \frac{1}{2}+\frac{1}{2\pi}\int_{0}^{\infty}\frac{e^{i\omega x}\phi_X(-\omega)-e^{-i\omega x}\phi_X(\omega)}{i\omega}d\omega \\
&= \frac{1}{2}+\frac{1}{2\pi}\int_{0}^{\infty}\frac{\overline{-e^{-i\omega x}\phi_X(\omega)}-e^{-i\omega x}\phi_X(\omega)}{i\omega}d\omega \\
&= \frac{1}{2}-\frac{1}{\pi}\int_{0}^{\infty}\mathrm{Re}\left[\frac{e^{-i\omega x}\phi_X(\omega)}{i\omega}\right]d\omega \qquad (5\text{-}25) \\
&= \frac{1}{2}-\frac{1}{\pi}\int_{0}^{\infty}\mathrm{Im}\left[\frac{e^{-i\omega x}\phi_X(\omega)}{\omega}\right]d\omega \qquad (5\text{-}26)
\end{aligned}$$

（5-24）～（5-26）三式係取自 Schmelzle（2010），我們倒是可以利用 Python 說明上述式子，可以參考下列例子；另一方面，有關於 FT 的定義與性質，Schmelzle（2010）亦有較完整的說明，於此就不再贅述。

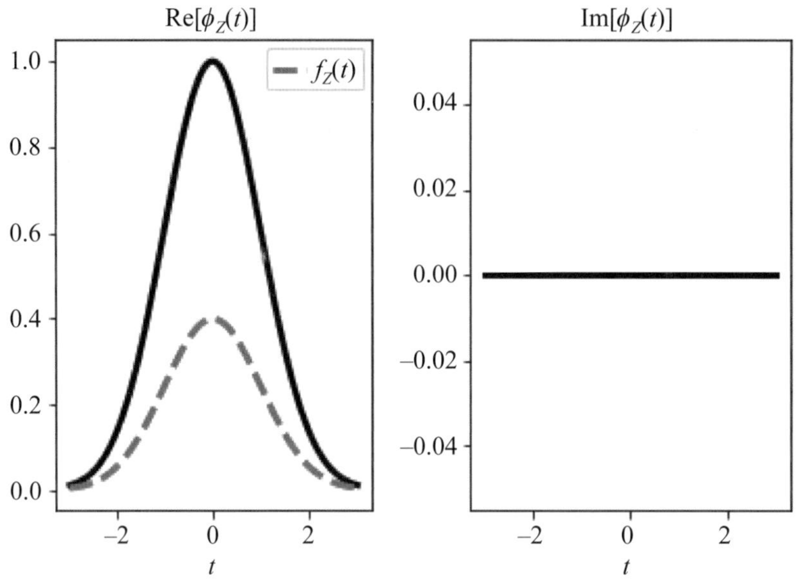

圖 5-11　Re[$\phi_Z(t)$] 與 Im[$\phi_Z(t)$]，其中 $f_Z(t)$ 表示標準常態分配的 PDF

例 1　標準常態分配的特性函數

若 Z 表示標準常態分配的隨機變數，則 Z 的特性函數可寫成 $\phi_Z(t) = e^{-\frac{1}{2}t^2}$，可以參考本節附錄 1 的證明④。圖 5-11 分別繪製出 Re[$\phi_Z(t)$] 與 Im[$\phi_Z(t)$] 成分，從圖內可看出前者的形狀類似於標準常態分配的 PDF，至於後者則於所有的 t 之下皆爲 0。此可說明（5-24）式爲何只分析實數成分。

例 2　數值積分

面對（5-24）式，我們倒是可以利用 Python 內的（數值）積分函數指令直接計算積分值。例如：令 $z = 0.5$，可得 $\int_0^\infty e^{-itz}\phi_Z(t)dt$ 值約爲 1.106，代入（5-24）式內可得 $f_Z(0.5)$ 值約爲 0.3521，該值恰等於理論值，後者可以利用例如 Python 指令的 norm.pdf（0.5,0,1）值得知。上述計算之 Python 指令爲：

```
li = complex(0,1)
x = 0.5
```

④ 因時間 t 與角頻率 ω 可以互換，故此處特性函數寫成 t 的函數。

```
def P1(om):
    return np.exp(-1i*x*om)*sNcf(om).real
import scipy.integrate as integrate
import math
vP1 = integrate.quad(P1, 0, math.inf)
vP1[0] # 1.1060458441464134
vP1[0]/np.pi # 0.3520653267642995
norm.pdf(x,0,1) # 0.3520653267642995
```

同理，亦可計算（5-25）與（5-26）二式之值，可以參考所附的程式碼得知如何計算。

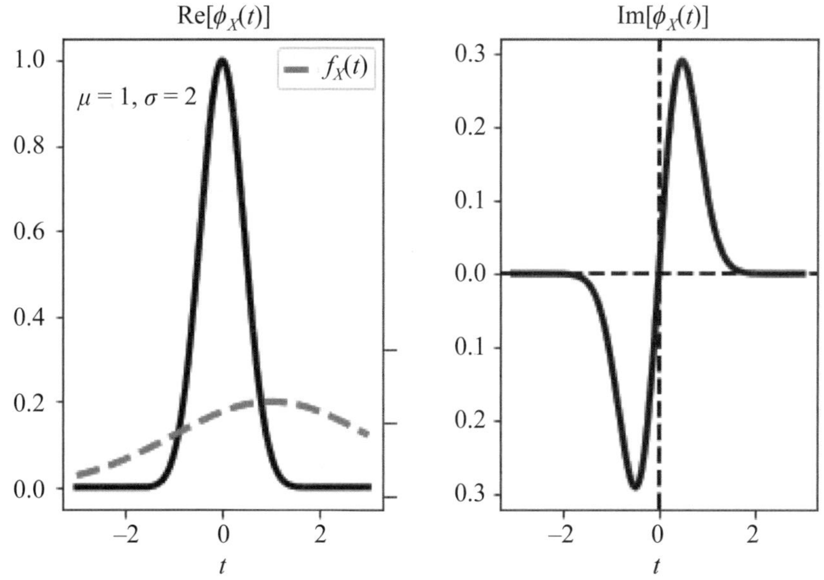

圖 5-12 Re[$\phi_X(t)$] 與 Im[$\phi_X(t)$]，其中 $f_X(t)$ 表示常態分配的 PDF

例 3 **常態分配的特性函數**

續例 1，令 $X = \mu + \sigma Z$ 表示平均數與標準差分別爲 μ 與 σ 的常態分配隨機變數。由（本節）附錄 2 可知 X 的特性函數爲 $\phi_X(t) = e^{i\mu t - \frac{1}{2}\sigma^2 t^2}$。令 $\mu = 1$ 與 $\sigma = 1$，圖 5-12 分別繪製出 Re[$\phi_Z(t)$] 與 Im[$\phi_Z(t)$] 成分，從左圖可看出特性函數的形狀似乎不受 μ 與 σ 值的影響；另一方面，從右圖可看出 Im[$\phi_Z(t)$] 成分是一個奇函數，即其加總

接近於 0。

例 4　數值積分

續例 3，類似於例 2，我們亦可以使用數值積分方式直接計算（5-24）～（5-26）三式之值，其結果亦接近於對應的理論值。同理，讀者可以參考所附的程式碼得知如何計算。

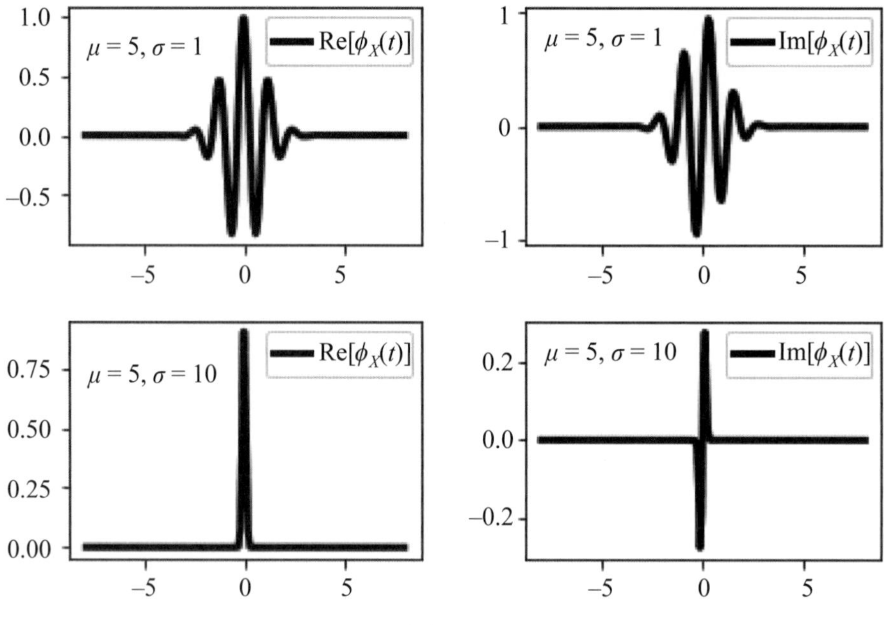

圖 5-c

習題

(1) 為何隨機變數的特性函數特別重要？

(2) 我們如何取得隨機變數的特性函數？試解釋之。

(3) 利用常態分配的特性函數，我們如何取得對應的常態分配的 PDF 與 CDF？試解釋之。

(4) 試利用不同的 μ 與 σ 值繪製出常態分配的特性函數的形狀，其結果為何？提示：可以參考圖 5-c。

本節附錄 1

根據（5-20）式，令 Z 的 PDF 為 $f_Z(z)=\frac{1}{\sqrt{2\pi}}e^{-\frac{1}{2}z^2}$，$Z$ 的特性函數可寫成：

$$\begin{aligned}\phi_Z(t) &= E\left[e^{itz}\right] \\ &= E\left[\cos(tz)\right] + iE\left[\sin(tz)\right] \text{（利用尤拉公式）} \\ &= \int_{-\infty}^{\infty} \cos(tz) f_Z(z)dz + i\int_{-\infty}^{\infty} \sin(tz) f_Z(z)dz \text{（根據 } E(z) \text{ 的定義）} \\ &= \int_{-\infty}^{\infty} \cos(tz) f_Z(z)dz \text{（因 } \sin(tz)f_Z(z) \text{ 是一個奇函數）}\end{aligned}$$

上述 $\phi_Z(t)$ 對 t 微分可得：

$$\begin{aligned}\frac{d}{dt}\phi_Z(t) &= \frac{d}{dt}E\left[e^{itz}\right] \\ &= E\left[\frac{d}{dt}e^{itz}\right] \\ &= E\left[ize^{itz}\right] \\ &= iE\left[z\cos(tz)\right] - E\left[z\sin(tz)\right] \\ &= i\int_{-\infty}^{\infty} z\cos(tz) f_Z(z)dz - \int_{-\infty}^{\infty} z\sin(tz) f_Z(z)dz \\ &= -\int_{-\infty}^{\infty} z\sin(tz)\frac{1}{\sqrt{2\pi}}e^{-\frac{1}{2}z^2}dz \\ &= \int_{-\infty}^{\infty} \sin(tz)\frac{d}{dz}\left[\frac{1}{\sqrt{2\pi}}e^{-\frac{1}{2}z^2}\right]dz \\ &= \sin(tz) f_Z(z)\Big|_{-\infty}^{\infty} - \int_{-\infty}^{\infty} t\cos(tz) f_Z(z)dz \\ &= -t\int_{-\infty}^{\infty} \cos(tz) f_Z(z)dz\end{aligned}$$

是故，$\frac{d}{dt}\phi_Z(t) = -t\phi_Z(t)$，此爲典型的微分方程式。因期初値爲 $\phi_Z(0)=1$，故 $\phi_Z(t) = e^{-\frac{1}{2}t^2}$。

附錄 2

$$\phi_X(t) = E\left(e^{itX}\right) = E\left[e^{it(\mu+\sigma Z)}\right] = e^{i\mu t}E\left(e^{i\sigma tZ}\right) = e^{i\mu t}\phi_Z(\sigma t) = e^{i\mu t}e^{-\frac{1}{2}(\sigma t)^2} = e^{i\mu t - \frac{1}{2}\sigma^2 t^2}$$

得證。

5.2.2 累積與動差母函數

未必只有從事統計分析才需要隨機變數的 PDF（或 CDF）函數。有些時候，我們的確需要計算上述 PDF 或 CDF 值，例如於 BSM 或 MJD 模型內，我們就需要的計算標的資產價格的 CDF 值。可惜的是，未必所有隨機變數的 PDF 或 CDF 函數皆可以用明確的數學公式表示。還好，如前所述，隨機變數的特性函數是確定存在的且與 PDF 呈現 1 對 1 的關係，即透過（5-24）或（5-26）式的計算，即使缺乏 PDF 或 CDF 的理論值，我們仍可以得出上述隨機變數的 PDF 或 CDF 估計值。換句話說，雖然有些隨機變數的 PDF 或 CDF 函數無法找到，不過若可以得出上述隨機變數的特性函數，我們依舊可以估計對應的 PDF 或 CDF 值。

底下，我們檢視特性函數的應用。檢視（5-20）式，式內的 $\exp(i\omega x)$ 項可以進一步延伸；換言之，於 $x=0$ 下，$\exp(i\omega x)$ 的泰勒級數可寫成：

$$
\begin{aligned}
e^{i\omega x} &= e^{i\omega 0} + \frac{\partial e^{i\omega x}}{\partial x}\Big|_{x=0}(x-0) + \frac{1}{2!}\frac{\partial^2 e^{i\omega x}}{\partial x^2}\Big|_{x=0}(x-0)^2 + \frac{1}{3!}\frac{\partial^3 e^{i\omega x}}{\partial x^3}\Big|_{x=0}(x-0)^3 + \cdots \\
&= 1 + i\omega x + \frac{1}{2!}(i\omega x)^2 + \frac{1}{3!}(i\omega x)^3 + \cdots
\end{aligned}
$$

代入（5-20）式內，可得：

$$
\begin{aligned}
\phi_X(\omega) &= \int_{-\infty}^{\infty} e^{i\omega x} f(x)dx \\
&= \int_{-\infty}^{\infty}\left[1 + i\omega x + \frac{1}{2!}(i\omega x)^2 + \frac{1}{3!}(i\omega x)^3 + \cdots\right] f(x)dx \\
&= \int_{-\infty}^{\infty} f(x)dx + i\omega\int_{-\infty}^{\infty} xf(x)dx + \frac{1}{2!}(i\omega)^2\int_{-\infty}^{\infty} x^2 f(x)dx + \frac{1}{3!}(i\omega)^3\int_{-\infty}^{\infty} x^3 f(x)dx + \cdots \\
&= r_0 + i\omega r_1 - \frac{1}{2!}\omega^2 r_2 - \frac{1}{3!}i\omega^3 r_3 + \frac{1}{4!}\omega^4 r_4 + \cdots \\
&= \sum_{n=0}^{\infty}\frac{(i\omega)^n}{n!} r_n \qquad (5\text{-}27)
\end{aligned}
$$

其中 $r_n = E(x^n)$ 表示 $f(x)$ 之第 n 級原始動差。

也許隨機變數 X 的特性函數 $\phi(\omega)$ 的最重要性質是可以導出 X 的累積母函數（cumulant-generating function, CGF）與 MGF。就 CGF 而言，定義：

$$\Psi_X(\omega)=\log\phi_X(\omega)$$

則第 n 階累積量（cumulant）可以寫成：

$$cumulant_n=\frac{1}{i^n}\frac{\partial^n\Psi_X(\omega)}{\partial\omega^n}\bigg|_{\omega=0} \tag{5-28}$$

而 X 的平均數、變異數、偏態與超額峰態等特徵卻是可由上述累積量計算而得，即：

$$\text{平均數：}E(X)=cumulant_1$$

$$\text{變異數：}E\left\{\left[X-E(X)\right]^2\right\}=cumulant_2$$

$$\text{偏態：}E\left\{\left[X-E(X)\right]^3\right\}=cumulant_3$$

$$\text{超額峰態：}\frac{E\left\{\left[X-E(X)\right]^4\right\}}{\left\{\sqrt{E\left[X-E(X)\right]^2}\right\}^4}-3=\frac{cumulant_4}{\left(cumulant_2\right)^2}-3$$

因此，累積量相當於計算中央型動差。舉一個例子說明。考慮 5.2.1 節的常態分配特性函數爲 $\phi_X(t)=e^{i\mu t-\frac{1}{2}\sigma^2t^2}$，進一步可得 $\Psi(\omega)=\log\left(e^{i\mu\omega-\frac{1}{2}\sigma^2\omega^2}\right)=i\mu\omega-\frac{\sigma^2\omega^2}{2}$，故根據（5-28）式，可得出之前四級累積量分別爲：

$$cumulant_1=\mu\text{、}cumulant_2=\sigma^2\text{、}cumulant_3=0\text{ 與 }cumulant_4=0$$

此提醒我們可以透過 CGF 得知若 X 屬於常態分配，則 X 之平均數與變異數分別爲 μ 與 σ^2 以及偏態與超額峰態（係數）皆爲 0。

接下來，我們檢視 MGF。根據 Prolella（2007），隨機變數 X 的 MGF 可寫成：

$$M_X(\omega)=\int_{-\infty}^{\infty}e^{\omega x}f(x)dx=E\left[e^{\omega x}\right] \tag{5-29}$$

因此，若與（5-20）式比較，可知：

$$\phi_X(\omega) = M_X(i\omega) \tag{5-30}$$

即 X 的特性函數為 X 之 $i\omega$ 的 MGF；或者說，X 的特性函數亦為一種計算「虛數軸」的 MGF⑤。

類似於（5-27）式的導出過程，X 的 MGF 亦可寫成：

$$\begin{aligned} M_X(\omega) &= \int_{-\infty}^{\infty} e^{\omega x} f(x)dx = \int_{-\infty}^{\infty}\left[1+\omega x+\frac{1}{2!}(\omega x)^2+\frac{1}{3!}(\omega x)^3+\cdots\right]f(x)dx \\ &= 1+\omega r_1+\frac{1}{2!}\omega^2 r^2+\frac{1}{3!}\omega^3 r^3+\cdots \end{aligned} \tag{5-31}$$

若於 $\omega = 0$ 處，MGF 是一個可以微分的函數，則 $f(x)$ 之第 n 階原始動差可以寫成：

$$r_n = \left.\frac{\partial^n M_X(\omega)}{\partial \omega^n}\right|_{\omega=0} \tag{5-32}$$

因此，透過（5-32）式可得：

$$r_1 = M_X(0)' = E(X)、r_2 = M_X(0)'' = E\left(X^2\right)、r_3 = M_X(0)''' = E\left(X^3\right) 與$$
$$r_4 = M_X(0)'''' = E\left(X^4\right)$$

進一步可得 $\mu = E(X) = r_1$ 與 $\sigma^2 = r_2 - r_1^2$。

考慮一個最基本的例子。根據（5-30）式，常態分配的 MGF 可以寫成 $M_X(\omega) = e^{\mu\omega+\frac{\sigma^2\omega^2}{2}}$。利用（5-32）式，可得 X 的原始動差分別為：

$$r_1 = M_X(0)' = \mu、r_2 = M_X(0)'' = \mu^2+\sigma^2、r_3 = M_X(0)''' = \mu^3+3\mu\sigma^2 與$$
$$r_4 = M_X(0)'''' = \mu^4+6\mu^2\sigma^2+3\sigma^4$$

因此，可得 X 的特徵分別為：

---

⑤ MGF 亦與 FT 有關，只不過其稱為拉普拉斯轉換（Laplace transform, LT）；換言之，LT 與逆 LT 之間的關係，猶如 FT 與逆 FT 之間的關係。有興趣的讀者可以參考 Prolella（2007）。

$$平均數：E(X) = r_1 = \mu$$

$$變異數：E\left\{\left[X - E(X)\right]^2\right\} = E\left(X^2\right) - E\left(X\right)^2 = r_2 - r_1^2 = \sigma^2$$

$$偏態：E\left\{\left[X - E(X)\right]^3\right\} = \frac{E\left[X - E(X)\right]^3}{\left(\sqrt{E\left[X - E(X)\right]^2}\right)^3} = \frac{2r_1^3 - 3r_1r_2 + r_3}{\left(r_2 - r_1^2\right)^{3/2}} = 0$$

$$超額峰態：\frac{E\left\{\left[X - E\left(X\right)\right]^4\right\}}{\left\{\sqrt{E\left[X - E(X)\right]^2}\right\}^4} - 3 = \frac{-6r_1^4 + 12r_1^2r_2 - 3r_2^2 - 4r_1r_3 + r_4}{\left(r_2 - r_1^2\right)^2} = 0$$

如前所述，X 的 MGF 未必存在，不過其若能明確定義，則其與 CGF 的結果應該是一致的。

例 1 常態分配的 MGF

令 $\mu = 0$，圖 5-13 繪製出不同 σ 值下的常態分配的 MGF 形狀。讀者可以嘗試繪製出不同 μ 值下的情況。

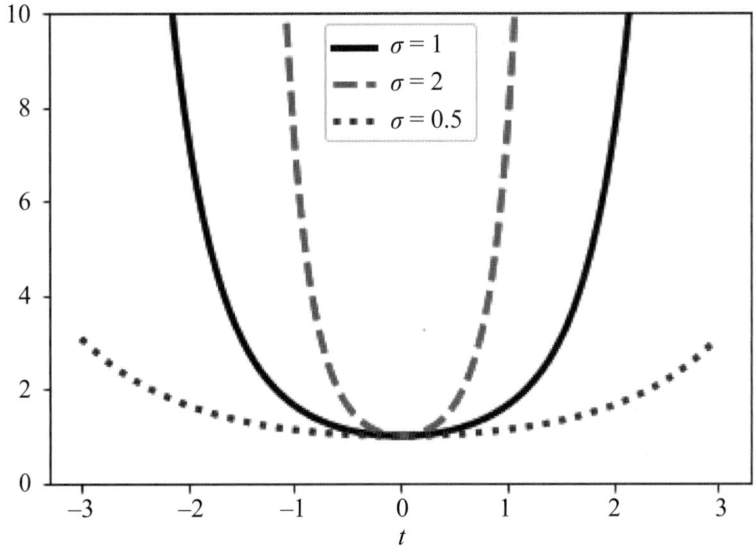

圖 5-13 常態分配的 MGF

例 2　由 MGF 取得 CGF

我們亦可以從 MGF 取得對應的 CGF，即定義：

$$K_X(\omega) = \log M_X(\omega)$$

類似於（5-27）式，可知 $K_X(\omega) = \frac{\sum_{r=0}^{\infty} \kappa_r \omega^r}{r!}$ 其中第 n 階累積量 κ_n 可以寫成：

$$\kappa_n = \left. \frac{\partial^n K_X(\omega)}{\partial \omega^n} \right|_{\omega=0}$$

可以注意該結果與（5-27）式相同，即 $\kappa_n = cumulant_n$；因此，CGF 倒是有二種表示方式。根據 Prolella（2007），基本上，κ_n 具有下列特性，即$\kappa_1 = \mu$、$\kappa_2 = \mu_2$、$\kappa_3 = \mu_3$ 與 $\kappa_4 = \mu_4 - 3\mu_2^2$，其中 μ_i 表示第 i 階中央型動差。舉個例子說明。如前所述，常態分配的 MGF 爲 $M_X(\omega) = e^{\mu\omega + \frac{\sigma^2\omega^2}{2}}$，而 $K_X(\omega) = \log M_X(\omega) = \mu\omega + 0.5\sigma^2\omega^2$，故 $\kappa_1 = K_X(0)' = \mu$、$\kappa_2 = K_X(0)'' = \sigma^2$ 與 $\kappa_i = K_X(0)^{(i)} = 0, i \geq 3$；因此，因 $\kappa_3 = \mu_3 = 0$ 以及 $\kappa_4 = \mu_4 - 3\mu_2^2 = 0$，隱含著常態分配的偏態與峰態係數分別爲 $\mu_3 / \mu_2^{3/2} = 0$ 與 $\mu_4 / \mu_2^2 = 3$。

例 3　卜瓦松分配的 MGF

若隨機變數 X 屬於卜瓦松分配，則其 MGF 可以寫成：

$$M_X(t) = E\left(e^{tX}\right) = \sum_{x=0}^{\infty} \frac{e^{tx} e^{-\mu} \mu^x}{x!} = e^{-\mu} \sum_{x=0}^{\infty} \frac{\left(\mu e^t\right)^x}{x!} = e^{-\mu + \mu e^t}$$

是故，$E(X) = K_X(0)' = \mu$ 與 $Var(X) = K_X(0)'' = \mu$。我們進一步計算對應的偏態與峰態係數分別爲 $\mu_3 / \mu_2^{3/2} = \mu^{-1/2}$ 與 $\mu_4 / \mu_2^2 = (\mu + 3\mu^2) / \mu^2$；有意思的是，當 μ 愈大，上述偏態與峰態係數竟愈接近於常態分配的偏態與峰態係數。圖 5-14 繪製出不同 μ 值下之卜瓦松 MGF，讀者可嘗試與常態分配的 MGF 比較。

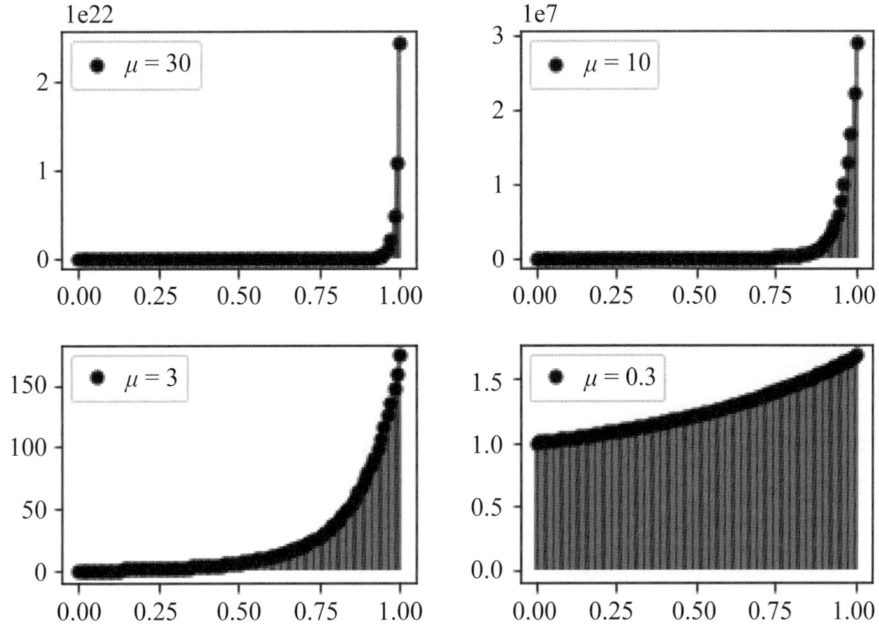

圖 5-14　不同 μ 值下之卜瓦松分配 MGF

習題

(1) 試敘述特性函數與 MGF 之間的關係。

(2) 何謂 CGF？試解釋之。

(3) 隨機變數 X 的 MGF 爲 $M_X(t)$，若 $Y = a + bX$，則 Y 的 MGF 爲何？提示：$M_Y(t) = e^{at} M_X(bt)$。

(4) 若隨機變數 X 與 Y 相互獨立，而其對應的 MGF 分別爲 $M_X(t)$ 與 $M_Y(t)$。若 $Z = X + Y$，則 $M_Z(t)$ 爲何？提示：$M_Z(t) = M_X(t) M_Y(t)$。

(5) 令 $\mu = \sigma = 2$，試利用數値積分的方式計算常態分配的前四級原始動差。

(6) 續上題，利用原始動差値分別計算常態分配的偏態與超額峰態係數。

(7) 令 $\mu = \sigma = 2$，試利用數値積分的方式計算常態分配的前四級中央型動差。

(8) 續上題，利用中央型動差値分別計算常態分配的偏態與超額峰態係數。

5.3 選擇權的定價

於 5.2 節內，我們介紹隨機變數的特性函數其實就是該隨機變數 PDF 的 FT 是有意義的，底下我們就會利用特性函數來計算選擇權的價格；不過，於尚未介紹之前，我們倒是可以先檢視 FT 的用處。

考慮 BSM 模型的偏微分方程式（PDE），其可寫成：

$$\frac{\partial f(t,x)}{\partial t}=\alpha\frac{\partial f(t,x)}{\partial x}+\frac{1}{2}\sigma^2\frac{\partial^2 f(t,x)}{\partial x^2}-rf(t,x)$$

其中 $x=\log(S)$ 表示對數標的資產價格。重寫（5-20）式為：

$$\mathrm{T}\left[f(t,x)\right](u)=\phi(t,u)=\int_{-\infty}^{\infty}e^{iux}f(t,x)dx$$

即 $f(t, x)$ 可透過 FT 得出對應的唯一特性函數 $\phi(\omega)$；反之，透過 IFT，亦可經由 $\phi(\omega)$ 取得對應的（唯一）$f(t, x)$。若對上述 PDE 取偏微分，則 PDE 等號的左側可寫成：

$$\mathrm{T}\left[\frac{\partial}{\partial t}f(t,x)\right](u)=\int_{-\infty}^{\infty}e^{ixu}\frac{\partial}{\partial t}f(t,x)dx=\frac{\partial}{\partial t}\left[\int_{-\infty}^{\infty}e^{ixu}f(t,x)dx\right]=\frac{\partial}{\partial t}\phi(t,u)$$

而 PDE 等號的右側亦可寫成：

$$\mathrm{T}\left[\left(\alpha\frac{\partial}{\partial x}+\frac{1}{2}\sigma^2\frac{\partial^2}{\partial x^2}-r\right)f(t,x)\right](u)=\left[\alpha(iu)+\frac{1}{2}(iu)^2-r\right]\phi(t,u)$$

因此，透過 FT，我們可將複雜的二次式 PDF 轉換成一階的微分方程式，即：

$$\frac{\partial\phi(t,u)}{\partial t}=\left[\alpha(iu)+\frac{1}{2}(iu)^2-r\right]\phi(t,u)$$

而其解為：

$$\phi(t,u)=\phi(0,u)\exp\left(\alpha iut-\frac{1}{2}u^2t-rt\right)$$

其中 $\phi(0, u)$ 為期初條件。

現在我們利用標的資產的（對數）價格的特性函數來決定選擇權的價格。就歐式選擇權買權價格而言，根據德爾塔—機率分解（delta-probability composition），其可寫成⑥：

$$c_0 = e^{-qT} S_0 \Pi_1 - e^{-rT} K \Pi_2 \tag{5-33}$$

其中

$$\Pi_1 = \frac{1}{2} + \frac{1}{\pi} \int_0^\infty \text{Re}\left(\frac{e^{-i\omega \log(K)} \phi(\omega - i)}{i\omega \phi(-i)} \right) d\omega \tag{5-34}$$

與

$$\Pi_2 = \frac{1}{2} + \frac{1}{\pi} \int_0^\infty \text{Re}\left(\frac{e^{-i\omega \log(K)} \phi(\omega)}{i\omega} \right) d\omega \tag{5-35}$$

（5-33）式內的變數定義與（2-18）或（2-19）式相同。根據買權與賣權平價（call-put parity）關係，期初賣權價格可寫成：

$$p_0 = c_0 + K e^{-rT} - S_0 e^{-qT} \tag{5-36}$$

因此，只要標的資產的（對數）價格的特性函數 $\phi(\omega)$ 爲已知，透過（5-34）與（5-35）二式的數值積分亦可以計算歐式選擇權價格。

就 BSM 模型而言，因對數價格 $s_0 = \log(S_0)$ 屬於常態分配，即：

$$s_T \sim N\left[s_0 + \left(r - q - \frac{1}{2}\sigma^2 \right) T, \sigma^2 T \right]$$

故根據 5.2.1 節內常態分配的特性函數可知，s_T 的特性函數可寫成：

$$\begin{aligned} \phi_{BSM}(\omega) = E\left(e^{i\omega s_T}\right) &= \exp\left[i\omega s_0 + i\omega T\left(r - q - \frac{1}{2}\sigma^2 \right) + \frac{1}{2} i^2 \omega^2 \sigma^2 T \right] \\ &= \exp\left[i\omega s_0 + i\omega T(r-q) - \frac{1}{2}\left(i\omega + \omega^2\right)\sigma^2 T \right] \end{aligned} \tag{5-37}$$

---

⑥ 歐式選擇權價格的德爾塔—機率分解最早出現於 Heston（1993），（5-33）式的導出則可參考 Chourdakis（2008）。

代入（5-34）與（5-35）二式內，使用數值積分方法，自然可以得到 Π_1 與 Π_2 值[7]。舉個例子說明。令 $S_0 = 100$、$K = 95$、的 $r = 0.02$、$q = 0.01$、$\sigma = 0.14$ 以及 $T = 0.5$，根據（5-34）、（5-35）與（5-37）三式，使用數值積分方法可得 Π_1 與 Π_2 值分別約爲 0.73 與 0.696，而該二值則分別等於 $N(d_1)$ 與 $N(d_2)$ 值；因此，使用（5-37）式內的特性函數亦可得出 BSM 模型的價格。

接下來，我們來檢視 MJD 模型。根據 Merton（1976），標的資產價格的 SDE 可寫成：

$$dS_t = \left(r - q - \lambda\mu_J\right)S_t dt + \sigma S_t dZ_t + J_t dN_t \tag{5-38}$$

其中 N_t 是一個強度爲 λ 的卜瓦松計數過程，而 J_t 則表示隨機跳動過程。於 Merton 的模型內，對數跳動過程屬於常態分配，即：

$$\log\left(1 + J_t\right) \sim N\left[\log\left(1 + \mu_J\right) - \frac{\sigma_J^2}{2}, \sigma_J^2\right]$$

Merton 進一步提出下列的定價公式[8]，即：

$$c_0 = \sum_{n=0}^{\infty} \frac{e^{-\lambda' T}\left(\lambda' T\right)^n}{n!} c_0^1\left(r_n, \sigma_n\right) \tag{5-39}$$

其中 $\lambda' = \lambda\left(1 + \mu_J\right)$ 而 c_0^1 則表示 BSM 模型的買權價格，不過後者是根據 r 與 σ 的調整值計算，即 $r_n = r - \lambda\mu_J + \dfrac{n\log\left(1 + \mu_J\right)}{T}$ 與 $\sigma_n^2 = \sigma^2 + \dfrac{n\sigma_J^2}{T}$。

根據 Gatheral（2006），Merton 模型的特性函數可寫成：

$$\phi_{Merton} = e^{A+B} \tag{5-40}$$

其中

---

[7] 根據（5-37）式可知 $\phi_{BSM}(-i) = \exp\left[s_0 + T(r - q)\right] = S_0 \exp[T(r - q)]$。

[8]（5-39）式就是（3-32）式。

$$A = ius_0 + iuT\left(r - q - \frac{1}{2}\sigma^2 - \mu_J\right) + \frac{1}{2}i^2u^2\sigma^2T$$

與

$$B = \lambda T\left\{\exp\left[iu\log\left(1+\mu_J\right) - \frac{1}{2}iu\sigma_J^2 - u^2\sigma_J^2\right] - 1\right\}$$

我們亦舉一個例子說明。令 $S_0 = 100$、$K = 95$、$r = 0.02$、$q = 0.01$、$\sigma = 0.14$、$T = 0.5$、$\lambda = 0.1$、$\mu_J = -0.2$ 與 $v_J = 0.01$，利用（5-40）式內的特性函數 ϕ_{Merton}，採用數值積分方法，分別可得出 Π_1 與 Π_2 值分別約為 0.7 與 0.64，故根據（5-33）與（5-36）二式，可得 Merton 的買權與賣權價格分別約為 9.47 與 3.59。

另一方面，我們亦可以直接使用（5-39）式計算；換言之，於 $n = 20$ 之下，Merton 的買權價格亦約為 9.47，其與上述使用特性函數計算的買權價格相。其實，我們亦可以使用第 3 章的方法計算，於相同的假定下⑨，分別可得 $i = 6$ 以及買權與賣權價格分別約為 9.37 與 3.48，其與上述使用特性函數所計算出的價格稍有差異。

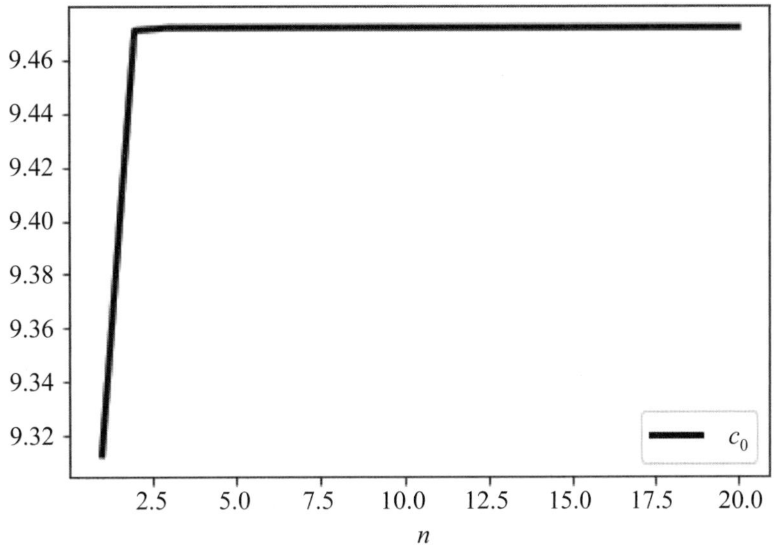

圖 5-15　不同 n 之下的 c_0（Merton 模型）

⑨ 即 $\mu_J = \gamma$ 與 $v_J = \delta^2$。

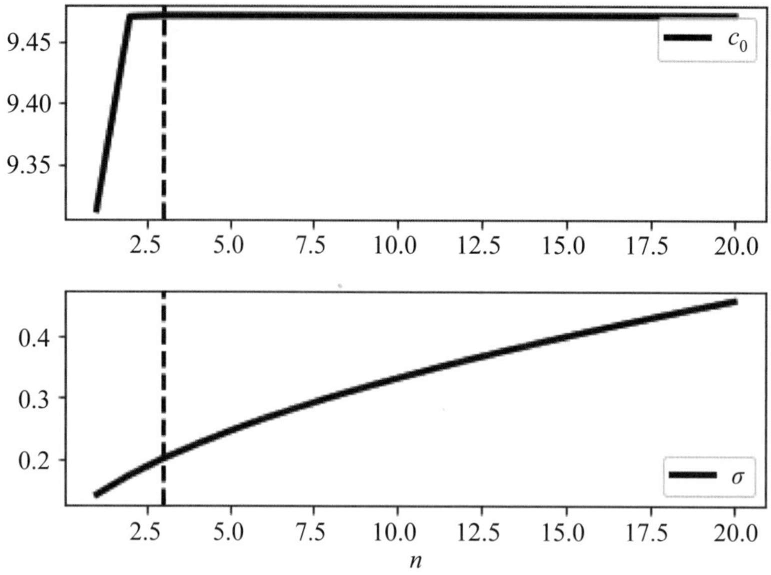

圖 5-16　(5-39) 式內 c_0 與 n 以及 σ_n 與 n 之間的關係

例 1　不同 n 之下的 c_0

利用上述計算 Merton 模型買權價格的假定，我們可以檢視 (5-39) 式的 n 值，可以參考圖 5-15。於該圖內可以發現於 $n \geq 3$ 之下，c_0 值已收斂了，故不需要使用太大的 n 值。

例 2　隱含波動率

續例 1，於圖 5-15 內已知 n 值不需太大，不過根據 (5-39) 式內 σ_n 的定義，可知 n 與 σ_n 之間呈現正向的關係如圖 5-16 所示；也就是說，使用 $n = 20$ 所對應到的隱含波動率約為 0.47，該值可能高估。即若使用 $n = 3$，於圖 5-15 內可知 c_0 值仍不變，不過此時 σ_3 值約為 0.22，如圖 4-16 內的虛線所示。

例 3　使用 Python 計算積分值

若讀者有計算上述 (5-34) 與 (5-35) 二式的積分值，應該會發現所附的 Python 指令內，被積分函數內並無包括其他的參數值。若欲包括其他的參數值，可以參考下列的 Python 指令：

```
S0 = 100;K = 95;r = 0.02;q = 0.01;T = 0.5;sigma2 = 0.02
def PI1a(om,S0,T,r,q,sigma2):
    PI = np.exp(-1i*np.log(K)*om)*BSMcf(om-1i,S0,T,r,q,sigma2)/(1i*om*S0*np.exp((r-q)*T))
    return PI.real
def PI2a(om,S0,T,r,q,sigma2):
    PI = np.exp(-1i*np.log(K)*om)*BSMcf(om,S0,T,r,q,sigma2)/(1i*om)
    return PI.real
vPI1 = 0.5 + 1/np.pi * integrate.quad(lambda x:PI1a(x,S0,T,r,q,sigma2),1e-8,math.inf)[0] # 0.73
vPI2 = 0.5 + 1/np.pi * integrate.quad(lambda x:PI2a(x,S0,T,r,q,sigma2),1e-8,math.inf)[0] # 0.696
cP = np.exp(-q*T)*S0*vPI1-np.exp(-r*T)*K*vPI2 # 7.177678893257706
pP = np.exp(-r*T)*K*(1-vPI2)-np.exp(-q*T)*S0*(1-vPI1) # 1.731165180160449
```

可以留意此時 PI1a(·) 與 PI2a(·) 二函數的設定方式，以及 vPI1 與 vPI2 的取得。讀者可多練習看看。

習題

(1) 爲何 Merton 模型易產生高估的隱含波動率？試解釋之。

(2) 就 Python 而言，試解釋如何得出 Π_1 與 Π_2 估計值。

(3) 就 BSM 模型而言，Π_1 與 Π_2 估計值的意義爲何？

(4) 就 Merton 模型而言，Π_1 與 Π_2 估計值的意義爲何？

(5) 利用圖 5-16 的結果，試計算相同假定下的 BSM 模型價格。

(6) 試解釋如何利用（5-33）式計算出 BSM 模型價格。

(7) 試比較本章的 Merton 模型與第 3 章的 MJD 模型。

(8) 試利用例 3 的方式計算 Merton 模型的價格。

Chapter 6

Lévy過程

Lévy 過程是一種連續的隨機（時間）過程，其具有定態獨立增量的性質。直覺來說，本書的第 2 與 3 章所使用的資產價格過程皆屬於指數型 Lévy 過程；換言之，BSM 模型強調的資產價格過程屬於幾何布朗運動能產生「常態型」的報酬率，而 MJD 模型內的複合卜瓦松過程則會產生「非常態型」的報酬率，其中後者屬於以卜瓦松機率爲權數的混合型常態。事實上，透過一些有關於「跳動」行爲的設定，Lévy 過程其實能產生更多元的（機率）分配情況。也就是說，MJD 模型內的複合卜瓦松過程能於有限的時間間距（time step）內產生有限數量的跳動，此應該能抓到罕見或大事件如「市場崩盤」或公司倒閉等現象，不過此仍不足以解釋實際的情況。例如：重新檢視圖 1-1 內 TWI 日收盤價的時間走勢，雖說該走勢的確出現幾次收盤價有大幅度跳動的情況，但是我們卻發現上述收盤價時間走勢並不缺乏溫和型的跳動；換句話說，其實我們可以用「連續」、「若干大跳動」以及「無數小跳動」三個成分來檢視上述收盤價的時間走勢。有意思的是，上述三個成分的加總竟然就是（指數型）Lévy 過程。

6.1 一些準備

於尚未介紹之前，我們必須複習或建立一些觀念[①]。

代數與 σ - 代數

令 Ω 表示一個非空集合，而 **F** 爲 Ω 之子集合的聚集（collection）。若 (i)

① 此處只介紹部分的觀念，較完整的說明可參考 Iacus（2011）或 Zhu（2010）等文獻。

$\Omega \in \mathbf{F}$ 與 $\varnothing \in \mathbf{F}$；(ii) $A \in \mathbf{F} \Rightarrow A^c = \Omega / A \in \mathbf{F}$；(iii) $A, B \in \mathbf{F} \Rightarrow A \cup B \in \mathbf{F}$，則稱 **F** 是一個代數（algebra）。就任何序列 $(\mathbf{A}_n)_{n \in N} \in \mathbf{F}$ 而言，若 $\bigcup_{n=1}^{\infty} \mathbf{A}_n \in \mathbf{F}$，則稱 **F** 是一個 σ-代數或 σ- 域（σ-field）。

上述二元（Ω, **F**）稱爲一個可以衡量的空間（measureable space）。

機率空間

一個三元（Ω, **F**, **P**）可以稱爲一個機率空間（probability space），其中 **F** 是 Ω 的一個 σ- 代數，而任何一個事件（集合）$A \in \mathbf{F}$可以對應至 [0, 1] 稱爲 A 的機率，寫成 $P(A)$。$P(A)$ 具有下列二個性質：

(1) $P(A) = 1$；

(2) 若 $A_1, A_2, \cdots$表示 **F** 內的不交集（disjoint）的事件（或集合），則：

$$P\left(\bigcup_{n=1}^{\infty} A_n\right) = \sum_{n=1}^{\infty} P(A_n)$$

即性質 (2) 可以稱爲可數的可加性（countable additivity）。

P- 完全

若 $P(A) = 0$ 而就每一 $B \subset A \in \mathbf{F}$ 而言，可得 $B \in \mathbf{F}$，則稱該機率空間爲 P- 完全（P-complete）。

於動態的設定下，隨著時間經過自然訊息的獲得並不相同；因此，我們需要於上述機率空間內建構一種與時間有關的結構，該結構就是濾化（filtration）或稱爲訊息流量（information flow）。

濾化

（Ω, **F**, **P**）內的一種濾化是指一個遞增的 σ - 代數群即 $(\mathbf{F}_t)_{t \in [0,T]}$，其具有下列性質：

$$\mathbf{F}_s \subset \mathbf{F}_t \subset \mathbf{F}_T \subset \mathbf{F}, 0 \le s \le t \le T$$

其中 $\mathbf{F}_t$ 表示 t 期所擁有的資訊；換言之，$(\mathbf{F}_t)_{t \in [0,T]}$ 表示隨時間經過的訊息流量。

因此，若於 $(\Omega, \mathbf{F}, \mathbf{P})$ 內建構一種濾化，則稱爲一種濾化的機率空間，其可寫成 $\left(\Omega, \mathbf{F}, \mathbf{P}, (\mathbf{F}_t)_{t \in [o,T]}\right)$。通常，一種濾化的機率空間具有下列性質：

(1) **F** 屬於 ***P***- 完全。

(2) $\mathbf{F}_0$ 包括 Ω 內所有的 *P*- 零集（*P*-null sets），即我們能分別出可能與不可能事件。

(3) $\mathbf{F}_t = \mathbf{F}_{t+} = \bigcap_{s>t} \mathbf{F}_s$，即 $(\mathbf{F}_t)_{t\in[0,T]}$ 具有右連續（right-continue）性質。

有了濾化機率空間的觀念後，接下來我們可以定義隨機過程（stochastic process）。

隨機過程

一種隨機過程 $(X_t)_{t\in[0,T]}$ 是一群定義於 $\left(\Omega, \mathbf{F}, \mathbf{P}, (\mathbf{F}_t)_{t\in[o,T]}\right)$ 下的隨機變數，其中下標參數 t 表示時間，其可以爲連續或間斷。

因此，隨機變數的實現值路徑可寫成 $X(\omega): t \to X_t(\omega)$，即隨機過程的樣本路徑（sample path）；換言之，簡單地說，隨機過程是隨機變數的函數。

càdlàg 函數

一種函數 $f:[0,T] \to R^d$ 稱爲 càdlàg 函數是指該函數屬於「右連續伴隨左極限（left-limit）」[②]，簡稱「右連左極函數」。

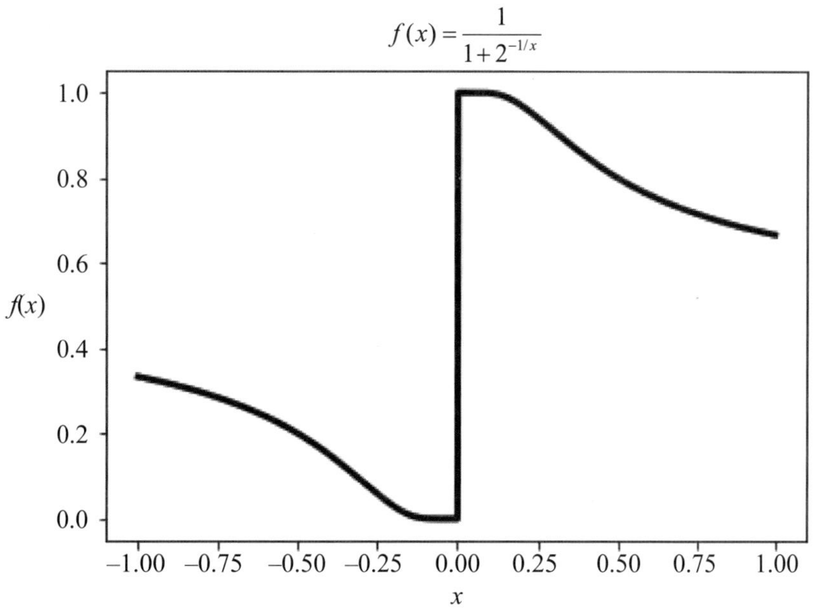

圖 6-1　一種 càdlàg 函數

② càdlàg 是法語。

舉一個例子說明。考慮 $f(x)=\dfrac{1}{1+2^{-1/x}}$，圖 6-1 繪製出 $f(x)$ 的形狀，從圖內可看出「右連左極」函數的特色[3]：於 $x=0$ 處出現「跳動」的情況；換言之，於 Lévy 過程內會經常遇到 càdlàg 函數。

càdlàg 函數的形狀其實頗多元的，可以參考圖 6-2，其中該圖分別可以依間斷與連續的型態表示。讀者倒是可以思考看看，還有哪些亦是屬於 càdlàg 函數；或者說，càdlàg 函數還有哪些形狀？

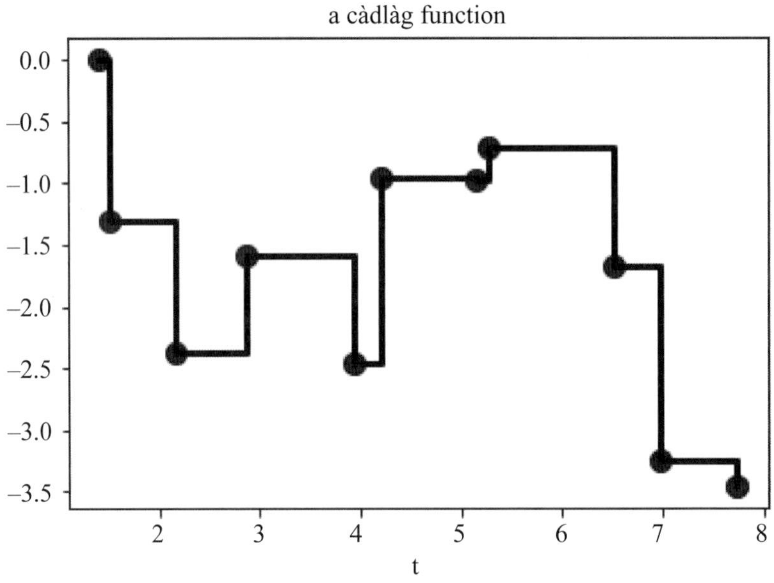

圖 6-2　càdlàg **函數的特色**

適應過程

一種隨機過程 $(X_t)_{t\in[0,T]}$ 被稱為 $\mathbf{F}_t$- 適應（adapted）是指就 $t\in[0,T]$ 而言，X_t 值只於 t 期被揭露，即隨機變數 X_t 屬於 $\mathbf{F}_t$- 可衡量；換言之，若 X_t 屬於一種適應過程（adapted processes），只能得到 t 期與之前的資訊，故適應過程又可稱為非預期過程（non-anticipating process），隱含著 X_s 為未知，其中 $s>t$。

自我融通交易策略

假定市場內共有 d 種資產，其對應的價格為 $S_t=\left(S_t^1,\cdots,S_t^d\right)$。根據上述資產，

③ 左極限可寫成 $\lim_{x\to a^-} f(x)$ 或 $\lim_{x\uparrow a} f(x)$。於圖 6-1 內，$a=0$。

我們可以形成一個以上述資產爲主的資產組合 $\phi=\left(\phi^1,\cdots,\phi^d\right)$，而其價值可寫成：

$$V_t(\phi)=\sum_{k=1}^{d}\phi^k S_t^k=\phi S_t$$

一種交易策略是指於不同時間 $T_0=0<T_1<T_2<\cdots<T_n<T$，同時買進與賣出上述資產以維持上述資產組合的價值（不變），是故至 t 期該資產組合的資本利得可定義爲：

$$G_t\left(\phi\right)=\int_0^t\phi_u dS_u$$

我們可以想像對應的「間斷版」資本利得④。因此，至 t 期一種交易策略的成本爲資產組合的價值與資本利得的差距，即：

$$C_t(\phi)=V_t(\phi)-G_t(\phi)=\phi_t S_t-\int_0^t\phi_u dS_u$$

換言之，一種自我融通交易策略可寫成：

$$\phi_t S_t=\int_0^t\phi_u dS_u$$

即至 t 期該資產組合的價值等於期初值加上 0 至 t 期的資本利得。

計價

一種「計價」是指一種爲正數值的價格過程 S_t^0。可以參考第 1 章。

等值平賭測度

若下列二條件成立，則稱一種機率衡量 **Q** 爲等值平賭測度，即：

(1) **Q** 與 **P**「相同」，其中 **P** 爲眞實機率衡量。
(2) 於 **Q** 之下，貼現價格過程 $\hat{S}_t=e^{-rt}S_t$ 是一個平賭過程，隱含著 $E^{\mathbf{Q}}\left(\hat{S}_T^i\mid\mathbf{F}_t\right)=S_t^i$。

上述條件 (1) 是指 **Q** 與 **P** 皆定義於相同的事件空間，隱含著事件不可能或可

④ $G(t)=\phi_0 S_0+\sum_{i=0}^{j-1}\phi_i\left(S_{T_{i+1}}-S_{T_i}\right)+\phi_j\left(S_t-S_{T_j}\right),T_j<t\le T_{j+1}$。

能出現於 **Q** 之下，就不可能或可能出現於 **P** 之下，反之亦然。而條件 (2) 就是指 **Q** 是一種風險中立衡量。我們嘗試說明條件 (2)。

如同第 1 章所述，令 S^i 表示是一種交易的資產，而其市價爲 S_t^i。我們可以執行二種自我融通交易策略。其一融資買進且保有至 T 期，故至 T 期成本爲 $e^{r(T-t)}S_t^i - S_T^i$。另一則爲放空 S_t^i 後儲存至 T 期，故至 T 期成本爲 $-e^{r(T-t)}S_t^i + S_T^i$。不過因存在無套利價格或一價法則，故上述成本應等於 0，故若存在 **Q** 使得於 t 期下可得：

$$E^{\mathbf{Q}}\left(S_T^i \mid \mathbf{F}_t\right) = E^{\mathbf{Q}}\left(e^{r(T-t)}S_t^i \mid \mathbf{F}_t\right) = e^{r(T-t)}S_t^i$$
$$\Rightarrow E^{\mathbf{Q}}\left(\frac{S_T^i}{S_T^0} \mid \mathbf{F}_t\right) = \frac{S_t^i}{S_t^0} \Rightarrow E^{\mathbf{Q}}\left(\hat{S}_T^i \mid \mathbf{F}_t\right) = S_t^i \qquad (6\text{-}1)$$

則稱 **Q** 爲風險中立衡量。顯然，**Q** 並不是一種眞實的機率，其只過是一種與無套利價格對應的機率衡量。

（6-1）式可再進一步寫成：

$$S_t^i = e^{-r(T-t)}E^{\mathbf{Q}}\left(S_T^i \mid \mathbf{F}_t\right) \qquad (6\text{-}2)$$

即（6-2）式可稱爲風險中立定價。

資產定價的基本定理 1

一種市場模型可定義於 $(\Omega, \mathbf{F}, \mathbf{P}, \mathbf{F}_t)$。若資產價格 $(S_t)_{t\in[0,T]}$ 屬於無套利價格，則存在一種 **Q**～**P**，使得貼現價格 $(\hat{S}_t)_{t\in[0,T]}$ 是一種平賭過程（就 **Q** 而言），反之亦然。

資產定價的基本定理 2

續資產定價的基本定理 1，若該市場是完全的，則 **Q** 是唯一的。

如前所述，BSM 模型假定完全的市場，故可以找到唯一的 **Q**，隱含著只有一種無套利資產價格；相反地，若屬於不完全市場（incomplete market），則與無套利資產價格對應的 **Q** 並不是唯一的。有關於不完全市場的說明，可以參考例如 Cont 與 Tankov（2004）或 Iacus（2011）⑤。

---

⑤ 於完全市場內，完全避險（perfect hedge）是可能的；不過，於實際市場內，上述避險或連續的交易是不可能的。例如：Cont 與 Tankov（2004）曾指出只要資產價格有出現跳動，就會破壞市場的完全性。

底下介紹的 Lévy 過程或稱爲 Lévy 市場並不是完全的，隱含著即使能找到對應的 **Q** 並不是表示可以找到對應的唯一無風險套利價格；或者說，於不完全市場內，即使是「避險」的行爲，也是有風險的。

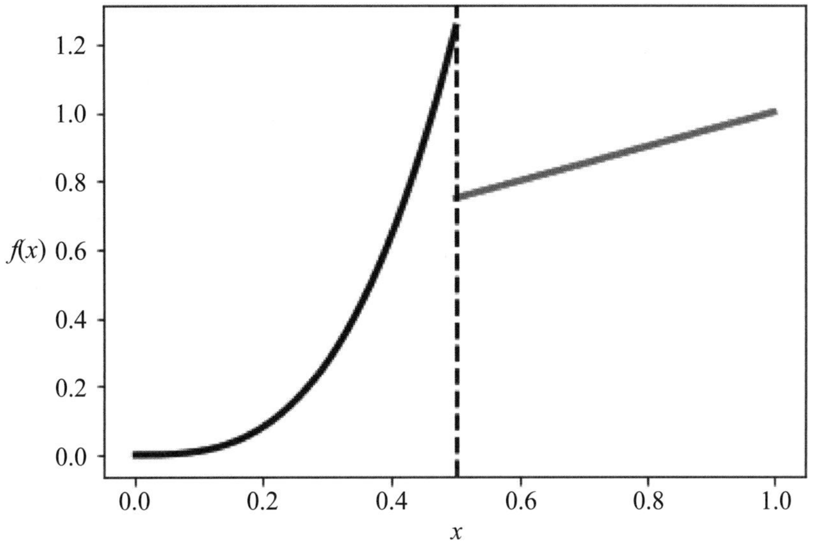

圖 6-a

習題

(1) 何謂平賭過程？試解釋之。

(2) 何謂完全的市場？其是否可以完全避險？

(3) MJD 模型是否屬於完全的市場？試解釋之。

(4) 試舉一個例子說明 càdlàg 函數。提示：可以參考圖 6-a。

(5) CDF 是否是一個 càdlàg 函數？試解釋之。

(6) 續上題，該 CDF 是否有可能出現跳動？提示：可以參考圖 6-b。

(7) 爲何需要「計價」？試解釋之。

(8) 試舉一例說明自我融通交易策略。

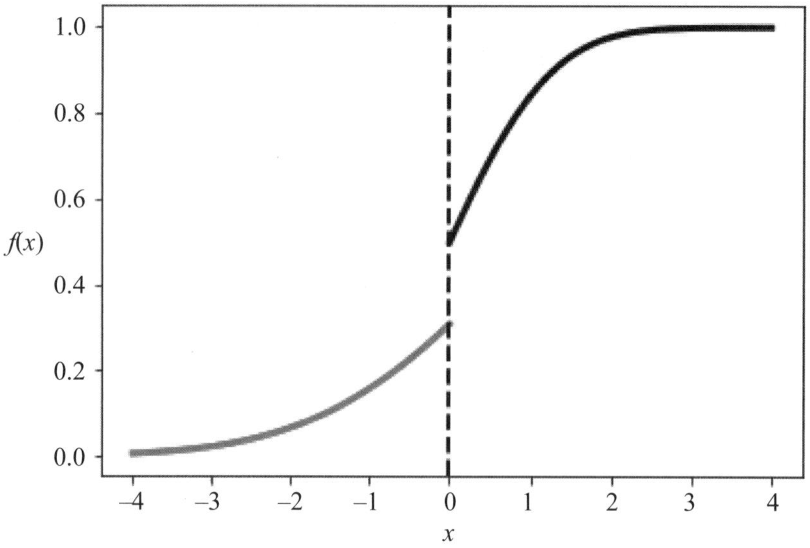

圖 6-b

6.2 Lévy 過程

於第 2 章內，我們已經知道市場實際資料與 BSM 模型的假定並不一致。例如：當時間間距縮小，資產價格的變動仍是顯著的，我們自然不能再相信資產價格是連續的。有鑑於此，Cox 與 Ross（1976）曾假定資產價格屬於一種純粹的跳動過程，即於每一時間間距下，資產價格會產生正或負的跳動。MJD 模型更擴充上述的想法，即於價格的連續過程內加入「跳動」參數並借助後者以解釋實際觀察到的資產報酬率的厚尾現象。另一方面，就風險管理而言，從業者也需要適合的模型以取得「準確的」隱含波動率曲面。也許，上述曲面不需要一種跳動的模型，但是「微笑現象」的解釋與應用卻需要資產價格能跳動。因此，當我們愈了解市場的結構，反而愈迫切需要符合實際的模型。

於文獻上，跳動的模型（或稱爲跳動－擴散模型）可以分成有限跳動模型（finite jump model）與無限跳動模型（infinite jump model）二種類型，不過大多數的財務模型卻屬於後者的類型。於有限跳動模型內，爲了能解釋微笑現象與非對稱厚尾報酬率情況，Kou（2002）曾擴充 MJD 模型而假定跳動是屬於一種非對稱雙指數分配（asymmetric double exponential distribution）。至於無限跳動模型，Madan et al.（1998）曾建議並使用對數資產價格屬於一種變異數伽瑪（variance gamma, VG）分配。其實，VG 分配是一般化雙曲（generalized hyperbolic, GH）分配的一個特例。GH 分配是由 Barndorff-Nielsen 所提出。Barndorff-Nielsen（1995）甚至於認爲對數資產價格有可能屬於常態逆高斯（normal inverse Gaussian, NIG）分配，其中 NIG 分配亦屬於 GH 分配群。更有甚者，CGMY 過程[⑥]曾建議一種非常態的 α-安定 Lévy 過程。上述過程或模型有一個共同的特徵，就是其皆與 Lévy 過程有關。

因此，我們有必要進一步了解 Lévy 過程的內涵。畢竟一般化 Lévy 過程除了能包括一些特殊的模型或過程如上述文獻所述之外，一般化 Lévy 過程更能模擬出實際資料的隱含波動率曲面，尤其更能解釋實際資料的偏態、超額峰態、有限變異數以及資產價格的跳動等現象。

6.2.1 Lévy 過程的內涵

令 $(\Omega, \mathbf{F}, \mathbf{P}, \mathbf{F}_t)$ 表示一種濾化的機率空間。我們可以先檢視 Lévy 過程的定義。

Lévy 過程的定義

一種 càdlàg 適應的實數值隨機過程 $L = (L_t)_{t\geq 0}$（其中 $L_0 = 0$），若滿足下列三個條件：

(1) L 有獨立的增量，即就 $0 < s < t \leq T$ 而言，$L_t - L_s$ 獨立於 $\mathbf{F}_t$。

(2) L 有定態的增量，即就任何 $s, t > 0$ 而言，$L_{t+s} - L_s$ 並不是 t 的函數。

(3) L 屬於隨機連續，即就任何 $\varepsilon > 0$ 而言，$\lim_{h\to 0} P\left(\left|L_{t+h} - L_t\right| \geq \varepsilon\right) = 0$。

則稱 L 爲 Lévy 過程。條件 (3) 未必表示 Lévy 過程的實現值（或樣本）路徑是連續的[⑦]。

最簡單的 Lévy 過程是線性漂移（linear drift）過程，其就是一種確定的直線，可以參考圖 6-3 內的左上圖。除了線性漂移過程，布朗運動是 Lévy 過程內簡單的連續路徑過程。圖 6-3 內的右上圖繪製出一種（標準）布朗運動實現值走勢；另外，簡單的純粹跳動過程如卜瓦松過程與補償卜瓦松過程（compensated Poisson process）如左下圖與右下圖亦皆屬於 Lévy 過程。值得注意的是，布朗運動與補償卜瓦松過程的加總可簡稱爲跳動－擴散（JD）過程。JD 過程仍屬於 Lévy 過程。

---

⑥ 可參考 Carr et al.（2002, 2003）。

⑦ 事實上，Lévy 過程的樣本路徑應屬於 càdlàg 函數的走勢。也許，Lévy 過程可以想像成一種純粹跳動過程，不過每一跳動時點與幅度皆是隨機變數。

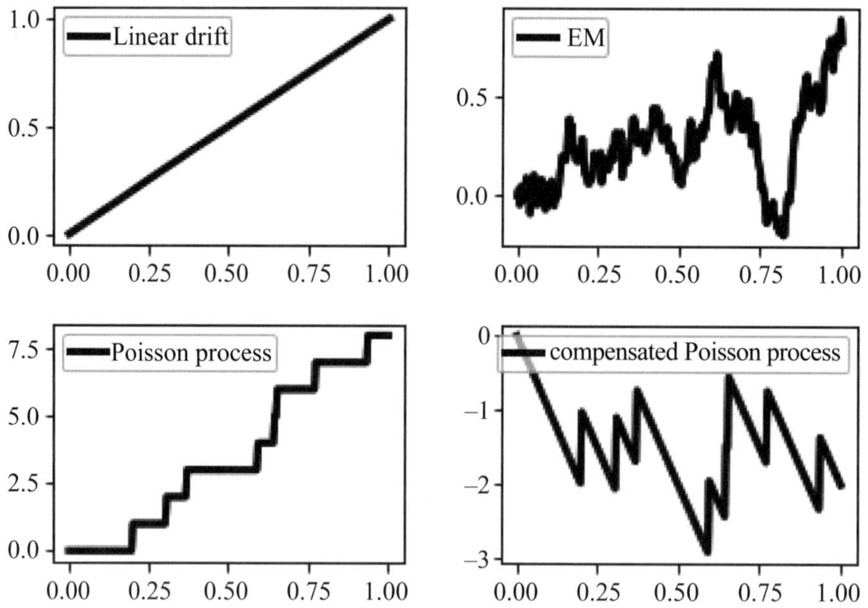

圖 6-3　四種 Lévy 過程

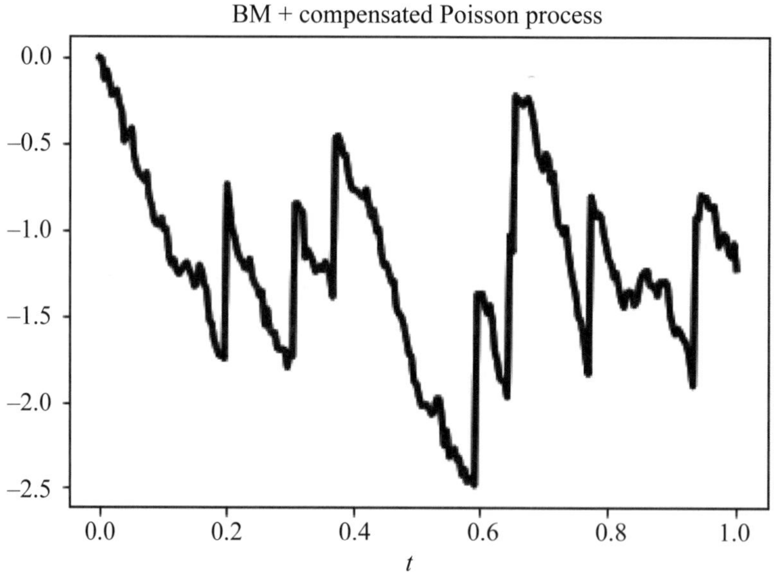

圖 6-4　一種 Lévy 過程

補償卜瓦松過程可以定義爲：

$$\tilde{X}_t = X_t - \beta\lambda t \tag{6-3}$$

其中 X_t 是一種平均跳動次數爲 $\beta\lambda$ 的卜瓦松過程。我們不難了解爲何改用補償卜瓦松過程，即讀者可以嘗試證明（6-3）式是一種平賭過程，隱含著 JD 過程或 Lévy 過程亦是一種平賭過程。於 $\beta = 0.1$ 與 $\lambda = 100$ 之下，圖 6-4 的繪製出一 Lévy 過程的實現值走勢，該圖其實是圖 6-3 的右上圖與左下圖的加總，讀者可以比較看看。

Lévy 過程有一個重要的性質就是其屬於無限分割分配（infinitely divisible distributions）。顧名思義，令 X 表示一種隨機變數，而其對應的分配函數與特性函數分別爲 $F_X(x)$ 與 $\phi_X(x)$。無限分割分配的定義爲：

無限分割分配

若 $F_X(x)$ 屬於無限分割分配，則就所有的 $n \in N$ 而言，可以找到 IID 隨機變數 $X_1^{1/n}, X_2^{1/n}, \cdots, X_n^{1/n}$，使得 $X = X_1^{1/n} + X_2^{1/n} + \cdots + X_n^{1/n}$；或者說，存在 $F_{X^{1/n}}$，使得：

$$F_X(x) = F_{X^{1/n}} * F_{X^{1/n}} * \cdots * F_{X^{1/n}}$$

即 $F_X(x)$ 可視爲一種 $F_{X^{1/n}}$ 的迴積分（相乘）。

當然，未必所有的隨機變數皆可無限分割，不過常態分配與卜瓦松分配卻皆屬於無限分割分配。通常，利用特性函數的操作較易說明無限分割分配的性質，即若 X 屬於一種無限分割，隱含著 $\phi_X(x) = \left[\phi_{X^{1/n}}(x)\right]^n$。舉一個例子說明。常態分配 $X \sim N\left(\mu, \sigma^2\right)$，則對應的特性函數爲：

$$\phi_X(x) = \exp\left(i\mu x - \frac{1}{2}x^2\sigma^2\right) = \exp\left[n\left(\frac{i\mu x}{n} - \frac{1}{2}\frac{x^2\sigma^2}{n}\right)\right] = \left[\exp\left(\frac{i\mu x}{n} - \frac{1}{2}\frac{x^2\sigma^2}{n}\right)\right]^n$$
$$= \left[\phi_{X^{1/n}}(x)\right]^n$$

其中 $X^{1/n} \sim N\left(\frac{\mu}{n}, \frac{\sigma^2}{n}\right)$。讀者倒是可以練習卜瓦松分配的情況。

無限分割分配的全部特徵可藉由對應的特性函數顯示，而該特性函數就是著名的 Lévy-Khintchine 定理。

Lévy-Khintchine 定理

若 F 是一個無限分割分配，其對應的特性函數可寫成：

$$\phi_F(u) = e^{\varphi(u)}, u \in R$$

其中

$$\varphi(u)=i\mu u-\frac{1}{2}\sigma^2u^2+\int_{-\infty}^{\infty}\left(e^{iux}-1-iux\mathbf{1}_{|x|\le 1}\right)\nu(dx)$$

而 $\mu\in R$、$\sigma\in R_+$ 與 ν 是一個正衡量且滿足 $\int_{|x|\le 1}x^2\nu(dx)<\infty$ 與 $\int_{|x|\ge 1}\nu(dx)<\infty$ 的條件。

根據上述 Lévy-Khintchine 定理，可以看出無限分割分配的特徵受到三個參數的影響，其中 μ 與 μ 仍分別扮演著「漂移」與「擴散」的角色，而 ν 則稱為 Lévy 衡量（Lévy measure）。因此，一般習慣上將三元（μ,σ^2,ν）稱為 Lévy 三元（Lévy triplet）。比較特別的是，$\varphi(u)$ 項可以稱為 Lévy 指數成分（Lévy exponent）。從上述「名稱」可看出 Lévy 過程與無限分割分配的觀念相當密切。考慮一個 Lévy 過程 $L=\left(L_t\right)_{t\ge 0}$。試下列的一種分割：

$$L_t=L_{t/n}+\left(L_{2t/n}-L_{t/n}\right)+\cdots+\left(L_t-L_{(n-1)t/n}\right)$$

因 L 具獨立增量與增量定態性質，故可知 L 為無限分割隨機變數，即 L 屬於無限分割分配。因此，就每一 Lévy 過程而言，根據（5-20）式，其對應的特性函數可寫成：

$$E\left(e^{iuL_t}\right)=e^{t\varphi(u)}=\exp\left\{t\left[i\mu u-\frac{1}{2}\sigma^2u^2+\int_{-\infty}^{\infty}\left(e^{iux}-1-iux\mathbf{1}_{|x|\le 1}\right)\nu\left(dx\right)\right]\right\} \quad (6\text{-}4)$$

其中 $\varphi(u)=\varphi_1(u)$ 是 Lévy 過程 $L_1=X$ 的指數成分，而 L_1 是無限分割分配的隨機變數。（6-4）式說明了 Lévy 過程與無限分割分配之間的關係。

Lévy–Itô 分割定理

考慮一種 Lévy 三元（μ,σ^2,ν），則存在一種機率空間（Ω, **F**, **P**），於其內存在四種獨立的 Lévy 過程，即 $L^{(1)}$、$L^{(2)}$、$L^{(3)}$ 與 $L^{(4)}$，其中前三者分別為常數漂移、布朗運動與複合卜瓦松過程，而 $L^{(4)}$ 則表示純粹跳動平賭過程（pure jump martingale）。令 $L=L^{(1)}+L^{(2)}+L^{(3)}+L^{(4)}$，則存在一個機率空間可定義 Lévy 過程 $L=\left(L_t\right)_{t\ge 0}$，其中 L 的指數成分為 $\varphi(u)=i\mu u-\frac{1}{2}\sigma^2u^2+\int_{-\infty}^{\infty}\left(e^{iux}-1-iux\mathbf{1}_{|x|\le 1}\right)\nu(dx)$，$u\in R$。

根據 Lévy–Itô 分割定理，我們可以將 L 的指數成分分成四個部分，即：

$$\varphi(u)=\varphi^{(1)}(u)+\varphi^{(2)}(u)+\varphi^{(3)}(u)+\varphi^{(4)}(u)$$

其中

$$\varphi^{(1)}(u)=i\mu u、\varphi^{(2)}(u)=\frac{1}{2}\sigma^2u^2、\varphi^{(3)}(u)=\int_{|x|\geq 1}\left(e^{iux}-1\right)\nu\left(dx\right)$$

以及

$$\varphi^{(4)}(u)=\int_{|x|<1}\left(e^{iux}-1-iux\right)\nu\left(dx\right)$$

因此，簡單地說，Lévy 過程包括含漂移項的布朗運動與（補償）複合卜瓦松過程二成分，其中後者有不同的跳動程度 x 與對應的強度為 $\nu(dx)$。

底下，我們可以看出 BSM 或 MJD 模型皆屬於（指數型）Lévy 過程。若回想上述二模型如何從眞實機率衡量 **P** 取得等値機率衡量 **Q**（即風險中立衡量），應可發現二模型其實是使用「均値校正平賭衡量方法（mean-correcting martingale measure method）」。換言之，就一種 Lévy 過程 $e^{\psi(u)}$ 而言，其特性成分可以寫成：

$$\psi^{\mathbf{P}}(u)=t\left[i\mu u-\frac{1}{2}\sigma^2u^2+\int_{-\infty}^{\infty}\left(e^{iux}-1-iux\mathbf{1}_{|x|\leq 1}\right)\nu(dx)\right] \quad (6\text{-}5)$$

我們可以將上述特性成分拆成二部分，即：

$$\psi(u)=\mu(u)+\varphi_1(u) \quad (6\text{-}6)$$

其中

$$\mu(u)=i\mu ut \quad (6\text{-}7)$$

與

$$\varphi_1(u)=t\left[-\frac{1}{2}\sigma^2u^2+\int_{-\infty}^{\infty}\left(e^{iux}-1-iux\mathbf{1}_{|x|\leq 1}\right)\nu(dx)\right] \quad (6\text{-}8)$$

如 Iacus（2011）指出於風險中立衡量下，新的漂移項可寫成：

$$\tilde{\mu}(u) = i\left[r - \frac{\varphi_1(-i)}{t}\right]ut \tag{6-9}$$

其中 r 表示無風險利率，而 $\Delta = r - \frac{\varphi_1(-i)}{t}$ 則爲於風險中立下的漂移參數。因此，風險中立下的特性參數可寫成：

$$\phi^{\mathbf{Q}}(u) = e^{\varphi_1(u)}e^{\tilde{\mu}(u)} = e^{\varphi_1(u)+i\Delta ut} \tag{6-10}$$

換言之，於風險中立下，特性成分可寫成：

$$\psi^{\mathbf{Q}}(u) = t\left\{\left[r - \frac{\varphi_1(-i)}{t}\right]iu - \frac{1}{2}\sigma^2u^2 + \int_{-\infty}^{\infty}\left(e^{iux} - 1 - iux\mathbf{1}_{|x|\le 1}\right)\nu(dx)\right\} \tag{6-11}$$

比較（6-5）與（6-11）二式，自然可以看出於 **P** 與 **Q** 下的不同。

例 1 BSM 模型是一種指數型 Lévy 模型

也許，布朗運動是 Lévy 過程內唯一的連續型模型。換言之，於第 2 章內，BSM 模型的標的資產價格可寫成：

$$S_t = S_0 \exp\left[\left(\mu - \frac{1}{2}\sigma^2\right)t + \sigma W_t\right]$$

即 BSM 模型可視爲一種指數型 Lévy 模型，其形態爲：

$$S_t = S_0 e^{L_t}$$

其中 $L_t = \left(\mu - \frac{1}{2}\sigma^2\right)t + \sigma W_t$。因此，BSM 模型其實是一種沒有跳動的連續指數型 Lévy 模型。因布朗運動屬於常態分配，故於眞實機率 **P** 下，BSM 模型的特性函數爲：

$$\phi^{\mathbf{P}}(u) = \exp\left[t\left(i\mu u - \frac{1}{2}\sigma^2u^2\right)\right]$$

我們可以將其拆成漂移項 $\mu(u)=i\mu ut$ 與無漂移項 $\varphi_1(u)=-\frac{1}{2}\sigma^2u^2t$ 二成分；因此，於風險中立衡量 **Q** 下，漂移項可寫成 $\tilde{\mu}=i\left[r-\frac{\varphi_1(-i)}{t}\right]ut=i\left(r-\frac{1}{2}\sigma^2\right)ut$，故根據（6-11）式，對應的特性函數可爲：

$$\phi^{\mathbf{Q}}(u)=\exp\left[t\left(i\Delta u-\frac{1}{2}\sigma^2u^2\right)\right]$$

其中稱 $\Delta=r-\frac{1}{2}\sigma^2$ 爲風險中立漂移參數。如前所述，上述 $\phi^{\mathbf{P}}(u)$ 與 $\phi^{\mathbf{Q}}(u)$ 之間的轉換是唯一的。

例 2 MJD 模型

MJD 模型亦可視爲一種指數型 Lévy 模型。MJD 模型分別選擇含漂移項的布朗運動與複合卜瓦松過程，故其包括連續—擴散加上不連續—跳動過程；因此，就 Lévy 過程而言，其可寫成：

$$S_t=S_0e^{L_t}$$

其中

$$L_t=\left(\mu-\frac{\sigma^2}{2}-\lambda k\right)t+\sigma W_t+\sum_{i=1}^{N_t}Y_i$$

即 $\left(\mu-\frac{\sigma^2}{2}-\lambda k\right)t+\sigma W_t$ 項與 $\sum_{i=1}^{N_t}Y_i$ 項分別爲含漂移項的布朗運動與複合卜瓦松過程。Merton 假定對數資產價格的跳動屬於常態分配，即 $(dx)\sim N\left(\alpha,\delta^2\right)$，其 PDF 可寫成：

$$f(dx)=\frac{1}{\sqrt{2\pi\delta^2}}\exp\left[-\frac{(dx-\alpha)^2}{2\delta^2}\right]$$

故 Lévy 衡量可爲 $\nu(dx)=\lambda f(dx)$，隱含著 $\int_{-\infty}^{\infty}\nu(dx)=\lambda<\infty$，其中 λ 爲卜瓦松分配的

強度。換言之，因 Lévy 衡量爲有現值，故 MJD 模型屬於一種「有限活動（finite activity）」的 Lévy 過程。

例 3 Lévy 衡量

令 $\left(X_t\right)_{t\geq 0}$ 表示一種 Lévy 過程。Lévy 衡量 $\nu(\cdot)$ 可定義爲：

$$\nu\left(A\right)=E\left[\#\left\{t\in[0,1]:\Delta X_t\neq 0,\Delta X_t\in A\right\}\right]$$

其中 $\#\{\cdot\}$ 表示次數。$\nu(A)$ 稱爲 X_t 的 Lévy 衡量。$\nu(A)$ 表示單位時間內平均跳動的次數，而其跳動的幅度則屬於 A。以例 2 的 MJD 模型爲例，因 $\nu(dx)=\lambda f(dx)$，隱含著 $\int_{-\infty}^{\infty}\nu(dx)=\int_{-\infty}^{\infty}\lambda dF(dx)=\lambda$（$F$ 爲對應的 CDF），故 λ 可解釋爲單位時間內平均跳動的次數。換言之，於 MJD 模型內，因 λ 爲有限值故屬於一種有限活動的 Lévy 過程；同理，若 λ 爲無限值，則屬於「無限活動」的 Lévy 過程，隱含著平均跳動的次數爲無限。

例 4 JD 模型的特性函數

假定 $L=\left(L_t\right)_{t\geq 0}$ 是一種 JD 模型或稱爲 Lévy 之 JD 模型，其可寫成含漂移項之布朗運動加上複合卜瓦松過程，即：

$$L_t=\mu t+\sigma W_t+\sum_{i=1}^{N_t}Y_i$$

其中 $W=\left(W_t\right)_{t\geq 0}$ 與 $N=\left(N_t\right)_{t\geq 0}$ 分別表示標準布朗運動與強度爲 λ 的卜瓦松過程（即 $E(N_t)=\lambda dt$）。其次，$Y=\left(Y_t\right)_{t\geq 1}$ 爲 IID 隨機變數而其對應的分配函數爲 F（即 $E\left(Y\right)=k<\infty$，F 爲跳動幅度的分配）。另外，所有的隨機來源皆相互獨立。L_t 的特性函數可寫成：

$$E\left(e^{iuL_t}\right)=E\left\{\exp\left[iu\left(\mu t+\sigma W_t+\sum_{i=1}^{N_t}Y_i\right)\right]\right\}$$

$$=\exp\left(iu\mu t\right)E\left[\exp\left(iu\sigma W_t\right)\exp\left(iu\sum_{i=1}^{N_t}Y_i\right)\right]$$（$\exp(iu\mu t)$ 項與 $E(\cdot)$ 無關）

$$=\exp\left(iu\mu t\right)E\left[\exp\left(iu\sigma W_t\right)\right]E\left[\exp\left(iu\sum_{i=1}^{N_t}Y_i\right)\right]$$（隨機來源彼此相互獨立）

因

$$W_t \sim N\left(0,\sigma^2 t\right) \Rightarrow E\left(e^{iuW_t}\right) = e^{-\frac{1}{2}\sigma^2 u^2 t}$$

與 N_t 屬於卜瓦松分配，故

$$E\left(e^{iu\sum_{i=1}^{N_t} Y_i}\right) = \exp\left\{\lambda t\left[E\left(e^{iuY} - 1\right)\right]\right\}$$

因此，L_t 的特性函數可改寫成：

$$\begin{aligned} E\left(e^{iuL_t}\right) &= \exp\left(iu\mu t\right)\exp\left(-\frac{1}{2}u^2\sigma^2 t\right)\exp\left\{\lambda t\left[E\left(e^{iuY} - 1\right)\right]\right\} \\ &= \exp\left(iu\mu t\right)\exp\left(-\frac{1}{2}u^2\sigma^2 t\right)\exp\left\{\lambda t\int_{-\infty}^{\infty}\left(e^{iux} - 1\right)dF\left(dx\right)\right\} \\ &= \exp\left\{t\left[iu\mu - -\frac{1}{2}u^2\sigma^2 + \int_{-\infty}^{\infty}\left(e^{iux} - 1\right)\lambda dF\left(dx\right)\right]\right\} \end{aligned} \quad (6\text{-}12)$$

例 5　MJD 模型的特性函數

續例 3，因 Merton 假定 $Y_i \sim N\left(\alpha,\delta^2\right)$ 而其對應的特性函數爲 $e^{i\alpha u - \frac{1}{2}\delta^2 u^2}$，代入（6-12）式，可得 MJD 模型的特性函數爲：

$$E\left(e^{iuX_t}\right) = \exp\left\{t\left[iu\mu - \frac{1}{2}u^2\sigma^2 + \lambda\left(e^{i\alpha u - \frac{1}{2}\delta^2 u^2} - 1\right)\right]\right\}$$

其中 $X_t = \mu t + \sigma W_t + \sum_{i=1}^{N_t} Y_i$。

例 6　MJD 模型的風險中立特性函數

續例 5。MLD 模型的特性函數可寫成：

$$\phi^{\mathbf{P}}(u) = \exp\left\{t\left[iu\mu - \frac{1}{2}u^2\sigma^2 + \lambda\left(e^{i\alpha u - \frac{1}{2}\delta^2 u^2} - 1\right)\right]\right\}$$

其亦可分成 $\mu(u)=i\mu ut$ 與 $\varphi_1(u)=-\frac{1}{2}\sigma^2u^2t+\lambda\left(e^{i\alpha u-\frac{1}{2}\sigma^2u^2}-1\right)t$ 二部分；同理，於風險中立衡量 **Q** 之下，新的漂移項可寫成：

$$\tilde{\mu}(u)=i\left[r-\frac{\varphi_1(-i)}{t}\right]ut=i\left[r-\frac{1}{2}\sigma^2-\lambda\left(e^{\alpha u+\frac{1}{2}\delta^2u^2}-1\right)\right]ut$$

是故，MJD 模型的風險中立特性函數為：

$$\phi^{Q}(u)=\exp\left\{t\left[i\Delta u-\frac{1}{2}\sigma^2u^2+\lambda\left(e^{i\alpha u-\frac{1}{2}\delta^2u^2}-1\right)\right]\right\}$$

其中 $\Delta=r-\frac{1}{2}\sigma^2-\lambda\left(e^{\alpha+\frac{1}{2}\delta^2}-1\right)$ 為風險中立漂移項。

習題

(1) 何謂 Lévy 過程與指數型 Lévy 過程？二者有何差別？試解釋之。
(2) 試分別解釋卜瓦松與補償卜瓦松過程。二過程之間的關係為何？
(3) 續上題，如何模擬上述二過程？
(4) 何謂 Lévy 衡量？試解釋之。
(5) 何謂有限活動與無限活動的 Lévy 過程？
(6) 試說明卜瓦松過程屬於無限分割分配。
(7) 何謂均值校正平賭衡量方法？試解釋之。

6.2.2 有限活動與無限活動的 Lévy 過程

如前所述，Lévy 過程可以分成有限活動（有限跳動）與無限活動（無限跳動）二種類型。本節將分別介紹 Kou（2002）與 Madan et al.（1998）模型，其中前者屬於有限活動而後者則屬於無限活動的 Lévy 過程。

6.2.2.1 Kou 模型

Kou 模型與 MJD 模型其實頗為類似，其只是用不對稱雙指數分配取代 MJD 模型內跳動為常態分配的假定而已，因此 Kou 模型亦是屬於一種 Lévy 之 JD 模型。Kou 模型的優點除了在於其強調能掌握資產的動態特徵（即不對稱的厚尾與波動微笑）之外；另一方面，Kou 模型亦能提供歐式選擇權價格的完整數學式[8]。

根據 Kou，於眞實機率衡量下，資產價格 $S(t)$ 的 SDE 可寫成：

$$\frac{dS(t)}{S(t-)}=\mu dt+\sigma dW(t)+d\left(\sum_{i=1}^{N(t)}(V_i-1)\right) \quad (6\text{-}13)$$

其中 $W(t)$ 與 $N(t)$ 分別表示標準布朗運動與強度爲 λ 的卜瓦松過程，而 V_i 則爲 IID 之非負値隨機變數，即 $Y=\log(V)$ 屬於不對稱雙指數分配且其 PDF 可寫成：

$$f_Y(y)=p\eta_1 e^{-\eta_1 y}\mathbf{1}_{\{y\geq 0\}}+q\eta_2 e^{-\eta_2 y}\mathbf{1}_{\{y<0\}},\eta_1>1,\eta_2>0 \quad (6\text{-}14)$$

其中 $p, q \geq 0, p+q=1$，即 p 與 q 分別表示「跳上」與「跳下」的機率；換言之，$\log(V)$ 分配可爲：

$$\log(V)=Y\overset{d}{=}\begin{cases}\xi^{+}, \text{ with probability } p\\ \xi^{-1}, \text{ with probability } q\end{cases} \quad (6\text{-}15)$$

其中 ξ^{+} 與 ξ^{-} 分別爲指數分配的隨機變數，而其對應的平均數則分別爲 $1/\eta_1$ 與 $1/\eta_2$[9]。於（6-13）式內，所有的隨機來源如 $W(t)$、$N(t)$ 與 Y 皆相互獨立。爲了取得明確選擇權價格的解析解（即可用數學公式表示），我們仍假定漂移率 μ 與波動率 σ 皆固定不變。

因此，解（6-13）式可得：

$$S(t)=S(0)\exp\left[\left(\mu-\frac{1}{2}\sigma^2\right)t+\sigma W(t)\right]\prod_{i=1}^{N(t)}V_i \quad (6\text{-}16)$$

其形態頗類似於第 2 章的 GBM。値得注意的是，根據 Kou 可知：

$$E(Y)=\frac{p}{\eta_1}-\frac{q}{\eta_2}\text{、}Var(Y)=pq\left(\frac{1}{\eta_1}+\frac{1}{\eta_2}\right)^2+\left(\frac{p}{\eta_1^2}+\frac{q}{\eta_2^2}\right)$$

---

⑧ 不過因 Kou 模型的歐式選擇權價格的數學式較爲複雜，本書並未列入。

⑨ 符號「$\overset{d}{=}$」表示「分配相等」。

與

$$E(V)=E\left(e^{Y}\right)=q\frac{\eta_2}{\eta_2+1}+p\frac{\eta_1}{\eta_1-1}$$

故 $\eta_1>1$ 與 $\eta_1>1$。

上述 $E(Y)$、$Var(Y)$ 與 $E(V)$ 的結果並不難證明，讀者倒是可以嘗試用模擬的方式說明；不過，我們可以先檢視（6-14）式。圖 6-5 繪製出四種對稱或不對稱雙指數分配的 PDF，其中左上圖係屬於對稱的雙指數分配，其 PDF 形狀倒類似於圖 5-8；至於其餘三圖則屬於不對稱雙指數分配。有意思的是，不對稱雙指數分配的 PDF 倒於 $y=0$ 處有出現跳動的情況。讀者亦可以檢視其他參數值的情況。

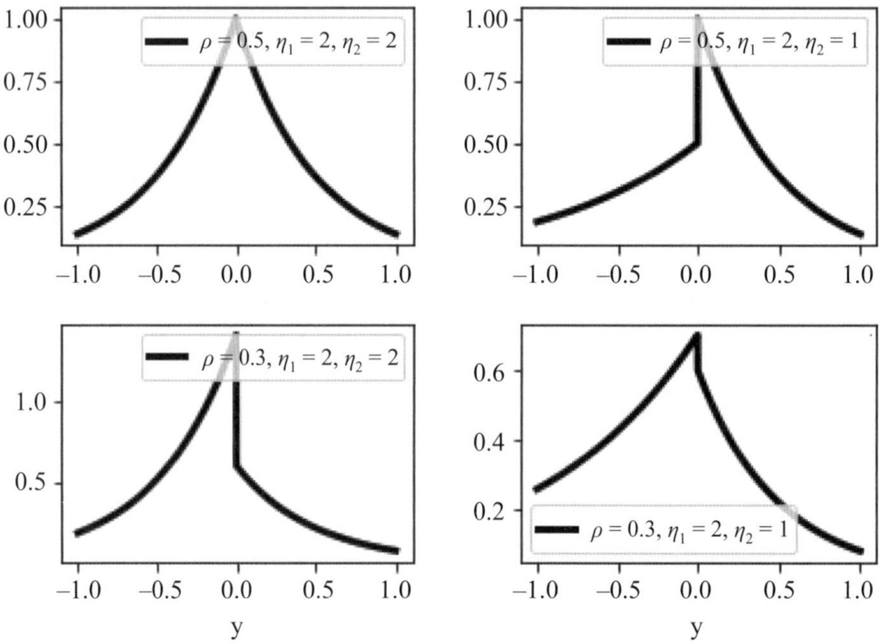

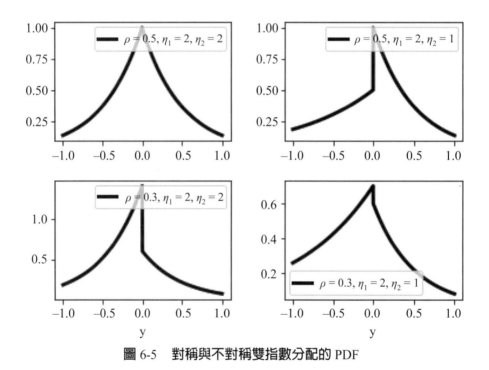

圖 6-5　對稱與不對稱雙指數分配的 PDF

接下來，我們來看（6-16）式。我們不難得到對應的「間斷版」，可以參考例如（2-5）式。令 $\Delta t=h=1/250$、$S_0=100$、$\mu=0.15$、$\sigma=0.2$、$\lambda=10$、$p=0.3$、$\eta_1=20$ 與 $\eta_2=40$，圖 6-6 繪製出 S_t 的 5 種實現值時間走勢。不出預料之外，從圖 6-6 內可看出 S_t 的走勢大多呈現「向下跳動」的情況（因 $p=0.3$）。讀者亦可更改上述的參數值以取得更多的結果[10]。

---

[10] 可以參考例 1 以得知繪製圖 6-6 所附程式的意義。

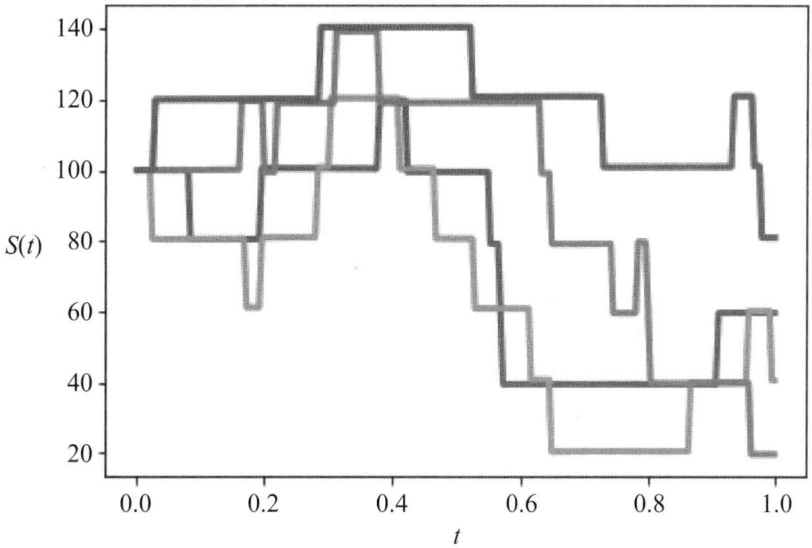

圖 6-6 S_t 的 5 種實現值時間走勢

利用圖 6-6 內的假定，我們不難得出 S_T 的實證分配（其中 $T = 1$），其結果就繪製於圖 6-7 內的左圖，其中曲線爲對應的常態分配⑪。我們從該圖內可看出 S_T 的實證分配與常態分配差距較大；換言之，利用圖 6-6 內的假定，竟然可以得出 S_T 不接近於常態分配。不過若假定 $\lambda = 1.5$、$\eta_1 = 2$、$\eta_2 = 4$ 以及其他圖 6-6 內的假定不變，圖 6-7 內的右圖則繪製出 S_T 的實證分配，而從該圖內可看出 S_T 的實證分配較接近屬於常態分配；雖說如此，S_T 的實證分配反倒接近於高峰（即厚尾）的分配。因此，圖 6-7 隱含著若 λ、η_1 與 η_2 值不大，Kou 模型內的 S_T 實證分配有可能接近於實際的市場情況；另一方面，圖 6-7 的結果似乎隱含著 Kou 模型屬於有限活動的 Lévy 過程。

利用前述的均值校正平賭衡量方法，Kou 之特性成分可以寫成：

$$\psi^{\mathrm{P}}(u) = \exp\left\{t\left[i\mu u - \frac{1}{2}\sigma^2 u^2 + \lambda\left(\frac{p\eta_1}{\eta_1 - iu} + \frac{q\eta_2}{\eta_2 + iu} - 1\right)\right]\right\} \tag{6-17}$$

⑪ 即以 S_T 的平均數與標準差爲常態分配的平均數與標準差。

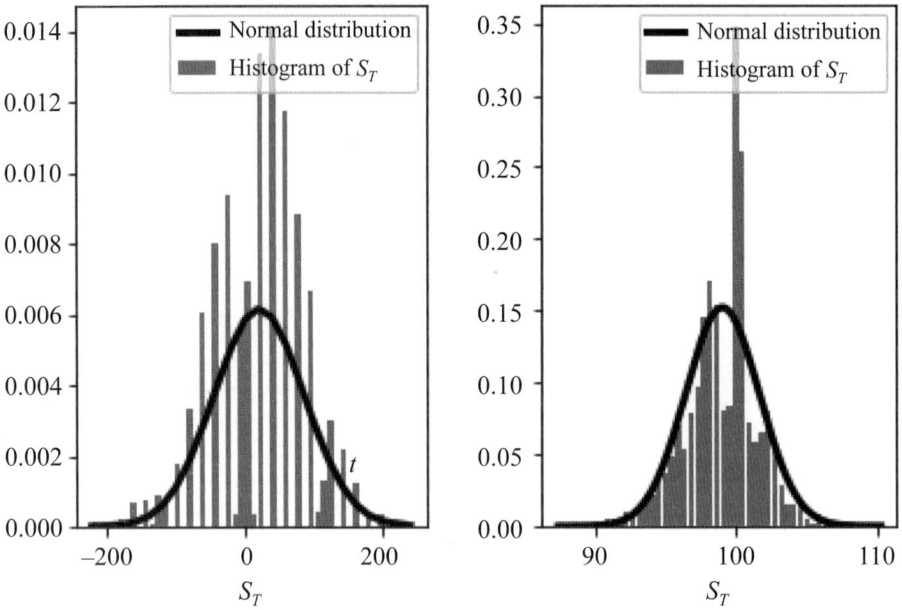

圖 6-7　S_T 之實證分配與常態分配的比較

我們亦可將（6-17）式分成：

$$\mu(u) = i\mu ut \text{ 與 } \varphi_1(u) = -\frac{1}{2}\sigma^2 u^2 t + \lambda\left(\frac{p\eta_1}{\eta_1 - 1} + \frac{q\eta_2}{\eta_2 + 1} - 1\right)t$$

二成分，故於風險中立衡量下，新的漂移項可寫成：

$$\tilde{\mu}(u) = i\left[r - \frac{\varphi_1(-i)}{t}\right]ut = i\left[r - \frac{1}{2}\sigma^2 - \lambda\left(\frac{p\eta_1}{\eta_1 - iu} + \frac{q\eta_2}{\eta_2 + iu}\right)\right]ut \tag{6-18}$$

因此，Kou 模型之風險中立特性函數可為：

$$\phi^{Q}(u) = \exp\left\{t\left[i\Delta u - \frac{1}{2}\sigma^2 u^2 + \lambda\left(\frac{p\eta_1}{\eta_1 - iu} + \frac{q\eta_2}{\eta_2 + iu} - 1\right)\right]\right\} \tag{6-19}$$

其中 $\Delta = r - \frac{1}{2}\sigma^2 + \lambda\left(\frac{p\eta_1}{\eta_1 - 1} + \frac{q\eta_2}{\eta_2 + 1} - 1\right)$。換句話說，於風險中立衡量下，（6-19）式可改成：

$$S_t = S_0 e^{\left(r-q-\frac{\sigma^2}{2}-\lambda\varsigma\right)t+\sigma W_t} \prod_{i=1}^{N_t} V_i \tag{6-20}$$

其中 r 與 q 分別表示無風險利率與股利支付率，而 ς 值可為：

$$\varsigma = E^{\mathbf{Q}}\left(e^Y - 1\right) = \frac{p\eta_1}{\eta_1 - 1} + \frac{q\eta_2}{\eta_2 + 1} - 1$$

可以留意 ς 值是於 $E^{\mathbf{Q}}(\cdot)$ 計算而得。是故，令 $L_t = \log\left(\frac{S_t}{S_0}\right)$，（6-20）式可再寫成：

$$L_t = \left(r - q - \frac{\sigma^2}{2} - \lambda\varsigma\right)t + \sigma W_t + \sum_{i=1}^{N_t} Y_i, L_0 = 1 \tag{6-21}$$

即根據（6-21）式，S_t 亦屬於一種指數型 Lévy 過程。

上述 Lévy 過程可用三元（$b,\sigma^2,\nu(dx)$）表示，其中 $b = r - q - \frac{\sigma^2}{2} - \lambda\varsigma$ 以及 $\nu(dx) = \lambda f(dx) = \lambda\left(p\eta_1 e^{-\eta_1 dx}\mathbf{1}_{\{x\geq 0\}} + q\eta_2 e^{\eta_2 dx}\mathbf{1}_{\{x<0\}}\right)$，故我們不難得到 $\int_{-\infty}^{\infty}\nu(dx) = \lambda$ 以及不同級之動差皆為有限值的結果[12]；換言之，Kou 模型屬於有限活動的 Lévy 過程。

例 1 伽瑪分配

若讀者有檢視繪製圖 6-6 所附的程式應會發現我們有使用伽瑪分配（Gamma distribution）。事實上，指數分配可視為伽瑪分配的一個特例；不過，於此處我們倒是可以先介紹伽瑪分配。一種正實數值隨機變數 X 若屬於參數值 $\alpha > 0$ 與 $\lambda > 0$ 的伽瑪分配，則其對應的 PDF 可寫成：

$$f_X(x;\alpha,\lambda) = \begin{cases} \frac{\lambda^\alpha}{\Gamma(\alpha)} x^{\alpha-1} e^{-\lambda x}, x \geq 0 \\ 0, x < 0 \end{cases}$$

其中 $\Gamma(\alpha)$ 稱為伽瑪函數。伽瑪函數可定義為 $\Gamma(\alpha) = \int_0^\infty y^{\alpha-1} e^{-y} dy$。上述定義不難利

[12] 可以參考 Rémillard, B.（2013）。

用伽瑪分配的 PDF 取得[13]。我們不難證明出 $T(\alpha)=(\alpha-1)\Gamma(\alpha-1)$ 以及若 $\alpha=n$ 爲正整數則 $T(n)=(n-1)!$ 的性質，其中 $T(1)=0!=1$；換言之，伽瑪分配的 PDF 亦可寫成：

$$f_X\left(x;n,\lambda\right)=\begin{cases}\dfrac{\lambda^n}{(n-1)!}x^{n-1}e^{-\lambda x}, x\geq 0\\ 0, x<0\end{cases}$$

圖 6-8 繪製出不同參數值的伽瑪分配 PDF 形狀，讀者可以嘗試其他參數值看看。

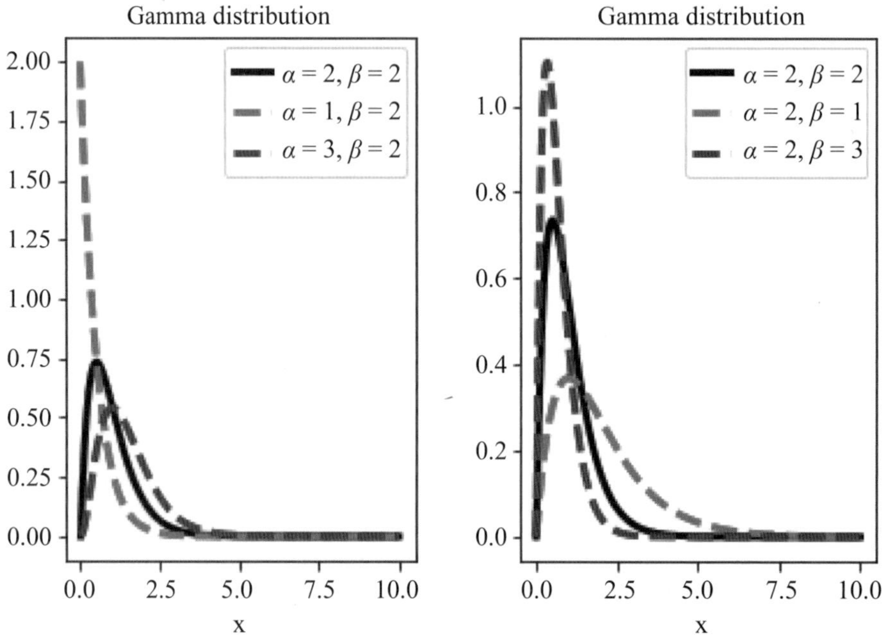

圖 6-8　伽瑪分配的形狀（$\beta=1/\lambda$）

[13] 即令 $y=\lambda x$ 可得 $dy=\lambda dx$ 或 $dx=(1/\lambda)dy$，故伽瑪分配的 PDF 可爲：

$$\int_0^\infty \frac{\lambda^\alpha}{\Gamma(\alpha)}x^{\alpha-1}e^{-\lambda x}dx=\int_0^\infty \frac{\lambda^\alpha}{\Gamma(\alpha)}(y/\lambda)^{\alpha-1}e^{-\lambda y/\lambda}(1/\lambda)dy=\frac{1}{\Gamma(\alpha)}\int_0^\infty y^{\alpha-1}e^{-y}dy=1$$

即 $\int_0^\infty f_X\left(x\,|\,\alpha,\lambda\right)dx=1$。根據上式，自然可得 $\Gamma(\alpha)$。

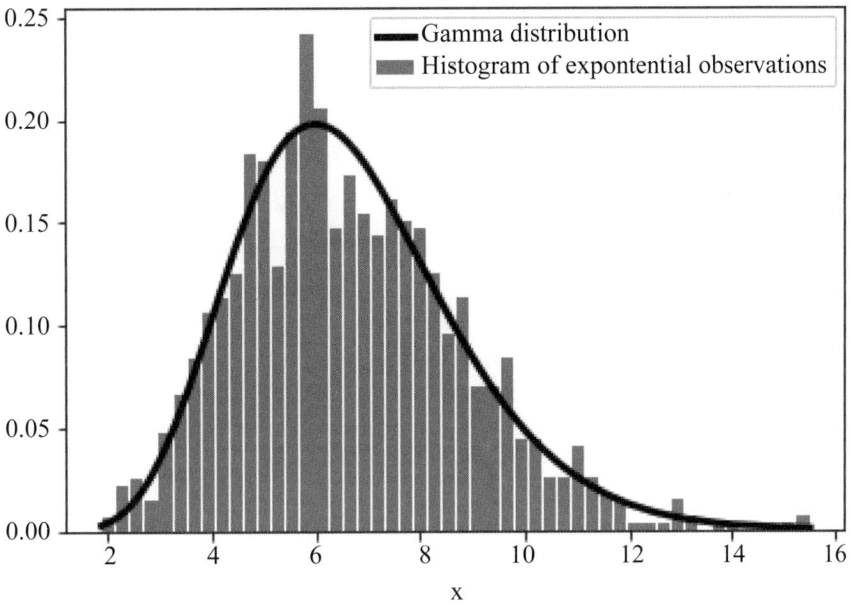

圖 6-9 實證伽瑪分配與理論伽瑪分配

例 2 指數分配與伽瑪分配之間的關係

續例 1，伽瑪分配的一個重要性質爲其與指數分配的關係，其中後者的參數值爲 λ。即若 $\alpha = 1$，則伽瑪分配等於指數分配，而若 $\alpha = n$，則 n 個指數分配的加總爲伽瑪分配。圖 6-9 繪製出上述指數分配與伽瑪分配之間的關係，即圖內的實線爲連續抽出 $n = 10$ 個指數分配觀察值的加總 $N = 1{,}000$ 次所繪製而得，故可稱爲伽瑪分配的實證分配，至於虛線則是根據伽瑪分配的 PDF 所繪製而成（稱爲理論分配）。我們從圖 6-9 內可看出伽瑪分配的實證分配與理論分配相當接近，此說明了指數分配的確是伽瑪分配的一個特例。於《財數》內，我們已經知道二個獨立事件之間發生的時間屬於指數分配，那伽瑪分配呢？（n 個獨立事件之間發生的時間屬於伽瑪分配）。

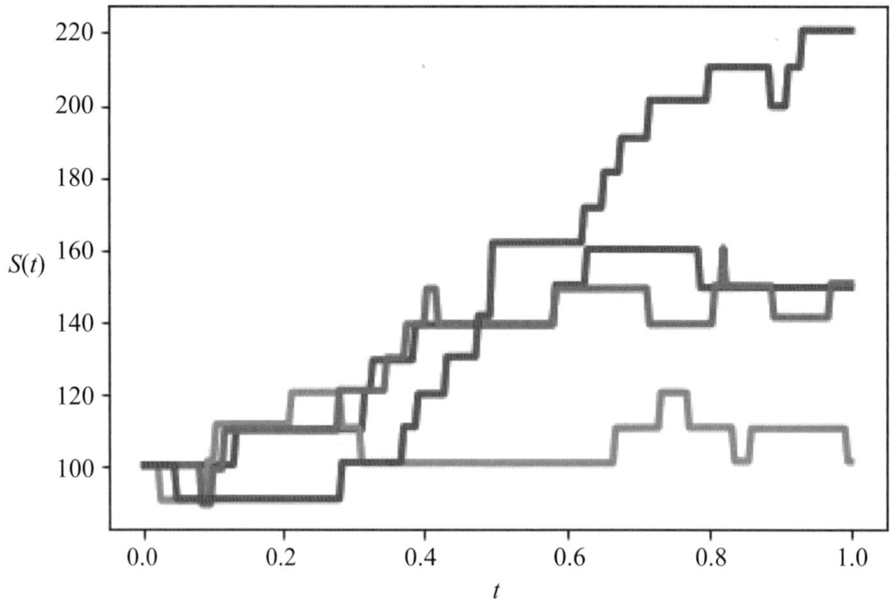

圖 6-c

習題

(1) 我們如何「證明」（6-14）式是一種 PDF？

(2) 試根據（6-14）式，繪製出 $p > 0.5$ 的形狀（參數值自設）。

(3) 試根據（6-14）式，繪製出 $p = 0.5$ 的形狀（參數值自設）。

(4) 根據 Kou 模型，η_1 與 η_2 分別扮演何角色？試解釋之。提示：令 $\Delta t = h = 1/250$、$S_0 = 100$、$\mu = 0.15$、$\sigma = 0.2$、$\lambda = 10$、$p = 0.7$、$\eta_1 = 10$ 與 $\eta_2 = 4$，圖 6-c 繪製出 5 種結果。

(5) 令 $X_t = \log\left(\frac{S_t}{S_0}\right)$，試模擬出 X_t 的時間走勢。

6.2.2.2 NIG 模型

本章底下將介紹二種無限活動模型，其分別爲 NIG 與 VG 模型。顧名思義，上述二模型屬於無限活動模型，隱含著於任一時間區間存在無數多的跳動情況，故其亦可稱爲無數多跳動的純粹跳動模型，即資產價格若屬於純粹跳動模型，則其存在有無窮多的跳動次數。因此，因有無限多的跳動，故無限活動模型的特色是已不需要利用布朗運動當作擴散過程；換言之，有限活動加上擴散過程仍不足解釋實際市場的情況。如前所述，VG 與 NIG 分配皆屬於 GH 分配，有關於三者的關係，我們將於 6.3 節說明。本小節將先介紹 NIG 模型，下一小節則介紹 VG 模型。

於尚未論及 NIG 模型之前，我們有必要先了解該模型的從屬過程（subordinate process），即 IG 過程（inverse Gaussian process）。不過，我們先認識 IG 分配，其 PDF 可寫成：

$$f_{IG}(x)=\frac{ae^{ab}}{\sqrt{2\pi}}x^{-3/2}\exp\left[-\frac{1}{2}\left(a^2x^{-1}+b^2x\right)\right],x>0 \tag{6-22}$$

其中 a 與 b 為二個參數。圖 6-10 分別繪製出不同參數值之 IG 分配的 PDF 形狀，從圖內大致可看出 a 與 b 二個參數所扮演的角色⑭。

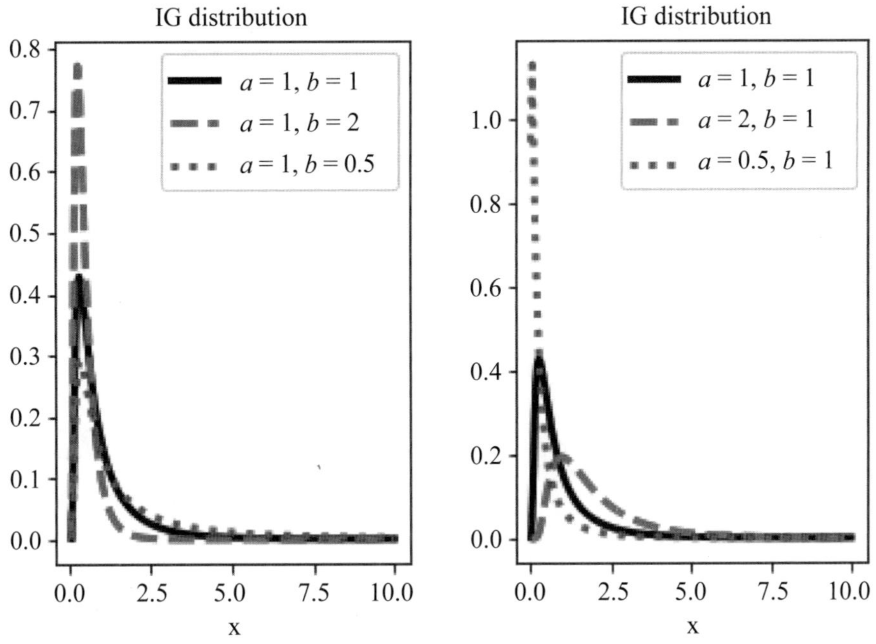

圖 6-10 IG 分配

根據 Michael et al.（1976）（可以參考例 1 與 2），我們可以輕易模擬出 IG 過程。令 $X_0=0$、$a=10$、$b=2$ 以及 $\Delta t=1/250$，圖 6-11 繪製出 5 種 IG 過程的實現值時間走勢，而我們從該圖內可以發現若 a 與 b 皆大於 0，則 IG 過程的實現值時間走勢皆呈現遞增的走勢；換言之，IG 過程並不適用於模型化實際資產的價格，不過其卻適用於作為附屬過程。

⑭ 即 $E(x)=a/b$ 與 $Var(x)=a/b^3$，其中 x 為 IG 分配的隨機變數。

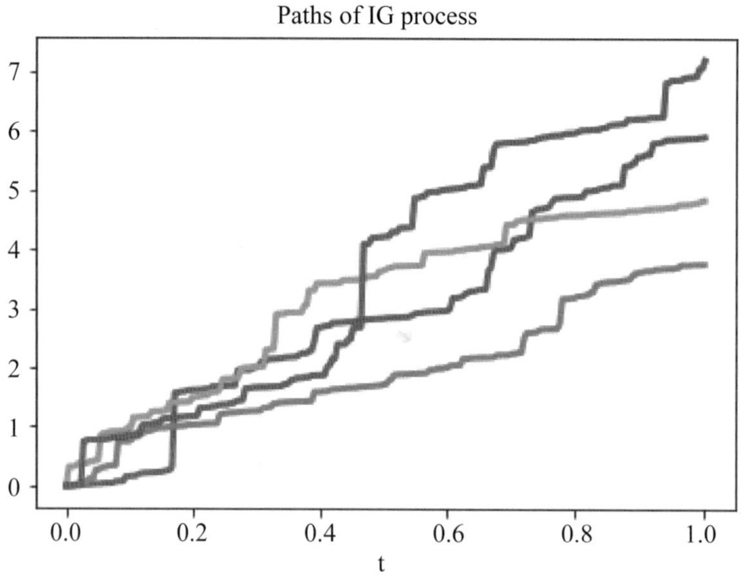

圖 6-11　IG **過程**

換句話說，令 X_t 表示 NIG 過程。X_t 是以 IG 過程爲附屬過程，其可寫成：

$$X_t = \mu + \beta\delta^2 I_t + \delta W_{I_t} \tag{6-23}$$

其中 I_t 爲 $a = 1$ 與 $b = \delta\sqrt{\alpha^2 - \beta^2}$ 的 IG 過程，而 W_{I_t} 表示一種「隨 IG 過程時間變化的布朗運動」，即 $W_{I_t} = \sqrt{I_t}Z$（Z 爲標準常態隨機變數）。因此，NIG 過程可視爲一種純粹跳動過程，因其不需要額外再增加擴散項（布朗運動）；或者說，NIG 過程自身就是一種擁有無限跳動的過程，故不需要額外再加入一種布朗運動。

利用 $S_t = S_{t-1}e^{X_t}$，根據（6-23）式，我們不難模擬出 NIG 過程的實現值走勢。令 $S_0 = 100$、$\mu = 0.1$、$\alpha = 0.5$、$\beta = 0.33$、$\delta = 4$ 以及 $\Delta t = 1/250$，圖 6-12 分別繪製出 5 種 NIG 過程的實現值時間走勢。比較圖 6-11 與 6-12 二圖，自然可以看出 NIG 過程與 IG 過程的不同。讀者可以嘗試更改上述參數值的設定，以取得更多的資訊。

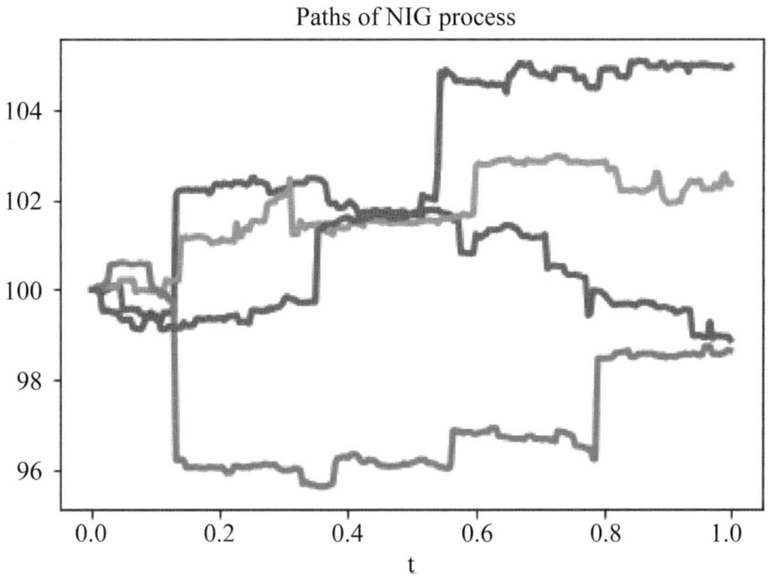

圖 6-12 NIG 過程的實現值時間走勢

例 1 IG 分配隨機變數的模擬

Michael et al.（1976）曾提出一種簡易模擬 IG 分配隨機變數觀察值的方式，其步驟為：

(1) 先模擬出一個標準常態分配觀察值 z；

(2) 令 $y = z^2$；

(3) 令 $x_1 = (a/b) + (y/2b^2) - \sqrt{4aby + y^2}/(2b^2)$；

(4) 模擬出一個均等分配的觀察值 u；

(5) 若 $u \le a/(a + bx_1)$ 則 $x = x_1$，否則 $x = a^2/(b^2 x_1)$；

(6) 取得 x。

讀者可參考所附的程式碼。

例 2 IG 過程的模擬

令 X_t^{IG} 為 IG 過程的隨機變數。我們欲模擬出 $X_{t_1}^{IG}, \cdots, X_{t_n}^{IG}$ 的觀察值。令 IG 分配的參數為（ah, b）而其實現值為 i_{t_i}，其中 $h = \Delta t$，則 $x_{t_i}^{IG} = x_{t_i}^{IG} + i_{t_i}$。$x_t^{IG}$ 表示 X_t^{IG} 的觀察值。

例 3 NIG 過程的模擬

NIG 過程的模擬步驟爲：

(1) 令 $a = 1$ 與 $b = \delta\sqrt{\alpha^2 - \beta^2}$；
(2) 模擬出 n 個 IG 過程的觀察值 ig_t，其中 IG 分配的參數爲 (ah, b)；
(3) 模擬出 n 個 IID 的標準常態分配的觀察值 z，並計算 $W_{I_t} = \sqrt{ig_t}z$ 得出觀察值 w_{I_t}；
(4) 得出 $s_t^{NIG} = s_{t-1}^{NIG} + \mu\Delta t + \delta^2 ig_t + \delta w_{I_t}$，其中 NIG 過程的實現值 S_t 爲 s_t^{NIG}。

可以參考所附的程式碼。從上述模擬過程可看出 $S_t = S_{t-1}e^{X_t}$，其中 X_t 表示（對數）報酬率，原來 Lévy 過程指的是模型化（對數）報酬率時間序列。

習題

(1) 試說明如何取得 IG 分配的觀察值。
(2) 試說明如何取得 IG 過程的觀察值走勢。
(3) 於 IG 過程內，參數 a 與 b 各扮演何角色？提示：令 $a = 2$ 與 $b = 10$ 以及利用圖 6-11 內的假定，檢視其實現值走勢。
(4) 試說明如何取得 NIG 過程的觀察值走勢。
(5) 於 NIG 過程內，參數 α、β 與 δ 各扮演何角色？

6.2.2.3 VG 過程

接下來，我們介紹 VG 過程。類似於 NIG 過程，VG 過程以伽瑪過程爲附屬過程；因此，我們必須先檢視伽瑪過程。利用伽瑪分配爲 $G(ah, b)$，類似於 6.2.2.2 節的例 2，不難模擬出伽瑪過程的實現值走勢。令 $X_0 = 0$、$n = 252$ 與 $h = \Delta t = 1/n$，圖 6-13 繪製出伽瑪過程的實現值走勢，其中左圖使用參數 $a = 2$ 與 $b = 1$，而右圖則使用 $a = 1$ 與 $b = 2$。我們從圖 6-13 內，大致可看出參數 a 與 b 所扮演的角色；換言之，讀者可以嘗試改變圖 6-13 內的參數值，重新模擬看看。於圖 6-13 內，可看出伽瑪過程的實現值走勢仍隨時間往上，故其亦不適合用於模型化市場資產價格；不過，當作附屬過程，伽瑪過程亦是一個選項。

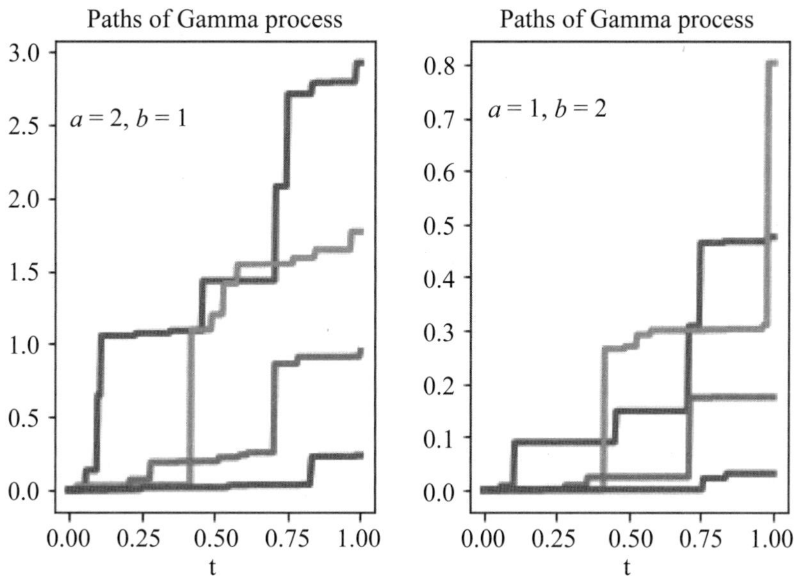

圖 6-13 伽瑪過程的實現值時間走勢

於繪製圖 6-13 所附的程式內，應可以發現伽瑪過程的時間走勢是根據伽瑪分配模擬而得。我們重新定義伽瑪分配的 PDF 為：

$$f_G(x;a,b)=\frac{b^a}{\Gamma(a)}x^{a-1}e^{-xb}, x\geq 0$$

而其對應的特性函數為：

$$\phi_G(u;a,b)=\left(1-\frac{iu}{b}\right)^{-a}$$

其中參數 $a>0$ 與 $b>0$。讀者可以用模擬的方式「證明」$E(x)=a/b$ 以及 $Var(x)=a/b^2$。

伽瑪分配具有一個重要的性質（可以參考例 1），即若 $X_1, \cdots, X_n$ 皆屬於獨立的伽瑪分配 $G(a/n, b)$，則 $X_1+\cdots+X_n$ 亦屬於伽瑪分配，可寫成 $G(a, b)$；換言之，伽瑪分配亦屬於一種無限分割分配。因此，就任一參數 a 與 b 而言，我們可以找到一種對應的 Lévy 過程，而該過程就是一種伽瑪過程。或者說，伽瑪過程就是一種 Lévy 過程，其可寫成 $X_t^{Gamma}=\{X_t^{Gamma}, t\geq 0\}$。伽瑪過程的期初值通常設為 0，其具有定態獨立增量的特色，其中增量屬於伽瑪分配，可寫成 $G(at, b)$。因伽瑪分配的觀察值（實現值）皆為正數值，故伽瑪過程是一種「非遞減」的時間函數；是故，伽瑪過程只適合用於當作附屬過程。

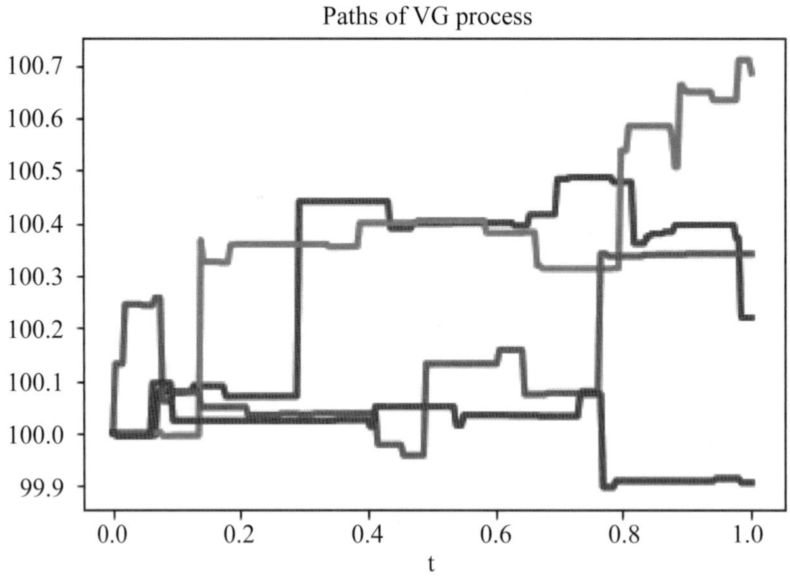

圖 6-14　VG 過程的實現值時間走勢

類似於（6-23）式，VG 過程視伽瑪過程爲附屬過程，其可寫成：

$$X_t^{VG} = \theta G_t + \sigma W_{G_t} \tag{6-24}$$

其中 G_t 爲參數分別爲 $a = b = 1/\nu$ 的伽瑪過程，而 W_{G_t} 表示一種「隨伽瑪過程時間變化的布朗運動」，即 $W_{G_t} = \sqrt{G_t}Z$。因此，VG 過程已包括多種可能跳動情況，即其亦不需要額外再加入一種擴散過程（如布朗運動），其關鍵來自於參數 ν（參考例 2）。令 $S_t = S_{t-1}e^{X_t}$，其中 $S_0 = 100$、$n = 252$、$h = \Delta t = 1/n$、$\sigma = 0.75$、$\theta = 0.75$ 與 $\nu = 0.5$，類似於圖 6-12 的繪製，可得到 VG 過程的模擬觀察值走勢，如圖 6-14 所示。從該圖內，自然可以看出 VG 過程的特色。讀者亦可以嘗試更改上述參數值，以取得更多 VG 過程的特徵。

根據 Madan et al.（1998），VG 過程的特性函數可寫成：

$$\phi^{\mathrm{P}}(u) = \left(1 - iu\theta\nu + \frac{1}{2}\sigma^2 u^2 \nu\right)^{-t/\nu} \tag{6-25}$$

（6-25）式可改寫成：

$$\phi^{\mathrm{P}}(u)=\left(1-iu\theta\nu+\frac{1}{2}\sigma^2u^2\nu\right)^{-t/\nu}=\exp\left[\log\left(1-iu\theta\nu+\frac{1}{2}\sigma^2u^2\nu\right)^{-t/\nu}\right]$$

$$=\exp\left[-\frac{t}{\nu}\log\left(1-iu\theta\nu+\frac{1}{2}\sigma^2u^2\nu\right)\right] \quad (6\text{-}26)$$

根據（6-26）式，我們可將其拆成漂移項與非漂移項二成分，其分別可寫成 $\mu(u)=0$ 與 $\varphi_1(u)=-\frac{t}{\nu}\log\left(1-iu\theta\nu+\frac{1}{2}\sigma^2u^2\nu\right)$。是故，於風險中立衡量下，新的漂移項可寫成：

$$\tilde{\mu}(u)=i\left[r-\frac{\varphi_1(-i)}{t}\right]ut=i\left[r+\frac{\log\left(1-\theta\nu-\frac{1}{2}\sigma^2\nu\right)}{\nu}\right]ut$$

因此，於風險中立下，VG 模型的特性函數為：

$$\phi^{\mathrm{Q}}(u)=\exp\left[i\Delta ut-\frac{t}{\nu}\log\left(1-iu\theta\nu+\frac{1}{2}\sigma^2u^2\nu\right)\right]$$

$$=e^{i\Delta ut}\left(1-iu\theta\nu+\frac{1}{2}\sigma^2u^2\nu\right)^{-t/\nu}$$

其中 $\Delta=r+\dfrac{\log\left(1-\theta\nu-\frac{1}{2}\sigma^2\nu\right)}{\nu}$ 為風險中立的漂移項。

例 1　伽瑪分配屬於無限分割分配

我們不難利用模擬的方式「證明或說明」伽瑪分配具有無限分割分配的性質，即 $\sum_n G(a/n,b)=G(a,b)$。令 n = 100、a = 2 與 b = 1，圖 6-15 繪製出伽瑪分配的理論與實際，其中「實際」部分係根據 $\sum_n G(a/n,b)$ 而「理論」部分則根據據 $G(a, b)$ 而得。我們從該圖可看出理論與實際趨向於一致。

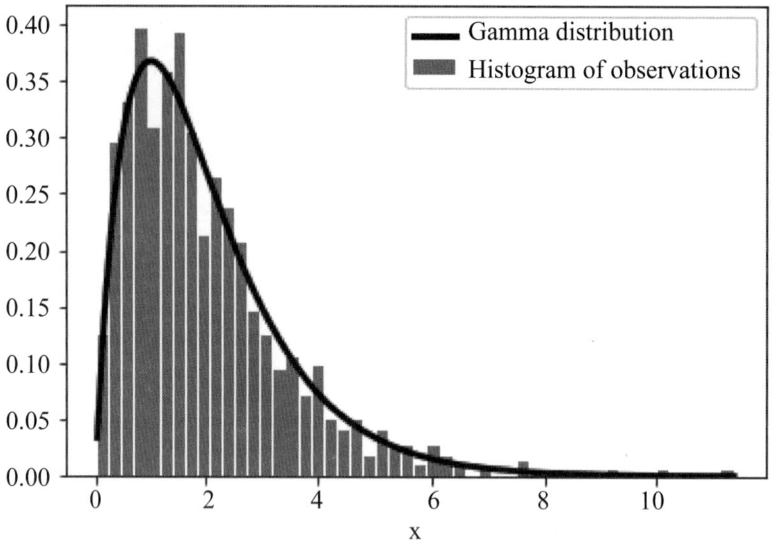

圖 6-15　**伽瑪分配之理論與實際**

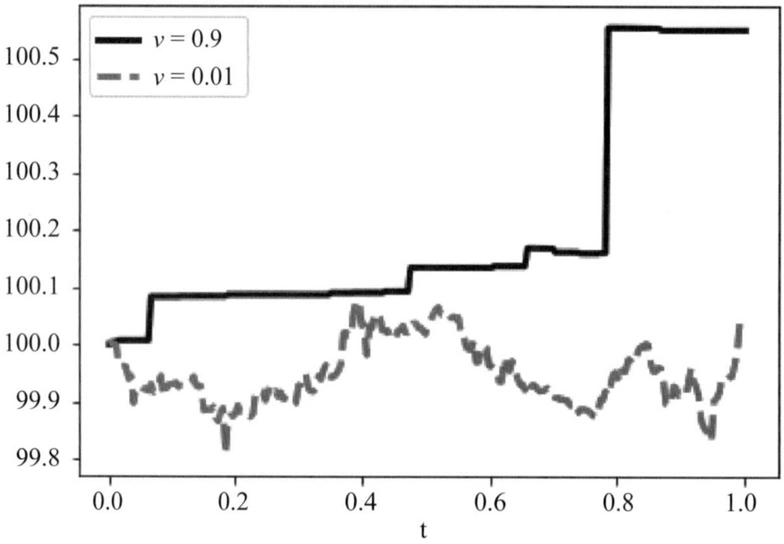

圖 6-16　VG **過程的模擬走勢**

例 2　**ν 所扮演的角色**

圖 6-14 只是用於說明 VG 模型可以產生明顯跳動的情況，不過因 VG 模型屬於無限活動的 Lévy 過程，自然也可以產生出跳動不明顯的例子，其關鍵就在於 ν 值所扮演的角色。例如：令 $S_0 = 100$、$\sigma = 0.25$、$\theta = 0.1$、$n = 252$ 與 $h = \Delta t = 1/n$，我們考慮 $\nu = 0.9$ 與 $\nu = 0.01$ 二種情況。圖 6-16 繪製出上述二種情況的 VG 過程模

擬走勢圖，我們自然可以看出其差異，即 ν 值愈大，隱含著跳動愈明顯且次數也愈少；相反地，若 ν 值愈小，則跳動愈不明顯且次數也愈多。因此，顯然 VG 過程可包括更多的情況；換言之，BM（或 GBM）過程包含於 VG 過程。

例 3 高峰態

續例 2，於上述二種情況下，我們可以得出 S_T 的實證分配，其結果就繪製如圖 6-17 所示。從該圖內可看出當 ν 值愈小，S_T 的實證分配愈接近對應的常態分配（即以 S_T 的平均數與標準差為依據）；相反地，若 ν 值愈大，則 S_T 的實證分配愈脫離對應的常態分配，即前者愈容易出現高峰厚尾的情況。因此，VG 過程有可能可用於模型化實際的市場資產價格。

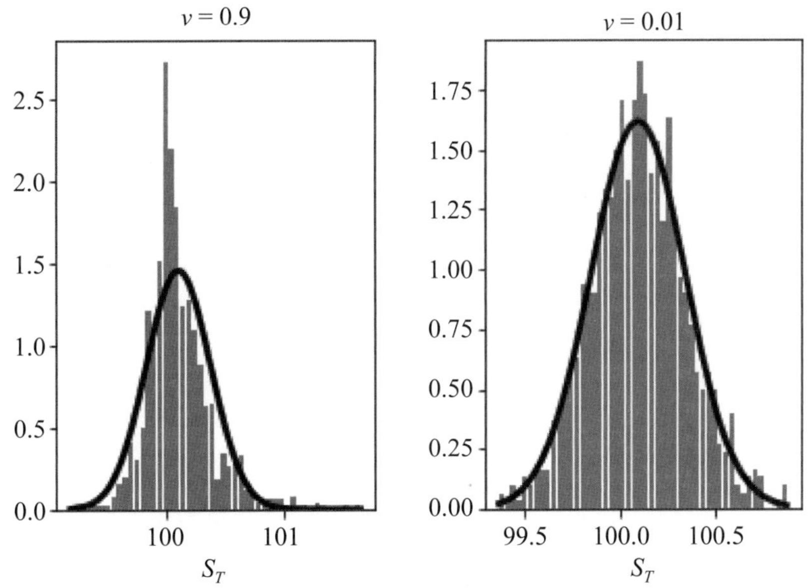

圖 6-17 S_T 的實證分配

習題

(1) 何謂伽瑪過程？試解釋之。

(2) 何謂 VG 過程？試解釋之。

(3) 爲何 VG 過程屬於無限活動的 Lévy 過程？試解釋之。

(4) 試用模擬的方式「證明」伽瑪分配的平均數與變異數分別爲 $E(x) = a/b$ 以及 $Var(x) = a/b^2$。提示：可以參考圖 6-d。

(5) 於圖 6-16 或 6-17 內，若 $n = 1{,}000$，其餘不變，則圖 6-16 或 6-17 的結果是否會受影響？
(6) 於風險中立下，資產價格若屬於 VG 過程，其數學型態爲何？

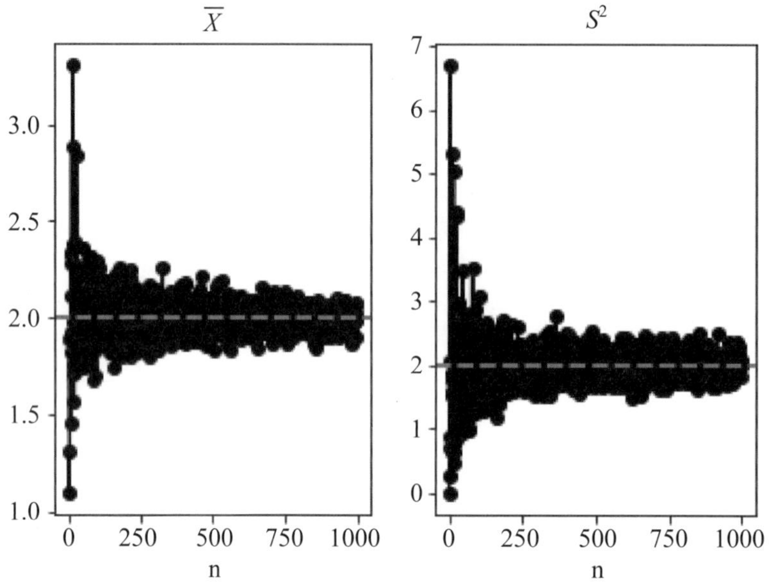

圖 6-d

6.3 NIG 與 VG 分配

如前所述，指數型 Lévy 過程因 GBM 過程的缺點而產生。我們先回顧 GBM 過程（或稱爲 BSM 模型）的假定：

(1) 於 $[t, t+h]$ 的時間間距下，資產的對數報酬率如 $r_{t,t+h} = \log\left(\dfrac{S_{t+h}}{S_t}\right)$ 是平均數與變異數分別爲 μh 與 $\sigma^2 h$（與 t 無關）的常態分配。
(2) 不相交的時間段的報酬率相互獨立。
(3) 資產價格的時間路徑 $t \rightarrow S_t$ 是連續的，即 $P\left(\underset{u\to t}{S_u} \rightarrow S_t, \forall t\right) = 1$。

上述假定相當於描述一種（對數）報酬率過程爲 $X_t = \log\left(\dfrac{S_t}{S_0}\right)$，其亦可寫成：

$$S_t = S_0 e^{\mu t + \sigma W_t}$$

其中 S_t 的（時間）路徑是連續的（μ 與 σ 分別表示漂移項與波動率參數）。

指數型 Lévy 過程企圖放鬆上述 GBM 過程的假定，而以一種簡易的方式呈現；換言之，指數型 Lévy 過程更改上述 GBM 過程的假定 (1) 而以 (1a) 取代，即：

(1a) 於 $[t, t+h]$ 的時間間距下，資產的 $r_{t,t+h}$ 屬於未知的分配 F_h。

另一方面，保留假定 (2) 而將假定 (3) 更改爲：

(3a) 路徑 $t \rightarrow S_t$ 會出現跳動的可能。

因此，指數型 Lévy 過程將 GBM 過程的假定更改爲 (1a)、(2) 與 (3a)。

於本節，我們將分別介紹 NIG 與 VG 的指數型 Lévy 模型。利用上述 X_t 的定義，$\{X_t\}_{t\geq 0}$ 可寫成：

$$X_t = ct + \theta\tau(t) + \sigma W\left(\tau(t)\right) \tag{6-27}$$

其中 $\sigma > 0$ 而 $\theta, c \in R$。（6-27）式內的 $\tau(t)$ 是一種（獨立的）附屬過程（即非遞減的 Lévy 過程），其具有 $E[\tau(t)] = t$ 與 $Var[\tau(t)] = \nu t$ 的特色。換句話說，於 NIG 與 VG 的指數型 Lévy 模型內，$\tau(t)$ 分別表示 IG 與伽瑪過程。

（6-27）式內有一些特色值得我們注意，即：

(1) X_t 內存在隨時間改變的布朗運動 $W(\tau(t))$，其中參數 ν 控制（對數）報酬率分配的峰態或厚尾程度。
(2) 參數 σ 表示（對數）報酬率分配的「整體」波動程度。
(3) 參數 θ 控制（對數）報酬率分配的偏態程度。
(4) c 表示漂移項的參數。
(5)（6-27）式可用 GH 分配表示。

因此，若與 GBM 過程比較，（對數）報酬率若以指數型 Lévy 過程模型化，後者多了一個參數 ν。

雖說如此，通常指數型 Lévy 過程可對應至 GH 分配，而 GH 分配的 PDF 可寫成：

$$f_{GH}(x;\lambda,\mu,\alpha,\beta,\delta)=\xi\left[\delta^2+(x-\mu)^2\right]^{\frac{\lambda-0.5}{2}}e^{\beta(x-\mu)}K_{\lambda-0.5}\left[\alpha\sqrt{\delta^2+(x-\mu)^2}\right],-\infty<x<\infty \tag{6-28}$$

其中 $\xi=\dfrac{\left(\alpha^2-\beta^2\right)^{\frac{\lambda}{2}}}{\sqrt{2\pi}\alpha^{\lambda-0.5}\delta^{\lambda}K_{\lambda}\left(\delta\sqrt{\alpha^2-\beta^2}\right)}$。於（6-28）式內，$K_y(\cdot)$ 表示指數 y 之第三類修正貝索函數（the modified Bessel function of the third kind with index y）[15]。於（6-28）式內，可看出 GH 分配有參數（$\mu,\beta,\delta,\alpha,\lambda$），其中前四者分別控制著位置、偏態、尺度與尾部程度；至於參數 λ 則扮演著「子群」的角色。也就是說，若 $\lambda=-0.5$，則 GH 分配可轉換成 NIG 分配；又若 $\lambda>0$ 與 $\delta=0$，則 GH 分配又稱爲 VG 分配。因此，（對數）報酬率若以指數型 Lévy 過程模型化，NIG 分配與 VG 分配是其中二種選項。

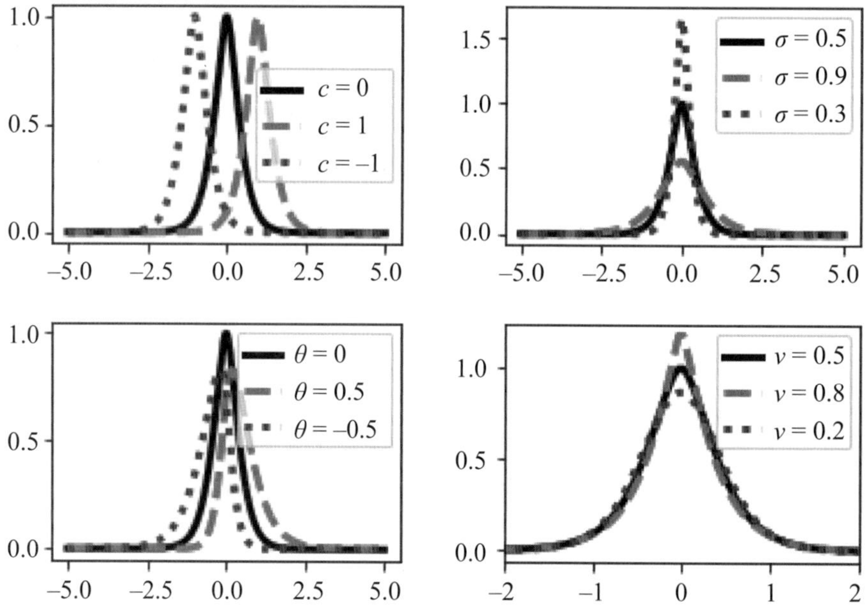

圖 6-18　VG 分配

[15] 有關於第三類修正貝索函數的定義與性質，可參考 Prolella（2007）。

於 Python 的模組內，分別有 NIG 分配與 VG 分配的函數指令[16]。首先，我們檢視 VG 分配，其可使用函數指令 VGpdf(·) 而對應的參數爲（c,σ,θ,ν），我們可以分別檢視各參數值所扮演的角色（參考所附的 Python 指令）。例如：圖 6-18 繪製出不同參數值的 VG 分配，讀者可以嘗試解釋該圖內各參數值的意義。至於 NIG 分配，則使用程式套件（scipy.stats）內的函數指令 norminvgauss(·)，而其對應的參數爲（a,b,μ,σ）。圖 6-19 繪製出不同參數值的 NIG 分配，讀者亦可以嘗試更改該圖內各參數值以取得更多的資訊。上述二圖的繪製，可以參考所附的 Python 指令。

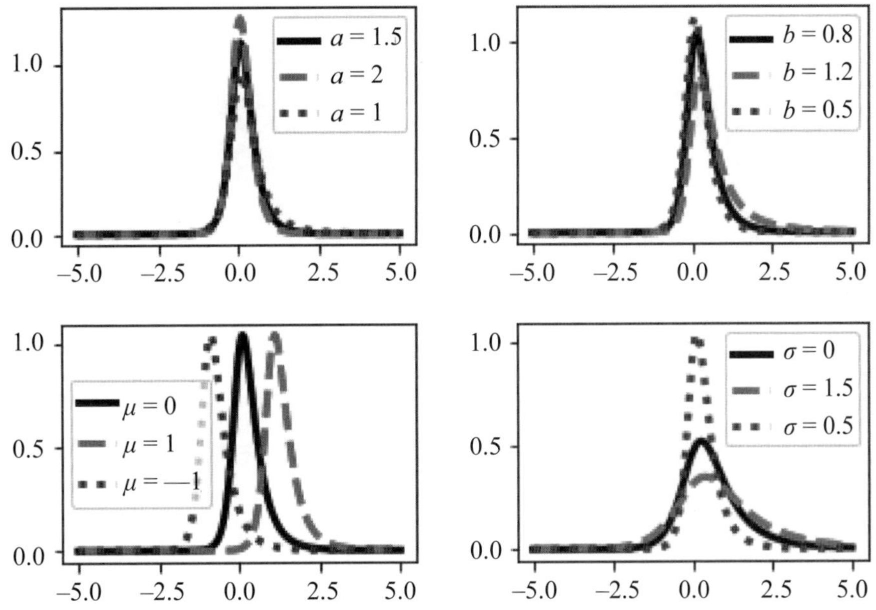

圖 6-19　NIG 分配

利用上述 VG 模組所附 ML 估計方法的函數指令，我們倒是可以估計資料序列的 VG 的參數值。例如：圖 6-20 分別繪製出 Dow 指數日收盤價（左圖）與日對數報酬率（右圖，單位：%）的時間走勢（2000/1/3～2010/12/30）。利用上述日對數報酬率的時間序列資料，使用「BFGS」估計方法，可得 VG 分配的參數值分別約爲 0.09（0.01）、1.24（0.03）、–0.09（0.03）與 1.08（0.07）（按照 c、σ、θ 與 ν 的順序，其中小括號內之值爲對應的標準誤）[17]。至於 NIG 分配的參數估計值則

[16] NIG 分配的函數指令可取自模組（scipy.stats），至於 VG 分配的函數指令則可至下列網站下載，即 https://github.com/dlaptev/VarGamma。

[17] 於所附的 Python 指令內，筆者分別使用 optimize.fmin（即 Nelder-Mead 演算法）與

分別約爲 0.1（0.02）、0.71（0.02）、0.51（0.03）與 –0.06（0.02）（按照 μ、δ、α 與 β 的順序）[18]。上述二分配的配適度則可參考圖 6-21。我們從圖 6-21 可看出上述 Dow 日對數報酬率時間序列資料的實證分配較接近於 VG 或 NIG 分配。

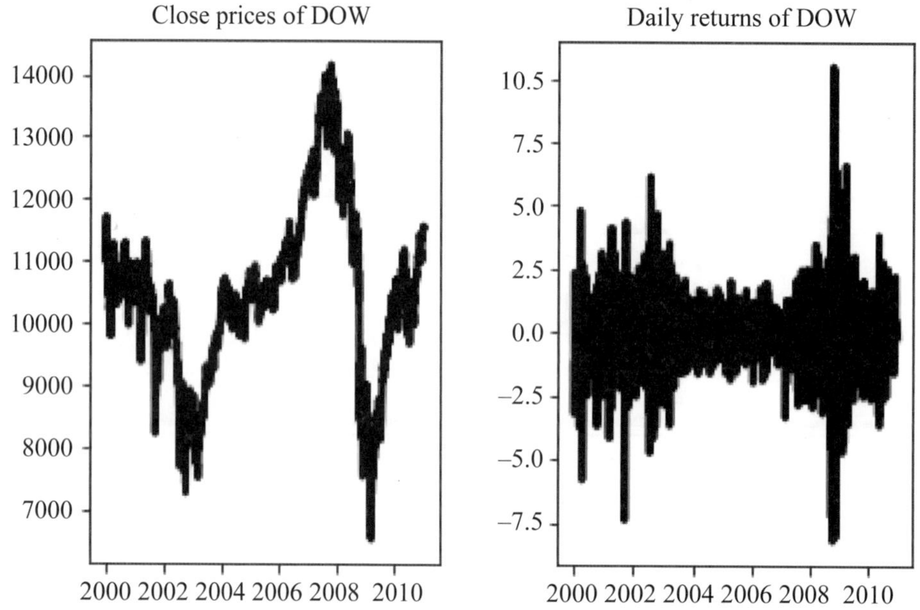

圖 6-20　Dow 日收盤價（左圖）與日對數報酬率（右圖）的時間走勢

例 1　Dow 指數日收盤價的模擬

圖 6-21 的結果提醒我們可以直接用 VG 或 NIG 分配的隨機變數模擬出 Dow 指數日收盤價；換言之，根據《衍商》，可得：

$$S_T = S_0 e^{\sum_{i=1}^{n} r_i}$$

optimize.fmin_bfgs（即 BFGS 法）二種估計方式，其中前者有呈現（極小值）收斂的情況，而後者則無，不過使用後者的優點是可以計算估計參數所對應的標準誤；因此，我們使用 BFGS 法的估計結果，即圖 6-21 的繪製就是使用該方法。讀者亦可以使用 Nelder-Mead 演算法的估計結果重新繪製圖 6-21，結果應不會有太大差異。

[18] NIG 分配的參數估計的確較爲麻煩，我們直接使用 R 語言的估計結果，可以參考 VGNIGfit.R 指令。

其中 r_i 表示 Dow 指數日對數報酬率。根據圖 6-21 內 VG 與 NIG 分配的估計參數與以 VG 或 NIG 分配的隨機變數取代 r_i，圖 6-22 繪製出 Dow 指數日收盤價的模擬結果。雖說圖 6-22 的結果顯示出實際的 Dow 指數日收盤價大致位於 VG 與 NIG 分配的模擬值之間，不過值得提醒的是，該圖只不過是一種模擬結果。

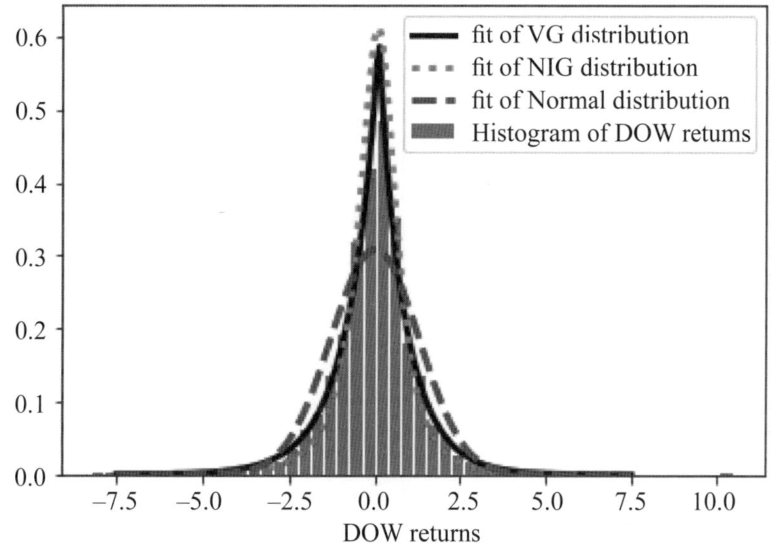

圖 6-21　Dow 日對數報酬率時間序列資料以 VG 與 NIG 分配模型化

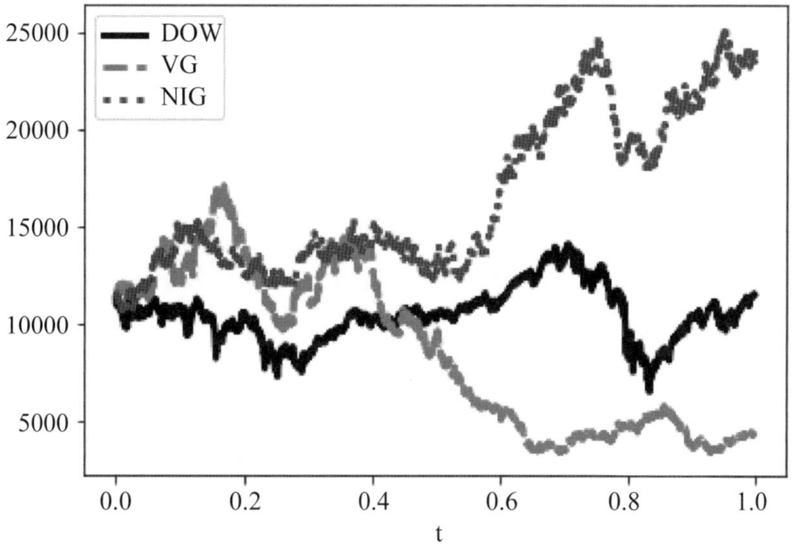

圖 6-22　Dow 指數日收盤價的模擬（2000/1/3～2010/12/30）

例 2 NIG 與常態分配的比較

利用圖 6-21 的估計結果，我們不難分別模擬出 NIG 與 VG 分配的觀察值並取得對應的實證分配，其結果就繪製如圖 6-23 所示；另一方面，利用上述觀察值的平均數與標準差可繪製「理論的」常態分配如圖內的曲線。因此，從圖 6-23 內可看出 NIG 或 VG 分配與常態分配之不同。

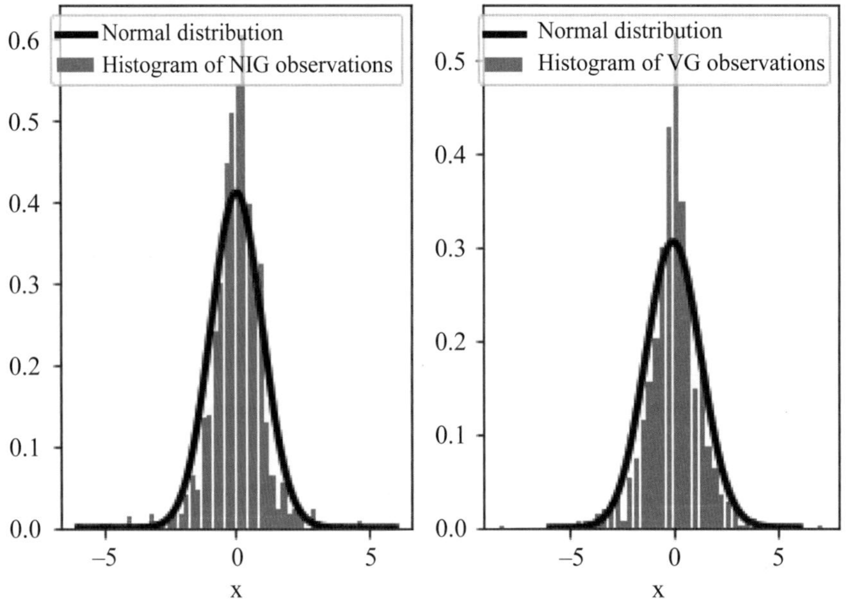

圖 6-23　NIG 分配與常態分配的比較

例 3 動差法

根據 Seneta（2004），其實亦可以用動差法估計 VG 分配內的參數值；換言之，利用前述的 Dow 日對數報酬率序列資料，可得參數估計值分別約為 0.05、1.25、–0.02 與 1.1（按照 c、σ、θ 與 ν 的順序）。

習題

(1) 試敘述 GH 分配與 Lévy 過程之間的關係。

(2) 試解釋 VG 分配與 NIG 分配皆屬於 GH 分配。可以上網查詢看看。

(3) 我們如何模擬 VG 過程與 NIG 過程？試解釋之。

(4) 利用第 1 章的 TWI 日收盤價時間序列資料（2000/1/4～2020/12/31），轉成日對數報酬率時間序列資料後，試分別以 NIG 模型與 VG 模型而以 ML 估計上述日對數報酬率資料，其結果分別爲何？

(5) 續上題，其估計的配適結果爲何？提示：可以參考圖 6-e。

(6) 其實我們亦可以使用 $S_t = S_{t-1}e^{r_t}$ 的關係，其中 r_t 表示 VG 或 NIG 分配的觀察值，試繪製出 TWI 日收盤價的模擬值之時間走勢（2000/1/4～2020/12/31）。提示：可以參考圖 6-f。

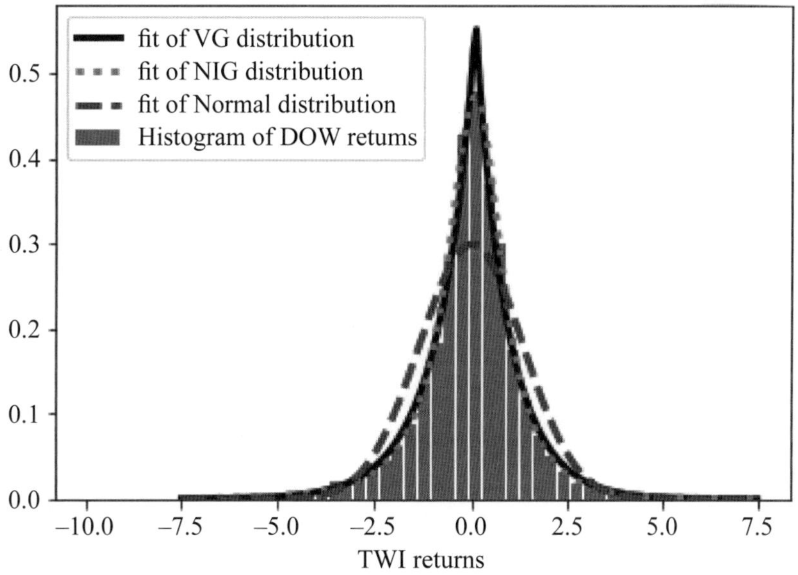

圖 6-e

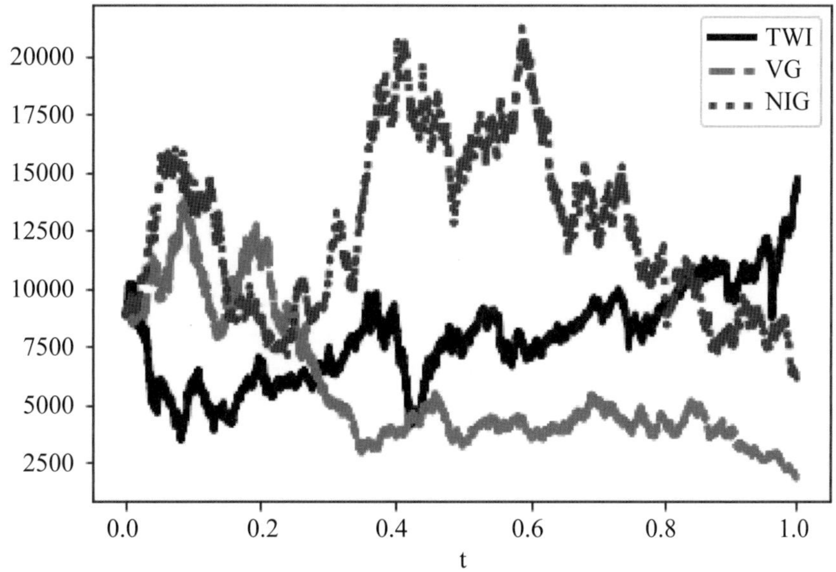

圖 6-f

Chapter 7

快速傅立葉轉換

本章將介紹快速傅立葉轉換（fast Fourier transform, FFT）以及其在選擇權定價上的應用。通常，Lévy 過程下的 PDF 型態為未知，不過對應的特性函數卻未必為未知；換言之，指數 Lévy 過程下的選擇權價格可透過 FT 計算，即本章強調所謂的「立基於 FT 的選擇權定價方法」，而該方法需要使用 FT 的觀念與計算。透過 FFT 的使用，除了可以快速降低計算選擇權價格所耗費的成本之外，FFT 竟也提供另外一種選擇權定價方法。因此，於選擇權定價方法內，FFT 算是「異軍突起」，頗具有凌駕其他方法的態勢（於本章底下可看出使用 FFT 優勢）。可惜的是，FFT 的觀念並不容易了解，本章嘗試解釋看看。

7.1 何謂 FFT？

顧名思義，FFT 是一種計算速度快於間斷傅立葉轉換（discrete Fourier transform, DFT）的數值方法。DFT 可視為（連續的）FT 的一個特例。就理論上而言，DFT 與 FT 的結果應該是相同的，因此我們當然是用 DFT 來估計 FT。於本節，我們強調 FFT 亦是一種 DFT，通常我們以前者取代後者的計算。

考慮一個如圖 7-1 所示的傅立葉級數（Fourier series）。傅立葉級數是一種週期函數，其可寫成：

$$g(t)=\sum_{n=0}^{\infty}\left[a_n\cos(n\omega t)+b_n\sin(n\omega t)\right],\omega=\frac{2\pi}{T} \quad (7\text{-}1)$$

有關於（7-1）式的意義，整理後可得：

(1) $g(t)$ 是一個時間 t 的函數。例如：t 可用「秒」表示。

(2) T 表示週期，而其倒數 $f = 1/T$ 則稱為頻率。例如：若 t 以秒表示，則當 $T = 0.2$ 隱含著每隔 0.2 秒完成一個週期且每秒的頻率為 5 次（$f = 5$）。通常，我們稱 $T = 1$ 為基本週期（fundamental period）；換言之，圖 7-1 內的圖形隱含著每秒完成一個週期，亦隱含著每秒的基本頻率等於 1。

(3) 如前所述，角度 θ 可用弧度表示而一個圓周為 2π；因此，若 θ 寫成 t 的函數即 $\theta(t) = \omega t$，則稱 ω 為角速度（angular velocity）。換句話說，當 $\omega = 2\pi/T$ 且 t 為 0 至 T，則 $\theta(t) = \omega t$ 隱含著 0 至 2π，故 $\sin(\omega t)$ 與 $\cos(\omega t)$ 皆可以完成一個週期。是故，若 $n \in N$，則 $\sin(n\omega t)$ 與 $\cos(n\omega t)$ 皆可以完成 n 個週期，其中角速度為 $n\omega$。

(4) a_n 與 b_n 稱為振幅。當 $n = 0$，因 $\cos(n\omega t) = 1$ 與 $\sin(n\omega t) = 0$，故（6-1）式內的常數項為 $a_0 \neq 0$ 與 $b_0 = 0$。

(5) 因此，看到一個如圖 7-1 的週期圖形，我們是否可以進行拆解？或者說，該圖屬於（7-1）式的一個特例。

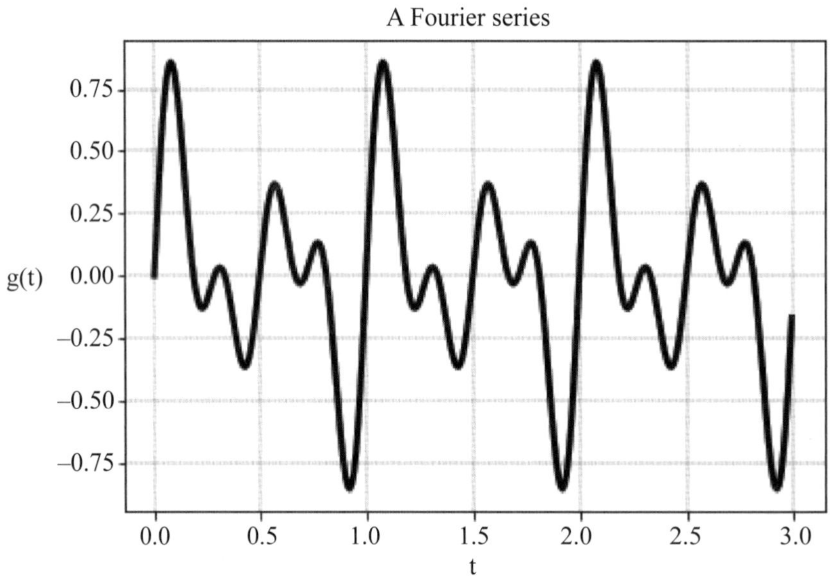

圖 7-1　$T = 1$、$a_i = 0$、$b_1 = 0.1$、$b_2 = 0.4$、$b_3 = 0.2$ **與** $b_4 = 0.3$

根據 Prolella（2007），（7-1）式亦可以進一步改寫成：

$$g(t) = \sum_{n=-\infty}^{\infty} C_n e^{in\omega t} \tag{7-2}$$

其中

$$C_n = \frac{1}{T}\int_0^T g(t)e^{-in\omega t}dt \tag{7-3}$$

其中 $i=\sqrt{-1}$。（7-2）式可以稱爲複傅立葉級數擴張（complex Fourier series expansion）。根據（7-3）式，我們思考 C_n 的「間斷版」，其可寫成：

$$G_n = \frac{1}{T}\sum_{t=0}^{T-1} g_t e^{-2\pi \text{int}/T}, n = 0,\cdots,T-1 \tag{7-4}$$

其中 $g_t = g(t)$。値得注意的是，g_t 是根據 T 個間斷觀察値所計算而得。（7-4）式就是 DFT 的定義，其倒是可以視爲（5-12）式的間斷版。因此，T 個 g_t 可以透過逆 DFT（IDFT）取得，其中 IDFT 可以寫成：

$$g_t = \sum_{n=0}^{T-1} G_n e^{2\pi \text{int}/T}, t = 0,\cdots,T-1 \tag{7-5}$$

即（7-5）式亦可視爲（5-13）式的間斷版。

Prolella（2007）曾指出上述 DFT 與 IDFT 的計算較無效率，取而代之的是 FFT 與逆 FFT（IFFT）的計算。換句話說，FFT 亦是一種 DFT，只不過 FFT 除去 DFT 如（7-4）式內多餘的部分①。通常，程式語言皆附有 FFT 的函數指令。例如：於 Python 內，FFT 與 IFFT 的函數指令分別爲 fft(·) 與 ifft(·)，上述二指令皆取自模組（Scipy）。我們可以檢視上述二指令的意義。考慮下列 Python 指令：

```
from scipy.fft import fft, ifft
dft(np.arange(0, 5, 1))*5 # array([10. , -2.5, -2.5, -2.5, -2.5])
fft(np.arange(0, 5, 1)) # array([10. -0.j , -2.5+3.4409548j , -2.5+0.81229924j,
                                 # -2.5-0.81229924j, -2.5-3.4409548j ])
idft(np.arange(-1,3,1))/4 # array([ 0.5, -0.5, -0.5, -0.5])
ifft(np.arange(-1,3,1)) # array([ 0.5-0.j , -0.5-0.5j, -0.5-0.j , -0.5+0.5j])
```

① 例如：DFT 需要計算 T^2 個觀察値而 FFT 只需要計算 $T[\log_2(T)+1]$ 個觀察値。以 $T=2^6$ 或 2^{10} 爲例，FFT 分別可較 DFT 的計算約快 10 或 102 倍。進一步的介紹與說明，可以參考 Černý（2004）或 Prolella（2007）等文獻。

其中 dft(·) 與 idft(·) 分別表示我們根據（7-4）與（7-5）二式所設計的函數指令。透過上述指令，我們可以分別出 DFT（IDFT）與 FFT（IDFT）之不同；或者說，於 Python 內，DFT（IDFT）的操作只保留實數值成分，但是 FFT（IFFT）的操作卻同時保留實數值與虛數值成分。

我們舉一個例子說明。令 $T = 2^8$、$i = \sqrt{-1}$、$t = 0, 2, \cdots, T-1$ 與 x_t 爲標準常態分配的隨機變數。圖 7-3 的圖 (a) 與 (b) 分別繪製出 $g_t = x_t + ix_t$ 與 $G_n = FFT(g_t)$ 的走勢，而圖 (c) 則繪製出 $g_t = IFFT(G_n)$ 的走勢。比較圖 (a) 與 (c) 內 g_t 與 gg_t 內的走勢，應可以發現上述二走勢相當接近，我們從圖 (d) 內的 g_t 與 gg_t 之間的散佈圖接近於一條直線取得進一步的驗證。事實上，圖內 g_t 與 gg_t 之間的最大絕對值差距接近於 0[②]。若將圖 7-3 內的 FFT（IFFT）的操作更改成 DFT（IDFT）的操作，其結果則爲圖 7-2。比較上述二圖，可看出以 DFT（IDFT）取代 FFT（IFFT）的操作的確存在若干差距。是故，底下我們只使用 FFT（IFFT）的操作。

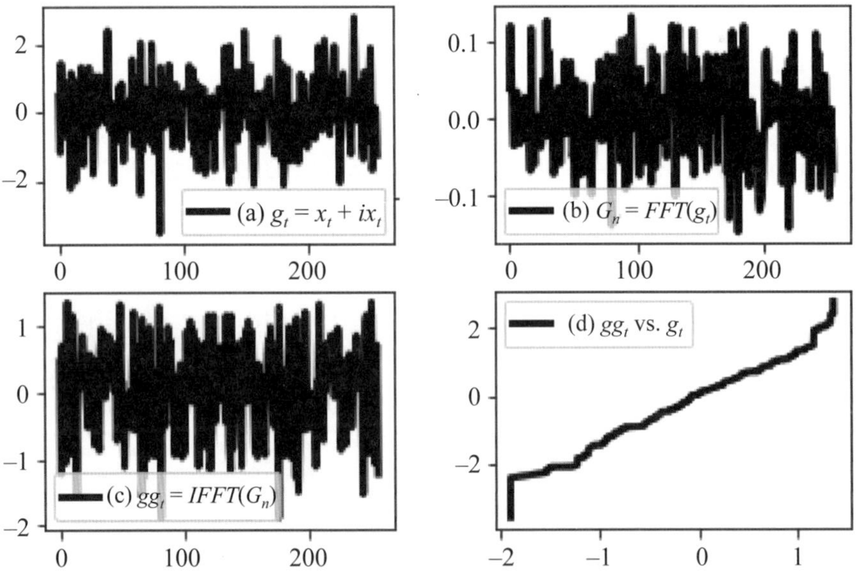

圖 7-2　DFT 與 IDFT 之間的關係

② 最大絕對值差距約爲 3.29e-12。

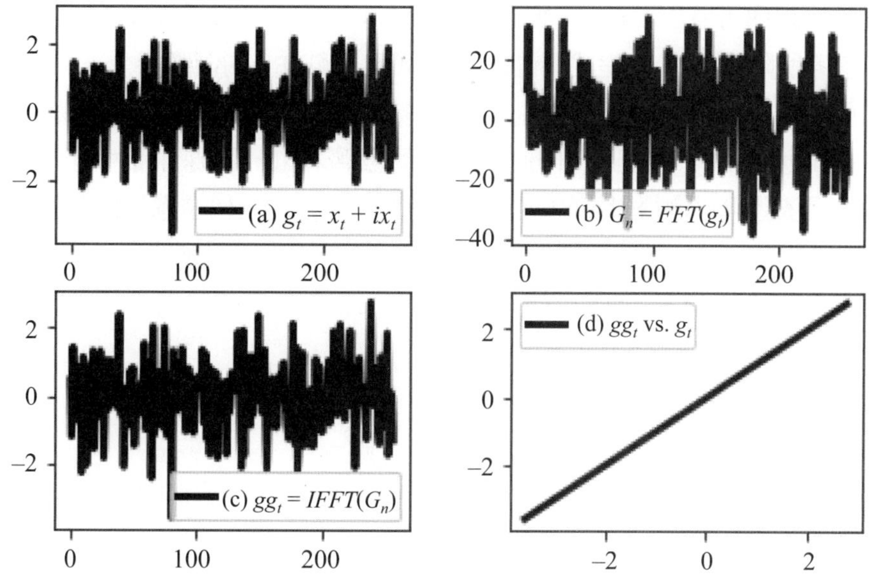

圖 7-3　FFT 與 IFFT 之間的關係

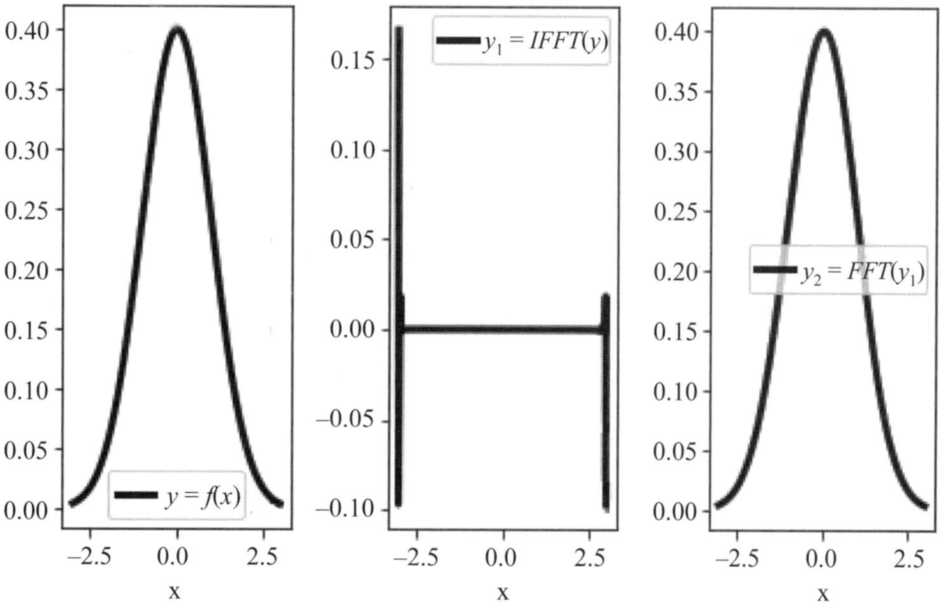

圖 7-4　FFT 與 IFFT 之間的關係

我們練習上述 Python 的函數指令之操作，可以參考圖 7-4。令 $y = f(x)$，其中 x 爲標準常態分配的隨機變數。圖 7-4 的左圖繪製出 $y = f(x)$ 的形狀，即標準常態分配的 PDF。令 $y_1 = IFFT(y)$ 與 $y_2 = FFT(y_1)$，圖 7-4 的中圖與右圖分別繪製出 y_1 與 y_2

的形狀，從圖內可看出 $y = y_2$；換言之，圖 7-4 說明了 FFT 與 IFFT 之間的關係。讀者可參考所附的 Python 程式碼得知如何操作上述 FFT 的函數指令。

如前所述，FFT 會引起我們注意在於透過 FFT 的計算可將隨機變數的特性函數轉換成對應的 PDF；因此，即使後者的型態爲未知，只要有特性函數的資訊，利用 FFT，依舊可以取得對應的 PDF。底下，我們介紹如何透過特性函數取得對應的PDF。令 X 是一種連續的隨機變數，而 f_X 與 ϕ_X 分別表示對應的PDF與特性函數；因此，若 $l,u \in R$ 以及 $T \in N$，可得：

$$\phi_X(s) = \int_{-\infty}^{\infty} e^{isx} f_X(x)dx \approx \int_l^u e^{isx} f_X(x)dx \approx \sum_{n=0}^{T-1} e^{isx_n} P_n \tag{7-6}$$

其中 $P_n = f_X(x_n)\Delta x$、$x_n = l + n(\Delta x)$ 與 $\Delta x = \dfrac{u-l}{T}$。我們的目標是如何透過 $\phi_X(s)$ 取得 P_n。直覺而言，（7-6）式能成立的一個前提是：不僅 T 值應愈大，同時亦需要有愈大的 l 與 u（絕對）值（l 爲負值）。

比較（7-5）與（7-6）二式，應可以發現 P_n 的取得是使用IFFT計算。透過（7-6）式「模仿」（7-5）式，可得：

$$\phi_X(s)e^{-isl} \approx \sum_{n=0}^{T-1} e^{isn(\Delta x)} P_n = \sum_{n=0}^{T-1} e^{2\pi \mathrm{i}nt/T} P_n = g_t \tag{7-7}$$

即 $\mathbf{g}$ 與 $\mathbf{P}$ 之間存在 $\mathbf{g} = f(\mathbf{P})$ 與 $\mathbf{P} = f^{-1}(\mathbf{g})$ 的關係，其中 $\mathbf{g} = (g_0, \cdots, g_{T-1})$ 與 $\mathbf{P} = (P_0, \cdots, P_{T-1})$。於（7-7）式內，可看出 $s(\Delta x) = 2\pi t / T$，隱含著 s 值的選擇可爲：

$$s_t = \frac{2\pi t}{T(\Delta x)}, t = -\frac{T}{2}, -\frac{T}{2}+1, \cdots, \frac{T}{2}-1$$

使得 $g_t \approx \phi_X(s_t)e^{-is_t l}$。換言之，利用 $\mathbf{P} = f^{-1}(\mathbf{g})$ 的關係以及（I）FFT 的計算，竟然可以從 ϕ_X 取得 $\mathbf{P}$。最後，利用 $P_n = f_X(x_n)\Delta x$ 之間的關係，可以估得 $f_X(x)$。

我們亦舉一個例子說明上述轉換過程。可以回想標準常態分配的特性函數可以寫成 $\phi_Z(s) = e^{-\frac{1}{2}s^2}$。我們嘗試透過 $\phi_Z(s)$ 以及 IFFT 的使用，取得標準常態分配的 PDF。令 $T = 2^{20}$、$\Delta x = 0.0001$、$l = -4$ 與 $u = -4$，利用（7-7）式，圖 7-5 繪製出標準常態分配的 PDF，讀者可以嘗試與理論的 PDF 比較；或者說，更改上述的假定以取得更多的資訊。

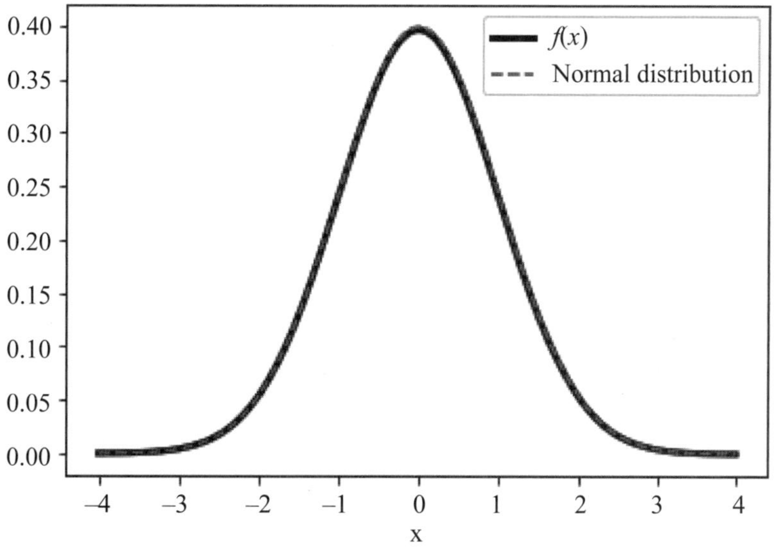

圖 7-5　利用（I）FFT 將特性函數轉換成 PDF

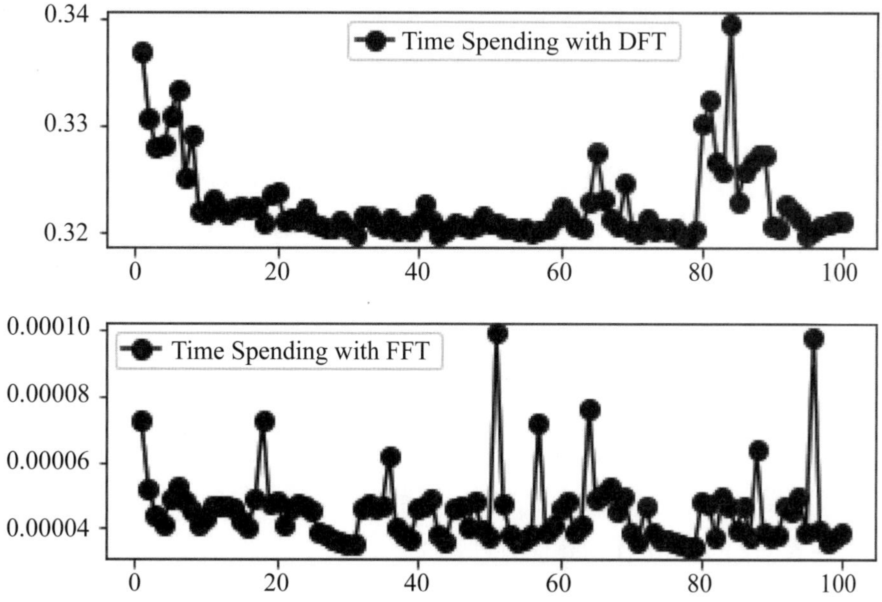

圖 7-6　計算 $DFT(g_t)$ 與 $FFT(g_t)$ 需用的時間（100 次）

例 1　FFT 與 DFT 之比較

利用圖 7-2 或 7-3 內 g_t 的模擬資料，我們分別計算 $DFT(g_t)$ 與 $FFT(g_t)$ 所需用的時間。例如：圖 7-6 繪製出 $DFT(g_t)$ 與 $FFT(g_t)$ 所需用的時間，於 100 次之下，前者平均約需用 0.32 秒；至於 $FFT(g_t)$ 所需用的時間則幾乎接近於 0[3]。因此，FFT 的計算速度的確快於對應的 DFT。

例 2 DFT

DFT 可視爲（連續的）FT 的一個特例。DFT 與 FT 的結果是相同的，唯一的差別是我們如何解釋上述結果。直覺而言，我們是用 DFT 估計 FT。因此，就（5-9）與（5-10）二式而言，我們分別抽取 N 個觀察值以估計上述二式。

首先，我們檢視時域函數的估計。令 Δt 表示任意二個連續觀察值之間的時間差距（時域抽樣區間），而 $f_s = 1/\Delta t$ 則稱爲抽樣率（sampling rate）。令 T 表示總抽樣期間[4]，即 $\Delta t = T/N$。若 $\Delta t = 1$，表示總抽樣期間與總樣本數一致。例如：若 T 表示 10 秒而 N 爲 10 個觀察值，則 $\Delta t = 1$ 等於 1 秒；同理，若 $\Delta t = 0.01$，則表示每秒有 100 個觀察值，即抽樣率爲 $f_s = 1/\Delta t = 100$ Hz。令 $t_n = n\Delta t$，其中 $n = 0, 1, \cdots, N-1$。DFT 的第一個步驟是於連續的時序函數 $g(t)$ 內找出 N 點，即以 $g(t_n)$ 取代。例如：若 $\Delta t = 1$，則 $g(t_n) = g(n)$，隱含著 $g(t)$ 是以每秒表示。

上述是屬於時域的抽樣過程。接下來，我們檢視頻域抽樣。令 $\Delta\omega$ 表示角頻率抽樣區間，其可寫成 $\Delta\omega = \dfrac{2\pi}{N\Delta t} = \dfrac{2\pi}{T}$。令 $\omega_k = k\Delta\omega$，其中 $k = 0, 1, \cdots, N-1$。例如：若 $T = 10$（秒）且 $N = 10$，隱含著 $\Delta = 1$，且 $G(\omega)$ 是依 0 弧度、$\pi/5$ 弧度、$2\pi/5$ 弧度、…、至 $9\pi/5$ 弧度取樣。因此，DFT 的第二個步驟是於 $G(\omega)$ 內找出 N 點並以 $G(\omega_n)$ 取代 $G(\omega)$，即：

$$G(\omega_n) = G(k\Delta\omega) = G\left(k\frac{2\pi}{N\Delta t}\right) = G\left(k\frac{2\pi}{T}\right)$$

其中 $G(\omega_n)$ 稱爲 $g(t_n)$ 於角頻率爲 ω_n 下的頻譜，比較特別的是，$G(\omega_n)$ 爲複數。

DFT 定義 $g(t_n)$ 與 $G(\omega_k)$ 的關係分別爲：

$$g(t_n = n\Delta t) = \frac{1}{N}\sum_{k=0}^{N-1} G\left(\omega_k = k\frac{2\pi}{N\Delta t}\right)\exp\left(-i\omega_k t_n\right)$$

$$\Rightarrow g(n\Delta t) = \frac{1}{N}\sum_{k=0}^{N-1} G\left(k\frac{2\pi}{N\Delta t}\right)\exp\left(-2\pi ikn/N\right)$$

---

[3] 或者說，於 100 次之下，平均約需用 4.54e-05 秒。

[4] 值得注意的是，此處 T 並不是 4.1.1 節內的週期。

與

$$G\left(\omega_k = k\frac{2\pi}{N\Delta t}\right) = \sum_{n=0}^{N-1} g(t_n = n\Delta t)\exp\left(i\omega_k t_n\right)$$
$$\Rightarrow G\left(k\frac{2\pi}{N\Delta t}\right) = \sum_{n=0}^{N-1} g(n\Delta t)\exp\left(2\pi ikn / N\right)$$

換言之，DFT 以有限加總取代無限積分。

例 3 DFT（續）

續例 2，我們亦可以使用頻率 f Hz（週期 / 秒）取代角頻率 ω（弧度 / 秒），其中 $\omega = 2\pi f$。考慮抽樣率為 f_s Hz 而總樣本期間為 T 秒。$g(t)$ 是一種時域函數，其中對應的間斷小區間為 $\Delta t = 1/f_s$；換言之，我們抽取樣本數為 $N = T/\Delta t$，其對應的頻率轉換小區間為 $\Delta f = 1/N\Delta t = 1/T$。根據 Nyquist 法則（可以參考 Matsuda, 2004），FT 之 $G(f)$ 可信賴的頻率為 $f_s/2$Hz；換言之，$G\left(f_k = \frac{k}{N\Delta t}\right)$ 之 DFT 共有 $k = 0, 1, \cdots, N-1$ 的結果，其中只有 $N/2$ 的結果是可信的。

我們舉一個例子說明。令 $g(t) = 2 + 0.75\sin(3\omega t) + 0.25\sin(7\omega t) + 0.5\sin(10\omega t)$，假定 $f_s = 100$ 與 $T = 6$，可得 $N = 600$。圖 7-7 的左圖繪製出 $g(t)$ 的時間走勢，顯然圖內的走勢是時間 t 的函數。透過 FFT（或 DFT），我們可將 t 轉換成以頻率 f Hz 表示，其結果則繪製如右圖所示[5]，可以注意二圖縱軸與橫軸之間的差異。圖 7-7 說明了透過 FFT（或 DFT），可以將時域序列轉換成頻域序列。有關於頻域序列的解釋，可以參考《財時》。

---

[5] FFT（或 DFT）的結果是一個複數，可以注意圖 7-7 右圖的縱軸為複數的絕對值（modulus）。例如：$x = 3 + 4i$ 與 $x_1 = 1 - 2i$ 之絕對值分別為：

$$Mod(x) = |x| = \sqrt{3^2 + 4^2} \text{ 與 } Mod(x_1) = |x_1| = \sqrt{1^2 + (-2)^2}$$

可以參考所附的 Python 指令。

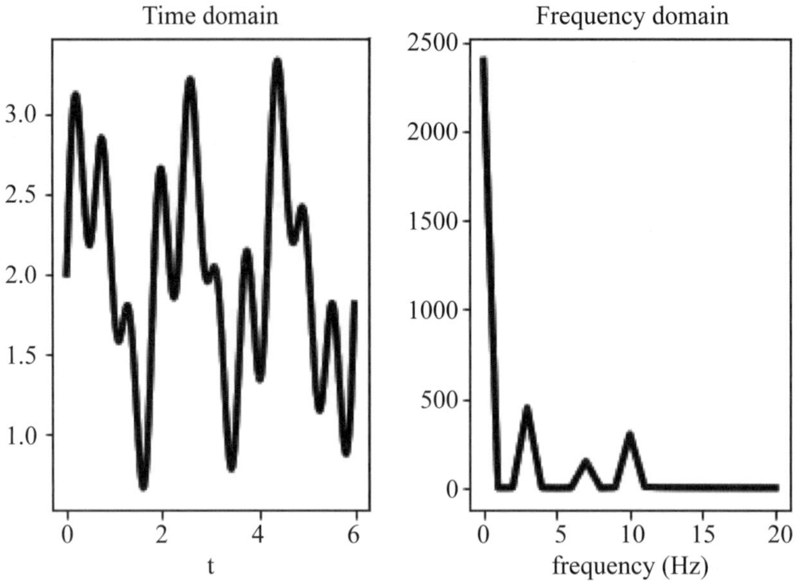

圖 7-7　**將時域序列轉換成頻域序列**

習題

(1) 何謂 DFT 與 IDFT？試解釋之。

(2) DFT 或 IDFT 有何用處？試解釋之。

(3) 卡方分配的特性函數爲 $(1-2it)^{-df/2}$，其中 df 爲對應的自由度。試利用 FFT 取得對應的 PDF。提示：可以參考圖 7-a。

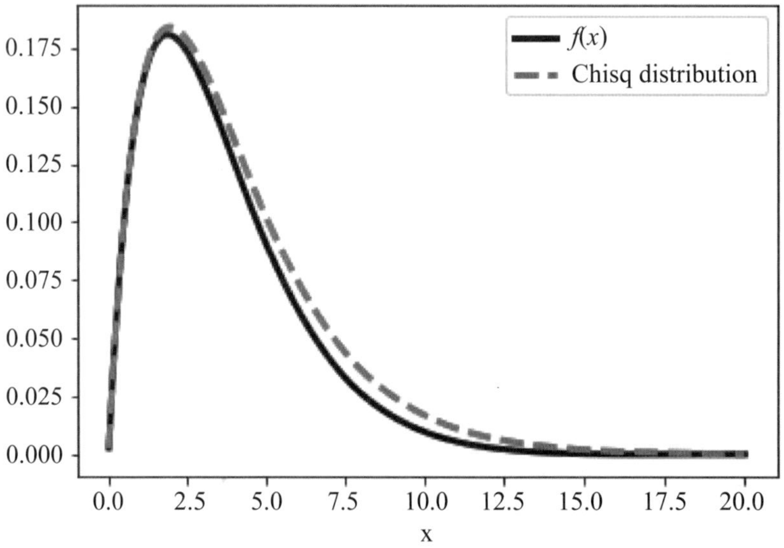

圖 7-a

(4) $g(t) = \sin(2\omega t)$。試分別繪製出時域與頻域序列的走勢。

(5) 其實，FFT 就是 DFT，試解釋之。

7.2 選擇權定價：使用 FFT

如前所述，利用德爾塔—機率分解如（5-33）式可以計算歐式選擇權的價格，不過上述方法雖說合乎直覺但是其並不是一種有效的計算方法 [6]。因此，Carr 與 Madan（CM, 1999）提出一種 FT 的修正買權價格方法。CM 方法的特色是直接使用 FFT 計算選擇權的價格。雖說如此，Chourdakis（2005）卻指出 CM 之 FFT 方法較「費時費力」，進而提出部分的（fractional）FFT（FRFT）方法。因此，本節將分別介紹 CM 之 FFT 方法以及 FRFT 法。

7.2.1 CM 方法

CM 強調當標的資產的特性函數爲已知，我們可以使用 FFT 計算選擇權的價格；顯然，CM 的方法可以包括多種可能，底下我們自然可以看出。令 $k = \log(K)$ 表示對數履約價格，其中 K 表示履約價而 S 則表示標的資產價格。令 $C_T(k)$ 表示到期與履約價分別爲 T 與 e^k 的（歐式）買權價格；另外，令對數標的資產價格 s_T 之風險中立 PDF 爲 $q_T(s)$，則該 PDF 可寫成：

$$\phi_T(u) = \int_{-\infty}^{\infty} e^{ius} q_T(s) ds \tag{7-8}$$

因此，期初買權價格 $C_T(k)$ 與 $q_T(s)$ 之間的關係爲：

$$C_T(k) = \int_k^{\infty} e^{-rT} \left(e^s - e^k\right) q_T(s) ds \tag{7-9}$$

値得注意的是，因 $k \to -\infty$ 而 $C_T(k) \to S_0$，故 $C_T(k)$ 並不是一種平方可積分（square integrable）函數，CM 建議一種修正的買權價格函數取代，即：

$$c_T(k) = e^{\alpha k} C_T(k), \alpha > 0 \tag{7-10}$$

[6] 例如：根據（5-34）或（5-35）式，於 $\omega = 0$ 之下，對應的積分值並無法定義。

其中參數 $\alpha > 0$ 可稱為阻尼因子（damping factor）。我們可以預期 $c_T(k)$ 是一個平方可積分函數，有關於 α 所扮演的角色，則可參考 CM 原文。

$c_T(k)$ 之 FT 與 IFT 分別可寫成：

$$\mathbf{F}_{c_T}(u) = \psi_T(u) = \int_{-\infty}^{\infty} e^{iuk} c_T(k) dk \qquad (7\text{-}11)$$

與

$$c_T(k) = \frac{1}{2\pi}\int_{-\infty}^{\infty} e^{-iuk}\mathbf{F}_{c_T}(u)du = \frac{1}{2\pi}\int_{-\infty}^{\infty} e^{-iuk}\psi_T(u)du \qquad (7\text{-}12)$$

因此，根據（7-10）式，$C_T(k)$ 可寫成：

$$C_T(k) = e^{-\alpha k}c_T(k) = e^{-\alpha k}\frac{1}{2\pi}\int_{-\infty}^{\infty} e^{-iuk}\psi_T(u)du \qquad (7\text{-}13)$$

不過，透過積分的性質，可知：

$$\begin{aligned}\int_{-\infty}^{\infty} e^{-iuk}\psi_T(u)du &= \int_{0}^{\infty} e^{-iuk}\psi_T(u)du + \int_{-\infty}^{0} e^{-iuk}\psi_T(u)du \\ &= \int_{0}^{\infty} e^{-iuk}\psi_T(u)du + \int_{0}^{\infty} e^{-iuk}\psi_T(-u)du\end{aligned}$$

因此，只要 $\psi_T(u)$ 是一種對稱的函數，即 $\psi_T(u) = \psi_T(-u)$，則上式可再寫成：

$$\int_{-\infty}^{\infty} e^{-iuk}\psi_T(u)du = 2\,\mathrm{Re}\int_{0}^{\infty} e^{-iuk}\psi_T(u)du \qquad (7\text{-}14)$$

因買權價格為實數，故（7-14）式只取實數部分。將（7-14）式代入（7-13）式內，可得：

$$C_T(k) = \frac{e^{-\alpha k}}{\pi}\int_{0}^{\infty} e^{-iuk}\psi_T(u)du \qquad (7\text{-}15)$$

另一方面，CM 曾指出：

$$\psi_T(u) = \frac{e^{-rT}\phi_T\left[u-(\alpha-1)i\right]}{\alpha^2+\alpha-u^2+i(2\alpha+1)u} \qquad (7\text{-}16)$$

換言之，只要 $\phi_T(\cdot)$ 爲已知，我們的確可以計算歐式買權價格；或者說，根據（7-15）與（7-16）二式，可知 CM 的歐式買權價格公式具有明確的數學式。

我們可以回想 FFT 的定義。例如：於 Python 內，FFT 的定義可寫成：

$$z_k^* = \sum_{j=1}^{N} z_j \exp\left[-2\pi i(j-1)(k-1)/N\right], k = 1, 2, \cdots, N \tag{7-17}$$

即 $z^* = fft(z)$，其中 z 可改用 $\phi_T(\cdot)$。因此，只要與 CM 的歐式買權價格公式比較，CM 的歐式買權價格亦可用 FFT 計算；換言之，比較（7-12）式內的積分部分與 FT 的定義如（5-13）式，我們可以發現二者其實有些類似。即 FFT 可用於估計 FT，當然亦可以估計（7-12）式，或甚至用於估計（7-17）式。是故，我們嘗試轉換（7-17）式內容以用於估計（7-15）式。

首先，我們更改 FFT 的內容使其能估計到對應的積分值。我們使用梯形法（trapezoidal rule），有關於梯形法的介紹與用法則可以參考例 1 與 2。首先，將 $[0, \tilde{u}]$ 區間分隔成 N 個相同間距，即 $\mathbf{u} = \{(j-1)\Delta u : j = 1, \cdots, N\}$。因此，積分值的梯形法估計值可寫成：

$$\frac{1}{2}e^{-iu_1 x}h(u_1)\Delta u + e^{-iu_2 x}h(u_2)\Delta u + e^{-iu_3 x}h(u_3)\Delta u + \cdots + e^{-iu_{N-1} x}h(u_{N-1})\Delta u + \frac{1}{2}e^{-iu_N x}h(u_N)\Delta u$$

令 $\alpha = \left(\frac{1}{2}, 1, 1, \cdots, 1, \frac{1}{2}\right)^T$ 與 $h_j = h(u_j)$，則上述估計值可寫成 $\sum_{j=1}^{N} e^{-iu_j x}\alpha_j h_j \Delta u$。

接下來，我們來看 x 的分割。令 $\mathbf{x} = \{x_1 + (k-1)\Delta x : k = 1, \cdots, N\}$。通常我們希望 $\mathbf{x}$ 內的元素爲以 0 爲中心的對稱值，故可令 $x_1 = -\frac{N}{2}\Delta x$。是故，上述估計值可再寫成：

$$\begin{aligned} y_k = \sum_{j=1}^{N} e^{-iu_j x_k}\alpha_j h_j \Delta u &= \sum_{j=1}^{N} e^{-i(j-1)(k-1)\Delta u \Delta x} e^{-i(j-1)x_1 \Delta u}\alpha_j h_j \Delta u \\ &= \sum_{j=1}^{N} e^{-i(j-1)(k-1)\Delta u \Delta x} z_j \end{aligned} \tag{7-18}$$

其中 $z_j = e^{-ix_1 u_j}\alpha_j h_j \Delta u$。當然，若 $\Delta u \Delta x = \frac{2\pi}{N}$，則上述估計值與（7-17）式頗爲一致。換言之，透過適當的 $\mathbf{u}$ 與 $\mathbf{x}$ 之分割，我們竟然可以計算買權價格。

透過修改 Chourdakis（2008）所使用的步驟，我們估計 CM 之買權價格的步驟爲：

(1) 建構 $\phi_T(\cdot)$ 與 $\psi_T(\cdot)$ 二函數，其中後者根據（7-16）式。

(2) 決定適當的 N、$\tilde{u}$ 與 α 值，其中 $\tilde{u}$ 爲積分上限值。

(3) 令 $\Delta u = \tilde{u} / N$ 與 $\mathbf{u} = u_1 \Delta u$，其中 $u_1 = 0, 1, 2, \cdots, N-1$。

(4) 令 $\lambda = \dfrac{2\pi}{N\Delta u}$、$x_1 = -\dfrac{N\lambda}{2}$ 與 $\mathbf{x} = x_1 + u_1\lambda$，此隱含著 $\Delta u \Delta x = \dfrac{2\pi}{N}$。

(5) 根據（7-17）式取得 y_k 並使用 FFT，即令 $z^* = fft(y_k)$ 並令 $\mathbf{z} = \text{Re}\left(z^* e^{-\alpha \mathbf{x}} / \pi\right)$。

(6) 因 FFT 的結果爲向量值，恢復 K_1 與 C_1 向量值，即 $K_1 = S_t e^{\mathbf{x}}$ 與 $C_1 = S_t e^{\mathbf{z}}$，其中 K_1、C_1 與 S_t 別表示履約價、買權價格向量與 t 期標的資產價格。

(7) 根據線性插值法（linear interpolation）取得 K 之下的 C 值。有關於線性插值法的意義與使用，則可參考例 5。

我們舉一個例子說明上述的估計步驟。考慮 BSM 模型，其對應的風險中立特性函數爲 $\phi_T(u) = \exp\left[T\left(i\Delta u - \frac{1}{2}\sigma^2 u^2\right)\right]$（其中 $\Delta = r - \frac{1}{2}\sigma^2$，可參考 6.2.1 節）。令 $S_t = 100$、$K = 100$、$r = 0.05$、$q = 0$、$\sigma = 0.25$ 與 $T = 0.25$，利用 BSM 模型可得買權價格約爲 0.5948。接下來，我們使用 CN 方法。首先，令 $N = 4{,}098$、$\tilde{u} = 1{,}024$ 與 $\alpha = 4$，按照上述 CM 的 FFT 估計步驟，可得買權價格亦約爲 0.5948，其與 BSM 模型的估計結果頗爲接近，故我們倒是於 BSM 模型之外，得到另外一種以 FFT 計算歐式買權價格的方法。例如：圖 7-8 繪製出 $K = 140$ 而其餘上述假定不變的 CM 的 FFT 與 BSM 模型的買權價格曲線，從圖內可看出二曲線幾乎重疊，讀者可嘗試更改上述假定以取得更多的資訊。

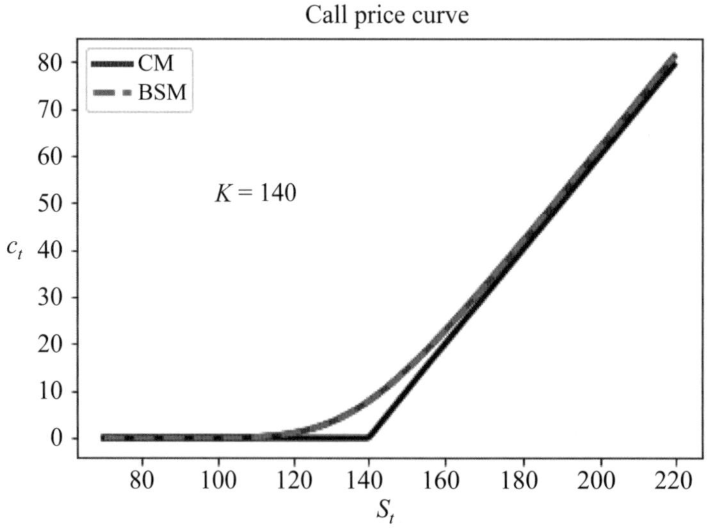

圖 7-8　CM 之 FFT 與 BSM 模型之買權價格比較

雖說圖 7-8 的結果頗爲接近，不過我們頗爲好奇以 CM 之 FFT 買權價格取代 BSM 模型買權價格的誤差爲何？圖 7-9 繪製出該誤差形狀（前者減去後者），其中虛線表示履約價的位置；從該圖可看出誤差皆爲正數值，表示 CM 之 FFT 買權價格有高估的可能。有意思的是，上述誤差形狀竟類似於常態分配（以履約價爲中心），不過於中心部分，誤差波動較大。

我們從上述的估計步驟得知，只要標的資產的特性曲線爲已知，透過 CM 方法，竟然可以計算到對應的歐式買權價格。我們再舉一個例子。考慮 MJD 模型。於 6.2.1 節內，已知對應的風險中立特性爲：

$$\phi_T(u) = \exp\left\{t\left[i\Delta u - \frac{1}{2}\sigma^2 u^2 + \lambda\left(e^{ij_a u - \frac{1}{2}j_b^2 u^2} - 1\right)\right]\right\}$$

其中 $\Delta = r - \frac{1}{2}\sigma^2 - \lambda\left(e^{j_a + \frac{1}{2}j_b^2} - 1\right)$。令 $S_t = 100$、$K = 100$、$r = 0.05$、$q = 0$、$\sigma = 0.25$、$T = 0.25$、$\lambda = 0.1$、$j_a = -0.05$、$j_b = 0.3$、$N = 4{,}098$、$\tilde{u} = 1{,}024$ 與 $\alpha = 4$，於上述假定下，我們亦發現二者的計算結果頗爲一致（二者計算的買權價格皆約爲 5.7937，其中 MJD 模型的計算是取自第 3 章）。

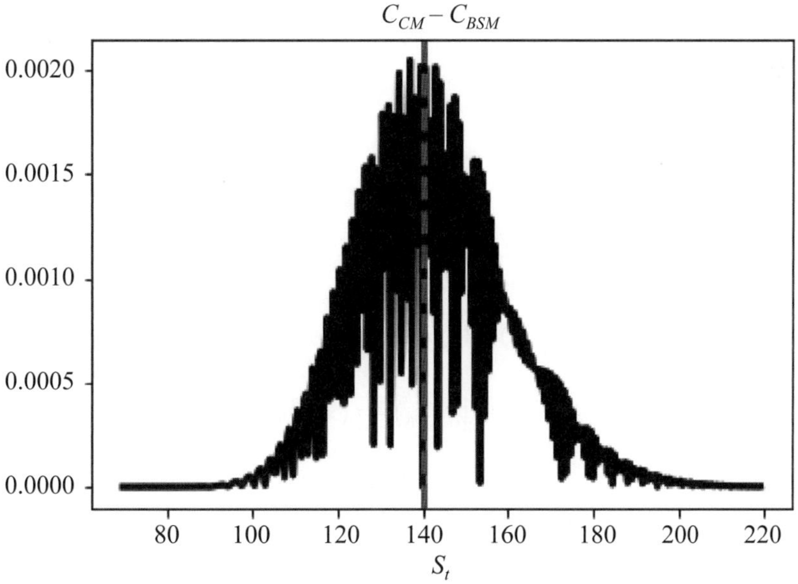

圖 7-9　CM 之 FFT 與 BSM 模型買權價格差距

因此，只要標的資產的特性函數爲已知，使用 FFT 方法，的確可以計算出對應的歐式選擇權價格，其包容性或一般性反而較廣；或者說，利用 CM 之 FFT 方法，（歐式）選擇權的標的資產未必只屬於 GBM 或 MJD 過程，我們反而有多種可能可供選擇，例如第 5 章內的（指數型）Lévy 過程。是故，用 (F)FT 來處理選擇權定價，的確頗吸引人或讓人印象深刻。

例 1　梯形法

考慮下列的定積分：

$$\int_a^b f(x)dx$$

我們希望使用數値積分的方式計算上述積分値。一種簡易的梯形法爲：

$$\int_a^b f(x)dx \approx (b-a)\frac{\left[f(a)+f(b)\right]}{2}$$

可以參考圖 7-10，即用三角形的面積取代 $f(x)$ 底下的面積（深色）。舉個例子說明。令 $f(x) = x\sin(x)$ 而 $a = 0$ 與 $b = \pi/4$，利用 Python 內的積分函數指令，可得 $\int_a^b f(x)dx$ 値約爲 0.1517，而上述簡易梯形法的估計値則約爲 0.2181，其對應的估計誤差應不算小。爲了降低估計誤差値，直覺而言，可擴充上述簡易梯形法的計算，即：

$$\begin{aligned}\int_a^b f(x)dx &\approx \sum_{k=1}^{N}\frac{\left[f(x_{k-1})+f(x_k)\right]}{2}\Delta x_k \\ &= \frac{\Delta x_k}{2}\left[f(x_0)+2f(x_1)+2f(x_2)+\cdots+2f(x_{N-1})+f(x_N)\right] \\ &= \sum_{k=0}^{N} f(x_k)-\frac{1}{2}\left[f(x_0)+f(x_N)\right]\Delta x\end{aligned}$$

其中 $a = x_0 < x_1 < \cdots < x_{N-1} < x_N = b$ 與 $\Delta x_k = x_k - x_{k-1}$。仍取上述 $f(x) = x\sin(x)$ 的例子，同時令 $\Delta x = x_1 - x_0 = x_2 - x_1 = \cdots = x_N - x_{N-1}$，於 $N = 1{,}000$ 之下，可得上述積分估計値約爲 0.1513，故準確度已提高了。

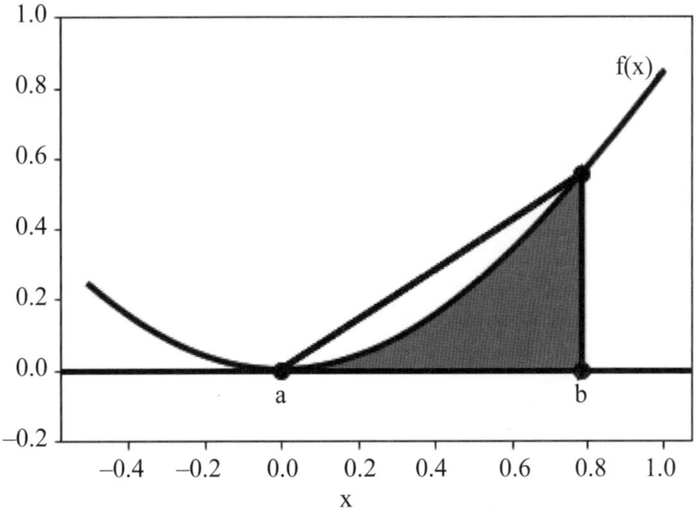

圖 7-10 利用梯形法計算積分值

例 2 利用梯形法將特性函數轉換成 PDF

根據前述 BSM 模型的特性函數，我們使用梯形法以估計對應的對數資產價格 PDF 函數。於 $r = 0.08$、$\sigma = 0.25$、$T = 30/365$（選擇權到期期限）、$\Delta u = 0.5$ 與 $\Delta x = 0.0005$ 之下，我們考慮二種積分上限值，其分別爲 $\tilde{u} = 20$ 與 $\tilde{u} = 100$，圖 7-11 分別繪製對應的對數資產價格 PDF 函數，其中虛線爲對應的常態分配。我們從該圖內可看出 $\tilde{u} = 20$ 是不夠的。於此，可知事先設置 $\tilde{u}$ 值的重要性。

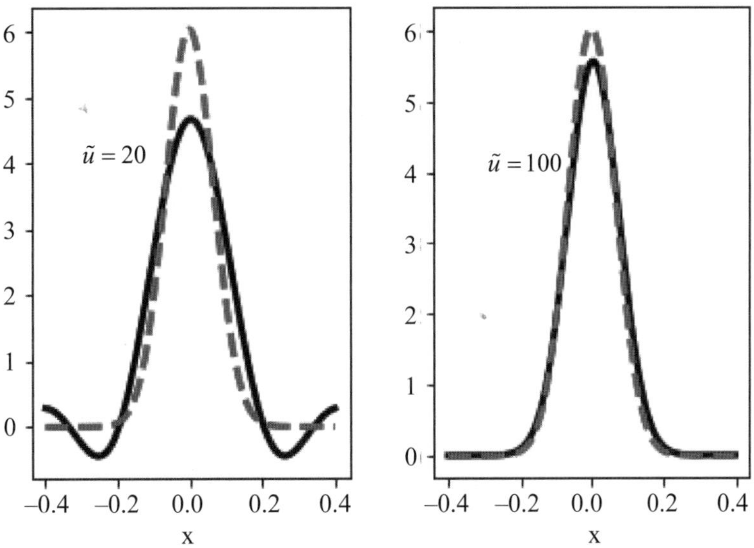

圖 7-11 於 BSM 模型內，以梯形法估計對應的對數資產價格 PDF 函數

例 3 VG 之選擇權定價

根據 Madan et al.（1998），若選擇權的對數標的資產價格屬於 VG 過程，則其對應的風險中立特性函數可寫成：

$$\phi_T(u)=e^{i\Delta tu}\left(1-i\nu\theta u+0.5\nu\sigma^2u^2\right)^{-t/\nu}$$

其中 $\Delta=r+\log\left(1-\theta\nu-0.5\sigma^2\nu\right)/\nu$。根據上述特性函數，我們利用 CM 方法估計歐式買權價格。令 $S_t=100$、$K=100$、$r=0.05$、$q=0$、$\sigma=0.198$、$T=0.25$、$\nu=1.09$、$\theta=-0.07$、N = 4,098、$\tilde{u}=1{,}024$ 與 $\alpha=4$，可得 FFT 定價之買權價格約為 3.6512，而 BSM 模型之買權價格則約為 4.5757，二者有些微的差距。仍使用上述假定，圖 7-12 繪製出上述二方法之買權價格曲線，讀者可以嘗試比較看看。

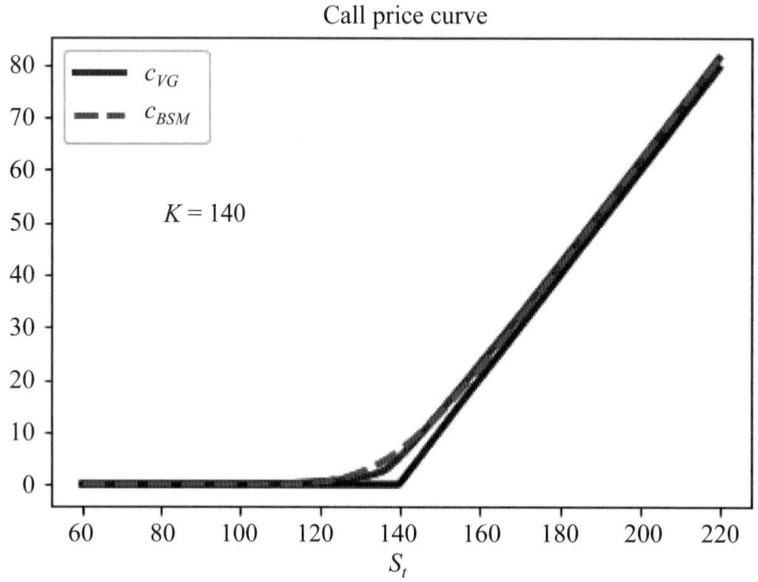

圖 7-12 CN 之 FFT 方法（VG）與 BSM 模型之買權價格比較

例 4 α 所扮演的角色

於上述例子或計算過程內，大多假定阻尼因子 $\alpha=4$，我們並沒有多解釋 α 所扮演的角色；雖說如此，卻可將不同的 α 值代入 CM 的方法內，看看結果會如何？仍以例 3 的假定為例，圖 7-13 繪製出二種結果，其中左圖屬於 FFT 之 BSM 而右圖則屬於 FFT 之 VG 例子；另一方面，水平虛線表示對應的 BSM 模型的買權價格。

從圖 7-13 內可看出 α 值至 α_1 門檻後，FFT 之買權價格的計算結果頗爲穩定，而且 α 值也不需要太大。讀者可檢視 α 值等於 0 或較大數值的結果。利用圖 7-13 的結果，不難計算出對應的 α_1 值。例如：就 FFT 之 BSM 而言，α_1 值約爲 1.43，而就 FFT 之 VG 而言，對應的 α_1 值則約爲 0.18。

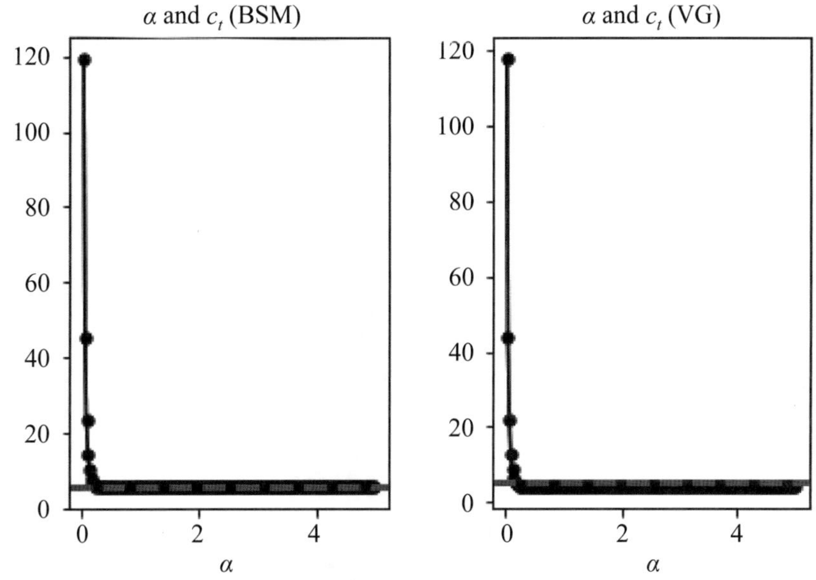

圖 7-13　α 與 c_t 之間的關係，其中 c_t 為買權價格

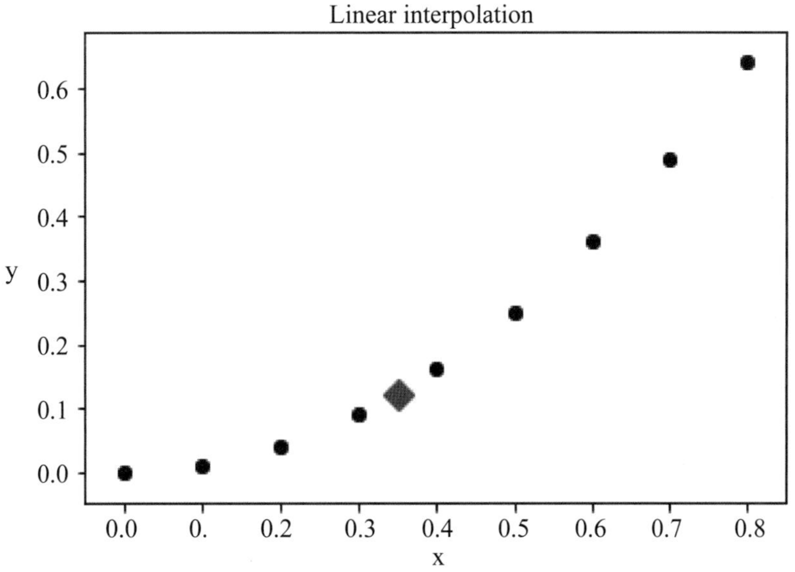

圖 7-14　線性插值法的應用

例 5 線性插值法

如前所述，於 CM 的 FFT 方法內，我們有使用線性插值法。於此，我們簡單介紹該方法。令 $y = f(x)$，其中 $x = 0, 0.1, 0.2, \cdots, 0.9$；換言之，我們只有 10 個 x 數值資料，而 y 與 x 的位置則繪製於圖 7-14 內的圓點。假定我們想要知道圖內「菱形」所對應的 y 值爲何（對應的 x 值爲已知數值），則該如何計算？直覺而言，可以利用「菱形」兩旁的圓點而以直線方程式方式求得；或是利用 Python 內的 interp1d(·) 函數指令計算，而該函數指令取自模組（scipy）。可以參考所附的 Python 指令碼得知如何使用上述函數指令。

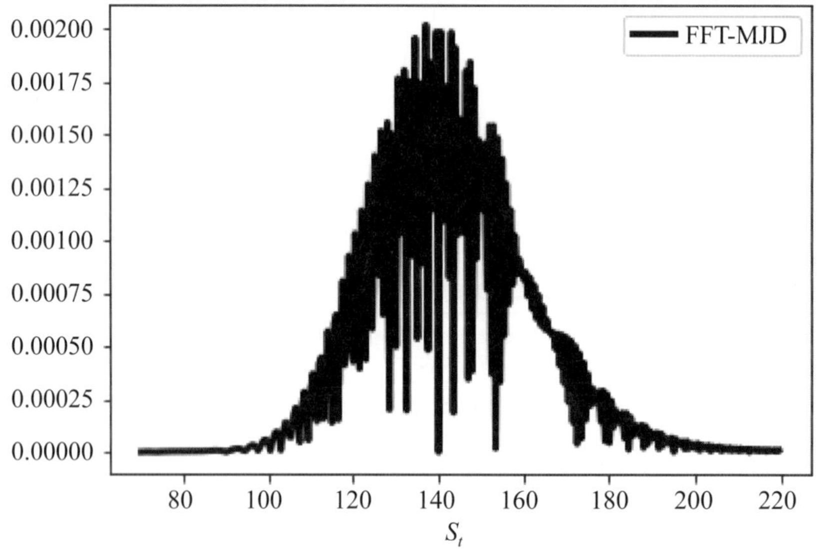

圖 7-b

習題

(1) 試敘述歐式買權價格之 CN 之 FFT 方法。

(2) 類似於圖 7-8，試繪製出 CN 之 FFT 方法與 MJD 模型之買權價格曲線。提示：可以參考圖 7-b。

(3) NIG 過程的標的資產價格的風險中立函數可寫成：

$$\phi_T(u) = \exp\left(iu\Delta t - \theta t\sqrt{\alpha^2 - (\beta + iu)^2} - \sqrt{\alpha^2 - \beta^2}\right)$$

其中 $\Delta = r + \theta\left(\sqrt{\alpha^2 - (\beta+1)^2} - \sqrt{\alpha^2 - \beta^2}\right)$。試舉一例說明如何利用 CN 之 FFT 方法計算歐式買權價格。其結果爲何？提示：令 $\theta = 0.1622$、$\alpha = 6.1882$ 與 $\beta = -3.8941$；其次、阻尼因子 $\alpha = 4$。

(4) 續上題，若與 BSM 模型比較，其結果又爲何？提示：令 $\sigma = 0.21$。

(5) 續上題，試繪製以 NIG 之 FFT 估計 BSM 模型買權價格的誤差曲線。提示：可以參考圖 7-c。

(6) 阻尼因子扮演的角色爲何？試舉一例說明。

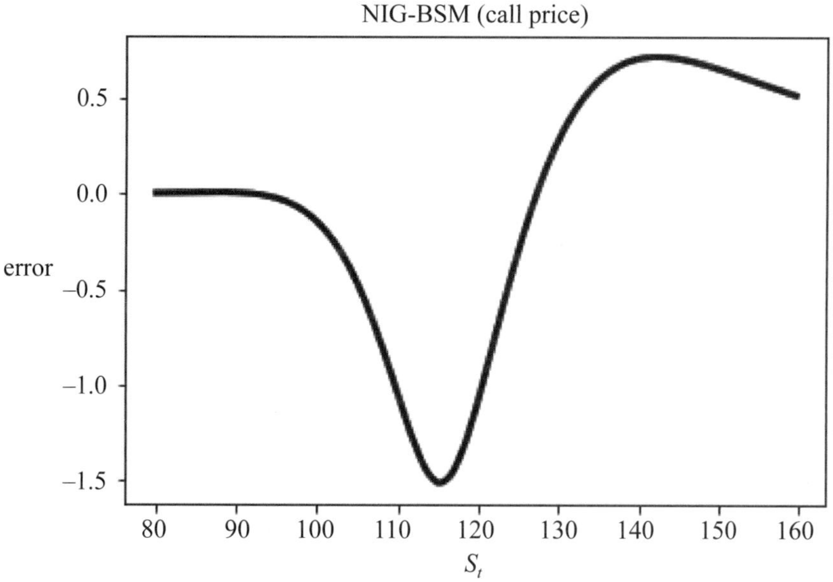

圖 7-c

7.2.2 FRFT

於 CM 之 FFT 方法內，u 與 x 的分割必須滿足 $\Delta u \Delta x = 2\pi / N$ 的限制才能使用 FFT；不過，上述限制於 N 固定下，Δu 與 Δx 之間的選擇並不是相互獨立的。例如：若 $N = 2^9 = 512$ 與 $\tilde{u} = 100$，則 $\Delta u = \tilde{u} / N = 0.1953$ 隱含著 $\Delta x = 0.0628$；又若 $\tilde{u} = 50$ 而 N 値不變，則 $\Delta u = \tilde{u} / N = 0.0122$ 亦隱含著 $\Delta x = 0.1257$。因此，若欲將 u 分割愈細，於 N 値不變之下，反而 x 的分割愈「粗糙」。

有鑑於此，Chourdakis（2005）提出 FRFT 方法以改進 CM 之 FFT 方法。於底下的例子內，自然可以看出 FRFT 方法的確較「省時省力」。FRFT 其實是 FFT 的一個特例，其可寫成：

$$\sum_{j=0}^{N-1} e^{i2\pi kj\varepsilon} h_j$$

因此，若與（7-18）式比較，可知當 $\varepsilon = 1/N$ 時，FRFT 就是 FFT。

FRFT 亦需要使用 FFT。事實上，其需要使用三次 FFT。乍看之下，似乎比使用 FFT 一次較「費時費力」，不過 FRFT 的優點在於其令 $\varepsilon = \dfrac{\eta\lambda}{2\pi}$，其中 η 與 λ 二參數的選擇可以相互獨立。

根據 Chourdakis（2005, 2008），假定我們欲計算向量 **x** 的 N 點的 FRFT，其操作步驟爲：定義二向量 **y** 與 **z**，其內之元素分別爲：

$$y_j = x_j e^{-\pi i j^2 \varepsilon}, 0 \le j < m;\ y_j = 0, m \le j < 2m;$$

與

$$z_j = e^{\pi i j^2 \varepsilon}, 0 \le j < m;\ z_j = e^{\pi i j(j-2m)^2 \varepsilon}, m \le j < 2m$$

其中 $\varepsilon = \dfrac{1}{N} = \dfrac{\eta\lambda}{2\pi}$。利用上述結果，FRFT 可以進一步定義爲：

$$\mathbf{G}_k(x,\varepsilon) = e^{-\pi i k^2 \varepsilon} \otimes \mathbf{D}_k^{-1}\left[\mathbf{D}_j(\mathbf{y}) \otimes \mathbf{D}_j(\mathbf{z})\right] \tag{7-19}$$

其中 $\otimes$ 表示元素對元素之相乘，而 $\mathbf{D}_j$ 爲 DFT 或 FFT。因此，FRFT 有牽涉到三次的 FFT 轉換。

FRFT 用於選擇權定價的步驟爲：首先，分別選擇 N 值與二個積分上限值 a 與 b 值，其中後者爲對數標的資產價格的上限值（即對數價格介於區間 $[e^{-b}, e^{b}]$ 內）。令 $\eta = a/N$ 與 $\lambda = 2b/N$，故「投入平面（a, N）」分割的間距爲 η 而「產出平面（$-b, b$）」分割的間距爲 λ。FRFT 方法非常類似於 CN 之 FFT 方法，即投入於標的資產特性函數內，隨後用梯形法計算對應的積分值。最後，再使用線性插值法計算選擇權價格。當然，中間過程是以 FRFT 取代 FFT。

我們舉一個例子說明。令 $N = 128$、$a = 140$、$b = 0.8$、$S_t = 100$、$K = 100$、$r = 0.05$、$q = 0$、$\sigma = 0.198$、$\alpha = 4$ 與 $T = 0.25$，則 BSM 模型的買權價格約爲 4.5757。若使用上述 FRFT 方法（可以參考所附的 Python 程式碼），計算出的買權價格亦約爲 4.5757；因此，FRFT 方法可以取代 BSM 模型的計算。接下來，我們來檢視 FRFT 與 CM 之 FFT 方法的比較。直覺而言，上述 FRFT 方法所使用的 N 值遠小於

CM 之 FFT 方法所用的 N 值，後者於 7.2.1 節內，我們是使用 $N = 4{,}069$。因此，令 $N = 4{,}069$（即 FRFT 方法亦使用 $N = 4{,}069$）以及上述假定，圖 7-15 分別繪製出 CM 之 FFT 與 FRFT 二方法買權價格的估計誤差，其中買權價格的基準爲 BSM 模型的買權價格，可以留意左與右圖內縱軸座標的差異。換句話說，從圖 7-15 內可看出 FRFT 的估計誤差遠低於 CM 之 FFT 的估計誤差；也就是說，若使用相同的 N 值，相對於 CM 之 FFT 方法而言，FRFT 的計算較爲有效。

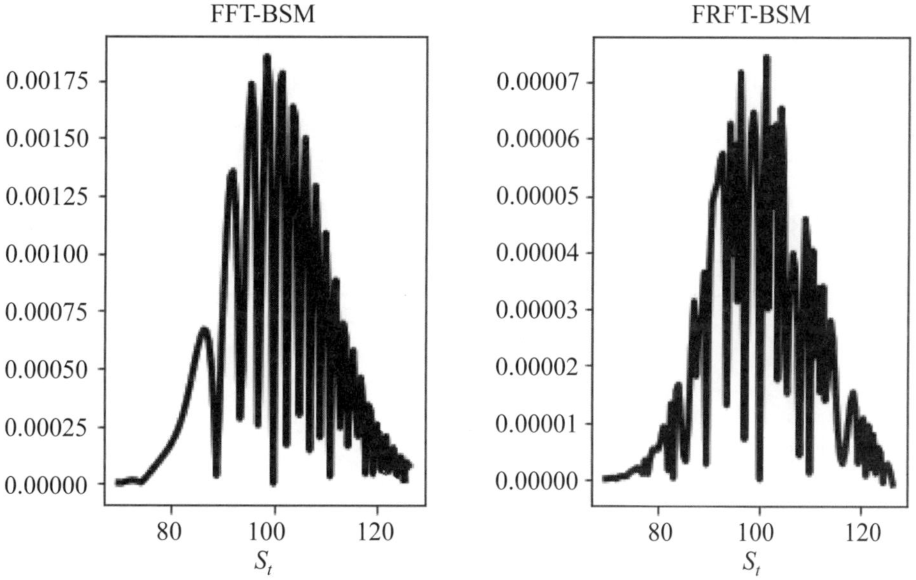

圖 7-15　FFT 與 FRFT 法之估計誤差比較（$K = 100$ 與 $N = 4{,}069$）

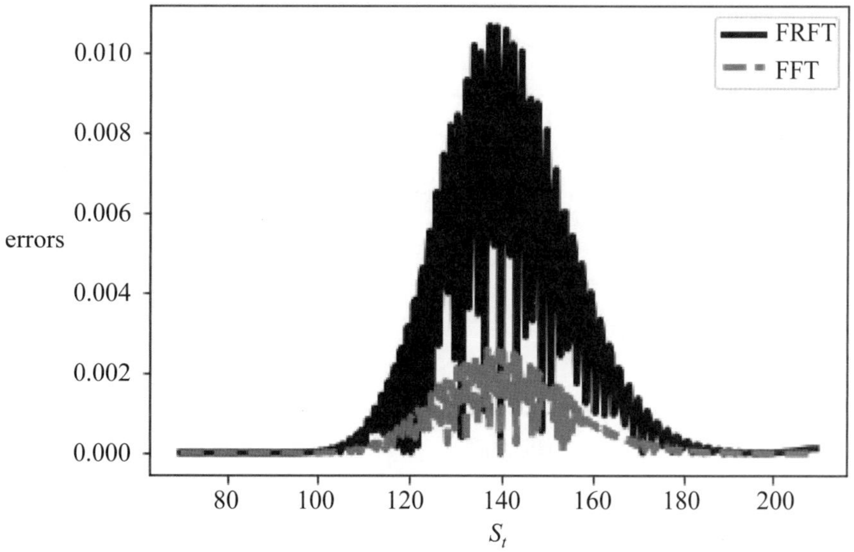

圖 7-16　FFT 與 FRFT 法之估計誤差比較（$K = 140$ 與 $N = 128$）

接下來，我們改回 FRFT 方法使用 $N = 128$ 而 FFT 方法仍使用 $N = 4{,}069$；另一方面，將履約價改爲 $K = 140$，其餘假定不變。圖 7-16 繪製出上述二方法買權價格的估計誤差，不出意料之外，FRFT 方法的估計誤差較大。因此，比較圖 7-15 與 7-16，於 FRFT 方法內，我們應該可以找到一個 $N < 4{,}069$，使得其估計誤差等於 FFT 方法的估計誤差。如此來看，相對於 CM 之 FFT 方法而言，FRFT 方法的確較「不費時又不費力」。

是故，我們可以進一步以 FRFT 方法計算對數標的資產價格屬於 VG 過程的情況。使用圖 7-12 的假定，不過爲了使用 FRFT 方法，我們假定 $N = 128$、$a = 140$、$b = 1$[⑦]；當然，FFT 方法仍使用 $N = 4{,}069$。於上述假定下，圖 7-17 分別繪製出 FRFT 與 FFT 方法的買權價格估計絕對誤差，其中買權價格的基準仍使用 BSM 模型的買權價格。我們從圖 7-17 內可看出二方法的絕對誤差非常接近，顯示出使用較低 N 值的 FRFT 方法的確較占優勢。

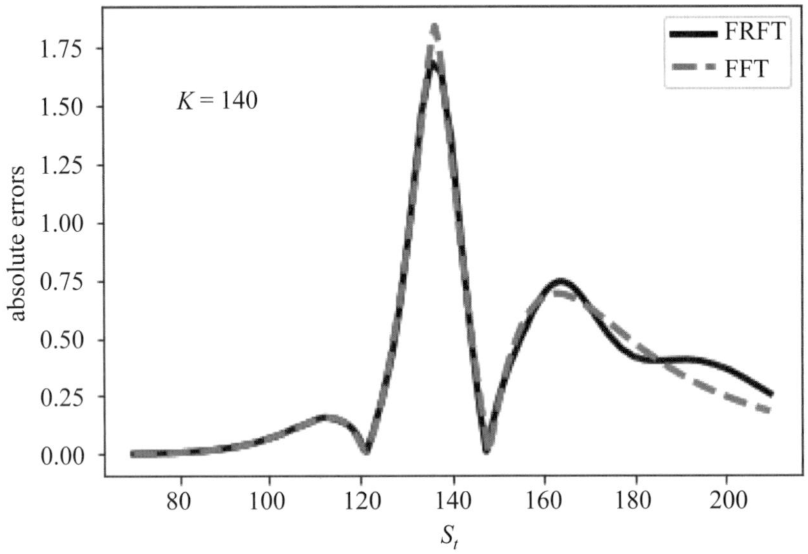

圖 7-17　VG 過程之 FFT 與 FRFT 之比較（絕對誤差），其中 FFT 取自圖 7-12

例 1　用 FRFT 取代 FFT

重新複製圖 7-3，於該圖內我們用 FRFT 取代 FFT，其結果仍相同，不過應注意 ε 值的選定，可以參考所附的程式碼。

⑦ 即 $b = 0.8$ 不足以計算與繪製出圖 6-17 的結果。

例 2 續例 1

根據 Chourdakis（2008），我們有自行設計一個 Python 之函數指令 $FRFT(x, \varepsilon)$，我們嘗試與函數指令 $fft(x)$ 比較。令 $x = 0, 0.1, 0.2, \cdots, 1$，即 x 有 11 個觀察值。我們分別計算 $y_\varepsilon = FRFT(x, \varepsilon)$ 與 $y = \text{fft}(x)$ 值。圖 7-18 分別繪製出不同 y_ε 與 y 的形狀（實數部分），而從該圖內可看出只要找出適當的 ε 值，FRFT 有可能等於 FFT。因此，FRFT 的意義應可明瞭。

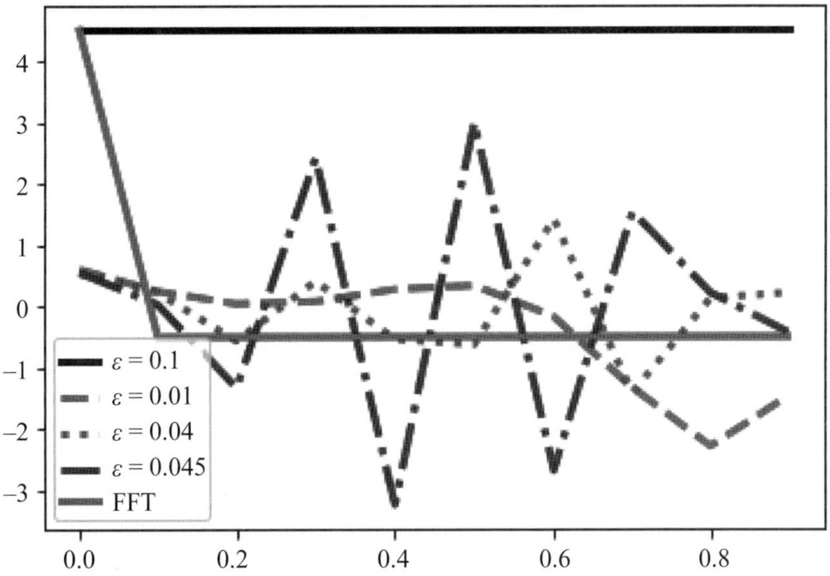

圖 7-18 $y = fft(x)$ **與** $y = FRFT(x, \varepsilon)$ **之比較**

例 3 Madan 與 Milne（1991）的 VG 買權價格

Madan 與 Milne（1991）曾提出 VG 過程之歐式買權價格的明確數學公式，其可寫成：

$$c(t) = S(0)e^{(\alpha+\sigma)^2(T/2)}\left[1 - \nu(\alpha+\sigma)^2/2\right]^{T/\nu} N(d_1) - Ke^{-rT+\alpha^2 T/2}\left(1 - \nu\alpha^2/2\right)^{T\nu} N(d_2)$$

其中

$$d_1 = \frac{\log(S_0/K)}{\sigma\sqrt{T}} + \left[\frac{r + (1/\nu)\log\left(\dfrac{1-\nu(\alpha+\sigma)^2/2}{1-\nu\alpha^2/2}\right)}{\sigma} + (\alpha+\sigma)\right]\sqrt{T}$$

與

$$d_2 = d_1 - \sigma\sqrt{T}$$

即上述公式頗類似於 BSM 模型。可惜的是，除了 BSM 模型的參數之外，上述公式額外需要 α 與 v 二個參數方能計算對應的買權價格，其中 α 值的估計較爲麻煩，α 值的意義則可參考 Madan 與 Milne（1991）之原文。

於此，我們考慮二種可能。其一是令 $\alpha = -\sigma/2$，即於 Madan 與 Milne（1991）的原文內有考慮此一可能性；另外一種情況則取自 Sioutis（2017）的使用方式，即令 $\alpha = -\theta/\sigma$。分別令 $S_0 = 100$、$K = 100$、$r = 0.05$、$q = 0$、$\sigma = 0.198$、$\alpha = 4$、$T = 0.25$、$\theta = -0.07$ 與 $v = 1.09$，則於 $\alpha = -\sigma/2$ 之下，BSM 模型與 Madan 與 Milne（1991）的買權價格皆約爲 4.5757；至於若使用 $\alpha = -\theta/\sigma$ 的假定，則後者的買權價格約爲 4.4048，顯然 BSM 模型的買權價格有高估的可能。雖說如此，我們可能還要進一步驗證 $\alpha = -\theta/\sigma$ 是否合理。因此，於圖 7-17 內，我們仍使用 BSM 模型而反而不用 Madan 與 Milne（1991）的公式；或者說，欲計算 VG 過程的歐式買權價格，使用上述的 FRFT 或 FFT 方法反而比較簡易。

習題

(1) 何謂 FRFT 方法？試解釋之。

(2) 試解釋圖 7-17。

(3) 試敘述 NIG 之 FRFT 方法的買權價格如何計算。

(4) 續 7.2.1 節習題 (3)，於相同的假定下，NIG 之 FRFT 與 FFT 方法的買權價格有何差異？

(5) 續上題，試繪製以 NIG 之 FRFT 估計 BSM 模型買權價格的誤差曲線。

7.3 校準

於上述的估計或計算（歐式）買權的價格內，參數值的認定大多使用「隨意選取」的方式，我們自然無法分別或判斷不同模型之優劣。現在，我們嘗試以實際的市場資料以估計出適當的參數值，此種過程可以稱爲「校準（calibration）」。簡單的校準，莫過於使用極小化下列目標值如：

$$\sum_{i=1}^{N}\left(c_i^{Market}-c_{i,\theta}^{Model}\right)^2$$

其中 c_i^{Market} 與 $c_{i,\theta}^{Model}$ 分別表示實際與估計的買權價格。顯然，後者的計算必須先估計出參數值 θ；換言之，極小化上述目標值可得估計值 $\hat{\theta}$，即；

$$\hat{\theta}=\min_{\theta}\sum_{i=1}^{N}\left(c_i^{Market}-c_{i,\theta}^{Model}\right)^2 \tag{7-20}$$

直覺而言，若 θ 是一個單一數值，上述極小化過程並不難操作。例如：於第 2 章內，利用實際市場價格與 BSM 模型的理論價格可得隱含波動率，即隱含波動率可稱為根據實際市場資料所校準的波動率。比較麻煩的是若 θ 是一個向量，即 θ 內有多個元素值；此時，並不容易利用上述極小化過程以取得適當的參數值向量。

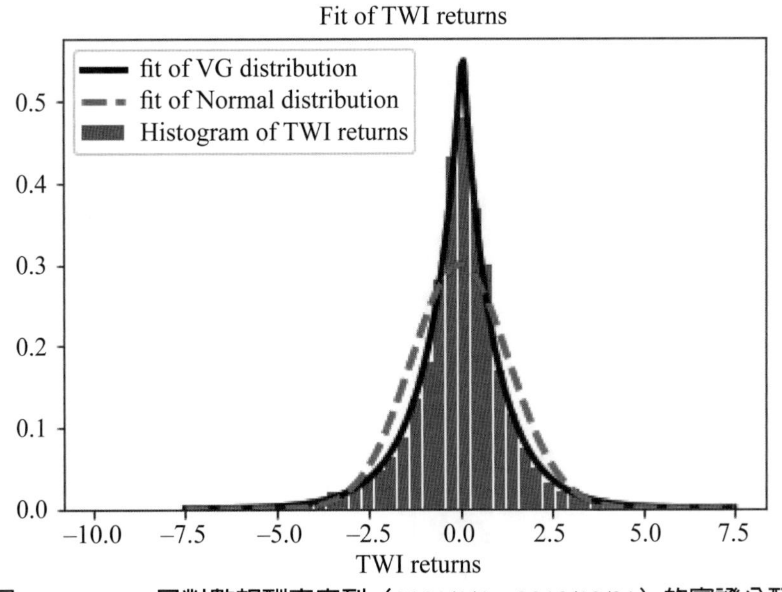

圖 7-19　TWI 日對數報酬率序列（2000/1/4～2019/12/31）的實證分配

還好，至目前為止，我們所檢視的模型大多屬於標的資產價格屬於已知的機率分配，因此倒未必必須使用上述的極小化過程。例如：圖 7-19 繪製出 TWI 日對數報酬率序列（2000/1/4～2019/12/31）的實證分配[8]。我們分別考慮 VG 分配與常態分配以模型化上述 TWI 日對數報酬率序列資料。就 VG 分配而言，因

---

⑧ 該資料取自 Yahoo。

$\theta=(\mu,\sigma,\theta,\nu)$，使用 ML 估計方法（第 6 章），可得 θ 內元素參數值分別約爲 0.0814（0.0117）、1.3089（0.0213）、-0.075（0.0168）與 1.079（0.0796），其中小括號內之值爲對應的標準誤。利用上述參數估計値，自然可以繪製出 VG 分配的理論分配如圖 7-19 內所示⑨。相對於常態分配而言，從圖 7-19 內可看出 TWI 日對數報酬率序列資料似乎以 VG 分配來模型化可能較爲恰當。

圖 7-19 內的結果提醒我們除了使用（7-20）式之外，尙可以 ML 估計方法取得標的資產價格分配的參數值。我們舉一個例子說明。考慮臺灣 TXO201101 之買權資料，該資料取自 TEJ，詳細資料則列於本章附錄的表 7-1。於表 7-1 內，起訖時間爲 2010/10/21～2011/1/19。是故，我們先於 Yahoo 內下載 2000/1/3～ 2010/10/20 期間之 TWI 日收盤價序列資料，轉換成日對數報酬率序列資料後，再以 VG 分配模型化。使用 ML 估計方法可得參數值 θ 與 ν 的估計值分別約爲 -0.0762（0.0528）與 0.9108（0.0541）；接下來，搭配表 7-1 內的資料⑩，於 $N=128$、$a=140$、$b=1$ 與 $\alpha=4$ 之下，可得 FRFT 方法之買權價格資料繪製如圖 7-20 所示（即圖內之 VG）。

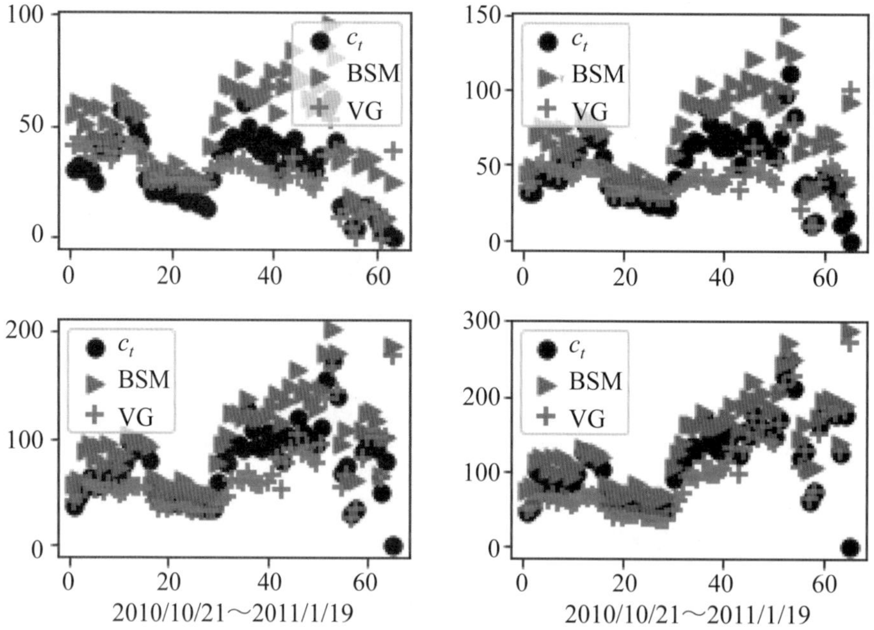

圖 7-20 TXO201101 **買權價格（結算價）以及** BSM **與** VG **模型之買權價格**（2010/10/21～2011/1/19），**其對應的履約價分別為** 9,100、9,000、8,900 **與** 8,800（**由上至下，由左至右**）

⑨ 至於常態的理論分配的繪製，則分別以 x 的平均數與變異數取代常態分配的參數值。

⑩ 以表內的波動率資料取代參數值 σ。

換言之，於圖 7-20 內，根據表 7-1，我們先繪製出 2010/10/21～2011/1/19 期間的實際買權之日結算價，其以圓黑點表示；除了前述之 VG 買權價格資料外，圖內亦繪製出 BSM 模型的買權價格資料。從圖 7-20 內可看出以 FRFT 計算的 VG 買權並不比對應的 BSM 模型的買權價格差；尤其是當履約價（K）分別為 9,100 與 9,000 時，VG 買權價格更接近於實際買權的結算價。也就是說，FRFT 計算的 VG 買權價格有可能優於 BSM 模型的買權價格，使得除了後者之外，我們多了一種可以計算歐式選擇權理論價格的方法，而且該方法於某些情況下可能較優。

我們進一步分別計算 VG 與 BSM 買權價格，其與實際買權結算價之間的差距並以絕對值表示，而該絕對值我們稱為絕對估計誤差。圖 7-21 分別繪製出上述絕對估計誤差的走勢。從圖 7-21 內可看出於接近到期時，不管 BSM 抑或是 VG，皆無法準確地估計到實際的買權結算價，不過於圖內可看出 VG 買權價格的絕對估計誤差未必高於對應的 BSM 買權價格的絕對估計誤差，隱含著未到期前 VG 買權價格也許較對應的 BSM 買權價格能提供較為準確的預測值。

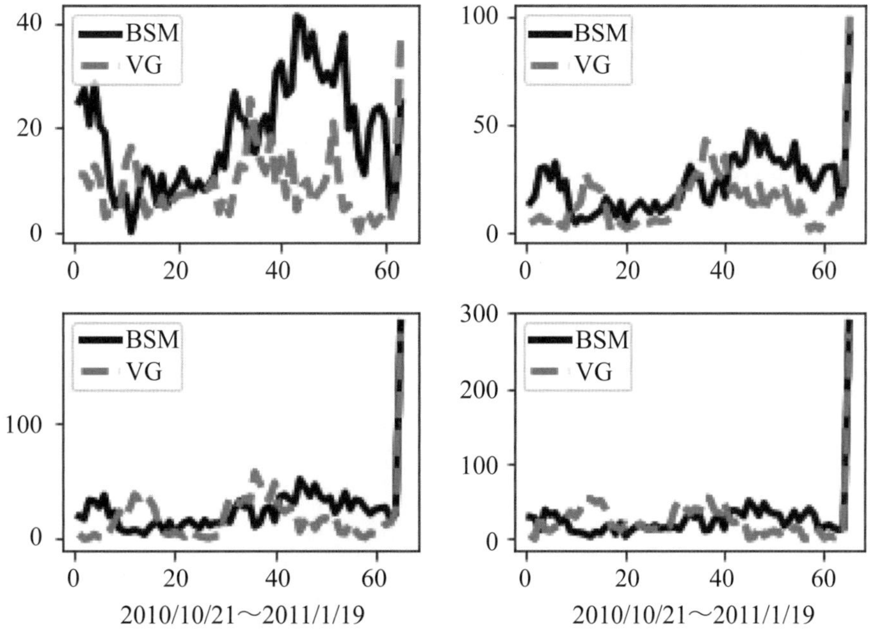

圖 7-21　絕對估計誤差之分配，其對應的履約價分別為 9,100、9,000、8,900 與 8,800（由上至下，由左至右）

當然，VG 買權價格的計算方法未必全然優於對應的 BSM 模型。例如：於 K = 8,800 之下，我們從圖 7-20 或表 7-2 內可看出 VG 買權價格的絕對估計誤差的波動可能大於對應的 BSM 模型。至於 K = 8,900 的情況，亦有類似的結果。因此，上述例子提醒我們除了 BSM 模型外，也許尚存在其他較優的模型，有待我們繼續挖掘。讀者亦可以嘗試檢視其他的買權合約看看

表 7-2　圖 7-20 內 BSM 與 VG 之絕對估計誤差的敘述統計量

	最小值	Q_1	中位數	平均數	Q_3	最大值	標準差
K = 9,100	0.273 (0.48)	9.78 (4.2966)	19.8475 (7.5742)	18.7375 (8.9388)	26.5113 (11.2603)	41.273 (38.5639)	10.2391 (6.26)
K = 9,000	3.3752 (0.3157)	12.6393 (4.9281)	21.7977 (11.9731)	22.7524 (14.3787)	30.7044 (20.2982)	91.5562 (99.6822)	14.022 (14.5689)
K = 8,900	4.1481 (0.3588)	13.8787 (4.4943)	22.6631 (14.4167)	25.396 (19.3352)	32.9032 (27.0977)	186.516 (178.2633)	23.2981 (24.5655)
K = 8,800	3.4683 (0.2046)	12.338 (10.426)	19.2009 (16.6551)	26.3739 (25.3615)	32.3427 (36.0126)	286.3087 (273.2062)	34.6851 (35.2258)

說明：1. Q_1 與 Q_3 分別表示第一與三分位數。
2. BSM 買權價格之絕對估計誤差的敘述統計量。
3. 小括號內之值表示 VG 買權價格之絕對估計誤差的敘述統計量。

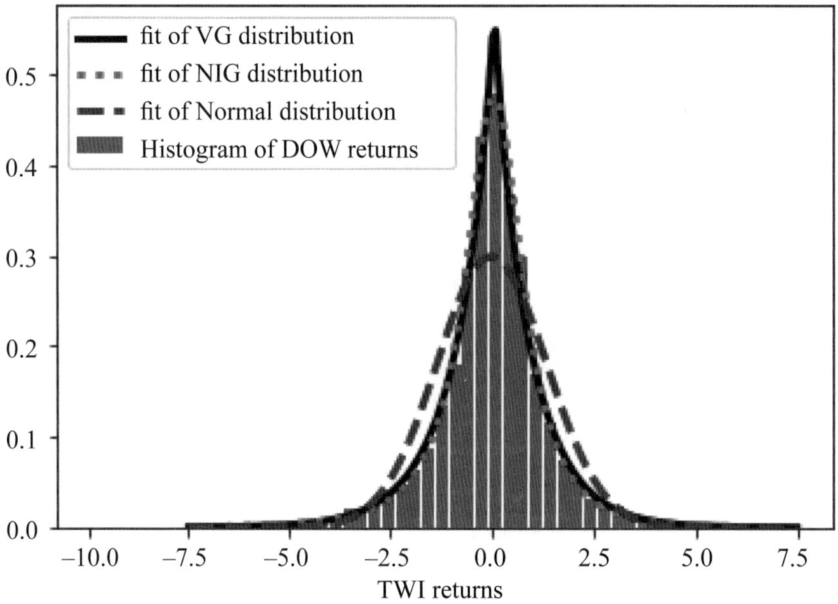

圖 7-22　TWI 日對數報酬率序列（2000/1/4～2019/12/31）的實證分配（續）

例 1 與 NIG 分配比較

於圖 6-21 內，我們曾檢視 Dow 日對數報酬率之實證與理論分配，其中後者是選擇 VG 與 NIG 分配；因此，於圖 7-19 內，我們可以考慮加入 NIG 分配。換句話說，利用圖 7-19 內的 TWI 日對數報酬率資料，使用 ML 估計方法，可得 NIG 分配的參數估計值，按照 $\theta = (\mu, \delta, \alpha, \beta)$ 的順序，分別約爲 0.1038（0.0207）、0.9109（0.0309）、0.5027（0.0299）與 -0.0534（0.0158）。利用上述估計值，不難繪製出圖 7-22 內的 NIG 分配，其中實證與 VG 分配則取自圖 7-19。從圖 7-22 內可看出 TWI 日對數報酬率序列資料似乎較適合用 NIG 分配模型化。

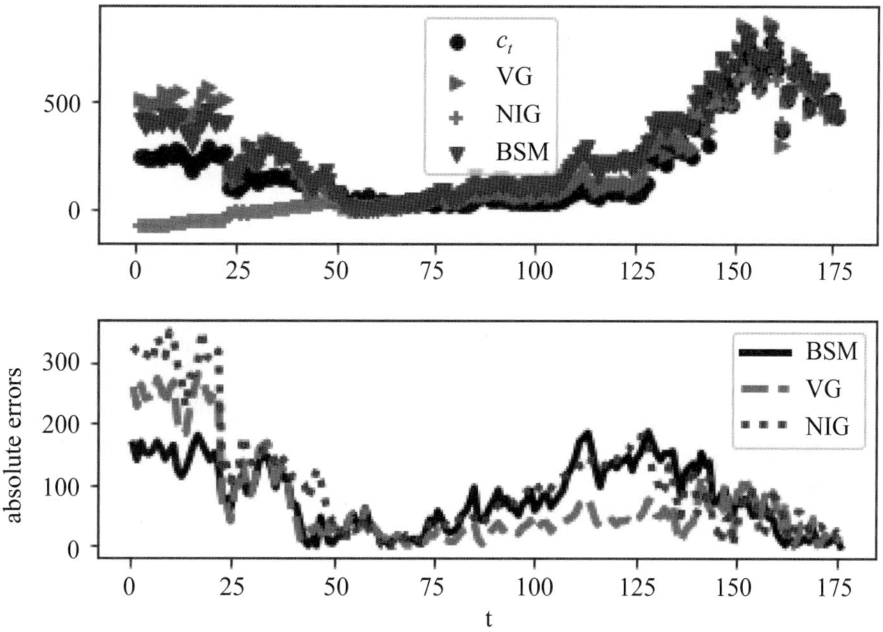

圖 7-23 TXO202009C12200（2020/01/02～2020/09/09）的例子

例 2 NIG 過程的買權價格

於 7.2.1 與 7.2.2 節的習題內，我們曾檢視 NIG 之 FFT 與 FRFT 方法的買權價格計算。假定我們面對的是TWO202009C12200合約資料（2020/1/2～2020/09/07）[11]，

[11] 該資料以及例 3 的資料係取自 TEJ。即筆者於下載時（2020/9/8），上述買權合約至到期的剩餘時間爲 10 日。該資料可參考表 9-1。原則上，VG 與 NIG 分配的參數值亦可逐日估計，讀者亦可以嘗試看看。

該合約買權的結算價繪製如圖 7-23 內的圓點所示。利用上述合約資料（TEJ 提供），首先我們計算並繪製對應的 BSM 模型的買權價格；接下來，至 Yahoo 下載 2010/1/1～2019/12/31 期間的 TWI 日收盤價序列資料並轉換成日對數報酬率序列資料，再利用上述資料分別估計 VG 與 NIG 分配的參數值。即就 VG 分配而言，θ 與 v 的估計值分別約爲 -0.127（0.0338）與 0.7377（0.0673），而 σ 的估計值則取自 TEJ；至於 NIG 分配的參數估計值，按照 δ、α 與 β 的順序，則分別約爲 0.8395（0.0482）、1.0469（0.0876）與 -0.1756（0.0459），其中小括號內之值依舊表示對應的標準誤。因此，令 $N = 128$、$a = 140$、$b = 1$ 與 $\alpha = 4$，我們可以分別計算 VG 與 NIG 之 FRFT 的買權價格，而圖 7-23 分別繪製出該結果。從該圖內可看出雖然期初結果未盡理想，不過於期中或甚至於期末 VG 的買權價格較接近於實際的買權結算價；另一方面，出乎意料之外，NIG 的買權價格未盡理想，其甚至於有出現負值的情況。因此，就平均而言，VG 買權價格的（絕對）估計誤差不僅較小同時也較集中，可以參考圖 7-25 的左圖。

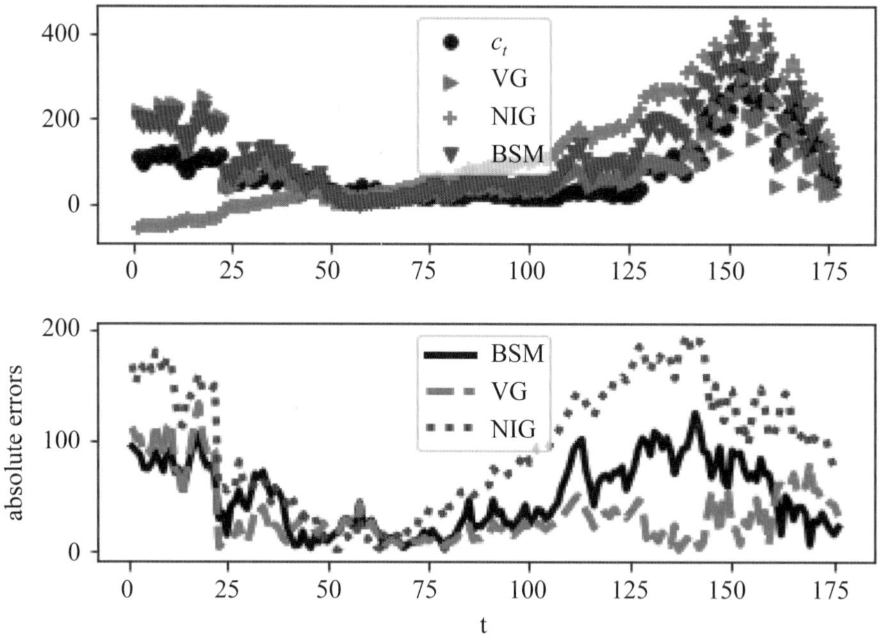

圖 7-24　TXO202009C12800（2020/01/02～2020/09/07）**的例子**

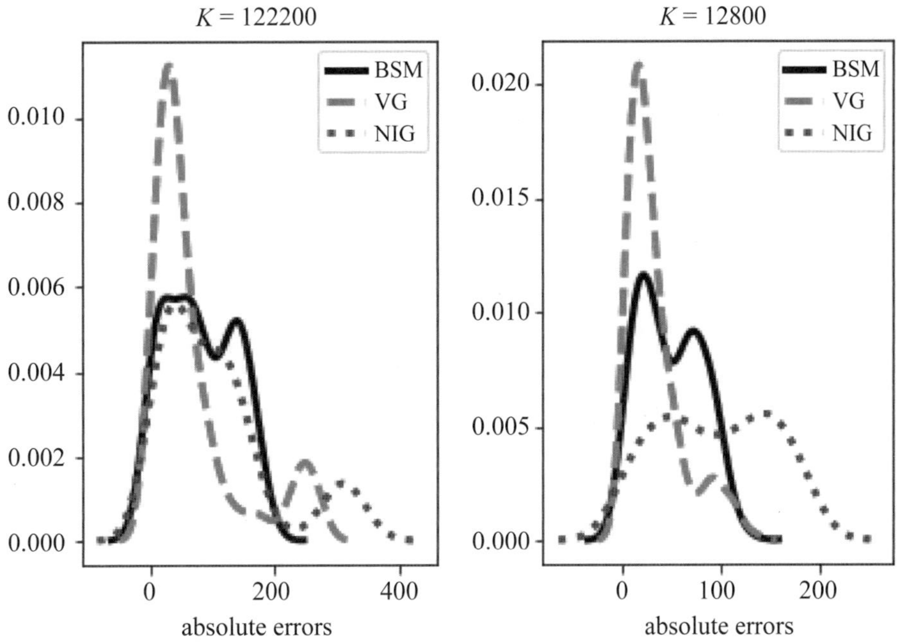

圖 7-25 BSM、VG 與 NIG 之絕對估計誤差分配

例 3 TXO202009C12800

圖 7-23 的結果是出乎意料之外的。我們另外再舉一個例子看看。考慮 TEJ 內的 TXO202009C12800（2020/1/2～2020/09/07）資料。根據例 2 內的 VG 與 NIG 分配之參數估計値，圖 7-24 分別繪製出對應的買權結算價、BSM、VG 與 NIG 的買權價格。比較圖 7-23 與 7-24，可以發現二圖其實頗爲類似；換言之，上述二圖的結果提醒我們注意：雖說 NIG 分配相對上較適合模型化標的資產價格或報酬率，不過其對應的買權價格的波動較大（亦可檢視圖 7-25），故較不適合用於描述實際的買權價格。反觀 VG 分配的買權價格較與實際的買權價格一致，我們亦可從圖 7-25 的右圖得到進一步的驗證。

習題

(1) 爲何 NIG 之 FRFT 或 FFT 的買權價格比較難估計？試解釋之。

(2) 試敘述 VG 之 FRFT 或 FFT 的買權價格的估計過程。

(3) 圖 7-20 的估計結果是否可以再改進？試解釋之。

(4) 試自行找一個合約再計算 VG 與 BSM 的買權估計誤差。

(5) 試利用圖 7-23 與 7-24 的結果，編製如表 7-2 所示的敘述統計表。

附錄

表 7-1　TXO201101C 買權價格資料

日期	C (K = 9,100)	C (K = 9,000)	C (K = 8,900)	C (K = 8,800)	S	波動率	剩餘期間（日）
2010/10/21		31	37.5	44	8131.23	0.1708	91
2010/10/22		32	45	52	8168.06	0.1708	90
2010/10/25	30	41	55	99	8306.98	0.1723	87
2010/10/26	32.5	46	63	81	8343.23	0.1723	86
2010/10/27	30	40.5	55	72	8291.04	0.1723	85
2010/10/28	29.5	42	56	83	8354.05	0.1708	84
2010/10/29	25	39	56	74	8287.09	0.1692	83
2010/11/1	39	51	71	92	8379.75	0.1708	80
2010/11/2	42.5	58	76	97	8344.76	0.1708	79
2010/11/3	38	52	66	84	8293.9	0.1708	78
2010/11/4	43	58	77	98	8357.85	0.1692	77
2010/11/5	57	77	97	126	8449.34	0.1692	76
2010/11/8	57	68	89	118	8430.58	0.1692	73
2010/11/9	54	68	94	115	8445.63	0.1692	72
2010/11/10	48	66	88	117	8450.63	0.1692	71
2010/11/11	42.5	56	79	102	8436.95	0.1692	70
2010/11/12	25.5	36	51	65	8316.05	0.1692	69
2010/11/15	20	27.5	41	57	8240.65	0.1692	66
2010/11/16	21	29.5	43	56	8312.21	0.1692	65
2010/11/17	20	31.5	42	60	8255.54	0.1692	64
2010/11/18	19	28	40.5	58	8283.45	0.1692	63
2010/11/19	19	27.5	39	56	8306.12	0.1692	62
2010/11/22	21.5	32	46	64	8374.91	0.1692	59
2010/11/23	18	27	40	55	8328.63	0.1692	58
2010/11/24	15.5	24	36	50	8297.05	0.1692	57
2010/11/25	18	25	37	54	8349.99	0.1692	56
2010/11/26	15	23.5	34	49	8312.15	0.1692	55

日期	C (K = 9,100)	C (K = 9,000)	C (K = 8,900)	C (K = 8,800)	S	波動率	剩餘期間（日）
2010/11/29	15	23	34.5	52	8367.17	0.166	52
2010/11/30	13	21.5	34.5	52	8372.48	0.166	51
2010/12/1	26	41	60	89	8520.11	0.166	50
2010/12/2	38.5	55	80	113	8585.77	0.166	49
2010/12/3	36	54	78	113	8624.01	0.166	48
2010/12/6	42	63	92	128	8702.23	0.166	45
2010/12/7	45.5	67	96	134	8704.39	0.166	44
2010/12/8	44	65	91	128	8703.79	0.166	43
2010/12/9	60	89	127	169	8753.84	0.166	42
2010/12/10	50	77	108	149	8718.83	0.166	41
2010/12/13	42	66	94	134	8736.59	0.1644	38
2010/12/14	39	61	91	130	8740.43	0.1644	37
2010/12/15	46	73	107	151	8756.71	0.1644	36
2010/12/16	37	61	94	138	8782.2	0.1644	35
2010/12/17	42.5	69	105	152	8817.9	0.1644	34
2010/12/20	29.5	50	80	121	8768.72	0.1644	31
2010/12/21	41	65	105	154	8827.79	0.1644	30
2010/12/22	34	61	97	149	8860.49	0.1644	29
2010/12/23	44	75	120	177	8898.87	0.1644	28
2010/12/24	37	66	106	163	8861.1	0.1644	27
2010/12/27	33.5	61	102	156	8892.31	0.1644	24
2010/12/28	30.5	57	98	151	8870.76	0.1644	23
2010/12/29	29.5	56	96	148	8866.35	0.1644	22
2010/12/30	37	68	111	171	8907.91	0.1644	21
2010/12/31	58	97	157	226	8972.5	0.1644	20
2011/1/3	63	111	173	249	9025.3	0.1644	17
2011/1/4	43.5	83	140	212	8997.19	0.1644	16
2011/1/5	14	34.5	69	120	8846.31	0.1644	15
2011/1/6	15	37	74	130	8883.21	0.1644	14
2011/1/7	3.6	11	29	62	8782.72	0.1644	13

日期	C (K = 9,100)	C (K = 9,000)	C (K = 8,900)	C (K = 8,800)	S	波動率	剩餘期間（日）
2011/1/10	4.1	12.5	35	74	8817.88	0.1644	10
2011/1/11	12.5	38.5	88	162	8931.36	0.1644	9
2011/1/12	13.5	42	99	178	8965	0.1644	8
2011/1/13	11	40.5	99	180	8975.58	0.1644	7
2011/1/14	7	32	90	177	8972.51	0.1629	6
2011/1/17	1.4	10.5	49.5	126	8925.09	0.1644	3
2011/1/18	1.2	16	79	175	8988	0.1629	2
2011/1/19	0	0	0	0	9086.02	0.1644	1

說明：1. C 與 S 分別表示買權結算價與標的證券價格。

2. 無風險利率爲一年期定存利率。2010/10/21～2010/1/4 期間爲 1.13%，2010/1/5～2011/1/19 期間爲 1.19%。

3. 資料來源：臺灣經濟新報（TEJ）。

Chapter 8

GARCH模型

衍生性金融商品的評估是立基於統計模型，而該模型應該能涵蓋或說明標的資產價格的主要特徵。自從 Louis Bachelier（1900）的研究[①]開始，（資產價格的）隨機漫步假說（random walk hypothesis）就經常被提及或論述。由於該假說除了對應的數學型態較簡易外，其亦容易擴充至檢視多資產價格的情況，故其反而成爲許多著名的財務理論之基石；例如：Markowitz（1959）的資產組合管理或 BS 的選擇權定價模型。近數十年以來，隨著電腦與計算能力的提升使得我們得以分析財金資料或檢視模型假設的合理性；換言之，雖說財金資料存在本質的異質性（例如：股票、商品、利率或匯率等本質的不同），不過上述財金時間序列資料卻存在一些共同的規則性[②]，使得令人滿意的模型並不容易取得。

最明顯的例子大概就是 80 年代由 Engle（1982）或 Bollerslev（1986）所提出的 *ARCH*/*GARCH* 模型，而該模型就是教我們如何利用報酬率序列以模型化波動率或條件變異數。由於波動率於選擇權定價內扮演重要的角色，因此我們的確需要對上述模型有進一步的認識。於本章，我們除了簡單介紹財金時間序列資料的獨特性之外，同時亦將介紹 *ARCH*/*GARCH* 模型[③]。

---

① Louis Bachelier（1870～1946）是一位法國數學家。Bachelier 最著名的貢獻是於其博士論文內使用布朗運動用於研究股票選擇權；換言之，當代研究選擇權或財務數學的先驅是 Bachelier。

② 也許上述規則性我們可以稱爲財金時間序列資料所具有的獨特性（stylized facts）。

③ 財金時間序列資料的獨特性與 GARCH 模型的介紹亦可參考《財統》。

8.1 財金時間序列資料的獨特性

最早實證質疑高斯型（即常態分配）的隨機漫步假說的合理性大概來自於 Mandelbrot（1963）與 Fama（1965）等文獻；或者說，上述文獻強調不同資產報酬率的統計特徵，從而引起後續的密集實證研究，建立起不同財金時間序列資料的共同獨特性。於本節，我們藉由檢視（股票）日對數報酬率序列以了解財金時間序列資料的獨特性，即日對數報酬率時間序列資料具有下列的獨特性：

(1) 日對數報酬率序列不存在自我相關（autocorrelation），但是日對數報酬率序列的平方序列卻存在自我相關。
(2) 條件變異數之異值性、波動率之群聚（volatility clustering）與槓桿效應（leverage effect）等現象。
(3) 厚尾與不對稱分配。

當然，爲了解釋上述獨特性。我們需要複習一些觀念。

我們考慮定義於一種機率空間（Ω, **F**, **P**）的間斷時間隨機過程 X_t，其中 $t \in N$。於財務內，儘管我們已經知道「未來未必是過去的延伸」，不過爲了能從事基本的統計分析，某種時間穩定性的需求是必然的，即底下我們將介紹二種定態的（stationary）觀念以取代 IID（獨立且相同分配），即後者就時間序列分析而言，似乎太過於嚴苛。二種定態的時間序列觀念之定義可爲：

(1) 就任何 $t, h \in N$ 而言，若 X_t 屬於嚴格定態過程（strictly stationary process），則（$X_0, \cdots, X_t$）與（$X_h, \cdots, X_{t+h}$）所對應的分配是相同的。
(2) 若 X_t 屬於第二級定態過程，則就任何 $t, h \in N$ 而言，可得：(i) $E(X_t^2) < \infty$ (ii) $E(X_t)$ 是一個常數 (iii) $Cov(X_t, X_{t+h})$ 與時間 t 無關。

通常，於定態過程內，我們會使用自我共變異函數（ACV）$\gamma_X(h) = Cov(X_t, X_{t+h})$ 與自我共相關函數（ACF）$\rho_X(h) = \dfrac{\gamma_X(h)}{\gamma_X(0)}$ 來說明不同時間觀察值之間的關係。

嚴格定態過程亦可稱爲強式定態過程，即其強調每一時點或區間，X_t 或 $X_t, \cdots, X_{t-h}$ 的分配皆相等，不過因條件過於嚴格，故該過程應用的層面並不廣。第二級定態過程又稱爲弱式定態過程，於時間序列分析內，反而我們較常使用第二級定態過程。最簡單的第二級定態過程就是弱白噪音過程（weak white noise），即其相當於假定 $E(X_t) = 0$ 與 $\gamma_X(h) = 0$。與弱白噪音過程相對應的是強白噪音過程（strong white noise），其只是將前者的 $\gamma_X(h) = 0$ 改成 IID 而已。由於「前後期不相關未必表示前後期之間相互獨立」，故強白噪音過程的要求仍過於嚴格，反而不容易應用。是故，因強式定態過程較少觸及，故我們所稱的定態過程，其實指的是弱式定態過程。有關於弱白噪音過程與第二級定態過程的進一步說明與應用，可參考《財時》。

我們可以進一步檢視上述 ACV 與 ACF 的「樣本版」，即：

$$\hat{\gamma}_X(h) = \frac{1}{n}\sum_{i=1}^{n-h}\left(X_t - \bar{X}_n\right)\left(X_{t+h} - \bar{X}_n\right) \text{ 與 } \hat{\rho}_X(h) = \frac{\hat{\gamma}_X(h)}{\hat{\gamma}_X(0)}$$

其中 $\bar{X}_n = \frac{1}{n}\sum_{i=1}^{n} X_i$。若 X_t 屬於 IID 隨機變數，則根據強大數法則能保證對應的估計式如 $\bar{X}_n$ 等是具有一致性的特徵，而且根據中央極限定理可知只要 X_t 的前四級動差爲有限值，則參數的區間估計值可以取得。可惜的是，就財金時間序列資料而言，IID 的假設的確太過於侷限。底下，我們假定 X_t 屬於一種遍歷性隨機過程（ergodic stochastic process），隱含著 $\hat{\gamma}_X$、$\hat{\rho}_X$ 或不同級動差的估計式皆具有一致性的特性④。雖說如此，Davis 與 Mikosch（1998）卻曾指出財金資料會出現較寬的信賴區間，尤其是有出現厚尾的情況更是如此，故對數報酬率的 ACF 分析反而更要謹慎因應。

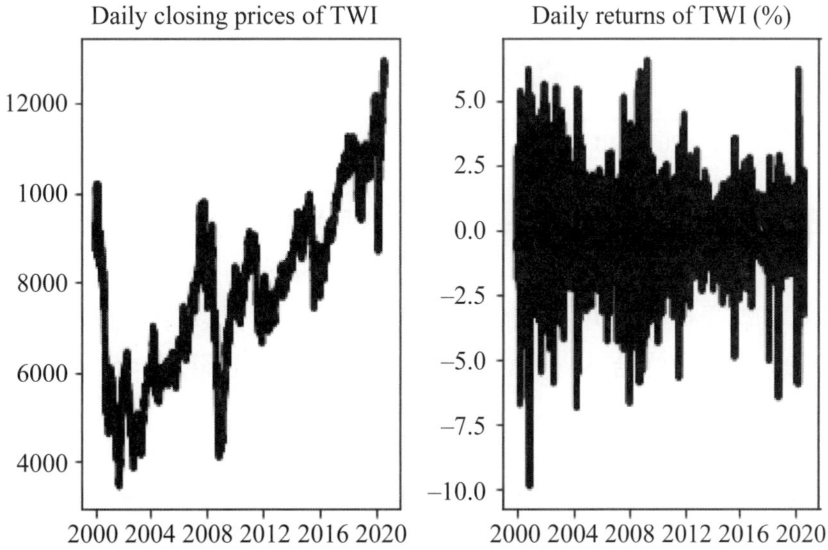

圖 8-1 TWI 日收盤價與日對數報酬率之時間序列走勢（2000/1/3～2020/8/31）

④ 有關於「遍歷性（ergodicity）」的定義，可以參考 Brockwell 與 Davis（1992）。

我們舉一個實際的例子說明。至 Yahoo 下載 TWI 日股價指數時間序列價格（2000/1/3～2020/8/31）。圖 8-1 分別繪製出日收盤價與日對數報酬率之時間序列走勢。從圖 8-1 的左圖可看出其實日收盤價的時間序列走勢頗接近於隨機漫步的實現值走勢；至於日對數報酬率的時間序列走勢，從圖 8-1 的右圖則可發現其接近於定態隨機過程。我們進一步估計 TWI 日對數報酬率序列與其平方序列之 ACF（95% 信賴區間），其結果則繪製於圖 8-2，而從該圖內可看出 TWI 日對數報酬率序列的 ACF 估計值，於 $h \neq 0$ 之下大致皆維持 $\hat{\rho}_X(h) \approx 0$ 的情況；但是，日對數報酬率平方序列卻皆維持 $\hat{\rho}_X(h) \neq 0$ 的結果，此隱含著前述報酬率序列屬於 IID 的假設的確不易於實際的市場上觀察到。

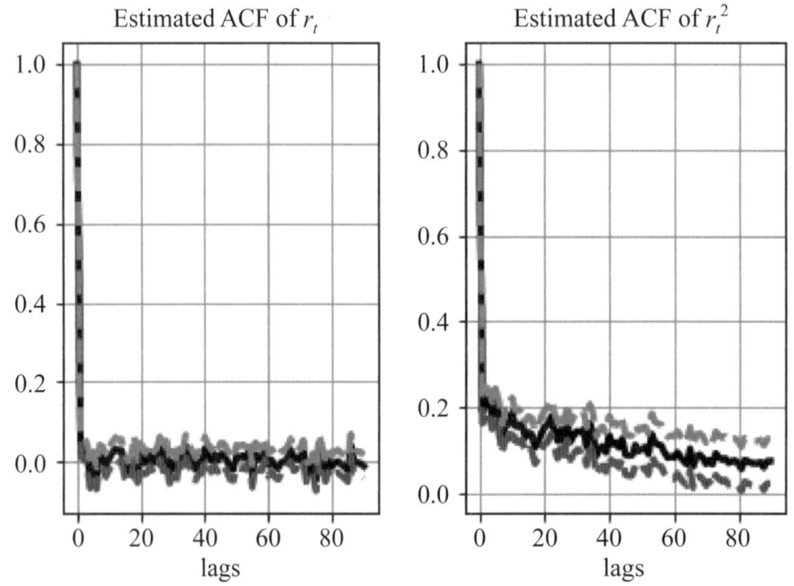

圖 8-2　TWI 日對數報酬率序列（以 r_t 表示）與其平方序列之 ACF 估計

圖 8-2 的結果再次說明了 BSM 模型內（條件）變異數爲固定數值的假設並非與市場實際資料一致的結果⑤。第 1 章所計算的波動率可解釋成：於過去的事件下，

⑤ 我們是使用日對數報酬率資料，即其平均數應會接近於 0，故可用報酬率平方取代變異數的計算。例如：圖 8-2 內共有 5,078 個 TWI 日對數報酬率序列資料，其對應的平均數約爲 0.0074%。換言之，TWI 日對數報酬率序列資料的變異數約爲 1.795%，而報酬率平方序列資料的平均數則約爲 1.795%，二者頗爲接近；如此來看，報酬率平方序列的每一個觀察值可視爲變異數的觀察值，故上述變異數觀察值可稱爲條件變異數觀察值，隱含著每時點的條件變異數觀察值皆不同。

日對數報酬率的條件標準差，即：

$$h_t = \left[Var\left(Y_t \mid Y_{t-1}, \cdots, Y_1\right) \right]^{\frac{1}{2}} \tag{8-1}$$

上述波動率的計算結果，可以參考圖 1-2。由於該圖是用滾動的波動率計算，且從該圖內亦可看出波動率會隨時間改變，故我們觀察到的波動率其實屬於一種隨時間變動的波動率。

如前所述（第 1 章），根據（8-1）式所計算的波動率亦可稱爲歷史波動率；當然，歷史波動率的計算方法未必只有一種。底下，我們使用另外一種計算（歷史）波動率的方法。該方法是由 Rogers 與 Satchell（1991）所提出，其特色是使用高、低與收盤價計算，即：

$$h_t = \left[\log\left(\frac{H_t}{S_t}\right) \log\left(\frac{H_t}{O_t}\right) + \log\left(\frac{D_t}{S_t}\right) \log\left(\frac{D_t}{O_t}\right) \right]^{\frac{1}{2}} \tag{8-2}$$

其中 H_t、D_t、O_t 與 S_t 分別表示高、低、開盤價與收盤價。根據（8-2）式，圖 8-3 繪製出根據上述 TWI 日指數價格序列資料所估計的日波動率，並轉繪製於圖 8-4 的下圖。我們可將圖 8-3 的結果年率化，可得平均與最大波動率分別約爲 0.1121 與 0.7668。

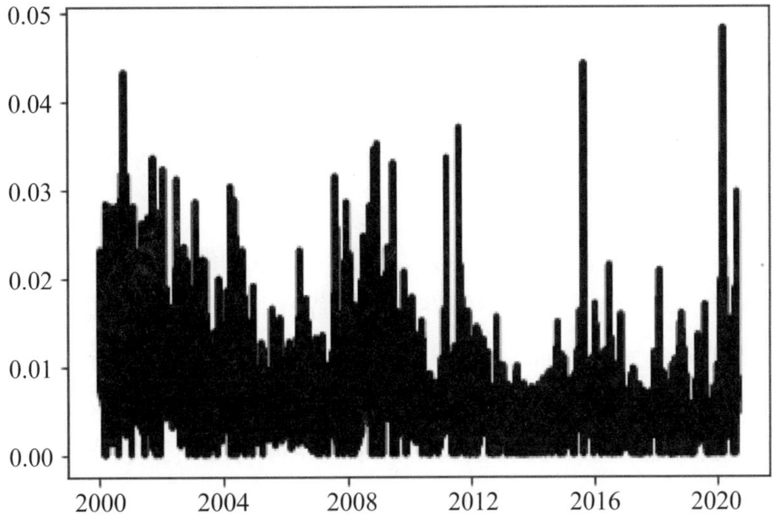

圖 8-3　**以**（8-2）**式估計** TWI **日波動率**

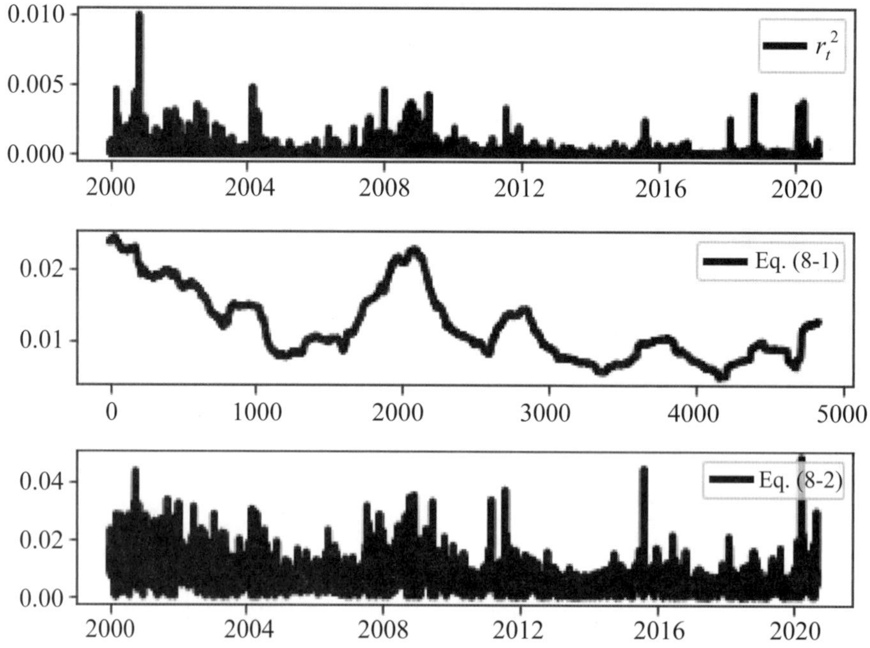

圖 8-4　TWI 日波動率之估計

顧名思義，波動率的觀念頗爲重要，即其不僅可當作隨時間變動的風險指標以提供給個別投資決策參考之外；另一方面，其亦可反映當前經濟循環現況。因此，波動率的估計或計算至爲重要。可惜的是，有關於波動率的估計或計算方法並不一致。例如：仍利用上述 TWI 日對數報酬率序列資料，圖 8-4 分別繪製出 TWI 日波動率之估計，其中上圖繪製出日對數報酬率平方序列的走勢，而其餘二圖則分別使用（8-1）與（8-2）二式計算而得[⑥]。我們從圖 8-4 內可看出三圖內走勢有些類似，特別是各圖皆顯現出一個特徵，即存在所謂的波動率「群聚現象」；換言之，我們並不急於比較上述三種計算波動率方法之優劣，反而較有興趣解釋所顯示的共同特徵：波動率群聚現象。

波動率群聚現象是指「大波動伴隨大波動，小波動伴隨小波動」。我們不難了解爲何會出現上述現象。即股價受到外力衝擊時所引起的波動，並不會立即停止，總會持續一段時間；另一方面，因外力衝擊的強度不一，因此所引起的波動幅度自然就不同，是故我們可以於圖 8-4 內看到不同時期的波動強度未必相同，而其引起的漣漪的強度自然也不同。其實波動率群聚現象亦可用日對數報酬率平方序列的 ACF 檢視或衡量。例如：圖 8-2 的右圖顯示出隨著落後期的提高，日對數報酬率平

⑥ 即中圖是以每隔 $m = 252$ 日計算（8-1）式而得。

方序列的 ACF 估計值遞減的速度並不快，甚至於數週或數月後仍顯著異於 0。

現在，我們已經知道波動率群聚現象其實可用 *ARCH* 效果檢定（《財統》）。上述 *ARCH* 效果或波動率群聚現象最早出現於 Mandelbrot（1963）的檢視商品價格上，不過自從 Engle（1982）或 Bollerslev（1986）所提出的 *ARCH/GARCH* 模型後，波動率群聚現象已經容易於金融商品如股票、股票指數、匯率、利率或甚至於通貨膨脹率等檢視到。

我們可以進一步檢視波動率群聚現象究竟有何涵義？考慮一個 *AR*(1) 模型如：

$$y_t = \rho y_{t-1} + u_t$$

其中 $u_t \sim N(0, \sigma^2)$。就圖 8-2 的左圖而言，報酬率的未來預期絕非可能，故 $\rho = 0$ 隱含著平均數與變異數分別為 $E(y_t) = E(u_t) = 0$ 與 $Var(y_t) = \sigma^2$ ⑦，是故於 $t-1$ 期的資訊下 t 期的條件預期為：

$$E_{t-1}(y_t) = E\left(\rho y_{t-1} + u_t\right) = \rho E_{t-1}(y_{t-1}) + E_{t-1}(u_t) = \rho y_{t-1} = 0 \tag{8-3}$$

可記得 $\rho = 0$，故 $E_{t-1}(y_t) = 0$。

另一方面，圖 8-2 的右圖卻指出報酬率的平方存在自我相關，此隱含著波動率是可預期的。仍寫成 *AR*(1) 模型的型態，即其可寫成：

$$y_t^2 = \alpha_0 + \alpha_1 y_{t-1}^2 + v_t \tag{8-4}$$

其中 $v_t \sim N(0, \sigma_v^2)$ 而 α_0 與 α_1 為二個參數。對（8-4）取非條件期望值可得：

$$E\left(y_t^2\right) = E\left(\alpha_0 + \alpha_1 y_{t-1}^2 + v_t\right) = \alpha_0 + \alpha_1 E\left(y_{t-1}^2\right)$$

因 $E(y_t^2) = E(y_{t-1}^2) = \sigma^2$ 代入上式可得非條件變異數為：

$$\sigma^2 = \frac{\alpha_0}{1 - \alpha_1} \tag{8-5}$$

---

⑦ 即 $Var(y_t) = E(y_t^2) - E(y_t)^2 = E(y_t^2) = E(u_t^2) = \sigma^2$。

因此，非條件變異數爲正數值的條件爲 $\alpha_0 > 0$ 與 $|\alpha_1| < 1$。値得注意的是，若 $\alpha_1 = 1$，則非條件變異數並無法定義。

接下來，我們考慮條件變異數 σ_t^2。即利用（8-3）式，σ_t^2 可寫成：

$$\sigma_t^2 = E_{t-1}\left(y_t^2\right) - E_{t-1}(y_t)^2 = E_{t-1}\left(y_t^2\right) \tag{8-6}$$

因此，根據（8-4）式，σ_t^2 有另外一種表示方式，即：

$$\sigma_t^2 = E_{t-1}\left(\alpha_0 + \alpha_1 y_{t-1}^2 + v_t\right) = \alpha_0 + \alpha_1 y_{t-1}^2 \tag{8-7}$$

也就是說，根據（8-3）式，條件平均數與時間 t 無關，不過根據（8-7）式，條件變異數卻與 y_{t-1}^2 有關。

是故，波動率群聚現象可視爲財金資料的獨特性。若以上述 $AR(1)$ 模型來看，其背後竟隱含著條件常態分配爲：

$$f(y_t \mid y_{t-1}) \sim N(0, \alpha_0 + \alpha_1 y_{t-1}^2) \tag{8-8}$$

（8-8）式指出若 y_{t-1} 値愈小，則條件變異數愈接近 α_0，隱含著下一期出現 y_t 値愈小的機率愈大；同理，若 y_{t-1} 値愈大，則條件變異數愈接近 $\alpha_0 + \alpha_1 y_{t-1}^2$，隱含著下一期出現 y_t 値愈大出現的機率愈大。

表 8-1　y_{t-h}、y_{t-h}^+ 以及 y_{t-h}^- 與 y_t^2 之間的樣本相關係數

h	1	2	3	4	5	6	7	8
$\hat{\rho}_{y_{t-h}, y_t^2}$	-0.0957	-0.0998	-0.1026	-0.0908	-0.1007	-0.0978	-0.0407	-0.0295
$\hat{\rho}_{y_{t-h}^+, y_t^2}$	0.0267	0.0592	0.0483	0.0383	0.056	0.0401	0.0587	0.087
$\hat{\rho}_{y_{t-h}^-, y_t^2}$	0.1737	0.21	0.2042	0.1766	0.2084	0.1891	0.1173	0.1261

註：$\hat{\rho}_{y_{t-h}, y_t^2}$ 表示 y_{t-h} 與 y_t^2 之間的樣本相關係數，其餘類推。

其實圖 8-4 內的結果亦透露出另外一種財金時間序列資料的獨特性：槓桿效果。槓桿效果最早見於 Black（1976b），其說明了負報酬率（壞消息）所對應的波動率較大，即負報酬率所帶來的波動高於正報酬率（好消息）所對應的波動（衝擊）。我們嘗試檢視看看。分別令 y_{t-h}、$y_{t-h}^+ = \max(y_{t-h}, 0)$ 與 $y_{t-h}^- = \max(-y_{t-h}, 0)$ 表

示落後 h 期日對數報酬率，正日對數報酬率與負日對數報酬率，其中後二者可以分別表示好消息與壞消息所帶來的衝擊。表 8-1 分別列出根據上述 TWI 日對數報酬率序列資料的計算結果，我們嘗試利用該表檢視上述槓桿效果。

根據表 8-1 的結果，首先我們發現到 y_{t-h} 與 y_t^2 之間的樣本相關係數皆爲負數值，顯示出波動率（以 y_t^2 表示）的變動與（落後 h 期的）報酬率之間呈現負的相關，隱含著高與低波動率皆有可能皆會使股價下跌，不過前者下降的幅度較大而後者下降的幅度則縮小或甚至於轉爲上升值。接下來，我們將報酬率拆成正與負數值二種情況，其中前者以 y_{t-h}^+ 而後者則以 y_{t-h}^- 表示。從表內可看出 y_{t-h}^+ 與 y_t^2 之間的樣本相關係數普遍小於 y_{t-h}^- 與 y_t^2 之間的樣本相關係數，此說明了槓桿效果。直覺而言，因波動率的提高表示不確定的因素增加了，故會提高股價下跌的幅度。因此，表 8-1 內的結果與我們的預期一致。

於前面的章節內，我們已經多次說明了實際市場資料並非屬於常態分配。其實，利用表 8-1 的方法，我們也可以間接證明前述 TWI 日對數報酬率序列資料並非屬於常態分配，即以上述資料的平均數與變異數模擬出相同數量的常態分配觀察值，讀者可以嘗試檢視上述常態分配觀察值是否存在槓桿效果？

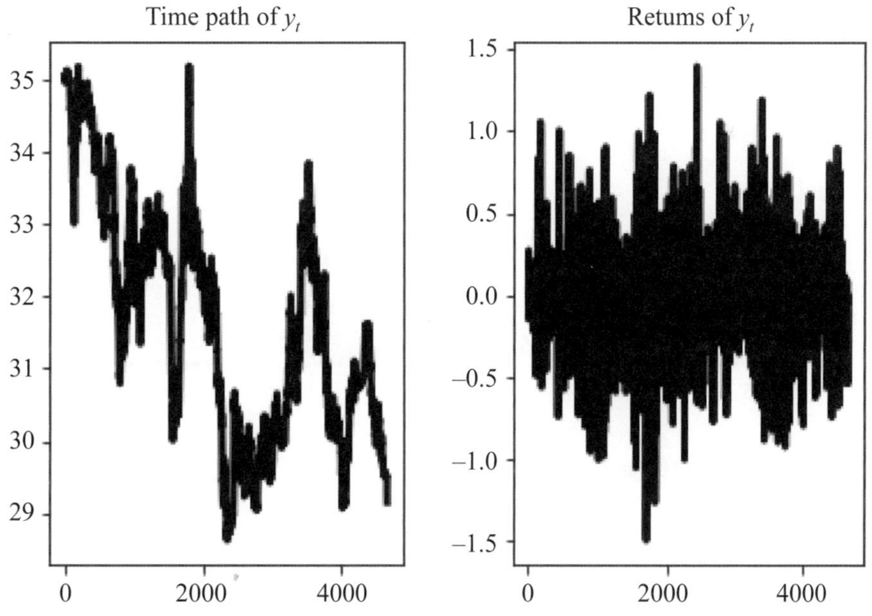

圖 8-5　美元兌新臺幣匯率（以 y_t 表示）以及對應之報酬率之時間序列資料

例 1　美元兌新臺幣匯率

至央行網站下載美元兌新臺幣匯率序列資料（2000/1/2～2020/9/18）。圖 8-5 分別繪製上述匯率序列資料以及對應的日對數報酬率之時間序列走勢。我們可以發現圖 8-5 的結果類似於圖 8-1，即匯率序列資料接近於隨機漫步過程，而匯率日對數報酬率序列資料則接近於定態隨機過程。

例 2　美元兌新臺幣匯率（續）

續例 1，我們嘗試估計上述匯率日對數報酬率序列資料的實證分配，其結果則繪製於圖 8-6。爲了比較起見，圖 8-6 內亦繪製出對應的常態分配（即以匯率日對數報酬率序列資料的平均數與變異數爲基準），故從圖內可看出美元兌新臺幣匯率序列資料並非屬於常態分配。

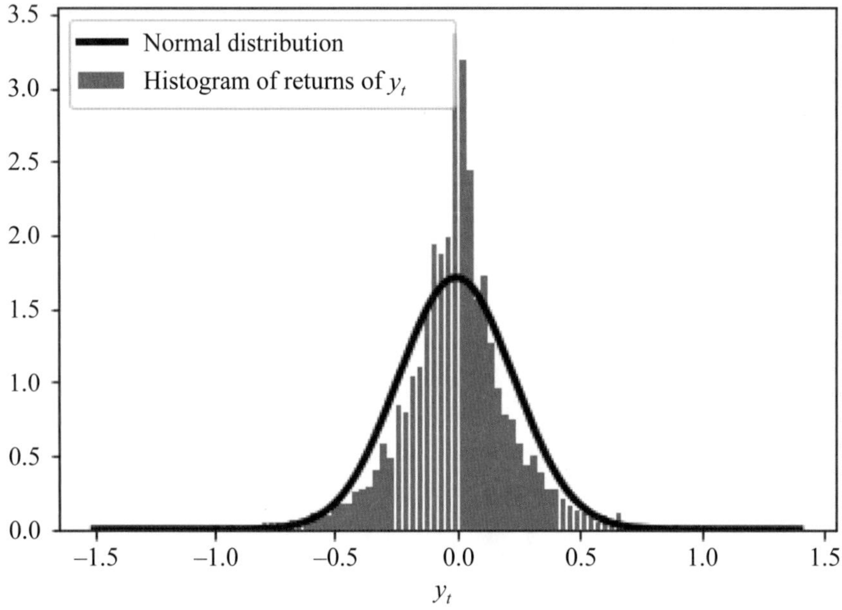

圖 8-6　美元兌新臺幣匯率之日對數報酬率（以 y_t 表示）的實證分配與常態分配

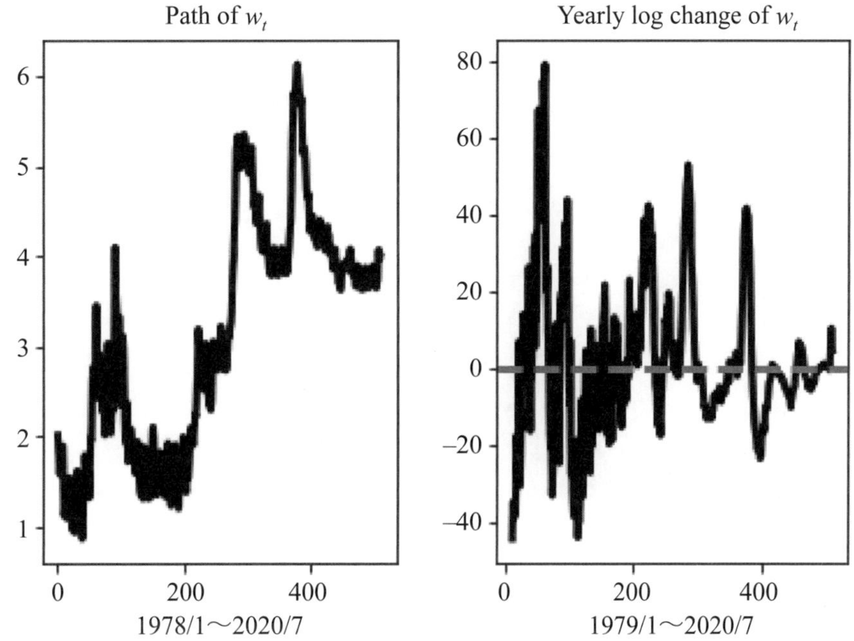

圖 8-7　臺灣失業率（以 w_t 表示）與其年增率資料之時間序列走勢

例 3　臺灣失業率

前述所檢視的財金資料之獨特性大致皆著重於日之高頻率資料，至於低頻率資料呢？於此，我們考慮二種低頻率如月資料的特性。圖 8-7 繪製出 1978/1～2020/7 期間之臺灣失業率與其對應之年增率的時間走勢（資料來源：行政院主計總處），可發現圖 8-7 亦非常類似於圖 8-1 與 8-5 二圖。接下來，我們檢視失業率年增率資料的實證分配，其結果則繪製於圖 8-8。我們從圖 8-8 內亦可看出失業率年增率的實證分配，相對於常態分配而言，卻是屬於高峰厚尾之分配。讀者可進一步計算失業率年增率資料的樣本偏態與峰態係數。

例 4　臺灣利率

第二個低頻率的例子是檢視利率如臺灣隔夜拆款加權平均利率時間序列資料（1981/1～2020/9）（資料來源：中央銀行）。圖 8-9 繪製出上述利率資料之實證分配，而我們亦可看出其絕非屬於常態分配。

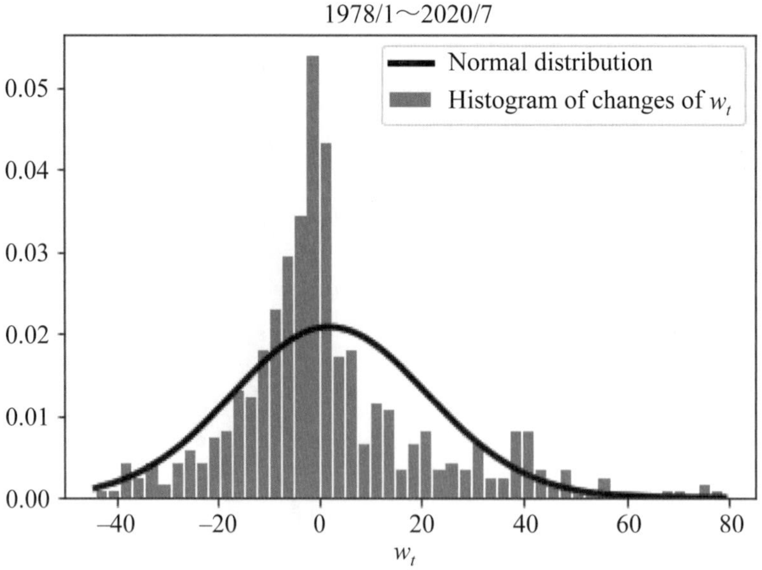

圖 8-8　臺灣失業率年增率資料（以 w_t 表示）之實證分配

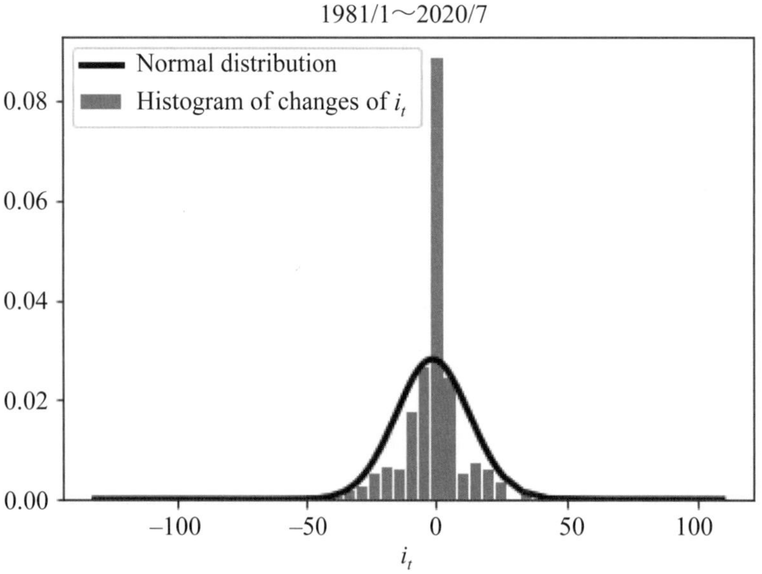

圖 8-9　臺灣隔夜拆款加權平均利率資料（以 i_t 表示）之實證分配

習題

(1) 試敘述財金資料之獨特性。

(2) 何謂槓桿效果？其經濟意義爲何？提示：可上網查詢。

(3) 利用本節的 TWI 日對數報酬率資料的平均數與變異數模擬出 5,080 個常態分配的觀察值，試檢視其是否存在槓桿效果？

(4) 試利用本節之美元兌新臺幣匯率資料，檢視其是否存在槓桿效果？

(5) 利率與失業率資料是否存在槓桿效果？試解釋之。

(6) 何謂波動率群聚現象？我們可以用何方法檢視？

8.2 *ARCH/GARCH* 模型

8.1 節所介紹的波動率估計是隨意的，我們當然需要進一步取得較一般化的方法，而該方法能夠適用於一般的財金資料，故本節將介紹 *ARCH/GARCH* 模型。*ARCH/GARCH* 模型的引入，相當於將模型化的方式由線性化模型轉換成非線性化模型。Engle（1982）是首位嘗試透過自我迴歸條件變異數（autoregressive conditional heteroscedasticity, *ARCH*）過程，以模型化英國通貨膨脹率月資料，其特色是將條件變異數轉換成內生參數。Bollerslev（1986）更擴充上述 *ARCH* 過程爲一般化 *ARCH*（*GARCH*）模型；換言之，*ARCH* 與 *GARCH* 模型之間的關係猶如時間序列內的 *AR* 與 *ARMA* 模型之間的關係，後二者的關係則可參考《財時》。除了介紹 *ARCH/GARCH* 模型之外，本節亦將考慮一些延伸與應用。

8.2.1 *ARCH/GARCH* 模型的簡介

Engle（1982）曾指出報酬率的平方或是條件變異數可以用下列的 *ARCH* 模型化，即：

$$\begin{cases} y_t = E_{t-1}(y_t) + \varepsilon_t \\ \varepsilon_t = z_t \sigma_t \\ \sigma_t^2 = \alpha_0 + \alpha_1 \varepsilon_{t-1}^2 + \cdots + \alpha_p \varepsilon_{t-p}^2 \end{cases} \tag{8-9}$$

其中 $E_{t-1}(\cdot)$ 仍表示使用 $t-1$ 的資訊所取得的條件預期，而 z_t 則表示平均數與變異數分別爲 0 與 1 的 IID 隨機變數。於基本的 *ARCH* 模型內，z_t 通常假定爲 IID 標準常態隨機變數。於（8-9）式內，$\sigma_t^2 > 0$ 的條件是 $\alpha_0 > 0$ 與 $\alpha_i \geq 0$（$i = 1, \cdots, p$）。（8-9）式可以簡寫成 $ARCH(p)$；另一方面，寫成（8-9）式的型態是便於導出與設定估計的概似函數。

（8-9）式內的 σ_t^2（方程式）亦可視爲一種 ε_t^2 的 $AR(p)$ 過程，即：

$$\varepsilon_t^2 = \alpha_0 + \alpha_1 \varepsilon_{t-1}^2 + \cdots + \alpha_p \varepsilon_{t-p}^2 + u_t \qquad (8\text{-}10)$$

其中 $u_t = \varepsilon_t^2 - \sigma_t^2$ 可稱爲平賭差異序列（martingale difference sequence, MDS），其具有 $E_{t-1}(u_t) = 0$ 的特色。通常，我們假定 $E(\varepsilon_t^2) < \infty$，隱含著對應的變異數不爲無限值。由《財時》可知，若 $\alpha_1 + \cdots + \alpha_p < 1$，則 ε_t^2 屬於定態隨機過程；另一方面，ε_t^2 與 σ_t^2 的持續性（persistence）可用 $\alpha_1 + \cdots + \alpha_p$ 來衡量而非條件變異數則爲 $Var(\varepsilon_t) = E(\varepsilon_t^2) = \alpha_0 / (1 - \alpha_1 - \cdots - \alpha_p)$。

Bollerslev（1986）更擴充（8-9）式內的 σ_t^2（方程式）而以 $ARMA(p, q)$ 過程取代，即：

$$\sigma_t^2 = \alpha_0 + \sum_{i=1}^{p} \alpha_i \varepsilon_{t-i}^2 + \sum_{j=1}^{q} \beta_j \sigma_{t-j}^2 \qquad (8\text{-}11)$$

其中參數 $\alpha_i\,(i = 0, \cdots, p)$ 與 $\beta_j\,(j = 0, \cdots, q)$ 皆假定爲正數值以保證 σ_t^2 恆爲正數值⑧。因此，若（8-9）式內的 σ_t^2 以（8-11）式取代，則稱爲 $GARCH(p, q)$ 模型。事實上，$GARCH(p, q)$ 模型可視爲一種特殊的 $ARCH(\infty)$ 模型，或當 $q = 0$ 則 $GARCH(p, q)$ 模型變成一種 $ARCH(p)$ 模型。通常，就財金時間序列資料而言，一種 $GARCH(1, 1)$ 模型（即其於條件變異數方程式內只有三個參數）就足以產生相當不錯的（估計）配適度。例如：Hansen 與 Lunde（2004）曾實證指出其他波動率的競爭模型很難擊敗簡單的 $GARCH(1, 1)$ 模型。

如同 $ARCH$ 模型可寫成誤差項平方的 AR 模型，$GARCH$ 模型亦可寫成誤差項平方的 $ARMA$ 模型。考慮一種 $GARCH(1, 1)$ 模型如：

$$\sigma_t^2 = \alpha_0 + \alpha_1 \varepsilon_{t-1}^2 + \beta_1 \sigma_{t-1}^2 \qquad (8\text{-}12)$$

因 $E_{t-1}(\varepsilon_t^2) = \sigma_t^2$，故（8-12）式可以改寫成：

$$\varepsilon_t^2 = \alpha_0 + (\alpha_1 + \beta_1)\varepsilon_{t-1}^2 + u_t - \beta_1 u_{t-1} \qquad (8\text{-}13)$$

其中 $u_t = \varepsilon_t^2 - E_{t-1}(\varepsilon_t^2)$ 爲 MDS 之誤差項；換句話說，（8-13）式顯示出可將上述 $GARCH(1, 1)$ 過程轉換成一種 $ARMA(1, 1)$ 過程。既然 $GARCH(1, 1)$ 過程可有

---

⑧ 正數值參數只是 σ_t^2 恆爲正數值的充分條件。更多一般化的條件可參考 Nelson（1991）以及 Conrad 與 Haag（2006）等文獻。

$ARMA(1, 1)$ 過程的表示方式，則前者的許多特徵可由後者取得。例如：σ_t^2 的持續性除了可用 $\alpha_1+\beta_1$ 估計外，其次 σ_t^2 的符合定態隨機過程的條件爲 $\alpha_1+\beta_1<1$；另一方面，ε_t 的非條件變異數可爲 $E(\varepsilon_t^2)=\alpha_0/(1-\alpha_1-\beta_1)$。

上述的推理可以繼續推廣。就一種 $GARCH(p, q)$ 過程如（8-11）式而言，其 ε_t^2 的過程就像 $ARMA[\max(p, q), q]$ 過程，而定態隨機過程的條件爲：

$$\sum_{i=1}^{p}\alpha_i+\sum_{j=1}^{q}\beta_j<1 \tag{8-14}$$

以及 ε_t 的非條件變異數可爲：

$$Var(\varepsilon)=E(\varepsilon_t^2)=\frac{\alpha_0}{1-\left(\sum_{i=1}^{p}\alpha_i+\sum_{j=1}^{q}\beta_j\right)} \tag{8-15}$$

（8-15）式可視爲 ε_t 的「長期」的變異數；也就是說，既然條件變異數方程式可用 $ARMA$ 過程的型態表示，因此一種 $GARCH(p, q)$ 過程若符合（8-14）式，隱含著隨著時間經過，波動率應該會反轉回歸至「長期」的變異數。

仍以上述 $ARMA(1, 1)$ 過程爲例。令 $\bar{\sigma}^2=\alpha_0/(1-\alpha_1-\beta_1)$ 表示「長期」的變異數，其隱含著 $\alpha_0=\bar{\sigma}^2(1-\alpha_1-\beta_1)$ 代入（8-13）式，整理後可得：

$$\left(\varepsilon_t^2-\bar{\sigma}^2\right)=\left(\alpha_1+\beta_1\right)\left(\varepsilon_{t-1}^2-\bar{\sigma}^2\right)+u_t-\beta_1 u_{t-1}$$

反覆代入 k 次，可得：

$$\left(\varepsilon_{t+k}^2-\bar{\sigma}^2\right)=\left(\alpha_1+\beta_1\right)^k\left(\varepsilon_t^2-\bar{\sigma}^2\right)+\eta_{t+k}$$

其中 η_{t+k} 表示一種移動平均過程。因此，只要 $\alpha_1+\beta_1<1$，隨著 k 的提高，ε_{t+k}^2 應會逐漸接近於 $\bar{\sigma}^2$，隱含著短期波動雖然較大，但是最終將會回歸於長期變異數 $\bar{\sigma}^2$。是故，$GARCH$ 模型不僅可以解釋波動率群聚現象，同時該模型亦指出波動率具有向長期變異數反轉回歸的傾向。

最後，上述 ARCH/GARCH 模型其實可以拆成二部分，其一是條件平均數方程式而另一則是條件變異數方程式的設定。我們嘗試檢視更一般化的情況。

條件平均數方程式的設定

上述只考慮到 $E_{t-1}(y_t)=0$ 的情況。事實上，當然取決於頻率的使用以及資料的型態，有些時候 $E_{t-1}(y_t)$ 可能設定爲一個常數項或低階的 *ARMA* 過程以掌握來自市場微結構（market microstructure）所引起的自我相關，例如買一賣價的跳動等；或者說，極端、偶發或不規則事件的產生，通常我們可以於條件平均數方程式內加入虛擬變數以消除上述事件所引起的干擾。因此，$E_{t-1}(y_t)$ 可再寫成更一般化的型態，即：

$$E_{t-1}(y_t)=\mu+\sum_{i=1}^{r}\phi_i y_{t-i}+\sum_{j=1}^{s}\theta_j\varepsilon_{t-j}+\sum_{k=0}^{K}\lambda_k^T\mathbf{x}_{t-k}+\varepsilon_t \tag{8-16}$$

其中 $\mathbf{x}_t$ 是一個 $l\times 1$ 外生變數向量。

於金融投資內，高風險通常與高報酬有關，因此預期報酬率與風險應該存在若干關係，其中風險的指標可用波動率表示。上述的想法來自於 Engle et al.（1987）的 *GARCH-M* 模型，即其可視爲 *GARCH* 模型的延伸。*GARCH-M* 模型相當於（8-16）式內額外再加入一個 $g(\sigma_t)$ 項。通常，$g(\sigma_t)$ 項可爲 σ_t^2、σ_t 或 $\log(\sigma_t^2)$。

條件變異數方程式的設定

同理，*GARCH* 模型內的條件變異數方程式亦可加進若干解釋變數（外生變數），即：

$$\sigma_t^2=\alpha_0+\sum_{i=1}^{p}\alpha_i\varepsilon_{t-i}^2+\sum_{j=1}^{q}\beta_j\sigma_{t-j}^2+\sum_{l=1}^{L}\delta_l^T\mathbf{z}_{t-l}$$

其中 $\mathbf{z}_t$ 是一個 $m\times 1$ 外生變數向量。

條件變異數的解釋變數有可能包括交易數量、總體經濟訊息的宣告、選擇權的隱含波動率或實際的波動率等。

例 1 *ARCH* 模型的模擬

利用（8-9）式，我們嘗試模擬 *ARCH*(1) 模型的觀察值。可以回想若觀察值 y_t 不存在自我相關，則 $E_{t-1}(y_t)=0$。令 $\alpha_0=3$ 與 z_t 屬於 IID 標準常態隨機變數，圖 8-10 分別繪製出不同 α_1 值下的 *ARCH*(1) 模型的 y_t 與 σ_t^2 的觀察值，而於該圖內可看出 *ARCH*(1) 模型的特色。

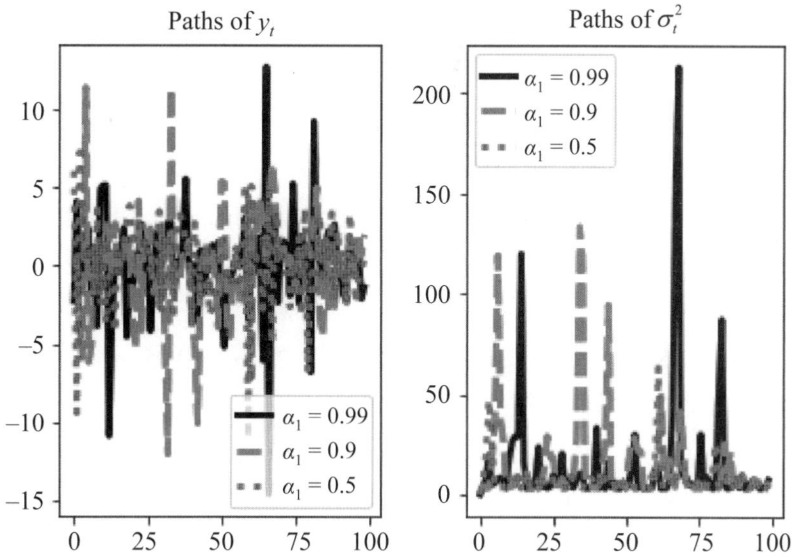

圖 8-10 ARCH(1) **模型的模擬**（$\alpha_0 = 3$）

例 2 *GARCH* **模型的模擬**

於 $E_{t-1}(y_t) = 0$ 與 z 屬於 IID 標準常態分配的隨機變數之下，我們也可以模擬出一種 $GARCH(1, 1)$ 模型的觀察值，其結果則繪製於圖 8-11。於圖 8-11 內，我們考慮二種 $GARCH(1, 1)$ 模型，讀者可以嘗試解釋並分別出上述二模型的差異。

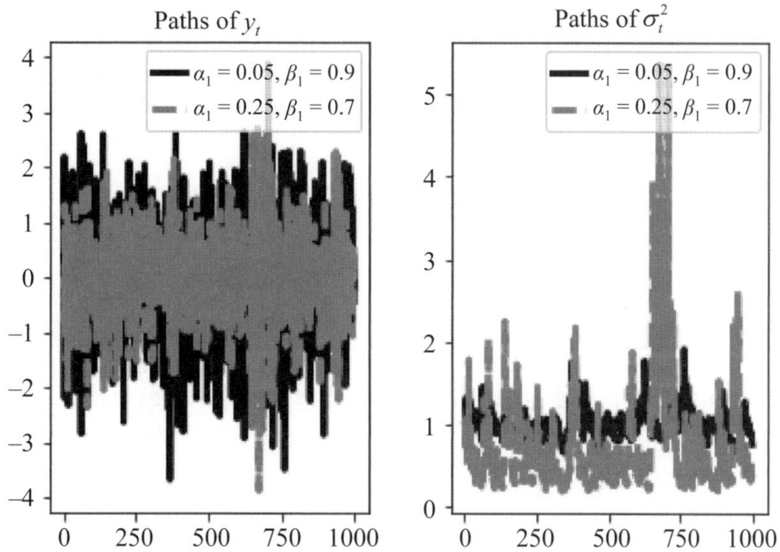

圖 8-11 $GARCH(1, 1)$ **模型的模擬，其中** $\alpha_0 = 0.05$

例 3 *GARCH* **模型是否可以產生高峰厚尾的觀察值？**

續例 2，上述 *GARCH*(1, 1) 模型是否可以產生高峰厚尾的觀察值？我們嘗試繪製出圖 8-11 內 y_t 觀察值的實證分配，可以參考圖 8-12，其中虛線爲對應的常態分配（即以 y_t 觀察值的平均數與變異數爲基準）。從圖 8-12 內可看出 GARCH1 的 y_t 觀察值的實證分配接近於常態分配，不過 GARCH2 的 y_t 觀察值的實證分配絕非屬於常態分配，其反而接近於高峰厚尾的分配。我們可以了解爲何會如此，原因就在於 GARCH2 的 α_1 值較高，隱含著波動率對於外在的衝擊較爲敏感，其中 GARCH1：$\alpha_0 = 0.05, \alpha_1 = 0.05, \beta_1 = 0.9$ 與 GARCH2：$\alpha_0 = 0.05, \alpha_1 = 0.25, \beta_1 = 0.7$。讀者可以利用其他的參數值再檢視看看。

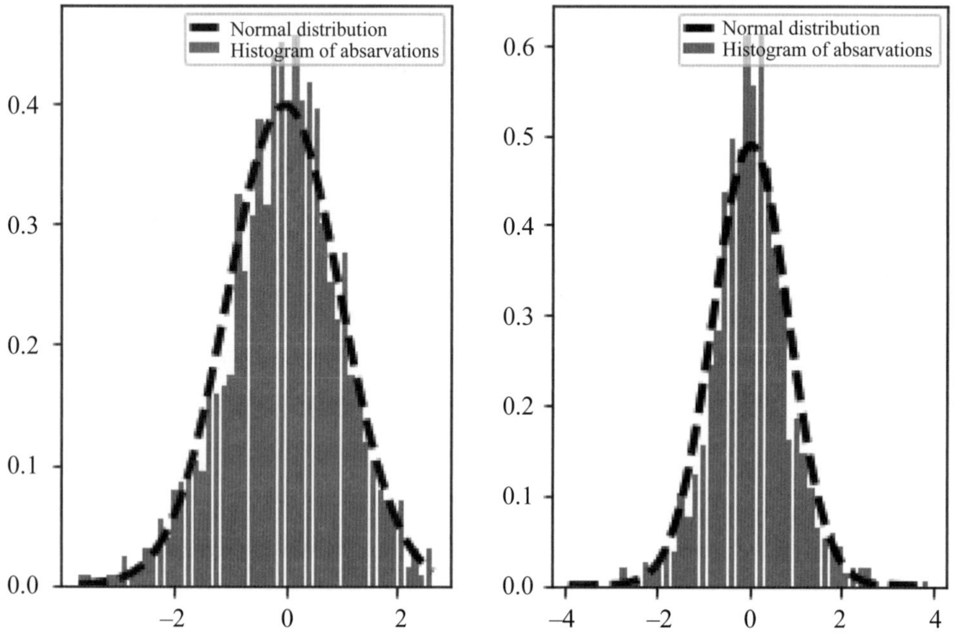

圖 8-12　y_t 之實證分配（續圖 8-11）

例 4 *GARCH-M* **模型的模擬**

續例 2 與 3，我們嘗試於 *GARCH*(1, 1) 模型的條件平均數方程式內加入條件變異數解釋變數，即 $y_t = E_{t-1}(y_t) + \delta\sigma_t^2 + \varepsilon_t$，其中參數 δ 的符號取決於投資人的風險偏好[9]。令 $E_{t-1}(y_t) = 0$、$\alpha_0 = 0.05$、$\alpha_1 = 0.25$、$\beta_1 = 0.7$ 與 z 屬於 IID 標準常態分配的

[9] 理所當然，$\delta > 0$、$\delta = 0$ 與 $\delta < 0$ 分別表示投資人爲風險偏好者、風險中立者以及風險愛好者。

隨機變數，圖 8-13 繪製出 $\delta = 0$、$\delta = -0.9$ 與 $\delta = 0.9$ 的三種模擬觀察值 y_t，我們可以看出三種 y_t 值稍有差異，不過三種結果的條件變異數 σ_t^2 卻是相同的。

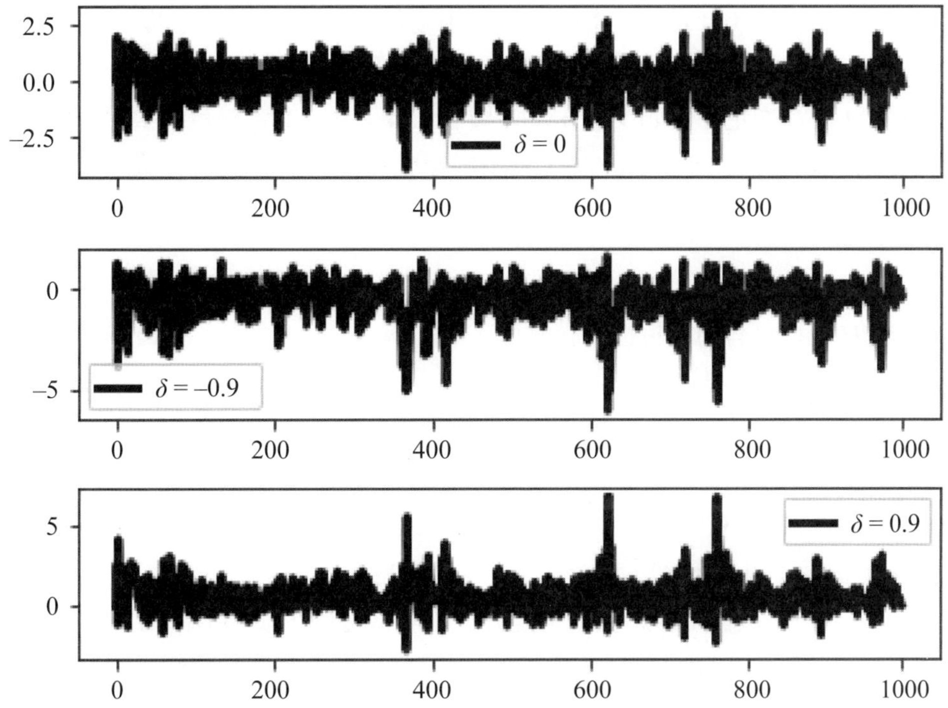

圖 8-13 $GARCH(1, 1) - M$ **模型的模擬**

例 5 *ARCH* 檢定

如前所述，波動率的群聚現象可透過金融資產報酬率平方或是 *ARCH*/*GARCH* 模型內條件平均數方程式的殘差值平方的自我相關係數估計。上述估計的顯著性可以利用 Ljung-Box 或稱爲修正的 Q 統計量檢定。修正的 Q 統計量可寫成：

$$MQ(p) = T(T+2)\sum_{j=1}^{p}\frac{\hat{\rho}_j^2}{T-j}$$

其中 T 爲樣本數而 $\hat{\rho}_j$ 則爲落後 j 期之估計的自我相關係數。不過，因一種 *ARCH* 模型相當於 ε_t^2 的 *AR* 模型，故 Engle（1982）反而建議使用根據（8-10）式所得的簡單 LM 檢定以偵測是否存在波動率的群聚現象（或稱爲 *ARCH* 現象），該檢定就稱爲 *ARCH* 檢定。換言之，於虛無假設爲不存在 *ARCH* 現象，可寫成：

$$H_0 : \alpha_1 = \cdots = \alpha_p = 0$$

而對應的統計量則爲 $LM = TR^2$，其中 R^2 爲（8-10）式之估計的判定係數（使用 OLS）。上述檢定統計量 LM 會漸近於自由度爲 p 的卡方分配。以上述 TWI 日對數報酬率序列資料並令爲 y_t 爲例，令 $y_t = \varepsilon_t$，我們於尚未估計 *GARCH* 模型之前可以先從事 *ARCH* 檢定。例如：於 $p = 12$ 與 $p = 24$ 之下，LM 檢定的檢定統計量分別約爲 681.11 [0.00] 與 751.79[0.00]，其中中括號內之值爲對應的 p 值。因此，利用 *ARCH* 檢定可知 y_t 存在 *ARCH* 現象。

習題

(1) *GARCH* 模型具有何獨特性？試解釋之。

(2) 試敘述如何從事 *ARCH* 檢定。

(3) 試敘述如何於 Python 內取得平均數與標準差分別爲 0 與 1 之 t 分配的觀察值。

(4) 續上題，於（8-9）式內，令 z_t 爲 IID 之 t 分配的隨機變數，其中對應的平均數與變異數分別爲 0 與 1。於自由度等於 5 之下，試模擬 *GARCH*(1, 1) 模型的 y_t 與 σ_t。提示：可以參考圖 8-a。

(5) 續上題，若 z_t 改爲 IID 之標準常態分配的隨機變數，試模擬出 *GARCH*(1, 1) 模型的 y_t 觀察值，其中該觀察值的實證分配具有高峰厚尾的特性。提示：可以參考圖 8-b。

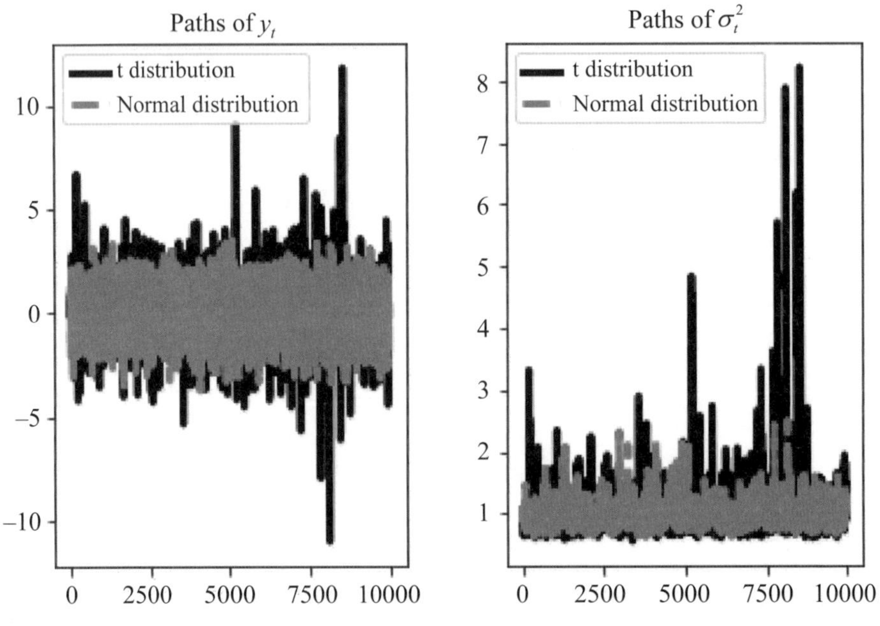

圖 8-a

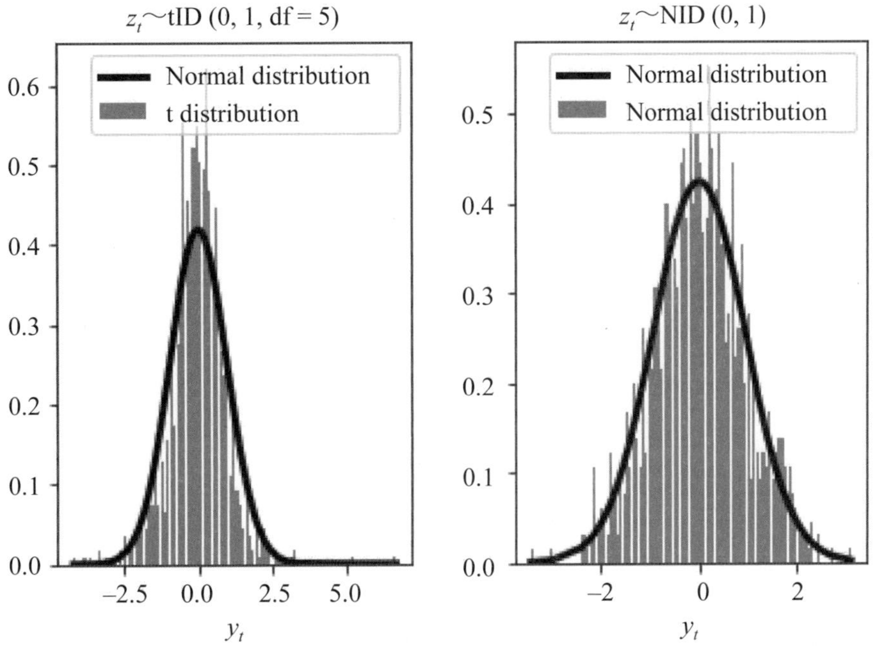

圖 8-b

(6) 何謂 *ARCH* 檢定？試解釋之。

(7) 何謂 *GARCH-M* 檢定？試解釋之。

8.2.2 *GARCH* 模型的估計與檢定

現在，我們來檢視如何估計 *ARCH*/*GARCH* 模型內的參數。利用標準的 ML 估計過程如 Martin et al.（2012）或《財統》，我們可以估計 *ARCH*/*GARCH* 模型。底下，將以 *ARCH*(1) 與 *GARCH*(1, 1) 模型爲例，其餘 *ARCH*/*GARCH* 模型的估計可類推。就一組 $t = 1, \cdots, T$ 的觀察值而言，對數概似函數可寫成：

$$\log L_T(\theta) = \frac{1}{T}\sum_{t=1}^{T}\log L_t(\theta) = \frac{1}{T}\sum_{t=1}^{T}\log f(y_t \mid y_{t-1};\theta) + \frac{1}{T}\log f(y_0) \qquad (8\text{-}17)$$

其中 $f(y_t \mid y_{t-1};\theta)$ 爲（8-9）式的條件機率分配，而 θ 爲對應的參數向量；$f(y_0)$ 爲 y_0 的邊際機率分配。通常，y_0 視爲固定數値，即 $f(y_0) = 1$；因此，（8-17）式可再簡化成：

$$\log L_T(\theta) = \frac{1}{T}\sum_{t=1}^{T}\log f(y_t \mid y_{t-1};\theta) \tag{8-18}$$

因此，若假定 z_t 爲 IID 標準常態分配隨機變數與 $E_{t-1}(y_t) = 0$，則根據（8-9）式可知 $f(y_t \mid y_{t-1};\theta)$ 屬於平均數與變異數分別爲 0 與 σ_t^2 的常態分配，其可進一步寫成：

$$f(y_t \mid y_{t-1};\theta) = \frac{1}{\sqrt{2\pi\sigma_t^2}}\exp\left(\frac{y_t^2}{2\sigma_t^2}\right) \tag{8-19}$$

代入（8-18）式內可得：

$$\log L_T(\theta) = \frac{1}{T}\sum_{t=1}^{T}\log f(y_t \mid y_{t-1};\theta) = -\frac{1}{2}\log(2\pi) - \frac{1}{2T}\sum_{t=1}^{T}\log(\sigma_t^2) - \frac{1}{2T}\sum_{t=1}^{T}\frac{y_t^2}{\sigma_t^2} \tag{8-20}$$

換言之，若爲 $ARCH(1)$ 模型，則 $\theta = \{\alpha_0, \alpha_1\}$ 與 $\sigma_t^2 = \alpha_0 + \alpha_1 y_t^2$ 以及若爲 $GARCH(1, 1)$ 模型，則 $\theta = \{\alpha_0, \alpha_1, \beta_1\}$ 與 $\sigma_t^2 = \alpha_0 + \alpha_1 y_{t-1}^2 + \beta_1\sigma_{t-1}^2$ 分別代入（8-20）式內。

若以 $ARCH(1)$ 模型爲例，至於 $GARCH(1, 1)$ 模型可類推。根據（8-20）式，則對數概似函數可寫成：

$$\log L_T(\theta) = -\frac{1}{2}\log(2\pi) - \frac{1}{2T}\sum_{t=1}^{T}\log(\alpha_0 + \alpha_1 y_{t-1}^2) - \frac{1}{2T}\sum_{t=1}^{T}\frac{y_t^2}{\alpha_0 + \alpha_1 y_{t-1}^2} \tag{8-21}$$

因 $\theta = \{\alpha_0, \alpha_1\}$，故最大化之一階條件爲：

$$\frac{\partial \log L_T(\theta)}{\partial \alpha_0} = \frac{\partial \log L_T(\theta)}{\partial \sigma_t^2}\frac{\partial \sigma_t^2}{\partial \alpha_0} = \frac{1}{T}\sum_{t=1}^{T}\frac{1}{2\sigma_t^2}\left(\frac{y_t^2}{\sigma_t^2} - 1\right)$$

與

$$\frac{\partial \log L_T(\theta)}{\partial \alpha_1} = \frac{\partial \log L_T(\theta)}{\partial \sigma_t^2}\frac{\partial \sigma_t^2}{\partial \alpha_1} = \frac{1}{T}\sum_{t=1}^{T}\frac{1}{2\sigma_t^2}\left(\frac{y_t^2}{\sigma_t^2} - 1\right)y_{t-1}^2$$

故梯度向量（gradient vector）爲：

$$G_T(\theta) = \frac{\partial \log L_T(\theta)}{\partial \theta} = \frac{1}{T}\sum_{t=1}^{T}\frac{1}{2\sigma_t^2}\left(\frac{y_t^2}{\sigma_t^2} - 1\right)\begin{bmatrix}1 \\ y_{t-1}^2\end{bmatrix} \tag{8-22}$$

同理；最大化之二階條件寫成黑森矩陣型態可爲：

$$H_T(\theta)=\frac{\partial \log L_T(\theta)}{\partial\theta\partial\theta^T}=\frac{1}{T}\sum_{t=1}^{T}\left(\frac{1}{2\sigma_t^4}-\frac{y_t^2}{\sigma_t^6}\right)\begin{bmatrix}1 & y_{t-1}^2\\ y_{t-1}^2 & y_{t-1}^4\end{bmatrix} \tag{8-23}$$

首先使用期初參數值 θ_0，透過牛頓－拉弗森（New-Raphson）演算法可以逐步更新參數值，即：

$$\theta_{(k)}=\theta_{(k-1)}-H_{(k-1)}^{-1}G_{(k-1)} \tag{8-24}$$

其中分別使用（8-22）與（8-33）式可得 $G_{(k-1)}=G_T(\theta_{(k-1)})$ 與 $H_{(k-1)}=H_T(\theta_{(k-1)})$；另一方面，於 $\theta_{(k-1)}$ 之下，可得 σ_t^2。

因 $\sigma_t^2=E_{t-1}(y_t^2)$，故訊息矩陣可以使用條件預期值取得，即利用（8-23）式可得：

$$\begin{aligned}I(\theta)=-E_{t-1}\left[H_T(\theta)\right]&=-\frac{1}{T}\sum_{t=1}^{T}\left[\frac{1}{2\sigma_t^4}-\frac{E_{t-1}\left(y_t^2\right)}{\sigma_t^6}\right]\begin{bmatrix}1 & y_{t-1}^2\\ y_{t-1}^2 & y_{t-1}^4\end{bmatrix}\\&=-\frac{1}{T}\sum_{t=1}^{T}\left[\frac{1}{2\sigma_t^4}-\frac{\sigma_t^2}{\sigma_t^6}\right]\begin{bmatrix}1 & y_{t-1}^2\\ y_{t-1}^2 & y_{t-1}^4\end{bmatrix}=\frac{1}{T}\sum_{t=1}^{T}\frac{1}{2\sigma_t^4}\begin{bmatrix}1 & y_{t-1}^2\\ y_{t-1}^2 & y_{t-1}^4\end{bmatrix}\end{aligned}$$

是故，可得估計參數的對應標準誤。

我們舉一個例子說明。利用上述 TWI 日對數報酬率序列資料（總共有 5,078 個觀察值），我們打算使用 *GARCH*(1, 1) 模型（常態分配）估計。首先，因 $E_{t-1}(y_t)=0$，故先將原始資料除去對應的平均數而得調整後的序列資料。令 $\theta=(\alpha_0,\alpha_1,\beta_1)^T$ 以及期初值爲 $\theta_0=(0.05,0.1,0.9)^T$，根據上述調整後的序列資料與使用牛頓－拉弗森演算法可得 θ 內元素的最大 ML 估計值分別約爲 0.0148（0.003）、0.07539（0.0076）與 0.9174（0.008），其中小括號內之值爲對應的標準誤估計值；另一方面，亦可得到對應的（最大）概似值約爲 -7,849.04。圖 8-14 繪製出對應的 σ_t^2 的 ML 估計值的時間走勢，而從該圖內可發現於 *GARCH*(1, 1) 模型內的確存在波動率群聚現象。讀者可以檢視所附的 Python 指令以了解如何利用 ML 方法估計 *GARCH*(1, 1) 模型。

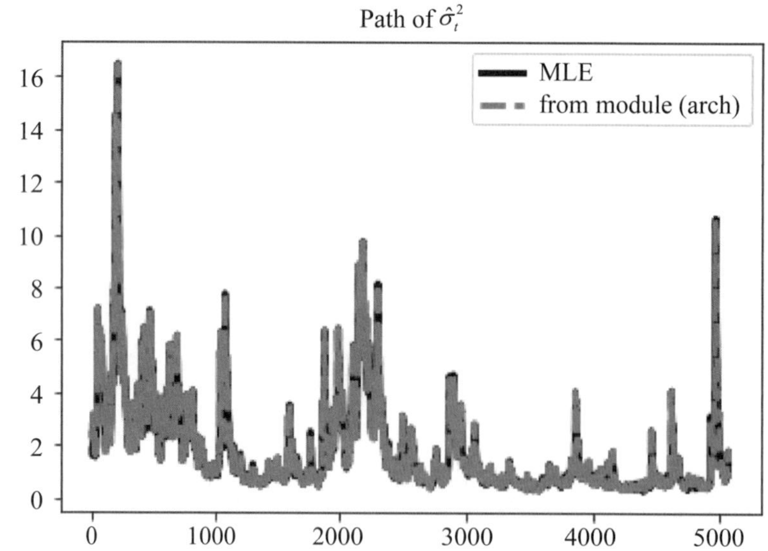

圖 8-14　TWI 日對數報酬率序列資料以 *GARCH*(1, 1) 模型估計，其中 $\hat{\sigma}_t^2$ 為 $\hat{\sigma}_t^2$ 的 ML 估計值

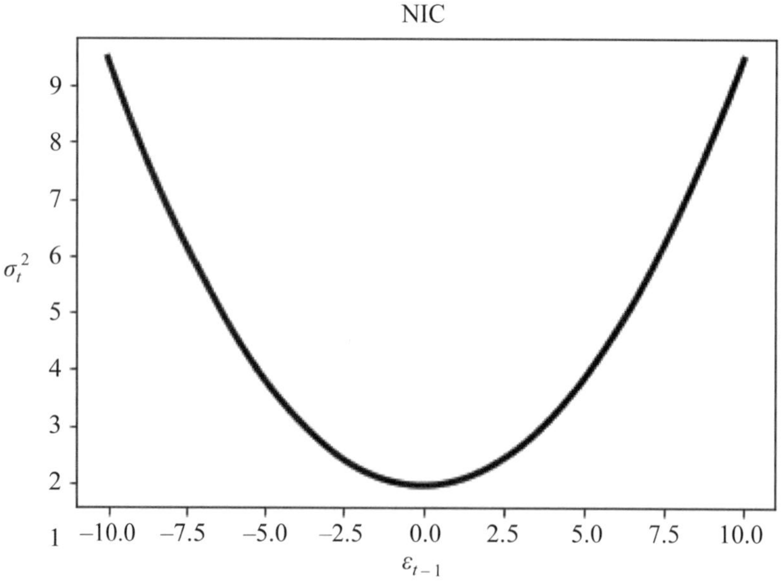

圖 8-15　NIC 的繪製

我們可以進一步計算並繪製訊息衝擊曲線（news impact curve, NIC）。NIC 是描述外在衝擊 ε_{t-1} 對 σ_t^2 的影響。就 *GARCH*(1, 1) 模型而言，NIC 的數學式可寫成 $\sigma_t^2 = \alpha_0 + \alpha_1 \varepsilon_{t-1}^2 + \beta_1 \bar{\sigma}^2$，其中 $\bar{\sigma}^2 = \alpha_0 / (1 - \alpha_1 - \beta_1)$；因此，將上述參數的牛頓－拉弗森演算法估計值代入，其結果則繪製如圖 8-15 所示。從圖 8-15 內可看出正面或反

面的外在衝擊（即 $\varepsilon_{t-1} > 0$ 或 $\varepsilon_{t-1} < 0$）對 σ_t^2 的影響是對稱的，故 *GARCH*(1, 1) 模型是屬於一種對稱的 *GARCH* 模型。

上述的結果亦可使用 Python 之模組（arch）內的函數指令估計；換言之，前述調整的 TWI 日對數報酬率序列資料而以 *GARCH*(1, 1) 模型估計，使用上述函數指令可得參數估計值分別約爲 0.0148（0.0052）、0.075（0.0134）與 0.9177（0.0139）（依 θ 內元素之次序）[10]以及（最大）概似值約爲 -7,848.64，其與上述使用牛頓－拉弗森演算法估計值差距不大，可以參考圖 8-14。因二種方法差距不大，故底下我們亦有使用模組（arch）內的函數指令估計。

若前述調整的 TWI 日對數報酬率序列資料而以 *ARCH*(1) 模型估計，其參數估計值分別約爲 1.3991（0.0608）與 0.2357（0.0365）（依 α_0 與 α_1 順序）而（最大）概似值則約爲 -8,551.49；因此，我們可以進一步使用概似比率（likelihood ratio, LR）檢定比較 *GARCH*(1, 1) 與 *ARCH*(1) 模型之優劣[11]。LR 檢定統計量可寫成：

$$-2\left[\log L\left(\hat{\theta}_{ARCH(1)}\right) - \log L\left(\theta_{GARCH(1,1)}\right)\right] \sim \chi_1^2$$

即 LR 檢定統計量漸近於自由度爲 1 的卡方分配。將上述 *ARCH*(1) 與 *GARCH*(1, 1) 的（最大）概似值分別代入，可得 LR 檢定統計量約爲 1,345.67，其對應的 p 值則約爲 0；是故，TWI 日對數報酬率序列資料以 *GARCH*(1, 1) 模型化優於 *ARCH*(1) 模型。

例 1 σ_t^2 的預期

以 *GARCH*(1, 1) 模型化的最主要目的當然是預期未來的波動率。仍以上述調整的 TWI 日對數報酬率序列資料報酬率序列資料爲例，使用模組（arch）內的函數指令可得：

$$\hat{\sigma}_t^2 = 0.0148 + 0.0751\varepsilon_{t-1}^2 + 0.9177\sigma_{t-1}^2$$

---

[10] 原則上，本書大部分的 Python 操作是以 Spyder 4.1.5 爲主，不過模組（arch）卻是於 Python 3.8.2（IDLE）的環境下操作，例如可參考 ch822a.py。可以留意如何使用模組（arch）內的函數指令操作。上述指令可得 GARCH 模型之參數的穩健（robust）標準誤估計值。有關於模組（arch）的介紹或說明可以參考 Sheppard（2020）。

[11] *ARCH*(1) 模型可稱爲 *GARCH*(1, 1) 模型的限制模型，而後者則屬於無限制模型，故可用 LR 檢定。有關於 LR 檢定，可參考《財時》或《財統》。

若欲計算 $\hat{\sigma}_{T+1}^2$ 值，根據上式可得：

$$\hat{\sigma}_{T+1}^2 = 0.0148 + 0.0751\varepsilon_T^2 + 0.9177\sigma_T^2$$

於圖 8-14 內 $\hat{\sigma}_T^2$ 值為已知；另一方面，以 y_T 取代 ε_T 值（y_T 亦為已知數值），故可得 $\hat{\sigma}_{T+1}^2$ 值為：

$$\hat{\sigma}_{T+1}^2 = 0.0148 + 0.0751y_T^2 + 0.9177\sigma_T^2$$

接下來，繼續計算 $\hat{\sigma}_{T+2}^2$ 值。若以 $\hat{\sigma}_{T+1}^2$ 取代 $E_T(y_{T+1}^2)$，則可得：

$$\hat{\sigma}_{T+2}^2 = 0.0148 + 0.0751E_T(y_{T+1}^2) + 0.9177\sigma_{T+1}^2 = 0.0148 + (0.0751 + 0.9177)\sigma_{T+1}^2$$

同理，$\hat{\sigma}_{T+3}^2$ 估計值可為：

$$\hat{\sigma}_{T+3}^2 = 0.0148 + (0.0751 + 0.9177)\sigma_{T+2}^2$$

依此類推。上述結果可與下列 Python 指令比較，即：

```
re3 = arch_model(y,mean='Zero',p=1,q=1,dist='Normal') # 使用 Python 3.8.2 (IDLE)
res3 = re3.fit()
forecast1 = res3.forecast(horizon=1000)
print(forecasts.variance.iloc[-3:])
forecast1a = forecast1.iloc[2] # 取第 3 列的資料
```

其中 res3 表示前述之 *GARCH*（1,1）的估計結果；或者說，上述（預期）函數指令就是根據上述過程計算。圖 8-16 繪製出 σ_t^2 之向前 $t = 1{,}000$ 步預期值，其中水平虛線為「長期」（波動率平方）$\bar{\sigma}_t^2$ 估計值。我們從圖 8-16 內可看出隨著 t 步的提高，波動率的預期值會接近於 $\bar{\sigma}_t$ 估計值，隱含著估計的 $GARCH(1, 1)$ 模型屬於定態的過程，即使是波動率的預期值，最終仍會回歸至「長期」波動率水準。

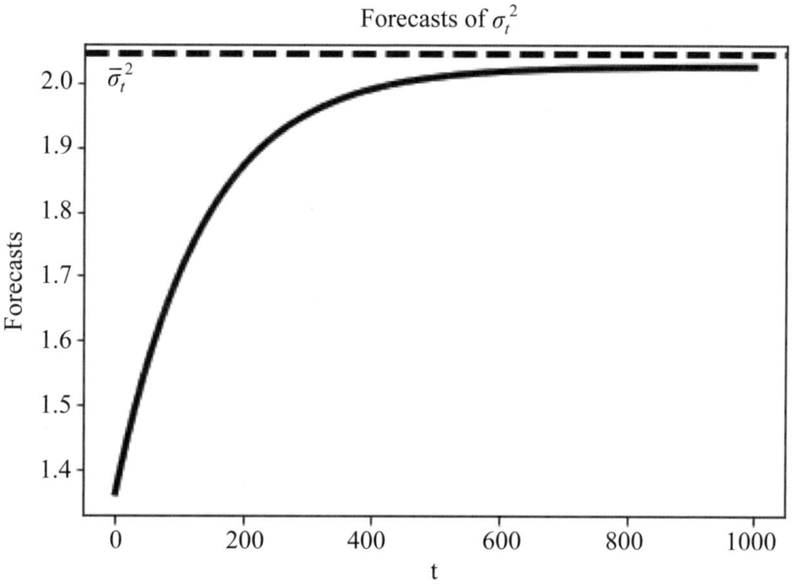

圖 8-16　σ_t^2 之向前 t 步預期值

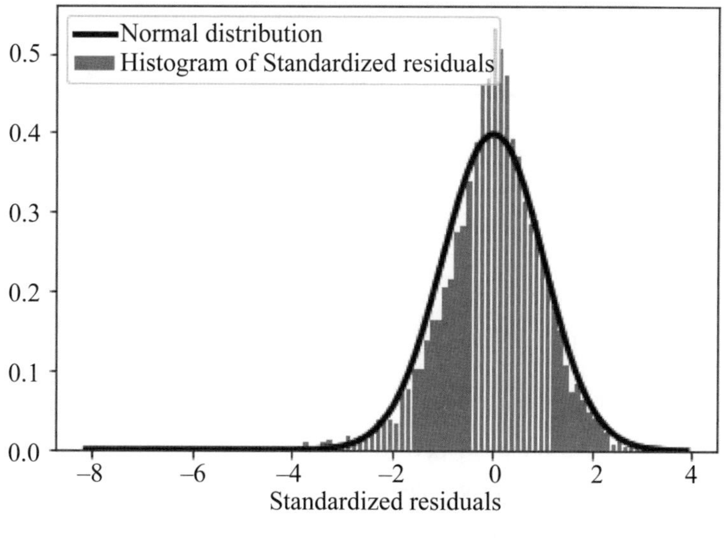

圖 8-17　標準化殘差值之實證分配

例 2　準 ML 估計

利用上述之調整的 TWI 日對數報酬率序列資料的估計 $GARCH(1, 1)$ 模型，我們不難得出對應的殘差值序列，標準化後可繪製其對應的實證分配如圖 8-17 所示，其中實線表示標準常態分配。從圖 8-17 內可看出殘差值序列並非屬於常態，不過於 8.2.1 節內我們已經知道 *GARCH* 模型的觀察值若屬於常態分配，亦有可能產生高峰厚尾的實證分配；雖說如此，因於第 2 章內我們已經知道 TWI 日對數報酬率序列有可能不屬於常態分配，故前述之 *GARCH*(1, 1) 模型的估計應屬於準 ML（quasi-maximum likelihood）估計，即不管眞實條件分配爲何，皆使用常態分配估計。

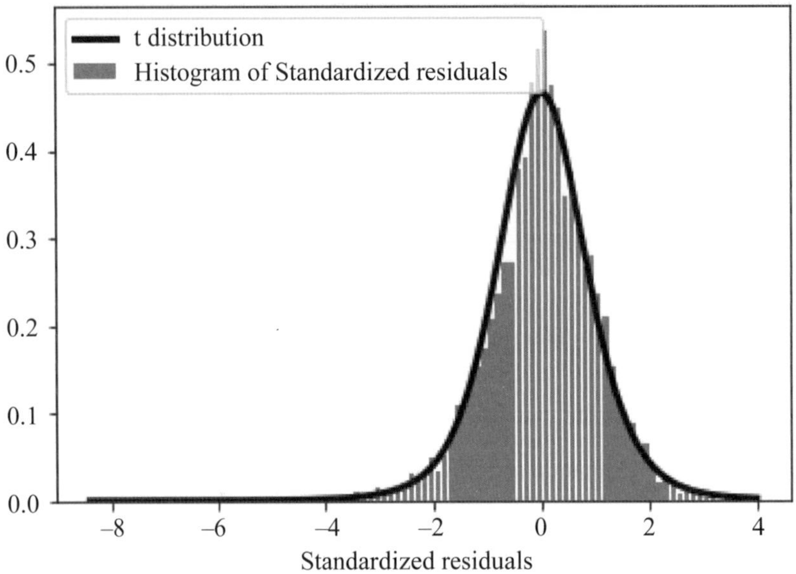

圖 8-18　以 *GARCH*(1, 1) – *t* 模型估計 TWI 日對數報酬率序列資料

例 3　使用 *GARCH*(1, 1) – *t* 模型估計

續例 2，我們改用（標準）t 分配之 *GARCH*(1, 1) 模型[12]（寫成 *GARCH*(1, 1) – *t* 模型）估計上述調整的 TWI 日對數報酬率序列資料，θ 內的參數估計值分別約爲 0.0064（0.0022）、0.0525（0.008）與 0.9449（0.008）以及自由度 v 的估計值約爲 6.2134（0.56）。讀者可嘗試與上述 *GARCH*(1, 1) 模型（或寫成 *GARCH*(1, 1) – *N* 模型）比較。圖 8-18 繪製出 *GARCH*(1, 1) – *t* 模型的標準化殘差值的實證分配，其中虛線爲對應的理論（標準）t 分配。我們從圖 8-18 內可看出實證分配與理論（標準）t 分配已頗爲接近。由於 t 分配的自由度接近於無窮大時，t 分配與常態分配會

[12] 於模組（arch）內，t 分配是屬於「標準」t 分配，有關於後者的說明可參考《財統》或《統計》。

趨於一致；另一方面，$GARCH(1, 1)-t$ 模型內有四個參數而 $GARCH(1, 1)-N$ 模型內則有三個參數，故也許我們可將後者視爲前者的限制模型，故可嘗試使用 LR 檢定。換句話說，因 $GARCH(1, 1)-t$ 模型的估計（最大）概似值約爲 -7,709.37，故若與 $GARCH(1, 1)-N$ 模型的估計值比較，可得 LR 檢定統計量約爲 338.54 而其對應的 p 值則爲 0，故 $GARCH(1, 1)-t$ 模型優於 $GARCH(1, 1)-N$ 模型。此例說明了 $GARCH(1, 1)-t$ 模型似乎較適合用於估計 TWI 日對數報酬率序列資料。

事實上，Engle 與 González-Rivera（1991）以及 González-Rivera 與 Drost（1999）等文獻皆曾指出若 v 值較小，使用準 ML 估計取代 $GARCH(1, 1)-t$ 模型估計會產生較大的效率損失，故相對於後者而言，準 ML 估計較無效。

例 4 $GARCH(1, 1)$ 模型內參數的估計

就 $GARCH(1, 1)$ 模型的估計而言，通常可以透過適當的轉換以維持 α_0、α_1 與 β_1 的 ML 估計值皆能介於 0 與 1 之間。該轉換可寫成：

$$\alpha_0 = \frac{1}{1+\exp(-\theta_1)}\text{、}\alpha_1 = \frac{1}{1+\exp(-\theta_2)}\text{ 與 }\beta_1 = \frac{1}{1+\exp(-\theta_3)}$$

其中 θ_1、θ_2 與 θ_3 爲 ML 方法欲估計的標的。以上述（調整的）TWI 日對數報酬率序列資料爲例，可得 θ_1、θ_2 與 θ_3 的 ML 估計值分別約爲 -4.1954（0.1946）、-2.5078（0.1072）與 2.408（0.1051），再分別代入上述轉換，可得 α_0、α_1 與 β_1 的 ML 估計值分別約爲 0.0148、0.0753 與 0.9174。讀者可以參考所附的 Python 指令以了解上述轉換前後的估計過程。

例 5 $IGARCH$ 模型

$GARCH(1, 1)$ 模型的估計有一個較爲明顯的特徵是 $\hat{\alpha}_1+\hat{\beta}_1\approx 1$，其中 $\hat{\alpha}_1$ 與 $\hat{\beta}_1$ 分別是 α_1 與 β_1 的估計值。例如：於上述 $GARCH(1, 1)-N$ 模型內，$\hat{\alpha}_1+\hat{\beta}_1\approx 0.9988$。如前所述，波動率方程式若屬於定態隨機過程的條件是 $\alpha_1+\beta_1<1$；但是，當 $\alpha_1+\beta_1=1$則隱含著波動率方程式存在一個單根（unit root），我們稱其爲整合的（integrated）$GARCH$（$IGARCH$）模型。若屬於 $IGARCH$ 模型，我們如何估計？直覺而言，因 $\alpha_1+\beta_1=1$ 隱含著 $\beta_1=1-\alpha_1$，故 $IGARCH$ 模型只需估計 α_0 與 α_1 二個參數。爲了避免上述二參數估計值產生負值，我們可以使用例 4 的方法。仍以上述（調整的）TWI 日對數報酬率資料爲例，我們估計 $IGARCH(1, 1)-N$ 模型，則上述二個參數估計值（未轉換前）分別約爲 -4.5236（0.1908）與 -2.4241（0.1033）

轉換後分別爲 0.0107 與 0.0814；因此，β_1 的估計值約爲 0.9186。有關於 *IGARCH* 模型的應用，可以參考《財統》。

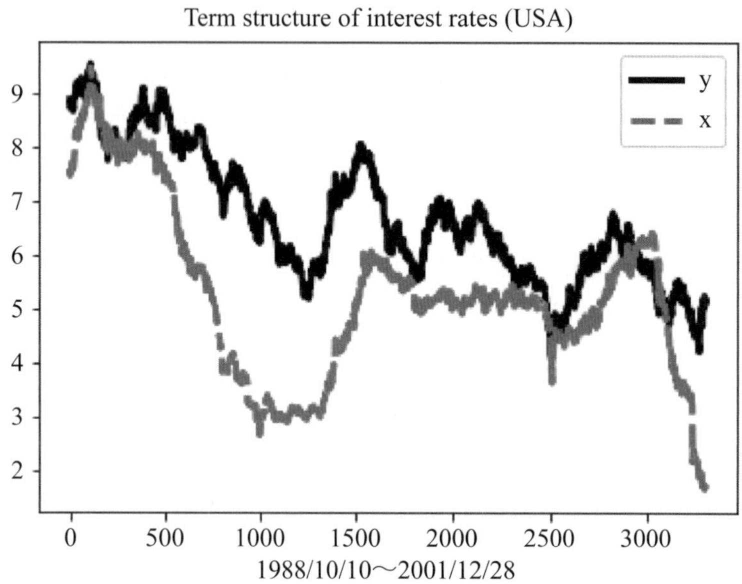

圖 8-19　一個利率結構的例子，其中 x 與 y 分別表示（美）3 個月期與 10 年期利率

例 6　*GARCH-M* 模型

圖 8-19 分別繪製出（美）3 個月期與 10 年期利率之日時間序列走勢（1988/10/10～2001/12/28），其中 x 與 y 分別表示（美）3 個月期與 10 年期利率[13]。我們發現上述二序列資料之時間走勢非常類似。我們想要知道 x 是否有助於 y 的預期；另一方面，就投資人而言，其是否屬於風險厭惡者？換言之，根據上述資料，我們打算用一種 $GARCH(1, 1) - M - N$ 模型估計，其中因變數與自變數分別爲 x 與 y。上述模型可寫成：

$$\begin{cases} y_t = \mu + \lambda_1 x_t + \lambda_2 \sigma_t^{\gamma} + \varepsilon_t \\ \varepsilon_t = z_t \sigma_t \\ \sigma_t^2 = \alpha_0 + \alpha_1 \varepsilon_{t-1}^2 + \beta_1 \sigma_{t-1}^2 \end{cases}$$

[13] 圖 8-19 內的資料取自 Martin et al.（2012）。

其中 z_t 屬於 IID 之常態分配。利用 ML 以及使用「BFGS」方法，其估計的條件平均數與條件變異數方程式分別為：

$$\hat{y}_t = \underset{(0.0183)}{2.2591} + \underset{(0.0028)}{0.7764}x_t + \underset{(0.0195)}{0.1168}\sigma_t^{\underset{(0.2038)}{2.0709}} \text{ 與 } \hat{\sigma}_t^2 = \underset{(0.0003)}{0.0024} + \underset{(0.0377)}{0.9249}\hat{\varepsilon}_{t-1}^2 + \underset{(0.0277)}{0.0758}\sigma_{t-1}^2$$

是故，根據上述估計結果可知 x 對 $\hat{y}$ 有顯著的影響力（λ_1 的估計值顯著異於 0）；另一方面，從上述估計結果可知 λ_2 的估計值亦顯著異於 0，隱含著投資人屬於風險厭惡者。如前所述，*GARCH-M* 模型相當於（8-16）式額外再加入一個 $g(\sigma_t)$ 項，而上述例子提醒我們 $g(\sigma_t)$ 項可為 σ_t^2 型態[14]。

習題

(1) 試敘述 *GARCH*(1, 1) 模型的估計過程。

(2) 試敘述如何利用 *GARCH* 模型從事未來 σ_t 的預期。

(3) 為何 *GARCH* 模型是一種「對稱型」的模型？試解釋之。

(4) 試敘述如何使用模組（arch）估計。

(5) 於例 6 內的 *GARCH*(1, 1) – *M* – *N* 模型中，若令 $\gamma = 1$，試以 ML 之「BFGS」方法估計其餘參數值。提示：可以先用 R 語言之程式套件（rugarch）的函數指令取得「期初值」。

(6) 圖 8-c 分別繪製出道瓊（DOW）與富時（FTSE）指數日收盤價時間序列走勢（1989/1/5～2007/12/31）[15]，其有何特色？

(7) 續上題，若使用一種 *GARCH*(1, 1) – *M* – *N* 模型估計，其結果為何？提示：先將 DOW 與 FTSE 指數日收盤價轉換成日對數報酬率，再令前者與後者分別為自變數與因變數。

---

[14] 其實例 6 內的 *GARCH*(1, 1) – *M* – *N* 模型並不容易估計，原因就在於不容易取得 ML 估計的期初值；換言之，使用 R 語言內的程式套件（rugarch）的函數指令來估計 *GARCH*(1, 1) – *M* 模型的確較為簡易，可以參考《時選》或 garchm.R 指令。

[15] 圖 8-c 內的資料取自 Martin et al.（2012）。

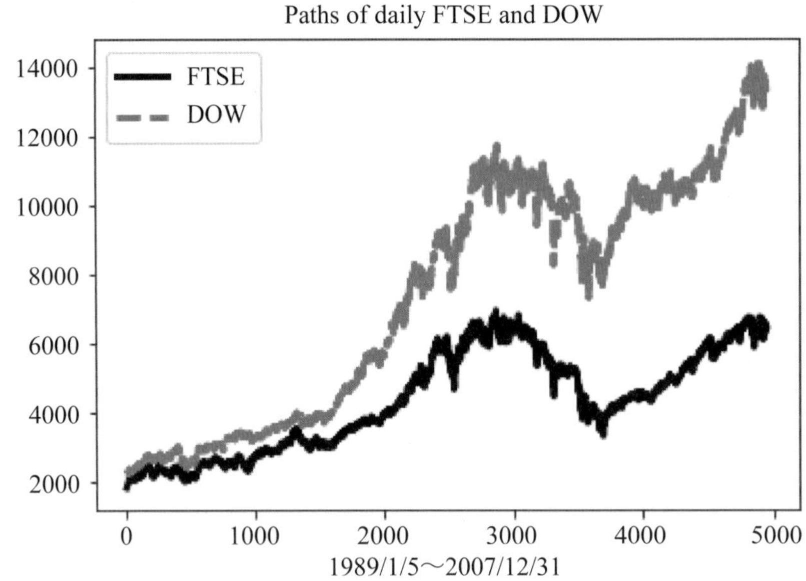

圖 8-c

8.3 非對稱的 *GARCH* 模型

如前所述，前述所檢視的 *GARCH* 模型屬於對稱型的模型，而與之對應的則是非對稱型的 *GARCH* 模型，二模型之差異在於後者有考慮到槓桿效果。於尚未介紹之前，我們先利用 Engle 與 Na（1993）的「符號偏誤檢定（sign bias test）」重新檢視槓桿效果，故上述檢定可視為表 8-1 的進一步延伸。考慮一種定態隨機過程如 y_t，令 $s_t = y_t - E(y)$。使用 s_t，我們可以將 s_t 分成低於與高於等於對應平均數二種狀態，即 $I_{1t} = s_t < 0$ 與 $I_{2t} = s_t \geq 0$ 分別表示狀態 1 與 2，其中 I_{1t} 與 I_{2t} 皆是一種指標函數（indicator function），即其皆使用 1 或 0 表示。考慮下列的複迴歸模型：

$$h_t = c_0 + c_1 I_{1t-1} + c_2 I_{1t-1} s_{t-1} + c_3 I_{2t-1} s_{t-1} + u_t \tag{8-25}$$

其中參數 c_0 與 c_1 分別表示狀態 2 與狀態 1 對 h_t 的影響程度，而 c_2 與 c_3 則表示「負向符號偏誤（negative sign bias）」與「正向符號偏誤（positive sign bias）」對 h_t 的影響程度。我們舉一個實際的例子說明。透過該例子不難了解後二者所隱含的意義。

利用 8.1 節內的 TWI 日對數報酬率序列資料並令其為 y_t 以及 $h_t = y_t^2$。利用

OLS，可得（8-25）式的估計結果爲：

$$\hat{h}_t = 1.1206 - 0.0525 I_{1t-1} + 1.0301 I_{1t-1} s_{t-1} + 0.4835 I_{2t-1} s_{t-1}$$
$$(0.115) \quad (0.166) \qquad (0.084) \qquad\qquad (0.091)$$

即我們可發現除了 c_1 的估計值之外，其餘參數估計值倒是皆能顯著異於 0。我們可以進一步檢定：$H_0: c_2 = c_3$ 與 $H_0: c_1 = c_2 = c_3$ 二種假定，其對應的 F 檢定統計量分別約爲 19.43 [0.00] 與 65.87 [0.00]（中括號內之值爲對應的 p 值），是故皆拒絕上述虛無假設。

上述估計結果隱含著狀態 1 對 h_t 無影響力，反倒是狀態 2 對於 h_t 有顯著的影響力；不過，若伴隨著 y_t 低於對應平均數的力道，狀態 1 對於 h_t 的影響力卻較大，即相對於正報酬率對 h_t 的衝擊而言，因 $\partial\hat{h}_t / \partial(I_{1t-1}s_{t-1}) > \partial h_t / \partial(I_{2t-1}s_{t-1})$ 隱含著負報酬率對 h_t 的衝擊較大。換言之，利用符號偏誤檢定，我們竟然事先已經偵測出 y_t 存在著槓桿效果；可惜的是，上述對稱型 *GARCH* 模型並無法得到上述結果，因此有必要進一步檢視非對稱型 *GARCH* 模型。

爲了能解釋上述槓桿效果，Engle（1990）與 Sentana（1995）曾提出下列的非對稱 *GARCH* 模型，即：

$$\sigma_t^2 = \alpha_0 + \alpha_1(\varepsilon_{t-1} + \gamma)^2 + \beta_1\sigma_{t-1}^2 \qquad (8\text{-}26)$$

其中參數 $\gamma < 0$。若與（8-12）式比較，（8-26）式只不過於外在衝擊項 ε_{t-1} 內再加進一個負值項 γ 以加深負面外在衝擊對 σ_t^2 的影響力道。舉一個例子說明。根據（8-12）式可得對應的非條件變異數爲 $\bar{\sigma}^2 = \alpha_0 / (1-\alpha_1-\beta_1)$，不過（8-26）式的非條件變異數卻爲 $\tilde{\sigma}^2 = (\tilde{\alpha}_0 + \tilde{\alpha}_1\gamma^2)/(1-\tilde{\alpha}_1-\tilde{\beta}_1)$；換言之，令 $\alpha_0 = 10^{-5}$、$\alpha_1 = 0.2$ 與 $\beta_1 = 0.7$，則 $\bar{\sigma}^2 = \alpha_0/(1-\alpha_1-\beta_1) = 0.0001$。令 $\tilde{\alpha}_0 = \alpha_0$、$\tilde{\beta}_1 = \beta_1$ 與 $\gamma = -5.8\times10^{-3}$，爲了達到 $\bar{\sigma} = \tilde{\sigma}$ 目標，$\tilde{\alpha}_1$ 值需調整爲 0.15。圖 8-20 繪製出上述二種假定的 NIC，即根據（8-12）式可得對稱的 NIC，但是利用（8-26）式，其對應的 NIC 卻是不對稱的型態；值得注意的是，圖內二種型態的 NIC 卻有相同的非條件變異數。

雖說如此，（8-26）式卻有一個嚴重的缺點，那就是（8-26）式或圖 8-20 內的非對稱之 NIC 的最低波動率並非出現於 $\varepsilon_{t-1} = 0$ 而是於 $\varepsilon_{t-1} = -\gamma$ 處，隱含著價格輕微上升（即報酬率大於 0）所產生的波動有可能小於價格不變（即報酬率等於 0）所產生的波動。因此，爲了避免產生上述違反直覺的現象，底下我們介紹三種常見的非對稱的 *GARCH* 模型，其分別爲 Nelson（1991）的 *EGARCH* 模型、Glosten et al.（1993）的 GJRGARCH 模型以及 Ding et al.（1993）的不對稱指數（asymmetric power）*ARCH*（*APARCH*）模型[16]。上述三種模型的 NIC 型態，可以參考圖 8-20 的 *GJRGARCH* 模型，即其餘二者的型態類似。我們從圖 8-20 內可看出 *GJRGARCH* 模型的 NIC 的最低點仍落於 $\varepsilon_{t-1}=0$ 處，即其不像（8-26）式的非對稱模型的 NIC，後者倒有點像整條線的移動。

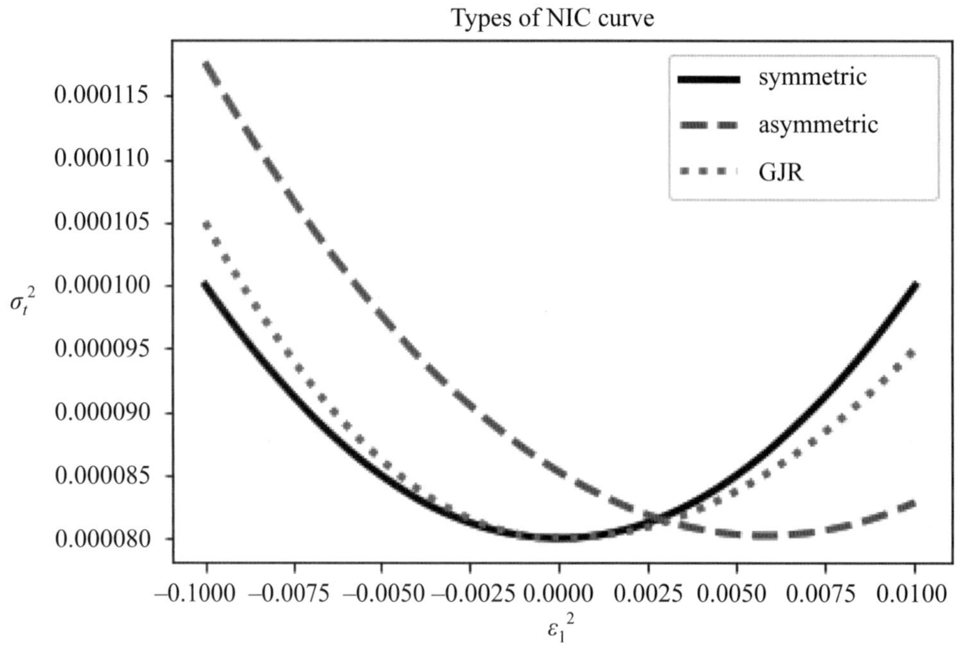

圖 8-20　**對稱與非對稱** GARCH（1,1）**模型之** NIC

GJRGARCH 模型

若 y_t 屬於 *GJRGARCH* 模型，則其對應的 *GJRGARCH*(1, 1) 模型可寫成：

$$\begin{cases} y_t = \varepsilon_t \\ \varepsilon_t = \sigma_t z_t \\ \sigma_t^2 = \alpha_0 + \left(\alpha_1\varepsilon_{t-1}^2 + \gamma_1 \mathbf{I}_{\varepsilon_{t-1}<0}\varepsilon_{t-1}^2\right) + \beta_1\sigma_{t-1}^2 \end{cases} \tag{8-27}$$

[16] GJRGARCH 與 APARCH 模型分別可視爲 Hentschel（1995）之一般化 GARCH 模型的一個特例，可參考 R 之程式套件（rugarch）的使用手冊。

其中 z_t 爲平均數與變異數分別爲 0 與 1 之 IID 隨機變數，而 $\mathbf{I}_{\varepsilon_{t-1}<0}$ 是一個指標函數隱含著若 $\varepsilon_{t-1}<0$ 則 $\mathbf{I}_{\varepsilon_{t-1}<0}=1$；相反地，若 $\varepsilon_{t-1}\geq 0$ 則 $\mathbf{I}_{\varepsilon_{t-1}<0}=0$。爲了保證 σ_t 爲正數值，（8-27）式內參數值如 α_0、α_1、β_1 與 γ_1 亦皆爲正數值。當然，我們不難將（8-27）式擴充至更一般化或是 *GJRGARCH*(*p*, *q*) 模型的情況。

就（8-27）式而言，若 $\gamma_1=0$，則 *GJRGARCH*(1, 1) 模型可轉變成 *GARCH*(1, 1) 模型。我們進一步檢視（8-27）式內的條件變異數方程式，其可改寫成：

$$\begin{aligned}\sigma_t^2 &= \alpha_0+\alpha_1\varepsilon_{t-1}^2+\gamma_1\mathbf{I}_{\varepsilon_{t-1}<0}\varepsilon_{t-1}^2+\beta_1\sigma_{t-1}^2\\ &=\alpha_0+\alpha_1\varepsilon_{t-1}^2+\gamma_1 Max\left(0,-\varepsilon_{t-1}\right)^2+\beta_1\sigma_{t-1}^2\\ &=\alpha_0+\alpha_+\mathbf{I}_{\varepsilon_{t-1}\geq 0}\varepsilon_{t-1}^2+\alpha_-\mathbf{I}_{\varepsilon_{t-1}<0}\varepsilon_{t-1}^2+\beta_1\sigma_{t-1}^2\end{aligned} \tag{8-28}$$

其中 $\alpha_+=\alpha_1$ 與 $\alpha_-=\alpha_1+\gamma_1$。條件變異數方程式改成用（8-28）式表示當然方便於非條件變異數的導出。例如：根據 Ling 與 McAleer（2002），*GJRGARCH*(1, 1) 模型的非條件變異數可爲 $\bar{\sigma}^2=\dfrac{\alpha_0}{1-\alpha_1-\beta_1-0.5\gamma_1}$。

我們亦舉一個例子說明。令 $\alpha_0=10^{-5}$、$\alpha_1=0.15$、$\beta_1=0.7$ 與 $\gamma_1=0.1$，可得 $\bar{\sigma}_t^2=0.0001$，圖 8-20 內的 *GJRGARCH*(1, 1) 模型的 NIC 就是根據上述假定所繪製而成；換言之，圖 8-20 內的非條件變異數皆約爲 0.0001，因此我們可以比較三模型之 NIC 之不同。從圖 8-20 內的確可看出 *GJRGARCH*(1, 1) 模型的 NIC 並非對稱。

如前所述，我們亦可以使用模組（arch）內的函數指令估計 *GJRGARCH* 模型。仍以前述調整的 TWI 日對數報酬率序列資料爲例。若假定 z_t 爲 IID 標準常態分配隨機變數，使用 *GJRGARCH*(1, 1) 模型估計，可得參數估計值分別約爲（按照 α_0、α_1、β_1 與 γ_1 的順序）0.0194（0.007）、0.0303（0.0084）、0.9130（0.0185）與 0.0893（0.0233），其中小括號內之值爲對應的穩健標準誤估計值。我們可以發現上述參數估計值皆能顯著異於 0。我們進一步繪製對應的 NIC 如圖 8-21 所示，其中虛線爲標準常態分配的 *GARCH*(1, 1) 模型。果然，二者的 σ_t 估計值的最小值出現於 $\varepsilon_{t-1}=0$ 處。從上述估計結果或圖 8-21 可知 TWI 日對數報酬率序列資料可能存在著槓桿效果。

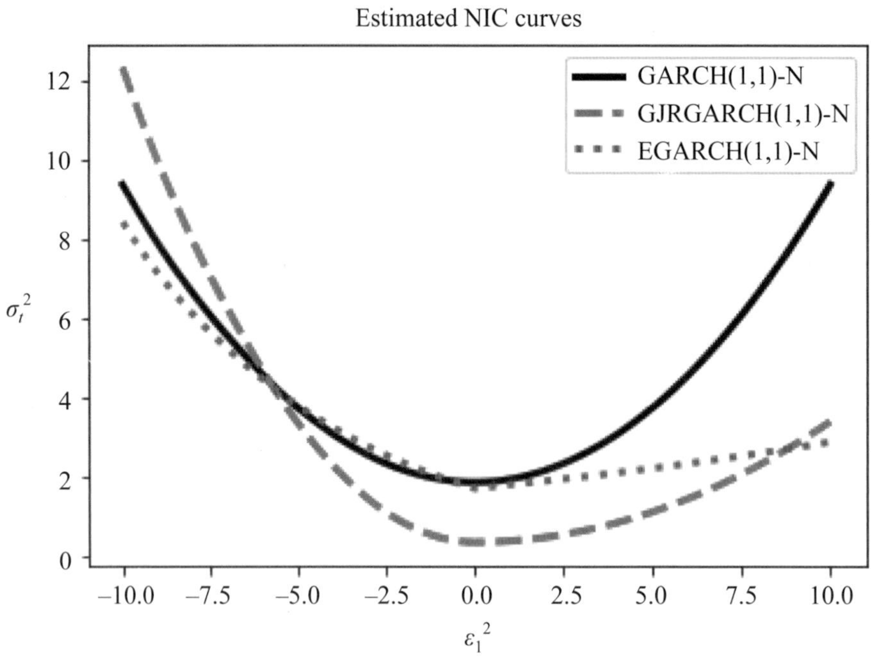

圖 8-21　估計的 NIC，TWI 日對數報酬率序列資料分別用 *GARCH*(1, 1)–*N*、*GJRGARCH*(1, 1) – *N* **以及** *EGARCH*(1, 1) – *N* **模型估計**

例 1　*EGARCH*(1, 1) 模型

若 y_t 屬於一種指數型 *EGARCH*(*p*, *q*)（*EGARCH*(*p*, *q*)）模型，其可寫成：

$$\begin{cases} y_t = \varepsilon_t \\ \varepsilon_t = \sigma_t z_t \\ \log(\sigma_t^2) = \omega + \sum_{i=1}^{p} a_i g(z_{t-i}) + \sum_{j=1}^{q} b_j \log(\sigma_{t-j}^2) \end{cases}$$

其中 $g(z_{t-i}) = \theta z_{t-i} + \xi\left[|z_{t-i}| - E\left(|z_{t-i}|\right)\right]$ 以及 z_t 爲平均數與變異數分別爲 0 與 1 的 IID 隨機變數。當 $p = q = 1$，則可寫成：

$$\log(\sigma_t^2) = \omega + a_1\left[\theta z_{t-1} + \xi\left(|z_{t-1}| - E\left(|z_{t-1}|\right)\right)\right] + b_1 \log(\sigma_{t-1}^2)$$

令 $\alpha_0 = \omega - a_1 \xi E\left(|z_{t-1}|\right)$、$\alpha_1 = a_1 \xi$、$\gamma = -\dfrac{\theta}{\xi}$ 與 $\beta_1 = b_1$，上式可再改寫成：

$$\log(\sigma_t^2) = \alpha_0 + \alpha_1\left(\left|z_{t-1}\right| - \gamma z_{t-1}\right) + \beta_1 \log(\sigma_{t-1}^2) \tag{8-29}$$

即 *EGARCH*(1, 1) 模型如（8-29）式的型態類似於 *GARCH*(1, 1) 或 *GJRGARCH*(1, 1) 模型的型態；當然，此時 *EGARCH*(1, 1) 模型內的條件變異數是用對數的型態表示。換言之，還原條件變異數，可得：

$$h_t = e^{\alpha_0 + \alpha_1\left(\left|z_{t-1}\right| - \gamma z_{t-1}\right)} h_{t-1}^{\beta_1} \tag{8-30}$$

其中 $h_t = \sigma_t^2$。（8-30）式是 *EGARCH* 模型的由來，因以指數的型態表示，故式內的參數值未必須限制爲大於 0。有意思的是，若 $z_{t-1} > 0$，則從（8-29）式可看出 $\log(h_t)$ 是 z_{t-1} 的線性函數，其斜率爲 $\alpha_1(1-\gamma)$；同理，若 $z_{t-1} < 0$，則上述斜率值則爲 $-\alpha_1(1+\gamma)$。因此，若 $\gamma \neq 0$ 隱含著 $\log(h_t)$ 對於股價上升或下降的不對稱反應；另一方面，直覺而言，從上述斜率值可看出 $|\gamma| < 1$ 應較符合一般的實證結果。

例 2 *EGARCH*(1, 1) 模型的估計

仍以上述調整的 TWI 日對數報酬率序列資料爲例。假定 z_t 爲 IID 標準常態分配隨機變數，使用 *EGARCH*(1, 1) 模型以及使用 R 語言程式套件（rugarch）內的函數指令估計[17]，可得參數估計值分別約爲（按照 α_0、α_1、β_1 與 γ_1 的順序）0.0106（0.0025）、-0.0744（0.0088）、0.9838（0.0005）與 0.1468（0.0169），其中小括號內之值仍爲對應的穩健標準誤估計值。我們進一步繪製對應的 NIC 如圖 8-21 所示。從圖 8-21 內可看出 *EGARCH*(1, 1) 與 *GJRGARCH*(1, 1) 模型有些微的差異。

例 3 *APARCH* 模型

Ding et al.（1993）曾指出大多數的財金對數報酬率時間序列資料如 y_t，其 $|y_t|$ 的自我相關係數反而較顯著；換言之，之前我們以 y_t^2 的自我相關係數來衡量波動率群聚現象有可能會失真。其實，上述現象亦可稱爲泰勒效果（Taylor effect），畢竟 Taylor（1986）是最早發現 $|y_t|$ 的自我相關係數普遍大於 y_t^2 的自我相關係數。令 y_t 表示前述的 TWI 日對數報酬率序列資料，表 8-2 列出更一般化的 $|y_t|^\delta$ 的自我相關係數估計值，其中 h 表示落後期數。從表 8-2 內可發現於不同的 h 之下，自我

[17] Python 之模組（arch）並無 EGARCH 與 APCRCH 模型之估計，爲了維持本書之完整，上述二模型使用 R 語言估計，見本章所附的 fitgarch.R 指令。

相關係數估計值最大值大致落於 $\delta = 1$ 附近，反而 $\delta = 2$ 的自我相關係數估計值未必最大。

表 8-2　$|y_t|^\delta$ 之估計的 ACF，y_t 為除去平均數的 TWI 日對數報酬率序列資料

δ	$h=1$	$h=2$	$h=3$	$h=4$	$h=5$	$h=10$	$h=15$	$h=20$	$h=30$
0.1	0.08	0.14	0.14	0.13	0.13	0.13	0.11	0.11	0.11
0.5	0.13	0.22	0.20	0.19	0.21	0.20	0.16	0.16	0.16
0.8	0.16	0.25	0.23	0.21	0.24	0.22	0.17	0.18	0.17
0.9	0.17	0.25	0.24	0.21	0.24	0.22	0.17	0.18	0.17
1	**0.18**	**0.25**	**0.24**	**0.21**	**0.24**	**0.23**	**0.17**	**0.18**	**0.17**
1.1	0.18	0.25	0.24	0.21	0.25	0.23	0.17	0.18	0.17
1.2	0.19	0.25	0.24	0.21	0.25	0.23	0.17	0.18	0.17
1.5	0.19	0.25	0.24	0.20	0.24	0.22	0.16	0.18	0.16
2	0.19	0.22	0.21	0.18	0.21	0.19	0.14	0.15	0.14
3	0.15	0.14	0.13	0.12	0.14	0.10	0.09	0.10	0.10

因此，Ding et al.（1993）宣稱我們未必只有 $\delta = 2$ 一種選擇，即其將 δ 視爲一種未知的參數；換言之，Ding et al.（1993）的模型其實頗爲簡易，以 $APARCH(1, 1)$ 爲例，其可寫成：

$$\sigma_t^\delta = \alpha_0 + \alpha_1\left(|z_{t-1}| - \gamma z_{t-1}\right) + \beta_1\sigma_{t-1}^\delta \tag{8-31}$$

即其內有五個未知參數，即 α_0、α_1、β_1、γ 與 δ。比較（8-29）與（8-31）二式，可以發現上述二式有些類似。

仍使用 R 語言之 rugarch 的函數指令估計以及上述調整的 y_t 值，並假定 z_t 爲 IID 標準常態分配隨機變數。我們考慮 $APARCH(1, 1)$ 模型，其參數估計值分別約爲（按照 α_0、α_1、β_1、γ 與 δ 順序）0.0198（0.0077）、0.0822（0.0192）、0.9222（0.0206）與 0.9781（0.1918），其中小括號內之值仍爲對應的穩健標準誤估計值。我們可以進一步檢視上述 δ 估計值的 t 檢定統計量（即 $H_0: \delta = 1$）約爲 -0.1142((0.9781-1)/0.1918)，故上述 δ 估計值與 1 無顯著差異；換言之，利用 TWI 日對數報酬率序列資料，我們發現也許以 $|y_t|$ 計算波動率較爲有效。

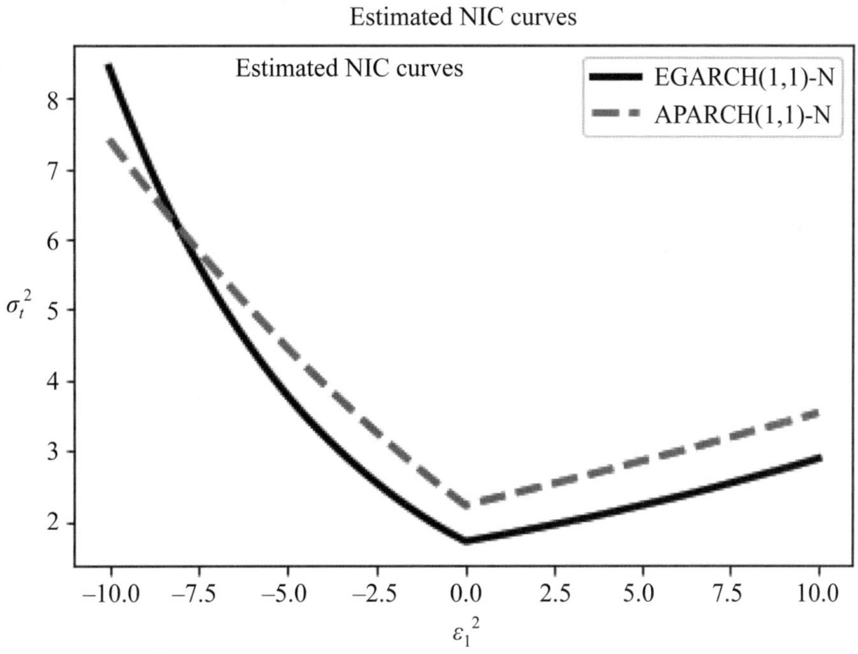

圖 8-22　**續圖** 8-21，*APARCH*(1, 1) **模型的估計** NIC

例 4 TARCH

續例 3，若參數值 δ 爲已知數值，則可以使用 Python 之模組（arch）內的函數指令估計，即其使用 TARCH（ZARCH）函數指令；因此，仍使用上述調整的 y_t 值，並假定 z_t 爲 IID 標準常態分配隨機變數。我們考慮 *TARCH*(1, 1) 模型並令 $\delta = 1.2$，其參數估計值分別約爲（按照 α_0、α_1、β_1 與 γ 順序）0.0218（0.0078）、0.0332（0.0077）、0.9202（0.0144）與 0.0932（0.0174），其中小括號內之值仍爲對應的穩健標準誤估計值。我們仿造 GJRGARCH 模型以估計對應的 NIC，其結果則繪製如圖 8-23 所示，其中該圖係延續圖 8-22。讀者可嘗試更改上述參數值 δ，可以參考所附的 Python 指令。

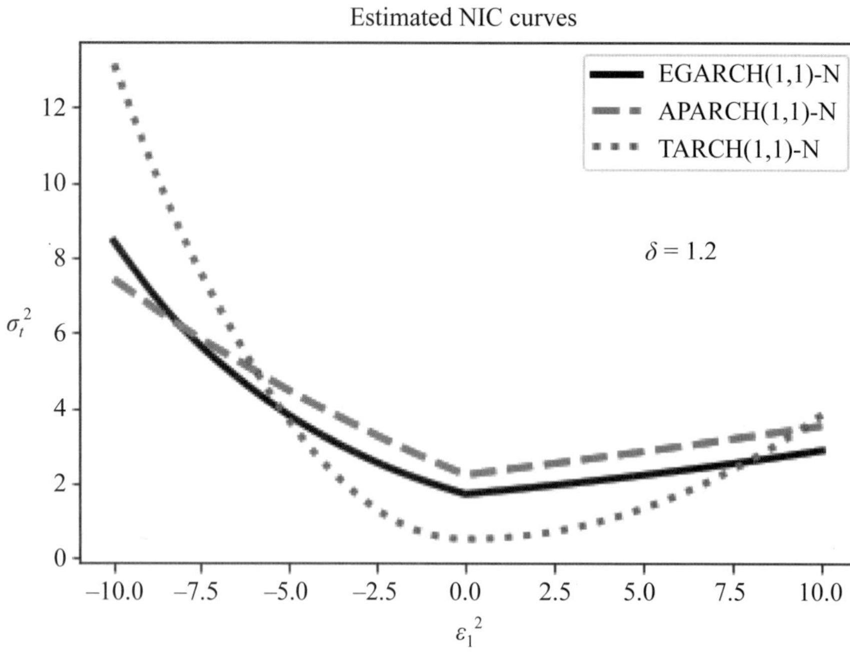

圖 8-23　**續圖** 8-22，$TARCH(1, 1) - N$ **模型的估計** NIC

習題

(1) 何謂 NIC？試解釋之。

(2) 續上題，我們如何計算與繪製 NIC？

(3) 我們如何模擬出一種 $GJRGARCH(1, 1)$ 模型的觀察值？試解釋之。

(4) 續上題，試分別模擬並比較 $GJRGARCH(1, 1)$ 與 $GARCH(1, 1)$ 模型觀察值的不同。提示：可以參考圖 8-d。

(5) 利用 8.1 節例 1 內的美元兌新臺幣日對數報酬率序列資料，試以一種簡單的 $GARCH(1, 1) - N$ 模型估計，其結果為何？若上述資料不以 % 表示，其結果又如何？

(6) 續上題，若使用 $ARMA(12, 0) - GARCH(1, 1) - N$ 模型估計，其結果為何？

(7) 續上題，若改用 $GJRGARCH(1, 1) - t$ 模型估計，其結果又為何？有何涵義？

(8) 續上題，試以 Engle 與 Na（1993）的符號偏誤檢定檢視美元兌新臺幣日對數報酬率序列資料是否存在槓桿效果？

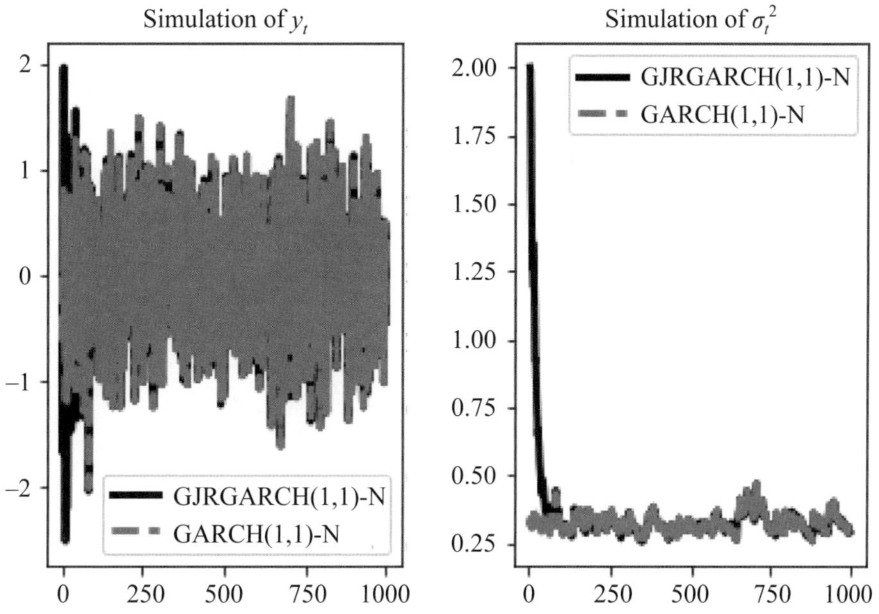
Simulation of y_t
2
1
0
–1
–2
GJRGARCH(1,1)-N
GARCH(1,1)-N
0
250
500
750
1000
Simulation of σ_t^2
2.00
1.75
1.50
1.25
1.00
0.75
0.50
0.25
GJRGARCH(1,1)-N
GARCH(1,1)-N
0
250
500
750
1000

圖 8-d

Chapter 9

Heston模型

也許，我們已經知道 BSM 模型的最大致命傷是假定波動率不僅是一個確定的數值，同時於選擇權合約期限內亦固定不變。上述假定明顯與市場所觀察到資料不符，同時亦與第 8 章所強調波動率是一種隨機變數不一致。或者說，波動率固定不變，扭曲或誤導了我們對陽春或新奇選擇權眞實價格的估計。

於選擇權的定價理論內，過去數十年以來不斷有改善波動率假定的競爭模型①出現，其特色是視波動率是一種隨機變數。由於強調波動率的不確定性，我們反而愈能合理地估計到資產的價格。於上述競爭模型內，Heston 模型大概是最容易被提及或被使用的隨機波動模型，其特色是不僅將波動率視爲時間的變數，同時其亦提供明確的數學公式使得我們可以有效的計算選擇權的價格。由於 Heston 模型已爲業界提供一種新模型的基石，故其重要性不容忽視。

於本章，我們將簡單介紹 Heston 模型。其實，Heston 模型可分成 Heston（1993）以及 Heston 與 Nandi（2000）模型二種，其中前者可簡寫成 H 模型，而後者則簡稱爲 HN 模型。H 模型較偏向於連續型模型，而 HN 模型則著重於間斷型模型。於底下可看出，上述二模型其實皆可以利用選擇權的特性函數定價。

9.1 H 模型

本節將分成二部分介紹 H 模型，其中之一是使用蒙地卡羅方法（Monte Carlo method, MC）以決定歐式選擇權價格；另一則是使用特性函數而以數值方法定價。

---

① 競爭模型可有 Hull 與 White（1987）、Stein 與 Stein（1991）以及 Heston（1993）等文獻。

9.1.1 蒙地卡羅方法

於 H 模型內，於 t 期歐式選擇權標的資產價格 S_t 與對應的波動率 $\sqrt{V_t}$ 過程是由下列的聯立微分方程式體系所構成[②]，即：

$$dS_t = \left(r - V_t / 2\right) S_t dt + \sqrt{V_t} S_t dW_{1t} \tag{9-1}$$

與

$$dV_t = a\left(\bar{V} - V_t\right) dt + \eta \sqrt{V_t} dW_{2t} \tag{9-2}$$

其中 $dW_{1t} dW_{2t} = \rho dt$。當然，（9-1）式亦可改寫成類似於 GBM 的型態，即：

$$d\log(S_t) = \left(r - V_t / 2\right) dt + dW_{1t} \tag{9-3}$$

（9-1）～（9-3）三式內參數與變數的意義如下：

S_t：t 期標的資產價格

r：無風險利率

V_t：t 期變異數

$\bar{V}$：長期變異數或非條件變異數

a：變異數向平均數反轉速度

η：變異數（或波動率）過程內的「波動率」參數

dW_{1t}, dW_{2t} 爲二個相關的布朗運動，ρ 爲其相關係數

是故，$r > 0$、$\bar{V} > 0$、$\eta > 0$、$a > 0$ 以及 $-1 < \rho < 1$。

有關於（9-1）～（9-3）三式的特色與意義，整理後可得：

(1) 於 H 模型內，S_t 的隨機過程非常類似於 BSM 模型；不過，比較特別的是，H 模型額外引進一種變異數（或波動率）的隨機過程。事實上，根據（9-2）式，H 模型內的 V_t 過程類似於 CIR 過程（第 4 章）。

(2) 參數 η 值可稱爲「波動率中的波動率」或稱爲「vol of vol」。若 η 值等於 0，則 H 模型等於 BSM 模型。值得注意的是，因 dW_{2t} 有可能爲負值，故若 η 值不

② （9-1）式亦爲風險中立動態體系。

等於 0，則 H 模型的波動率有可能較 BSM 模型的波動率低。

(3) 於 H 模型內，有二種隨機性來源，其中 W_{1_t} 是一種標準的布朗運動主導著外在衝擊對報酬率的影響，此倒是有些類似於前述之 *GARCH* 模型。另外一種隨機性來源是另一種標準的布朗運動 W_{2_t}，其卻是主導著外在衝擊對波動率的影響。上述二種外在衝擊來源的相關係數爲 ρ，即外在衝擊除了影響報酬率之外，亦會透過 ρ 值而引起另一個外在衝擊對波動率的影響；因此，ρ 值或許可反映波動率對報酬率的反饋效果（feedback effect），即若 ρ 值愈大，其反饋的力道愈強。顯然，前述的 *GARCH* 模型忽略此一反饋效果。

(4) H 模型與 *GARCH* 模型並不相同，其中後者波動率的變動來源是落後期報酬率的衝擊；但是，Heston 模型卻強調波動率的變動是來自於自身的干擾項。

(5)（9-2）式的確定部分可寫成$E(V_t) = V_0 e^{-at} + \bar{V}(1 - e^{-at})$，隱含著變異數有向平均數反轉的傾向，即任何脫離長期變異數 $\bar{V}$ 終究要回歸至 $\bar{V}$。因此，波動率當然具有持續性，不過上述持續性不會永遠存在，即若參數 a 值愈大（愈小），持續性愈短（愈長）。

(6) 參數 η 值有可能主導著標的資產報酬率分配的超額峰態程度，而參數 ρ 值則主導著報酬率分配的偏態程度。

上述特色可以用模擬的方式解釋。

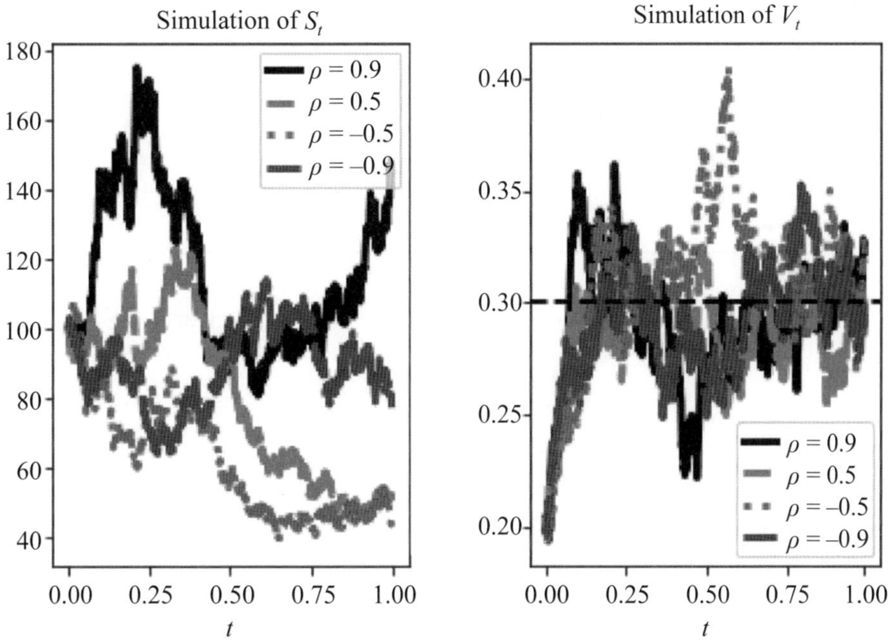

圖 9-1　H 模型的模擬

根據（9-1）與（9-2）二式，我們可以思考其對應的 w 間斷版模型，即：

$$\begin{cases} V_t = V_{t-1} + a\left(\bar{V} - V_{t-1}\right)\Delta t + \eta\sqrt{V_{t-1}}\sqrt{\Delta t}z_{1t} \\ S_t = S_{t-1} + \left(r - \sqrt{V_t}/2\right)S_{t-1}\Delta t + \sqrt{V_t}S_{t-1}\sqrt{\Delta t}z_{1t} \end{cases} \quad (9\text{-}4)$$

其中 z_{1t} 與 z_{2t} 皆為 IID 之標準常態分配隨機變數；另外，z_{1t} 與 z_{2t} 之間的相關係數為 ρ。其實，（9-4）式有另外一種型態，可以參考習題。令 $S_0 = 100$、$V_0 = 0.2$、$\bar{V} = 0.3$、$r = 0.05$、$a = 15$、$\eta = 0.25$、$\eta = 1{,}000$、$T = 1$ 以及 $\Delta t = T/n$，根據（9-4）式，圖 9-1 分別繪製出不同 ρ 值下的 S_t 與 V_t 時間走勢。我們從圖 9-1 內可看出 V_t 的時間走勢類似於 S_t，二者皆是一種隨機過程的實現值走勢；不過，因 V_t 屬於 CIR 過程，故從圖內可看出 V_t 的實現值走勢無法脫離長期變異數如圖內水平虛線所示。

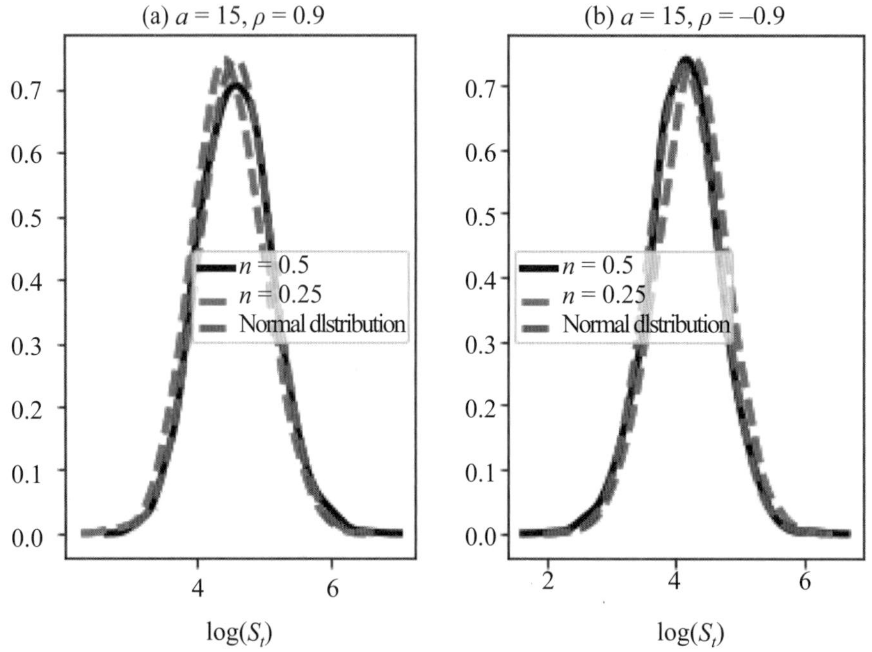

圖 9-2a　S_T 的實證分配

接下來，我們檢視 H 模型內各參數所扮演的角色。圖 9-1 的左圖提醒我們可以模擬出選擇權到期標的資產價格 S_T 的實證分配，即透過該圖可得到期 T 的標的資產價格；換言之，令 $n = 500$ 以及模擬次數為 $N = 2{,}000$，圖 9-2 繪製出 S_T 的實證分配。於圖 9-2 內，我們考慮四種情況。首先，我們於 $a = 15$ 與 $a = 0.5$ 的情況下，

檢視 V_t 於高波動與低波動二種例子，即 η 分別等於 0.5 與 0.25；當然每一例子又可分成 $\rho = 0.9$ 與 $\rho = -0.9$ 二種狀態。例如：圖 9-2a 與圖 9-2b 分別檢視 $a = 15$ 與 $a = 0.5$ 的情況；另外，爲了比較起見，各圖內亦繪製出常態分配的 PDF③。

有意思的是，若 a 值相當大時如 $a = 15$，隱含著 V_t 調整至 $\bar{V}$ 的速度相當快，從圖 9-2a 可看出 S_T 的實證分配接近於常態分配，此時 η 或 ρ 值並未扮演重要的角色；反觀，若 a 值相當小時如 $a = 0.5$，隱含著 V_t 調整至 $\bar{V}$ 的速度相當緩慢，此時 S_T 的實證分配未必接近於常態分配，該結果可參考圖 9-2b。因此，圖 9-2 的結果竟顯示於 a 值較小時，高波動會導致 S_T 的實證分配屬於超額峰態分配，其中 ρ 值可左右上述分配的對稱程度，即 $\rho > 0$（$\rho < 0$），S_T 的實證分配爲右偏（左偏）分配。

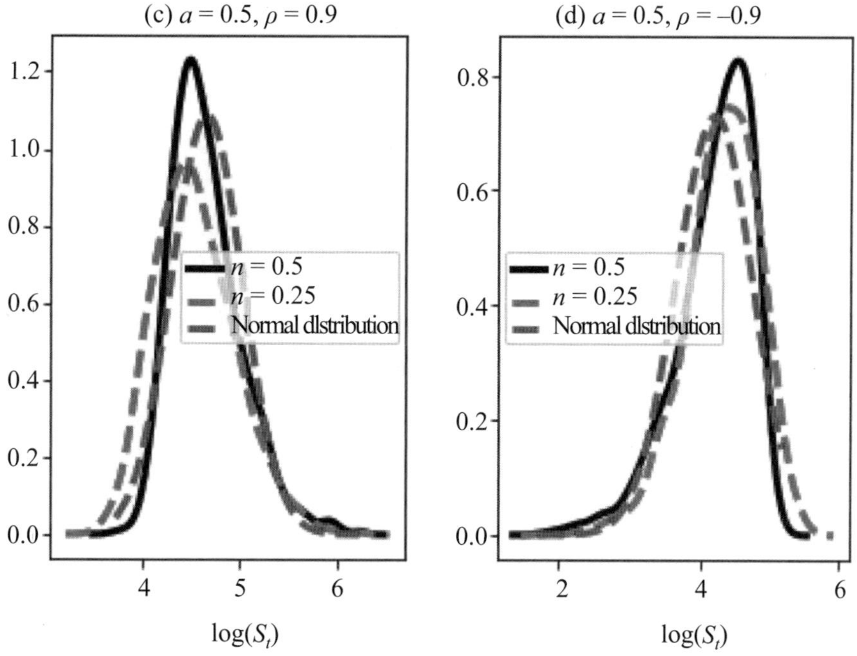

圖 9-2b　S_T 的實證分配

利用圖 9-2 的結果，我們可以進一步利用 MC 計算歐式買權價格 c_0，即 $c_0 = \dfrac{1}{N} e^{-rT} \max(S_T - K, 0)$，其中 K 爲履約價。例如：表 9-1 列出履約價爲 100 的歐式選擇權的價格。出乎意料之外，從表 9-1 內可看出 ρ 值大於 0 的買權價格普遍大

③ 除了上述 a、n、η 與 ρ 值之外，圖 9-2 繪製的其餘假定與圖 9-1 的假定相同。

表 9-1　以 MC 計算歐式買權價格

	$a = 15$			
	$\rho = 0.9$		$\rho = -0.9$	
	$\eta = 0.5$	$\eta = 0.25$	$\eta = 0.5$	$\eta = 0.25$
N	2,000	2,000	2,000	2,000
c	29.1049	21.5415	7.2338	10.6922
	$a = 0.5$			
	$\rho = 0.9$		$\rho = -0.9$	
	$\eta = 0.5$	$\eta = 0.25$	$\eta = 0.5$	$\eta = 0.25$
N	1,986	2,000	1,963	2,000
c	22.1994	18.465	4.9467	10.5012

註：N 與 c 分別表示 MC 模擬次數與歐式買權價格（履約價爲 100）。

於對應的 ρ 值小於 0 的買權價格；不過，直覺而言，上述 ρ 值小於 0 的買權價格估計值應有失真，原因就在於上述估計值所對應的波動率應比較低。例如：如前所述，若 $\eta = 0$，H 模型的買權價格相當於 BSM 模型的買權價格；是故，若以 $\bar{V}$ 取代 σ^2（σ 爲 BSM 模型的波動率，其値約爲 0.5477），則於相同的假定下 BSM 模型的買權價格約爲 23.5786；換言之，就是因 $\eta \neq 0$，使得表 9-1 內的結果與 BSM 模型的買權價格不一致。圖 9-3 繪製出使用表 9-1 的假定所得到的 BSM 模型買權價格與波動率之間的關係。從圖 9-3 內可看出當波動率爲 0.5 時所對應的買權價格約爲 21.7926；同理，波動率爲 0.2 時所對應的買權價格約爲 10.4506。因此，表 8-1 內 ρ 值小於 0 的買權價格應有嚴重的低估可能。

另一方面，雖說我們可以利用 MC 計算 H 模型內 $\rho > 0$ 的選擇權價格，不過若重新檢視（9-1）或（9-2）式，可以發現 V_t 有可能爲負值；換言之，圖 9-2 或表 9-1 是捨棄 V_t 爲負值所繪（編）製而得，此隱含著以 MC 計算 H 模型的選擇權價格較無效率，即其須多費一把勁才能得到較爲正確的估計值④。

例 1　z_{1t} 與 z_{2t} 的模擬

圖 9-1 的 S_t 與 V_t 的模擬需要一組相關的標準常態分配隨機變數的實現值。於《衍商》內，我們已經知道如何取得上述實現值，即令 z_{1t} 與 z_{3t} 分別表示一個獨立

④ Gatheral（2006）曾提出改進上述 MC 的方法，於此處我們並未加入檢視。

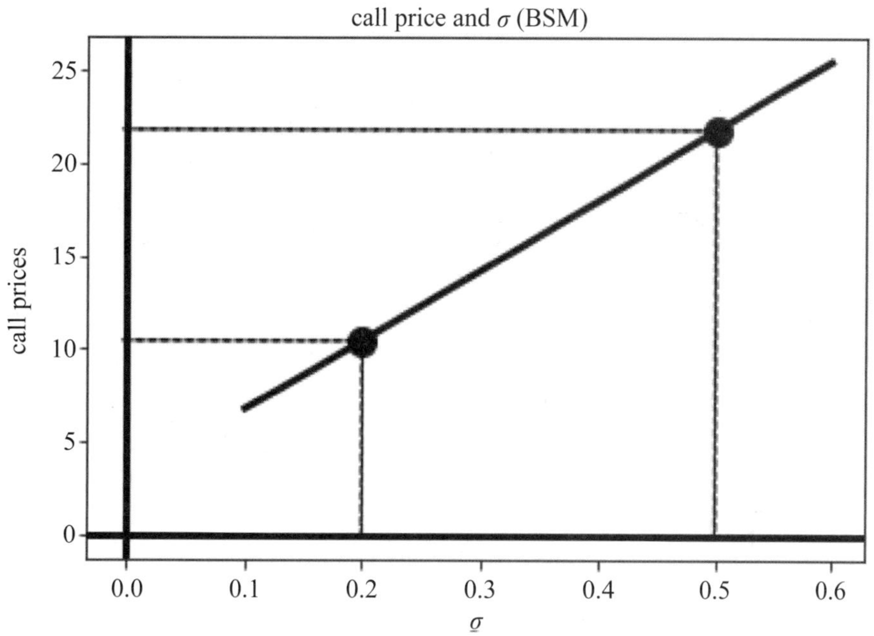

圖 9-3 BSM 模型之買權價格與波動率之間的關係（使用表 9-1 的假定）

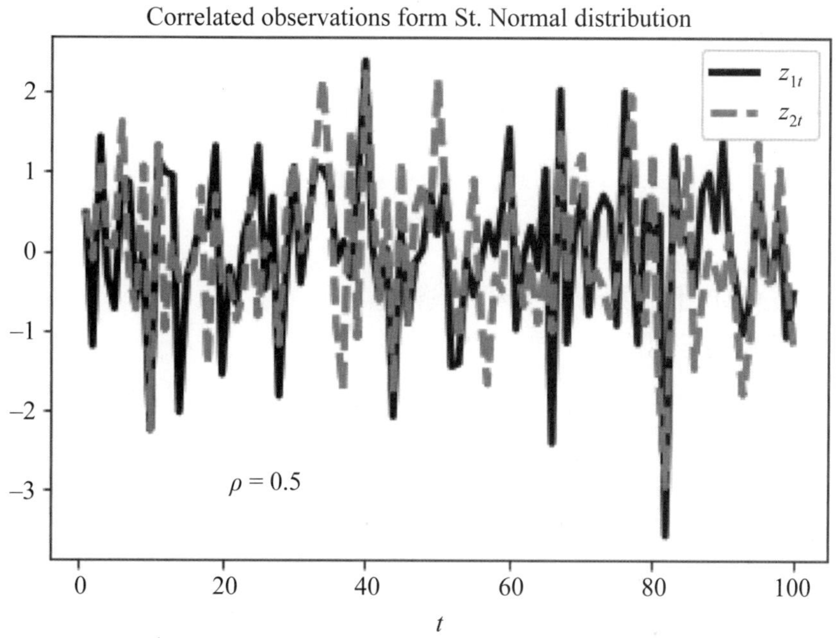

圖 9-4 z_{1t} 與 z_{2t} 的實現值

的 IID 標準常態分配隨機變數，利用 z_{1t} 與 z_{3t} 可得：

$$z_{2t} = \rho z_{1t} + \sqrt{1-\rho^2}\, z_{3t}$$

即 z_{1t} 與 z_{2t} 之間的相關係數等於 ρ。圖 9-4 繪製出 z_{1t} 與 z_{2t} 的實現值走勢，可以參考所附的指令。

例 2 可列斯基拆解

續例 1，利用可列斯基拆解（Cholesky decomposition）亦可以取得 z_{1t} 與 z_{2t} 的實現值，即令 $\mathbf{M} = \begin{bmatrix} 1 & \rho \\ \rho & 1 \end{bmatrix}$ 爲一個 2×2 矩陣而 $\mathbf{Z}$ 爲一個 $2 \times n$ 之 IID 標準常態分配隨機變數實現值矩陣。令 $\mathbf{Z}_t = chol(\mathbf{M})^T \mathbf{Z}$，其中 $chol(\mathbf{M})$ 爲 $\mathbf{M}$ 之可列斯基拆解；是故，$\mathbf{Z}_t$ 亦是一個 $2 \times n$ 矩陣。令 $\mathbf{Z}_t$ 的第一列與第二列分別爲 $\mathbf{z}_{1t}$ 與 $\mathbf{z}_{2t}$，則 $\mathbf{z}_{1t}$ 與 $\mathbf{z}_{2t}$ 之間的相關係數亦等於 ρ。讀者可以模擬看看。

例 3 隱含波動率

由於表 8-1 的結果係計算 H 模型的歐式買權價格，我們倒是可以利用 BSM 模型推算出 H 模型的歐式買權價格的隱含波動率。例如：若 $a = 15$、$\eta = 0.5$ 與 $\rho = 0.9$，根據表 9-1 可知買權價格約爲 29.1049，其對應的隱含波動率約爲 0.6973，顯然高於 $\eta = 0.5$。至於表 9-1 內的其他結果可類推。

習題

(1) H 模型與 GARCH 模型有何不同？試解釋之。

(2) H 模型與 BSM 模型有何不同？試解釋之。

(3) 我們如何透過 H 模型取得 S_t 具有超額峰態以及左偏的實證分配。

(4) 試利用圖 9-1 內的假定分別取得 S_T 與 V_T 的實證分配。

(5) 直覺而言，若 a 值相當小，則需較大 n 值，V_T 才能回歸至長期變異數。令 $a = 0.5$ 與 $n = 10{,}000$，其餘利用圖 9-1 內的假定，試分別取得 S_T 與 V_T 的實證分配。

(6) 試敘述以 MC 計算歐式買權價格的步驟。

(7) 以 MC 計算 H 模型的歐式買權價格會有何缺點？試說明之。

(8) 如前所述，（9-1）與（9-2）二式有另外一種表示方式，即：

$$\begin{cases} S_t = S_{t-1} + \left(r - \sqrt{V_{t-1}}/2\right) S_{t-1}\Delta t + \sqrt{V_{t-1}} S_{t-1} \sqrt{\Delta t} z_{1t} \\ V_t = V_{t-1} + a\left(\bar{V} - V_{t-1}\right)\Delta t + \eta\sqrt{V_{t-1}}\sqrt{\Delta t} z_{2t} \end{cases}$$

試利用上式，重新以 MC 計算表 8-1 的結果。結果爲何？

(9) 令 $S_0 = 100$、$V_0 = 0.01$、$\bar{V} = 0.01$、$r = 0$、$a = 2$、$\eta = 0.1$、$n = 1{,}000$、$T = 0.5$ 以及 $\Delta t = T/n$，試根據（9-4）式分別繪製出 $\rho = 0.9$ 與 $\rho = -0.9$ 値下的 S_t 與 V_t 時間模擬走勢。

(10) 續上題，試以 MC 計算對應的歐式買權價格。其與 BSM 模型的買權價格差距爲何？

9.1.2 德爾塔—機率分解方法

於第 5 章內，我們曾介紹德爾塔—機率分解方法，可以參考（5-33）～（5-35）三式，即利用特性函數而以數值方法計算選擇權價格；換言之，第 5 章曾經使用上述方法計算 BSM 與 Merton 模型的買權價格。底下，我們介紹如何利用德爾塔—機率分解方法計算 H 模型的歐式買權價格。

根據 Gilli 與 Schumann（2010）或 Gatheral（2006），利用（9-1）與（9-2）二式，H 模型的特性函數可寫成：

$$\phi_H = e^{A+B+C} \tag{9-5}$$

令 $s_0 = \log(S_0)$、$d = \sqrt{\left(\rho\eta i\omega - a\right)^2 + \eta^2\left(i\omega + \omega^2\right)}$ 與 $g = \dfrac{a - \rho\eta i\omega - d}{a - \rho\eta i\omega + d}$，（9-5）式內的 A、B 與 C 分別爲：

$$A = i\omega s_0 + i\omega(r-q)T \text{、} B = \frac{\bar{V}a}{\eta^2}\left[\left(a - \rho\eta i\omega - d\right)T - 2\log\left(\frac{1 - ge^{-dT}}{1-g}\right)\right]$$

與

$$C = \frac{\dfrac{V_0}{\eta^2}\left(a - \rho\eta i\omega - d\right)\left(1 - e^{-dT}\right)}{1 - ge^{-dT}}$$

類似於第 5 章的作法，以（9-5）式取代（5-34）～（5-35）二式內的 $\phi(\cdot)$，再根據（5-33）式，利用數値積分方式，即可得 H 模型的歐式買權價格。

利用上述德爾塔—機率分解方法，我們重新計算表 9-1，其結果則列於表

9-2。不同於表 9-1，表 9-2 不僅列出歐式買權價格，同時亦列出隱含波動率。我們可以回想對應的 BSM 模型的買權價格與波動率分別約為 23.5786 與 0.5477；因此，從表 9-2 內可看出其中之不同。換言之，我們進一步整理出下列結果：

(1) 比較表 9-1～9-2，可以發現以 MC 估計歐式買權價格於 $\rho = -0.9$ 之下的確出現嚴重低估現象。
(2) 根據表 9-2 的假定與結果，可以發現 a 值較高，對應的波動率亦較大，故對應的買權價格亦較高；另一方面，似乎 ρ 值為正數值的買權價格與波動率皆大於對應的 ρ 值為負數值的買權價格與波動率。
(3) 若與 BSM 模型比較，H 模型額外多了 a、η 與 ρ 等參數。如前所述，從圖 9-2 內可看出上述參數值所扮演的角色；或者，讀者亦可嘗試檢視上述參數值對買權價格的影響。

表 9-2　以德爾塔—機率分解方法計算 H 模型的歐式買權價格

	$a = 15$			
	$\rho = 0.9$		$\rho = -0.9$	
	$\eta = 0.5$	$\eta = 0.25$	$\eta = 0.5$	$\eta = 0.25$
σ	0.5437	0.5428	0.5387	0.5403
c	23.4288	23.3931	23.243	23.3
	$a = 0.5$			
	$\rho = 0.9$		$\rho = -0.9$	
	$\eta = 0.5$	$\eta = 0.25$	$\eta = 0.5$	$\eta = 0.25$
σ	0.4677	0.473	0.4451	0.4611
c	20.5773	20.7764	19.7284	20.3306

註：σ 與 c 分別表示隱含波動率與歐式買權價格（履約價為 100）。

畢竟表 9-2 只檢視買權平價（即 $S_0 = K$）的情況，我們當然需要取得更一般化的結果。底下，使用 Heston（1993）的例子。令 $V_0 = 0.01$、$\bar{V} = 0.01$、$r = 0$、$q = 0$、$\eta = 0.1$、$a = 2$、$T = 0.5$ 以及 $K = 100$，圖 9-5 繪製出不同 ρ 值下歐式買權價格之間的差距。我們從圖 9-5 內可看出四個特色，即：

(1) 於深價內或深價外下，上述四種買權價格差距不大。

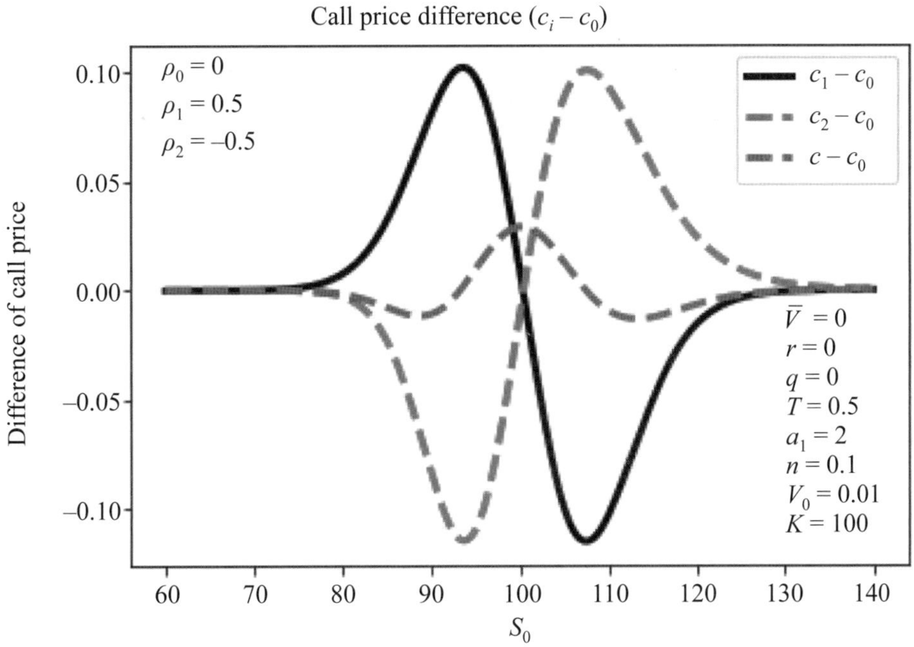

圖 9-5　歐式買權價格差距，其中 c、c_0、c_1 與 c_2 分別表示 BSM 模型之買權價格、ρ_0、ρ_1 與 ρ_2 的買權價格，後三者屬於 H 模型

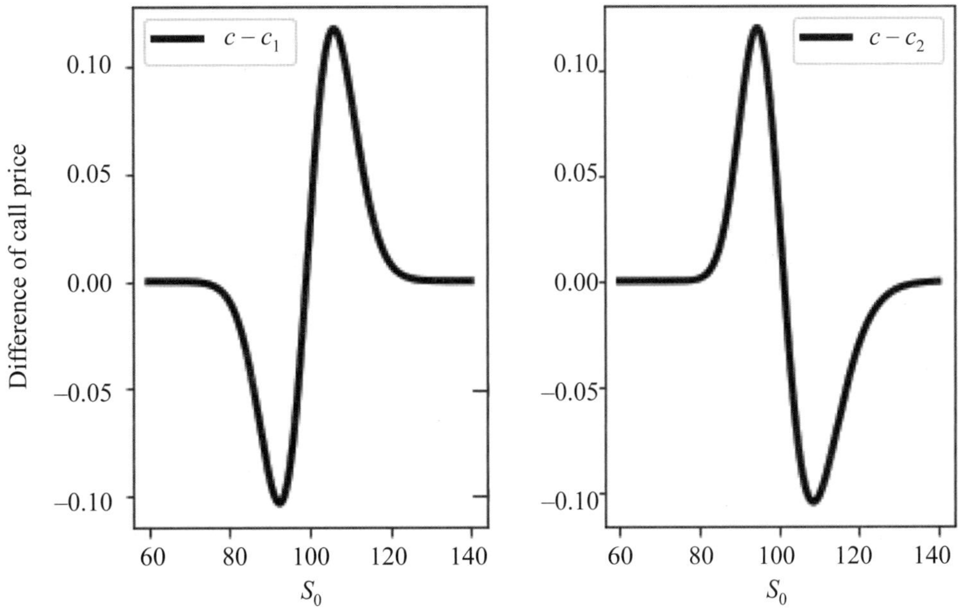

圖 9-6　續圖 9-5

(2) c_0 與 c 之間仍有差距，特別是於價平之下，c 高於 c_0，我們從表 9-2 內亦可以得到類似的結果。
(3) 於價內或價外下，c_0與c、c_0與c_1以及c_0與c_2之間的差距竟然出現對稱的情況。
(4) 圖 9-6 繪製出 c 與 c_1 以及 c 與 c_2 之間的差距，其亦出現對稱的情況。

讀者可嘗試多練習看看。

例 1　H 模型的微笑曲線

仍以圖 9-5 或 9-6 內的假定爲例，令 $S_0 = 100$，圖 9-7 繪製出不同履約價下的 H 與 BSM 模型的買權價格（上圖），從圖內可看出二買權價格差距並不大；有意思的是，若繪製出對應的隱含波動率，則 H 模型的確會出現「微笑曲線」如下圖所示，至於 BSM 模型則於不同履約價下隱含波動率仍固定不變。換言之，於同履約價下，H 模型所對應的波動率並非固定不變。

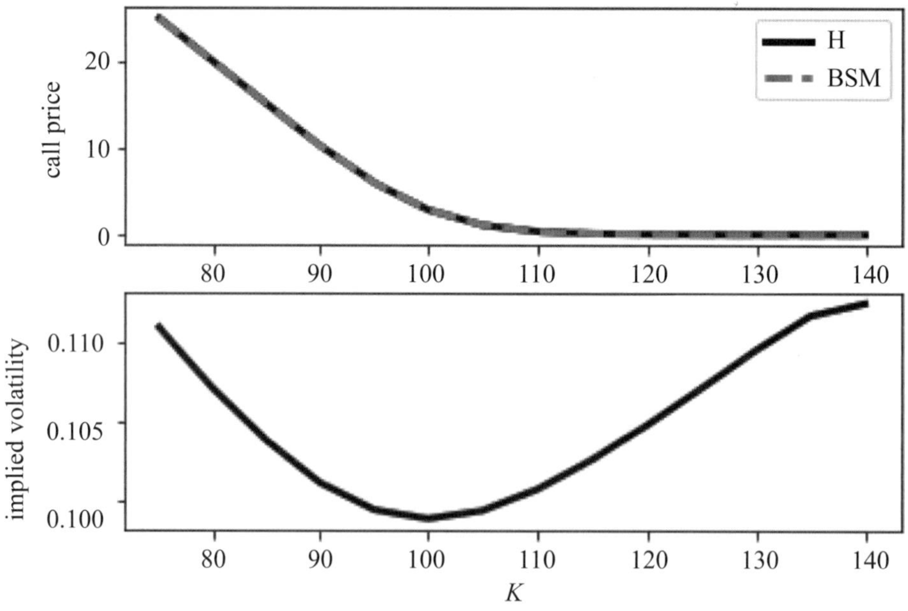

圖 9-7　H 模型的微笑曲線

例 2　H 模型的微笑曲線（續）

續例 1，若令 $S_0 = K = 100$ 而其餘假定不變，圖 9-8 分別繪製出不同到期期限下的買權價格與波動率。我們從圖內亦可看出 H 與 BSM 模型的買權價格差距不大

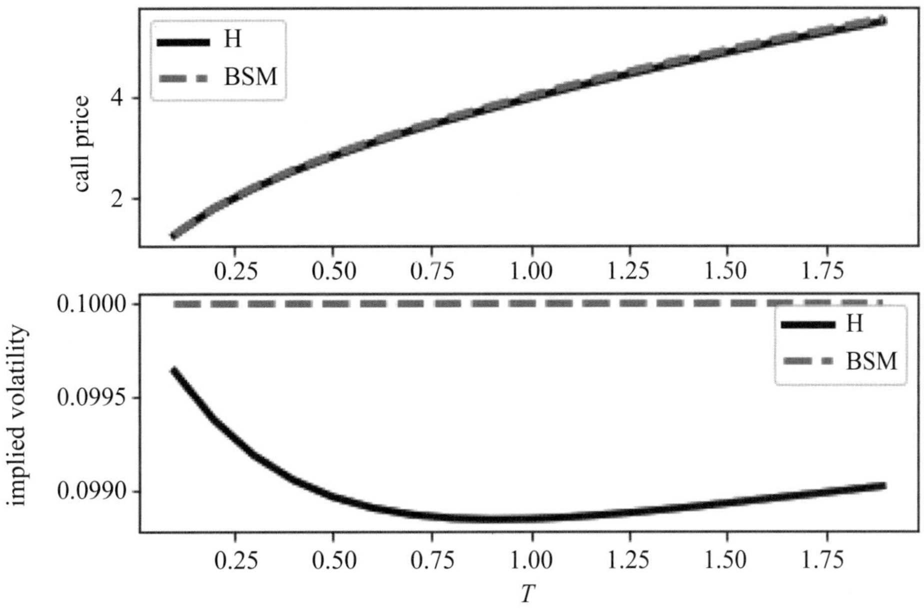

圖 9-8　H 模型的微笑曲線

（上圖）；但是，於不同到期期限下，H 模型所對應的買權波動率卻非固定不變，即其亦出現「微笑曲線」形狀（下圖）。相反地，BSM模型的波動率卻仍固定不變。

例 3　H 模型的波動率曲面

續例 2，令 $S_0 = 100$，圖 9-9 繪製出 H 模型的波動率曲面，而該圖內顯示出於不同的到期期限與履約價下，H 模型的（隱含）波動率並不相同；同理，圖 9-10 亦繪製出對應的買權價格曲面，讀者可對照看看。

習題

(1) 試敘述如何利用特性函數以計算 H 模型的買權價格。

(2) 利用表 9-2 的假定，於 $\rho = 0.9$、$a = 0.5$、$\eta = 0.5$、與不同履約價下，試分別繪製出 H 與 BSM 模型的買權價格曲線與微笑曲線。

(3) 續上題，於不同到期期限下，試分別繪製出 H 與 BSM 模型的買權價格曲線與微笑曲線。

(4) 續上題，試分別繪製出 H 模型的波動率曲面與買權價格曲面。提示：可以參考圖 9-a 與 9-b。

(5) 試敘述如何於 Python 的環境下繪製出 3D 的圖形。

(6) 試敘述 H 模型的特色。

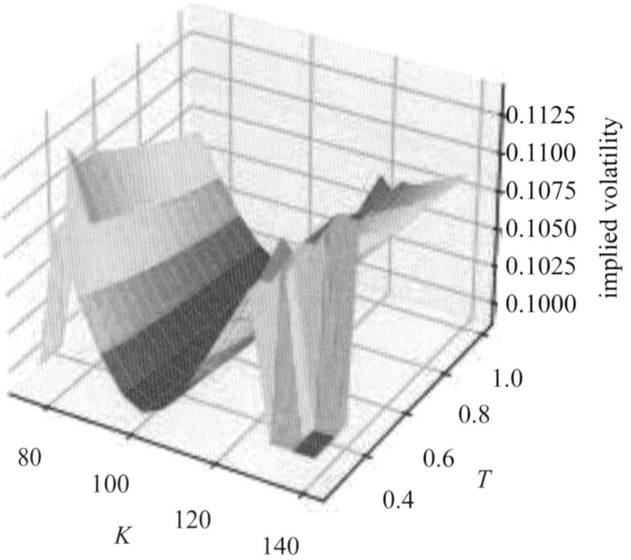

圖 9-9　H 模型的波動率曲面

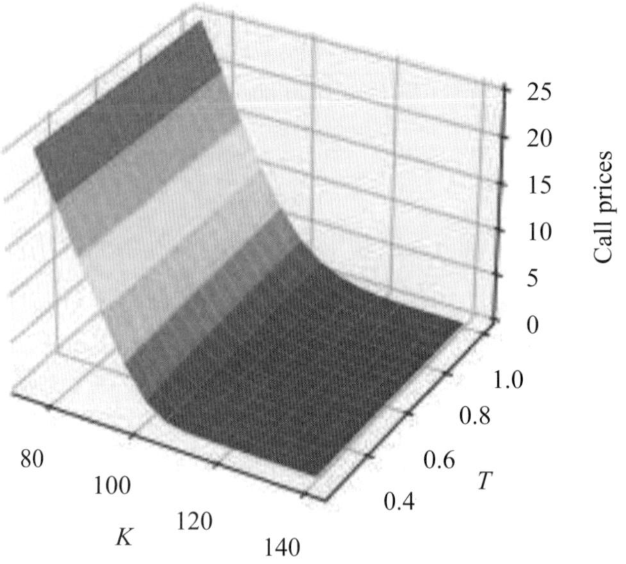

圖 9-10　H 模型的買權價格曲面

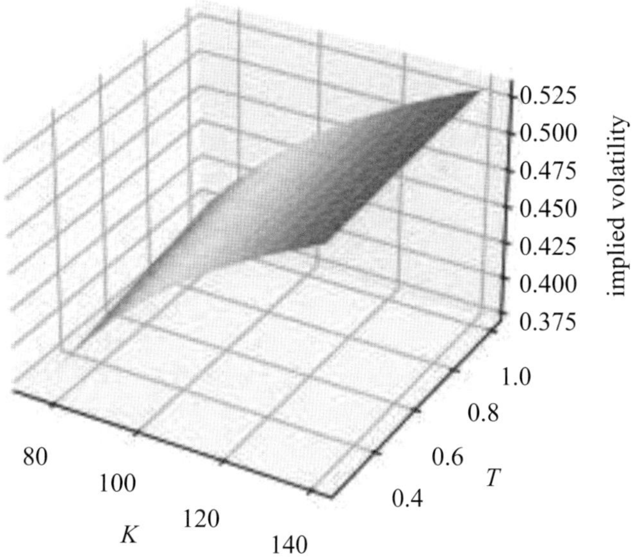
0.525
0.500
0.475
0.450
0.425
0.400
0.375
implied volatility
1.0
0.8
0.6
0.4
T
80
100
120
140
K

圖 9-a

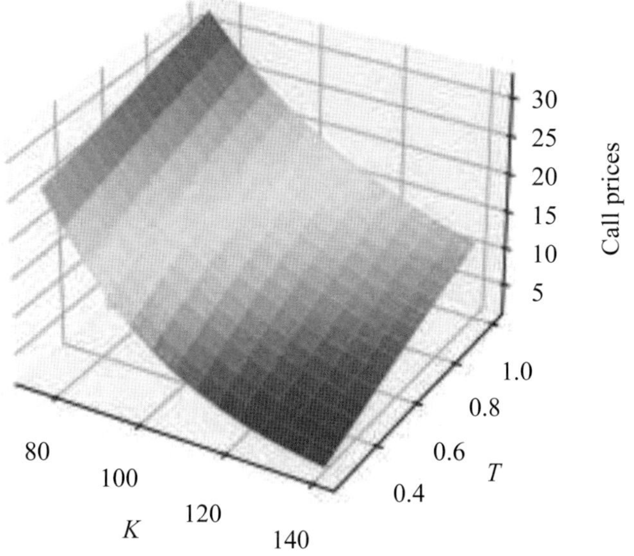
30
25
20
15
10
5
Call prices
1.0
0.8
0.6
0.4
T
80
100
120
140
K

圖 9-b

9.2 HN 模型

本節將分成二部分介紹。第一部分將分別介紹於「眞實機率」與「風險中立」下的 HN 模型模擬；第二部分則說明 HN 模型的歐式選擇權定價。

9.2.1 HN 模型的模擬

HN 模型可寫成：

$$y_t = \log\left(\frac{S_t}{S_{t-1}}\right) = r + \lambda_0 h_t + \sqrt{h_t} z_t \tag{9-6}$$

與

$$h_t = a_0 + a_1\left(z_{t-1} - \gamma\sqrt{h_{t-1}}\right)^2 + b_1 h_{t-1} \tag{9-7}$$

其中 S_t、r、h_t 與 z_t 分別表示 t 期標的資產價格、無風險利率、（對數報酬率）變異數與 IID 標準常態隨機變數。令 F_t 表示至 t 期所擁有的資訊，若 h_t 屬於定態過程，則可得長期變異數爲：

$$\begin{aligned} &E\left(h_{t+1} \mid F_t\right) = a_0 + a_1 + \left(a_1\gamma^2 + b_1\right)h_t \\ &\Rightarrow E\left(h_t\right) = \frac{a_0 + a_1}{1 - a_1\gamma^2 - b_1} \end{aligned} \tag{9-8}$$

因此，HN 模型的特徵可分述如下：

(1) HN 模型與 H 模型之間最大的區別在於 HN 模型只使用一種外在衝擊隨機來源。HN 模型依舊類似於 *GARCH* 模型，即（9-6）式類似於 $GARCH(1,1)-M$ 模型，而（9-7）式則類似於 GJR 過程。
(2) 根據（9-8）式可知，變異數不爲負值，故參數值如 a_0 與 a_1 應皆大於 0；另一方面，$a_1\gamma^2 + b_1 < 1$，其中 $a_1\gamma^2 + b_1$ 的大小亦主導著波動率的持續性強弱。
(3) 參數值 λ_0 扮演著 y_t 與 h_t 之間的橋梁，即若 λ_0 爲較大的正數值時，y_t 與 h_t 的實現值走勢應非常類似。
(4) 與 H 模型不同的是，HN 模型的長期變異數受到參數值如 a_0、a_1、γ 與 b_1 的影響。
(5) 若參數值 γ 大於 0，則 HN 模型亦可以產生「槓桿效果」。

因此，從（9-6）與（9-7）二式可看出 HN 模型有 5 個參數值。

我們不難模擬出 HN 模型的實現值。令 $a_0 = 0.0002$、$\lambda_0 = 0.02$、$a_1 = 0.2$、$b_1 = 0.4$ 與 $r = 0.05$，圖 9-11 繪製出二種 HN 模型的 $\gamma = 1.5$ 與 $\gamma = 0$ 的觀察值；換言之，根據（9-8）式，前者的長期變異數與持續性分別約為 0.67 與 0.85，而後者則分別約為 0.33 與 0.4。我們進一步利用圖 9-11 的結果繪製出 y_t 與 h_t 的實證分配如圖 9-12 所示。從圖 9-12 內可看出若 $\gamma > 0$，則 y_t 與 h_t 的實證分配的變異數變大了，即 y_t 與 h_t 的變動範圍擴大了；有意思的是，不管 γ 值為何，y_t 的實證分配並非常態而是具有超額峰態的厚尾分配。

（9-6）與（9-7）二式所描述的是「真實機率」衡量的例子，我們可以進一步考慮「風險中立機率」衡量的情況。根據 Heston 與 Nandi（2000），風險中立動態模型可寫成：

$$y_t = r - \frac{h_t}{2} + \sqrt{h_t}\xi_t \tag{9-9}$$

與

$$h_t = a_0 + a_1\left(\xi_{t-1} - \gamma^* \sqrt{h_{t-1}}\right)^2 + b_1 h_{t-1} \tag{9-10}$$

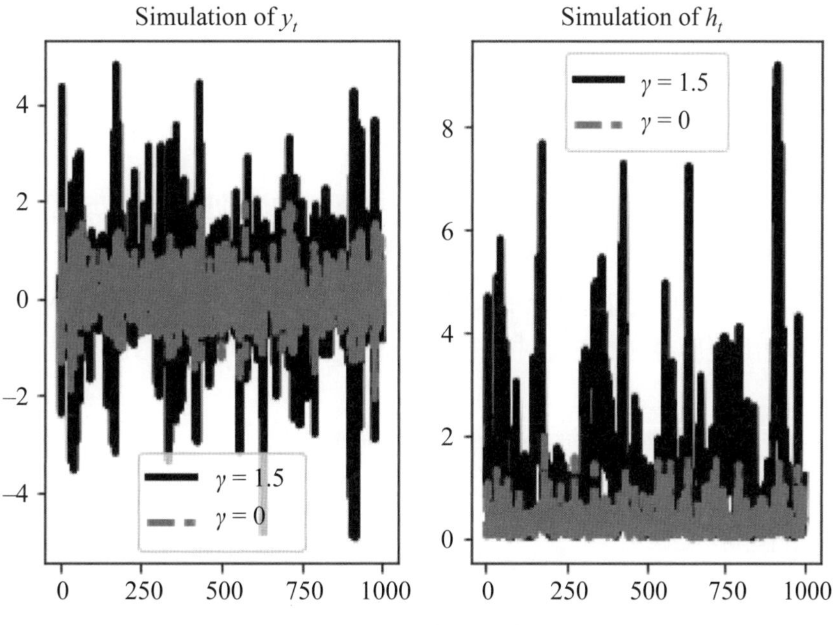

圖 9-11　HN 模型的模擬

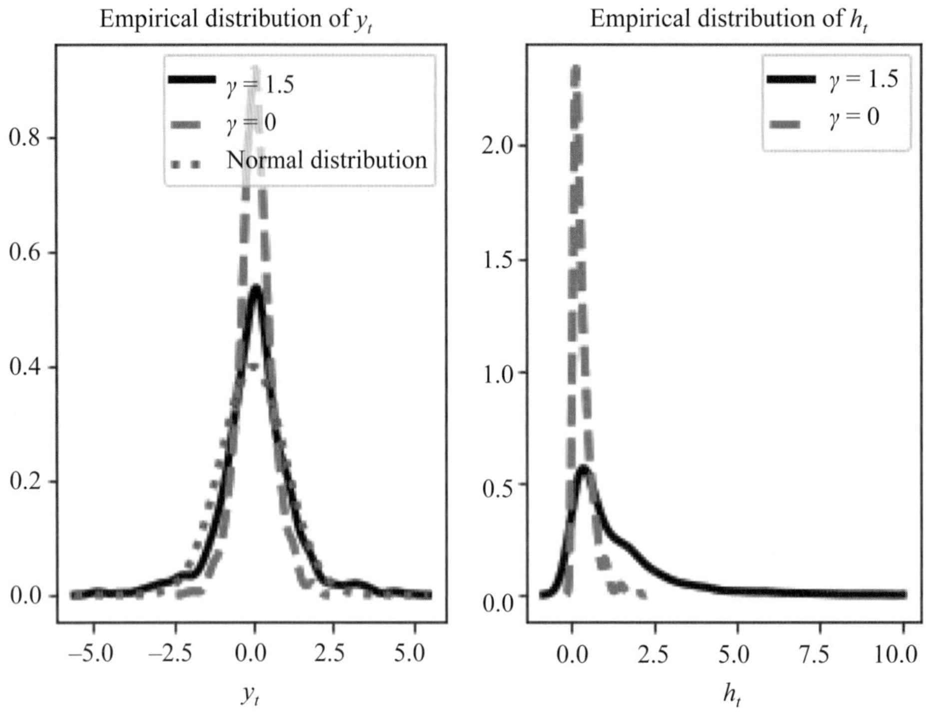

圖 9-12　y_t 與 h_t 的實證分配

其中$\gamma^* = \gamma + \lambda_0 + 1/2$以及 ξ_t 爲 IID 標準常態分配隨機變數。顯然，風險中立的 HN 模型具有下列的四個特色：

(1)（9-9）式其實類似於 GBM 模型（可以參考例 1），即 HN 模型是以 h_t 取代 σ^2，其中 σ 爲 BSM 模型的波動率。
(2) 若 $\lambda_0 > 0$，則 $\lambda^* > \lambda$，此隱含著於風險中立下 y_t 的波動變大了；或者說，相對於眞實機率衡量，於風險中立衡量下，槓桿效果加大了。
(3) 若 $\lambda_0 < 0$，則有可能 $\lambda^* < \lambda$，此隱含著於風險中立下 y_t 的波動縮小了。此種情況有可能出現於金融風暴當中，即實際的波動率有可能高於選擇權的隱含波動率。
(4) 若 $\lambda_0 = -1/2$，則眞實機率與風險中立機率衡量相等。

例 1　S_t 的模擬

令 $S_0 = 100$，我們不難利用（9-6）式模擬出標的資產價格 S_t 的實現值時間走勢⑤。換句話說，根據圖 9-11 的結果，圖 9-13 繪製出 S_t 的實現值走勢。讀者可以多練習看看。

例 2 風險中立之實證分配

根據（9-9）與（9-10）二式，我們亦可以模擬出於風險中立下，HN 模型內的 y_t 與 h_t。令 $\gamma = 0.5$ 以及其餘假定取自圖 9-11，圖 9-14 繪製出「眞實機率」與「風險中立機率」下之 y_t 與 h_t 的模擬走勢。根據上述假定可知前者的長期變異數與持續性分別約爲 0.4 與 0.45，而後者則分別約爲 0.51 與 0.61，其中 γ^* 約爲 1.02。明顯地，「眞實機率」轉成「風險中立機率」的長期變異數變大了，我們從圖 9-14 內亦可看出於「風險中立機率」衡量下，y_t 的實證分配稍微偏左而 h_t 的實證分配稍微偏右，顯示出二種機率衡量並不相同。不管如何，圖 9-14 內亦顯示出 y_t 的實證分配並非屬於常態。

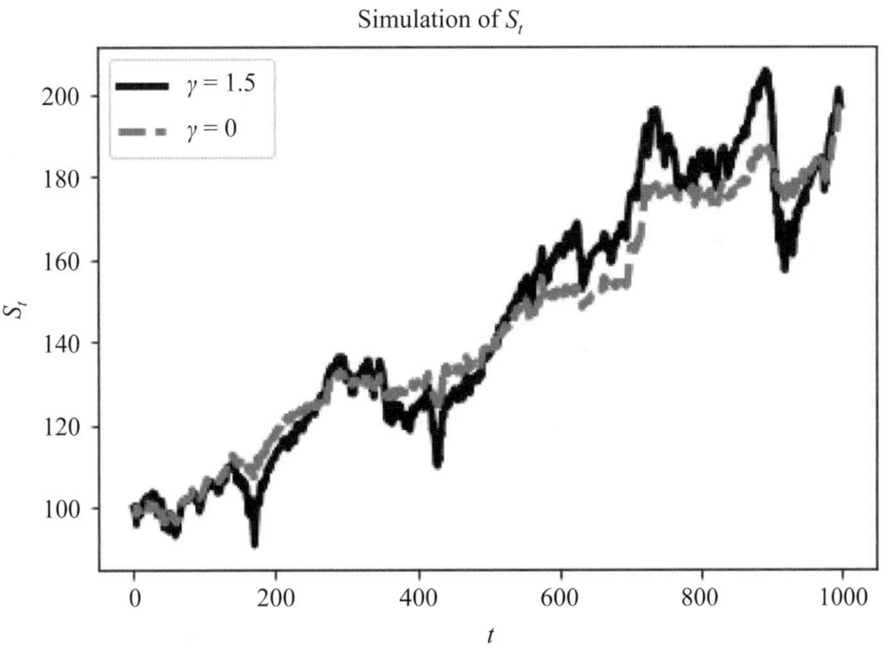

圖 9-13　HN 模型的模擬

⑤ 即 $S_T = S_0 e^{\sum_{t=1}^{T} y_t}$。

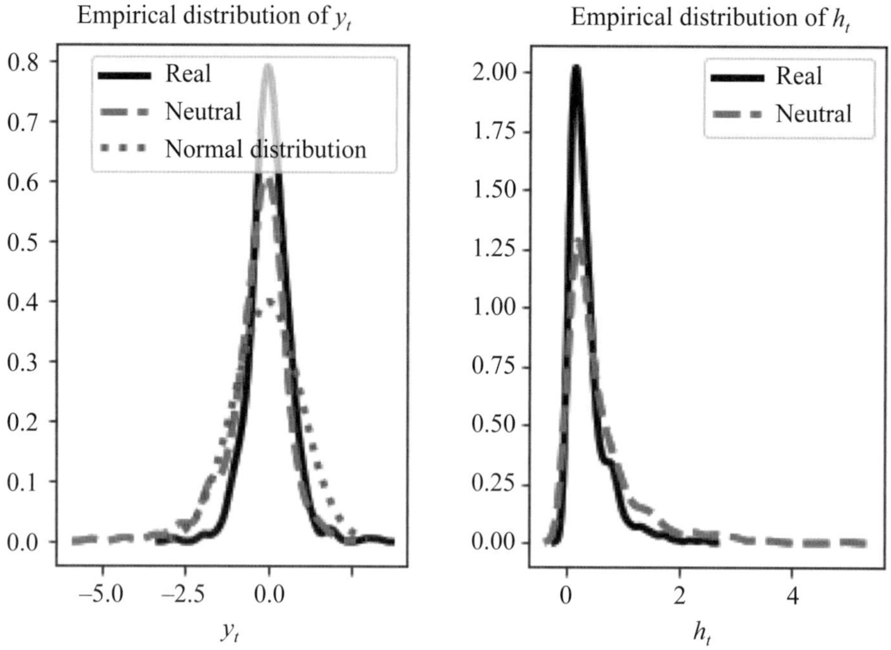

圖 9-14 HN 模型之真實機率與風險中立機率模擬

例 3 S_t **的模擬走勢**

續例 2，我們亦可以進一步繪製出於二種機率衡量下之 S_t 的實現值時間走勢如圖 9-15 所示，從該圖內可看出 S_t 的實現值走勢「南轅北轍」；不過，應留意的是，圖 9-15 只繪製出其中一種結果。

習題

(1) 爲何不易用 MC 方法計算 HN 模型的選擇權價格？提示：h_t 有可能出現負值。
(2) 令 $\gamma = 1.7$ 以及其餘假定取自圖 9-11，此時長期變異數與持續性爲何？試繪製出 h_t 有向長期變異數反轉的圖形。
(3) 續上題，試分別繪製出 y_t 與 h_t 的實證分配。
(4) 續上題，此時「風險中立」的長期變異數與持續性爲何？
(5) 續上題，試分別繪製出 y_t 與 h_t 的實證分配。有何問題？
(6) 二種機率衡量相同的條件爲何？
(7) 我們如何模擬出 S_t 的走勢（HN 模型）？試解釋之。

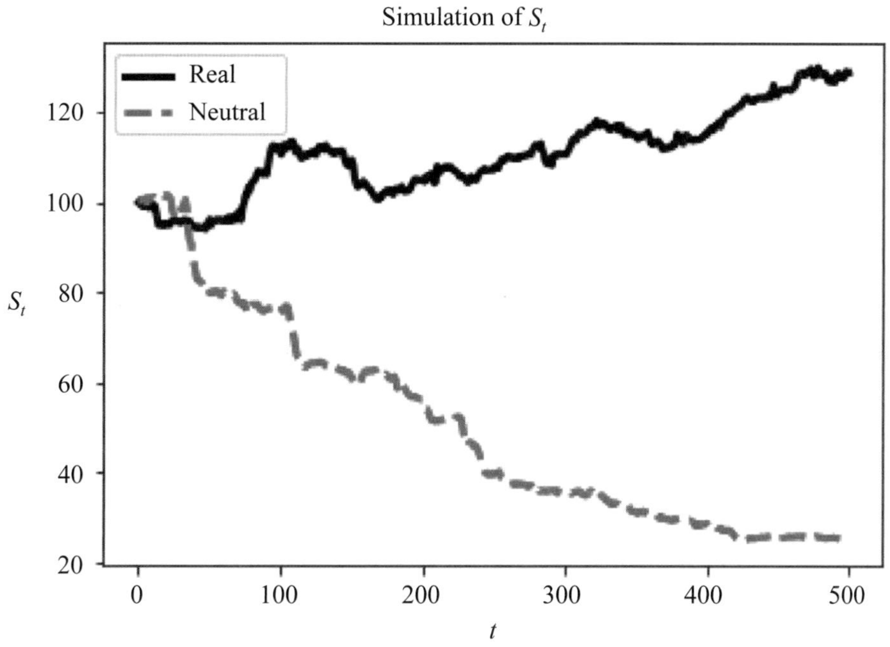

圖 9-15 S_t 的實現值時間走勢

9.2.2 HN 模型的選擇權定價

根據（9-6）與（9-7）二式，HN 模型的動差母函數可寫成⑥：

$$f_{HN}(\phi) = \phi \log(S_t) + A(t;T_D,\phi) + B_1(t;T_D,\phi)h(t+2\Delta - i\Delta) \tag{9-11}$$

其中

$$A(t;T_D,\phi) = A(t+\Delta;T_D,\phi) + \phi r_D + B_1(t+\Delta;T_D,\phi)a_0 - \frac{1}{2}\log\left[1-2a_1B_1(t+\Delta;T_D,\phi)\right]$$

與

$$B_1(t;T_D,\phi) = \phi(\lambda_0+\gamma) - \frac{1}{2}\gamma_1^2 + b_1B_1(t+\Delta;T_D,\phi) + \frac{0.5(\phi-\gamma_1)^2}{1-2a_1B_1(t+\Delta;T_D,\phi)}$$

---

⑥ 此處我們只考慮類似於 $GARCH(1,1)$ 模型型態，至於較高階的情況，可參考 Heston 與 Nandi（2000）。

根據（5-30）式，可知 HN 模型的特性函數為 $\phi_{HN}(\phi) = f_{HN}(i\phi)$。值得注意的是，（9-11）式只描述「單一交易日」的情況，即 T_D 表示至到期的剩餘交易日，而 $r_D = r/252$（假定一年有 252 個交易日）其中 r 為無風險利率。根據（9-11）式，我們自然可以使用反覆的方式估計其內的參數，其中終端條件（terminal conditions）為 $A(T_D;T_D,\phi)=0$ 與 $B_1(T_D;T_D,\phi)=0$。

其實，（9-11）式亦可改寫成：

$$G_{\log(S_T)}(\omega) = S_t^{\omega} e^{A_t + B_t h_{t+1}} \tag{9-12}$$

其中

$$A_t = r\omega + A_{t+1} + a_0 B_{t+1} - \frac{1}{2}\log\left(1 - 2a_1 B_{t+1}\right)$$

與

$$B_t = -\frac{1}{2}\omega + b_1 B_{t+1} + \frac{\frac{\omega^2}{2} - 2a_1\gamma^* B_{t+1}\omega + a_1 B_{t+1}\left(\gamma^*\right)^2}{1 - 2a_1 B_{t+1}}$$

其中終端條件為 $A_T = B_T = 0$。可以留意的是，（9-12）式是於風險中立機率下計算而得[7]。Heston 與 Nandi（2000）進一步指出歐式買權價格可寫成：

$$\begin{aligned} c_t &= e^{-r(T-t)} E^{\mathbf{Q}}\left[Max\left(S_T - K, 0\right)\right] \\ &= \frac{S_t}{2} + \frac{e^{-r(T-t)}}{\pi}\int_0^{\infty} \text{Re}\left[\frac{K^{-i\phi} G_{\log(S_T)}\left(i\phi + 1\right)}{i\phi}\right] d\phi \\ &\quad -Ke^{-r(T-t)}\left\{\frac{1}{2} + \frac{1}{\pi}\int_0^{\infty} \text{Re}\left[\frac{K^{-i\phi} G_{\log(S_T)}\left(i\phi\right)}{i\phi}\right] d\phi\right\} \end{aligned} \tag{9-13}$$

因此，HN 模型的歐式買權價格可以有明確的公式表示；或者說，我們亦可以使用前述的德爾塔－機率分解方法計算 HN 模型的歐式買權價格。

根據（9-12）式，我們不難利用 Python 自行設計 HN 模型的特性函數。如前所述，我們可以用反覆的方式計算特性函數，即使用 T_D 與 r_D，再使用數值方法計

[7]（9-12）式的導出可參考 Chorro et al.（2015）。

算歐式買權價格。我們舉一個例子說明。令 $S_0 = K = 100$、$T_D = 252$、$r_D = 0.05/252$、$\lambda_0 = -280.0138$、$a_0 = 4.17e-05$、$a_1 = 7.97e-07$、$b_1 = 0.7569$ 與 $\gamma = 80.9846$，根據（9-13）式可得歐式買權價格約爲 11.3887。利用上述假定可得 BSM 模型的買權價格則約爲 11.3921[8]。又若 $T_D = 60$ 而其餘假定不變，則 HN 與 BSM 模型的買權價格則分別約爲 4.9672 與 4.9695。我們可以看出 HN 與 BSM 模型的買權價格稍有差距。

利用上述假定（$T_D = 252$），我們進一步比較 HN 與 BSM 模型的買權價格曲線差距，其結果則繪製如圖 9-16 所示。從圖 9-16 內可看出於上述假定下，雖說左圖顯示出上述二種買權價格的差距並不大；但是，若仔細比較，右圖卻呈現出 HN 與 BSM 模型的買權價格差距有不對稱的情況（右圖內是以 BSM 模型的買權價格減 HN 模型的買權價格），即於價平與價內下，BSM 模型的買權價格高於 HN 模型的買權價格，不過於價外下，前者卻低於後者。

圖 9-17 進一步繪製出 HN 模型的隱含波動率，其中左圖是於不同履約價之下（$T_D = 252$），而右圖則於不同到期期限之下（$K = 100$）的隱含波動率，其餘假定則使用圖 9-16。我們從圖 9-17 內可看出 HN 模型的隱含波動率並非固定不變，至於 BSM 模型的隱含波動率卻仍固定不變。

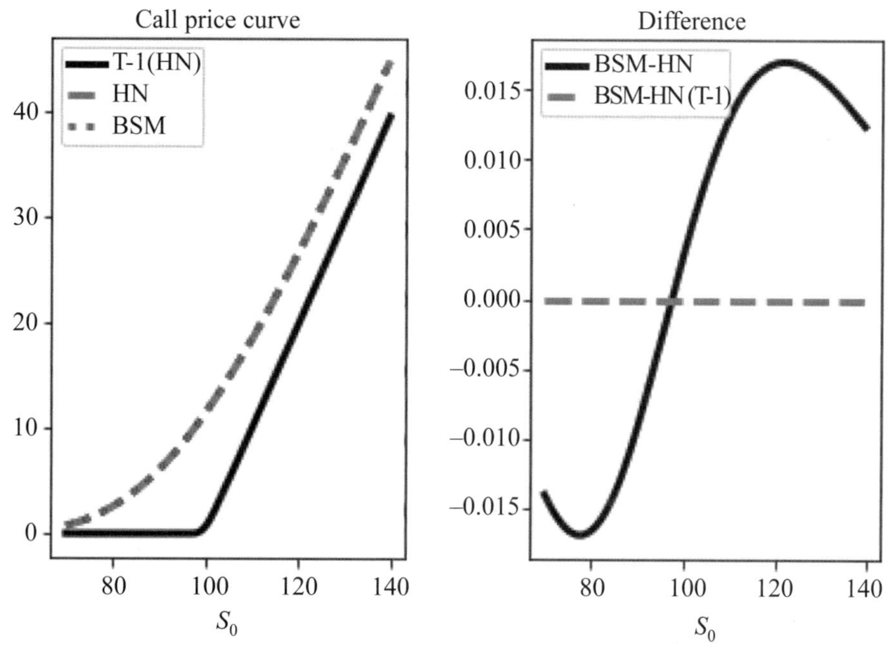

圖 9-16　HN 與 BSM 模型買權價格差距（T-1 表示到期前一日）

[8] 利用（9-8）式可得 BSM 模型的波動率，只不過以 γ^* 取代（9-8）式的 γ 參數。

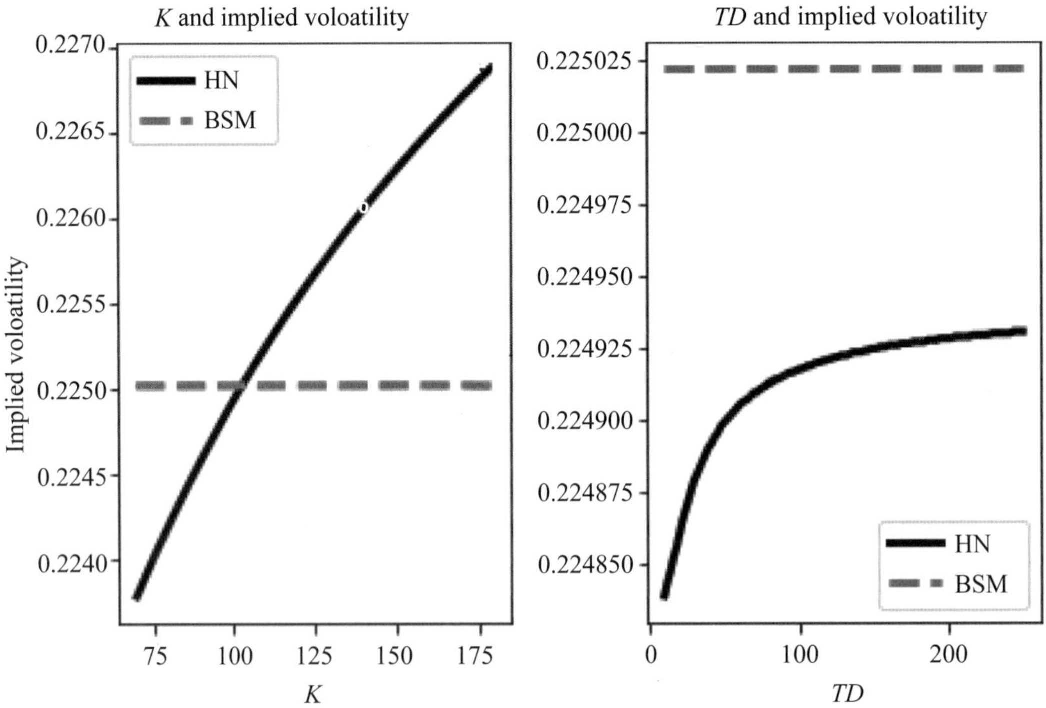

圖 9-17　HN **與** BSM **模型的隱含波動率**

綜合圖 9-17，圖 9-18 與 9-19 分別繪製出 HN 模型的波動率曲面與買權價格曲面。我們可看出於圖 9-19 的假定下，HN 模型的波動率曲面較不具有規則性；或者說，HN 模型的「微笑曲線」形狀較不明顯。雖說如此，從圖 9-19 內可看出 HN 模型的買權價格曲面卻較為平滑或較具有規則性的型態。讀者當然可以改變上述的假定，重新檢視看看。

例 1　TD（K）與隱含波動率以及 TD（K）與買權價格之間的關係

也許我們不易從圖 9-18 與 9-19 內取得資訊，此時可以將上述二圖「抽絲剝繭」而分別以圖 9-20a 與 9-20b 表示，讀者可以嘗試解釋後二圖或參考所附的 Python 指令。

例 2　翻譯 R 語言程式套件（fOptions）的函數指令

R 語言程式套件（fOptions）內亦有 HN 模型的買權或賣權價格函數指令，我們嘗試翻譯成 Python 指令，可以參考所附的程式碼。

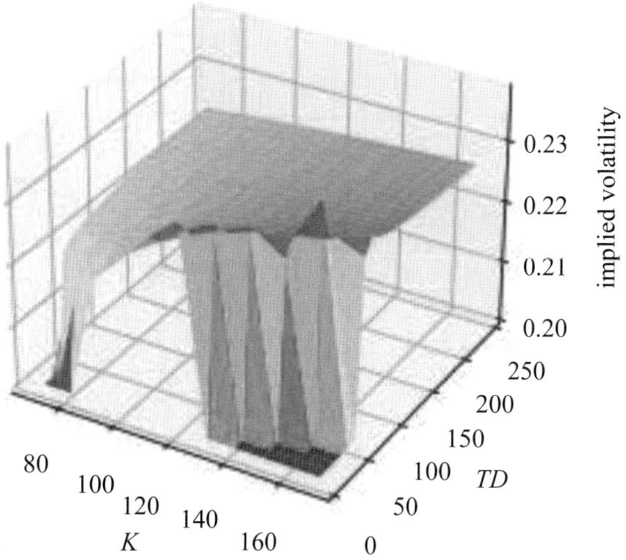

圖 9-18　HN 模型的波動率曲面

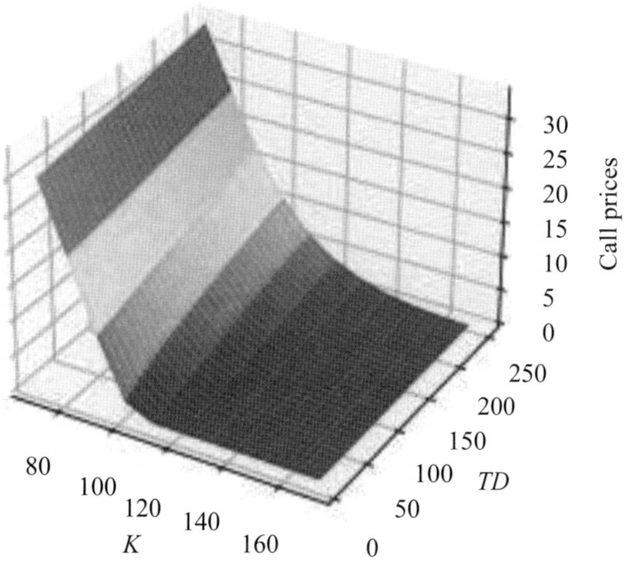

圖 9-19　HN 模型的買權價格曲面

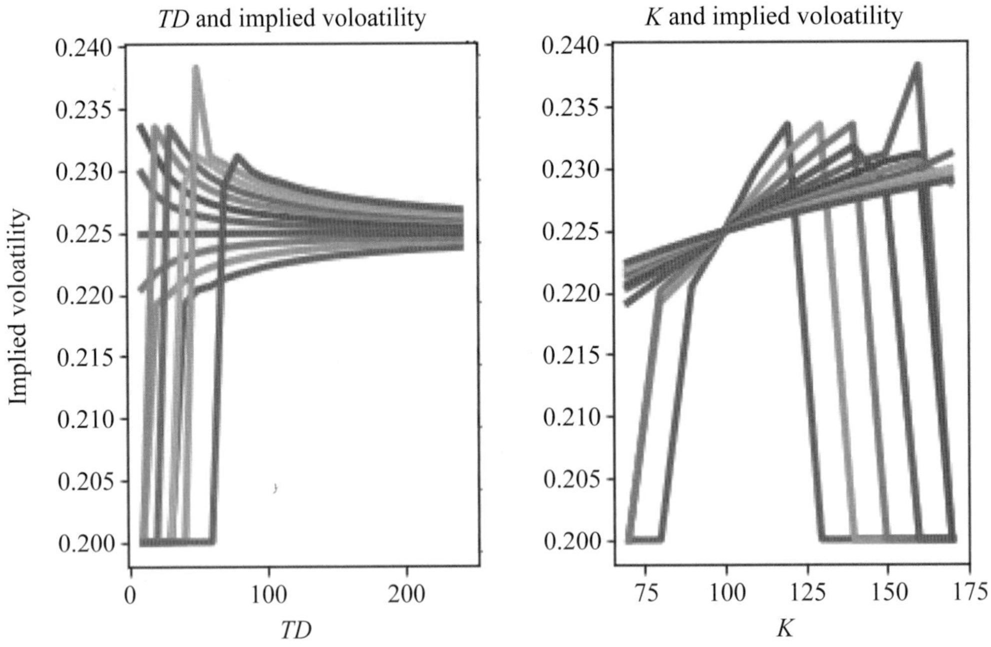

圖 9-20a　TD 與 K 分別與隱含波動率之間的關係（圖 9-18）

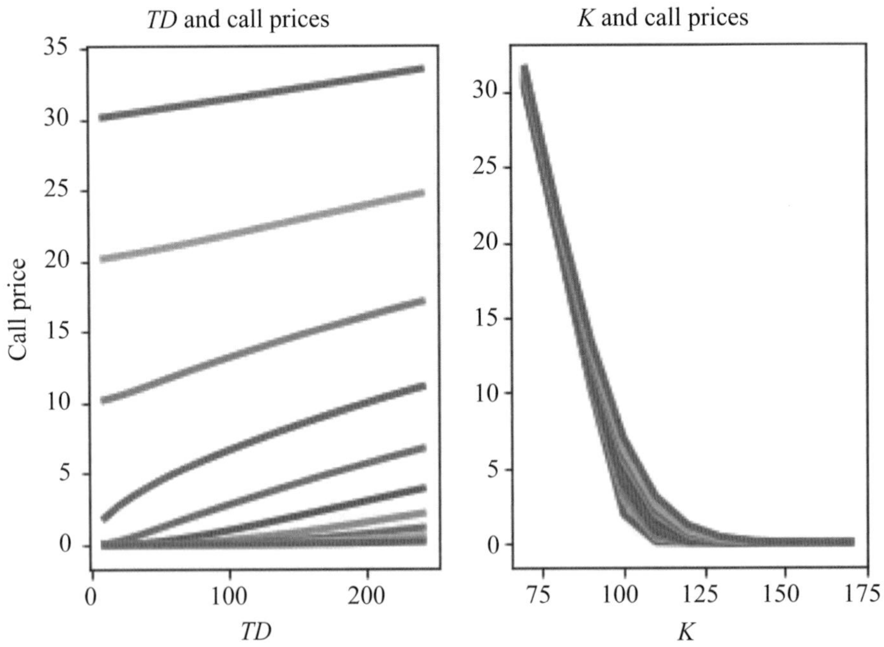

圖 9-20b　TD 與 K 分別與買權價格之間的關係（圖 9-19）

例 3 避險參數

R 語言程式套件（fOptions）內亦附有計算 HN 模型的避險參數（Greeks）的函數指令。例如：圖 9-21 的左圖分別繪製出 HN 與 BSM 模型的 δ 值，即 $\delta = \partial c_0 / \partial S_0$，其中 c_0 表示買權價格；我們從上述圖內可看出其實二種 δ 值頗為接近。圖 9-21 的右圖則繪製出 HN 模型減 BSM 模型的 δ 值差距，讀者可解釋看看。

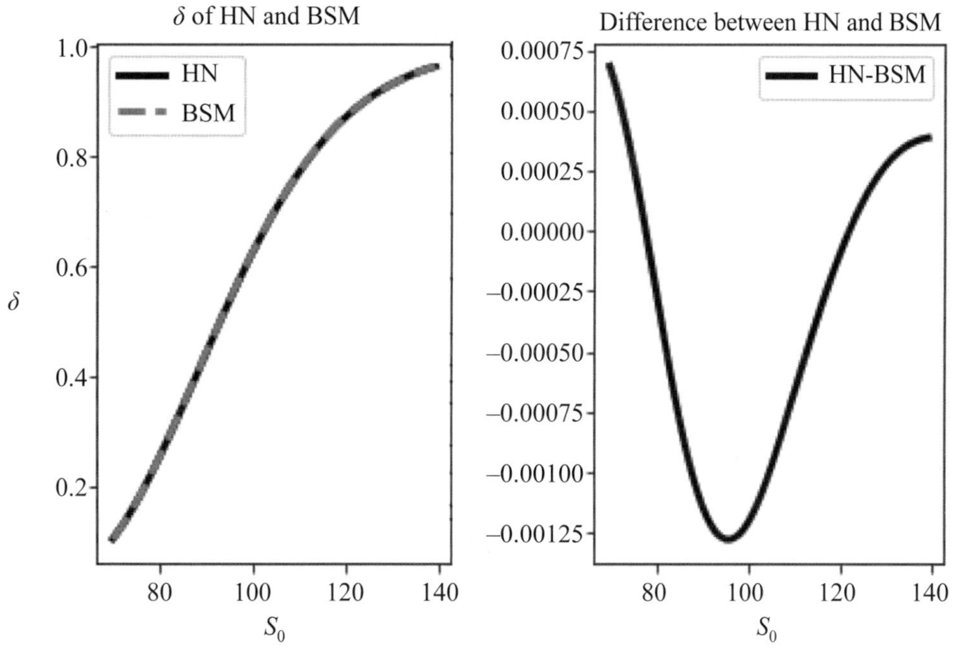

圖 9-21　HN 與 BSM 模型的 δ 值

習題

(1) 試敘述 HN 模型的歐式買權價格的定價過程。

(2) 利用 HN 模型的參數值，我們如何計算 BSM 模型內的波動率？

(3) 試敘述 BSM 模型亦可使用「年率」與「日率」計算買權價格。

(4) 於 $S_0 = K = 100$、$T_D = 252$、$r_D = 0.05/252$、$\lambda_0 = -329.7145$、$a_0 = 2.38e-05$、$a_1 = 6.72e-07$、$b_1 = 0.8378$ 與 $\gamma = 23.6437$ 的假定下，可得出 HN 模型的買權價格為何？

(5) 續上題，BSM 模型的買權價格為何？

(6) 續上題，試分別繪製出 HN 與 BSM 模型的 Gamma 避險參數曲線以及二者差異曲線，結果為何？提示：可參考圖 9-c。

(7) 續上題，試繪製出 HN 模型的波動率曲面。提示：可參考圖 9-d。

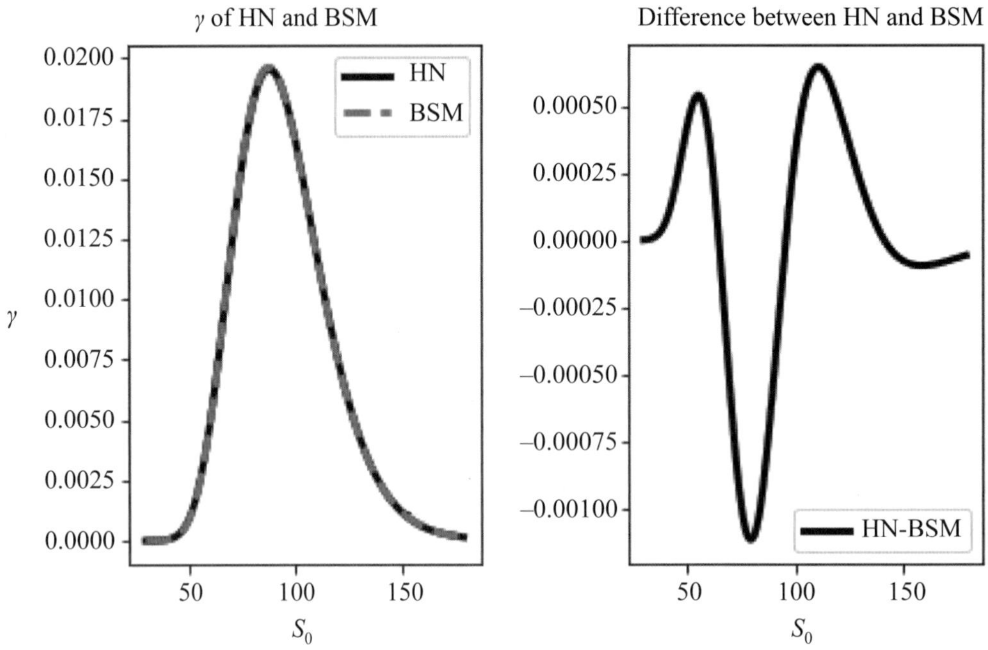
γ of HN and BSM
Difference between HN and BSM
HN
BSM
HN-BSM
γ
S0
0.0200
0.0175
0.0150
0.0125
0.0100
0.0075
0.0050
0.0025
0.0000
50
100
150
0.00050
0.00025
0.00000
−0.00025
−0.00050
−0.00075
−0.00100

圖 9-c

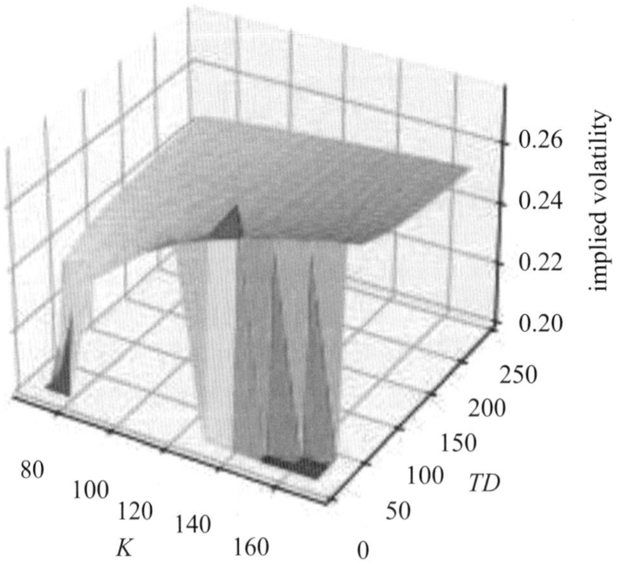
implied volatility
0.26
0.24
0.22
0.20
TD
0
50
100
150
200
250
K
80
100
120
140
160

圖 9-d

9.3 ML 估計

前述所介紹的 H 或 HN 模型內的參數值多半是隨意設定的，其目的自然是欲了解各參數值所扮演的角色。本節將進一步使用實際的市場資料以估計上述模型內的參數值。不過，就 H 與 HN 模型而言，應該後者的估計較爲簡易，因此本節將只介紹估計後者的 ML 方法。若以 ML 方法估計 HN 模型，其 Y_t 的條件分配屬於常態分配，即 $N(r+\lambda_0 h_t, h_t)$；換言之，若有 $(y_1,\cdots,y_T)$ 的觀察值，則對應的條件對數概似函數可寫成：

$$L_T(y_1,\cdots,y_T \mid \theta) = -\frac{1}{2}\sum_{t=1}^{T}\left[\log(2\pi)+\log(h_t)+\frac{\left(y_t-r-\lambda_0 h_t\right)^2}{h_t}\right]$$

其中 $\theta=(a_0,a_1,b_1,\lambda_0,\gamma)$。

我們舉一個例子說明。根據上述 HN 模型的條件對數概似函數，利用表 7-1 的 TXO 的資料，我們考慮 TWI 之 2000/1/1～2010/10/20 期間的日收盤價序列資料，再轉換成日對數報酬率序列資料。令 θ 的期初值爲 $\theta_0=(s_y^2, 0.1s_y^2, 0.1, -0.5, 0.5)$ 以及 r = 0.05，其中 s_y^2 爲 TWI 日對數報酬率序列資料的樣本變異數。使用 BFGS 估計方法可得參數估計值 $\hat{\theta}=(5.17e-10, 7.52e-06, 0.9529, -47.0846, 45.6252)$，讀者倒是可以進一步檢視上述參數估計值是否顯著異於 0。可參考所附的 Python 指令以得知如何取得 $\hat{\theta}$[⑨]。

換言之，我們嘗試利用上述的 HN 模型以估計 TXO201101 合約買權價格，即使用表 7-1 內的資料，而該資料的期間爲 2010/10/21～2011/1/19。由於短期間的資料可能無法掌握到標的資產價格或報酬率特徵，是故我們取 2000/1/4～2010/10/20 期間的 TWI 日收盤價資料（取自 Yahoo），轉換成日對數報酬率序列資料後，再用上述的 ML 方法估計 HN 模型的參數。圖 9-22 繪製出利用上述 $\hat{\theta}$ 值的 HN 模型的買權價格結果。可惜的是，從圖 9-22 內可看出 HN 模型的買權價格大多呈現高估的情況，當然我們需要檢視爲何會有如此結果。

---

⑨ 爲了能維持 a_0、a_1 與 b_1 的估計值皆能介於 0 與 1 之間，上述 ML 估計有牽涉到參數的轉換，可參考 8.2.2 節的例 4。

⑨ 爲了能維持 a_0、a_1 與 b_1 的估計值皆能介於 0 與 1 之間，上述 ML 估計有牽涉到參數的轉換，可參考 8.2.2 節的例 4。

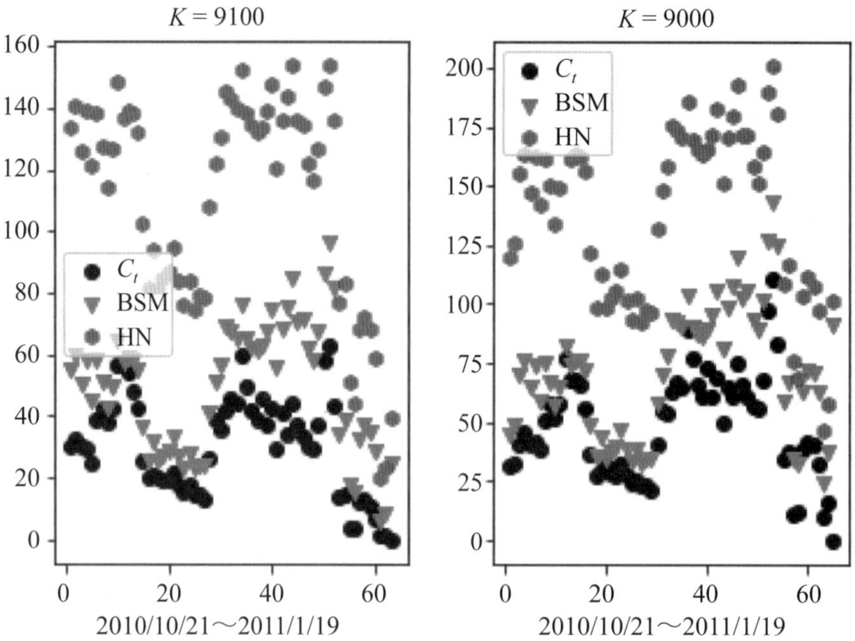

圖 9-22a　使用 HN 模型估計 TXO201101 買權價格

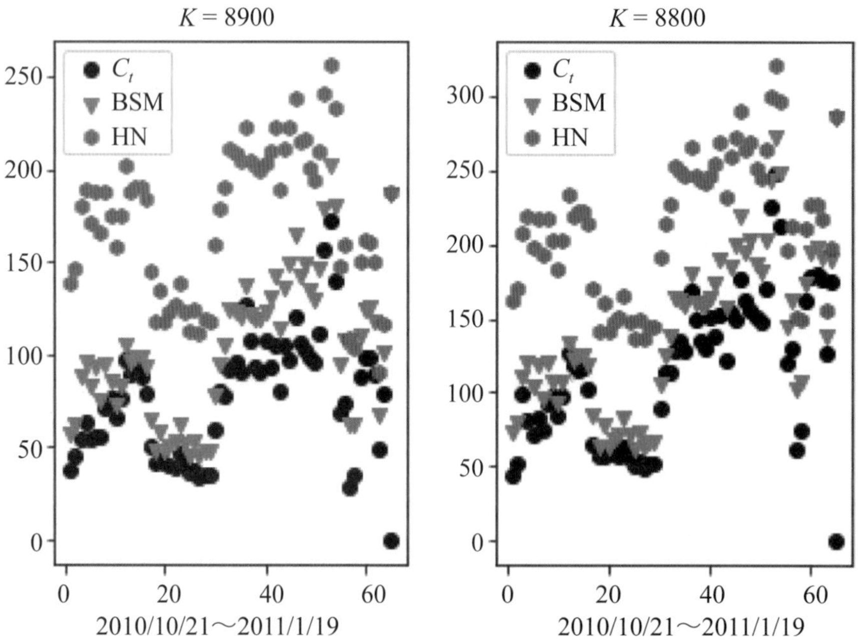

圖 9-22b　使用 HN 模型估計 TXO201101 買權價格（續）

考慮 TXO202009C 合約資料（見本章附錄表 9-3）[10]。上述樣本期間爲 2019/12/19～2020/09/07，故我們取 2010/1/4～2020/12/18 期間的 TWI 日收盤價資料（亦取自 Yahoo），轉換成日對數報酬率序列資料後，再用上述的 ML 方法估計 HN 模型的參數，可得上述 θ 的估計值爲：

$$\hat{\theta} = (3.91e-06, 6.13e-07, 0.8916, -175.7124, 293.8986)$$

圖 8-23 繪製出利用上述 $\hat{\theta}$ 值的 HN 模型的買權價格結果[11]。從圖 8-23 內可看出相對於實際的買權價格的誤差而言，其實 HN 與 BSM 模型對買權價格的預測能力互有優劣，不過似乎於期中，HN 的誤差愈小[12]。例如：根據圖 9-23，圖 9-24 進一步繪製出實際買權價格減 HN 模型買權價格以及實際買權價格減 BSM 模型買權價格的絕對值誤差。圖 9-24 顯示出 HN 模型的預測能力似乎不低於對應的 BSM 模型。

圖 9-24 的結果可整理爲：

(1) BSM 模型的買權價格是採取「反覆估計」的方式（即每隔一個交易日就使用新的波動率估計，可以參考表 9-1），但是 HN 模型內的參數值卻是事先就選定。顯然，前者有多利用到額外資訊。

(2) 根據圖 9-24，可看出 HN 模型並非全然優於 BSM 模型的估計，即於合約初期 HN 模型的估計誤差大於對應的 BSM 模型。

(3) HN 與 BSM 模型（對買權價格）的預測能力優劣互見，是故 HN 與 BSM 模型應同時使用。

(4) 我們不難了解爲何圖 9-22 與 9-23 的結果會有不同。直覺而言，若屬於低波動的環境，使用 HN 模型估計頗有「多此一舉」的味道（畢竟相對於 BSM 模型而言，HN 模型的估計比較麻煩）；但是，處於高波動的環境，若仍使用 BSM 模型來估計就顯得低估了高波動所帶來的影響，此時 HN 模型應可派上用

---

[10] 於此可看出本章完成的大概時間，即筆者當時只能下載到 2020/9/7 的資料。

[11] 於所附的 Python 程式碼內，讀者應會發現圖 9-22 與 9-23 所使用的 HN 模型的參數估計值 $\hat{\theta}$ 並不是「極小化」的估計值（畢竟其並沒有達到「收斂」），因此上述估計值與《時選》的估計值並不一致，不過圖 9-22 與 9-23 的結果卻類似於《時選》內的圖形（可以參考例 1 與 2；換言之，也許我們可以使用 R 語言的「極小化過程」結果取代，可以參考《時選》。

[12] 讀者應可以了解圖 9-22～9-24 內橫軸的意思，即往右表示愈接近到期，即剩餘時間減少了。

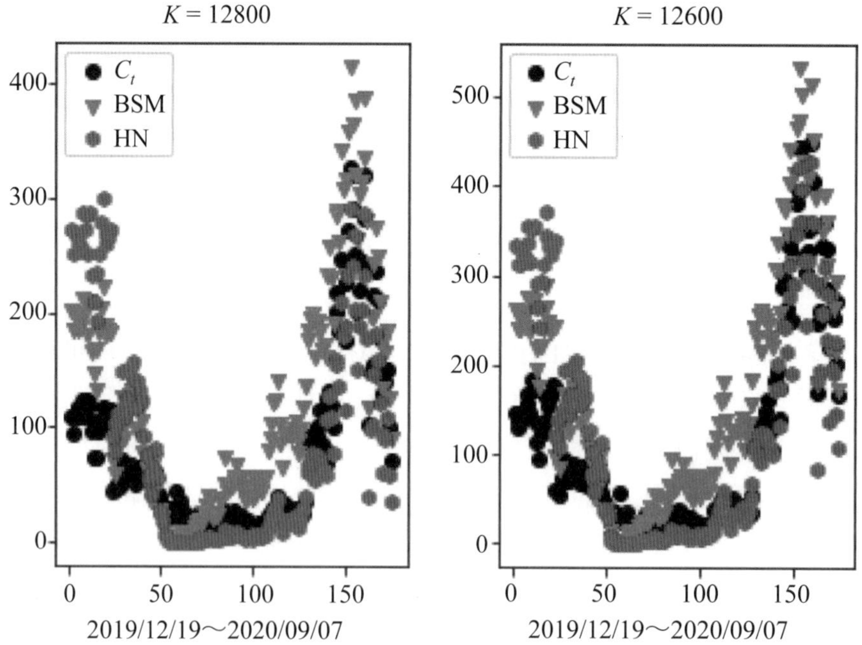

圖 9-23a　使用 HN 模型估計 TXO202009 買權價格

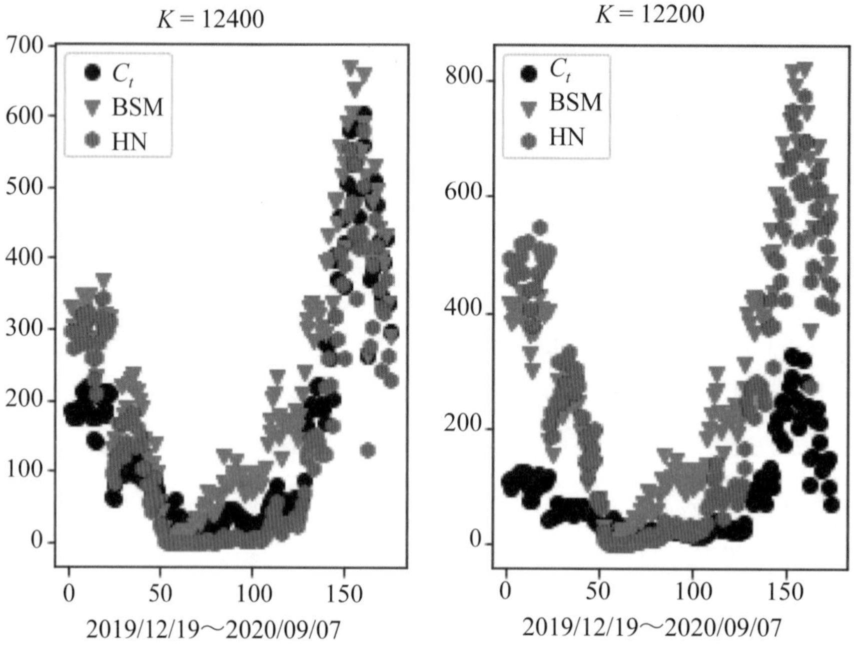

圖 9-23b　使用 HN 模型估計 TXO202009 買權價格（續）

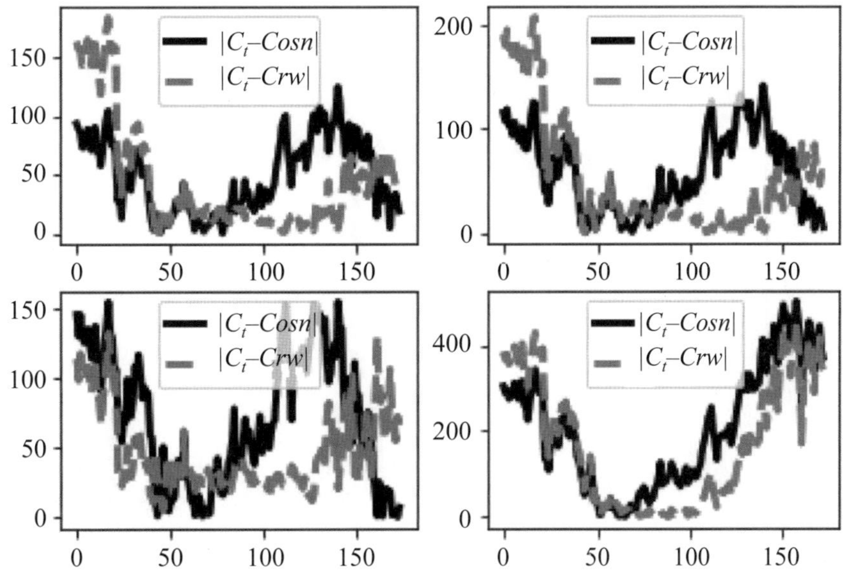

圖 9-24　實際買權價格與 HN（BSM）買權價格的絕對值差距（由左至右，由上至下，K = 12800, 12600, 12400, 12200）

場。例如：圖 9-25 分別繪製出 TWI 與 VIX 日收盤價的時間走勢（2000/1/3～2020/9/29）（皆取自 Yahoo），我們可以發現後者大致可以「抓到」TWI 處於低波動與高波動的情況。即圖 9-25 內的垂直虛線與垂直直線區間分別對應至圖 9-22 與 9-23；換言之，從圖內可看出前者處於低波動的環境，而後者則落於高波動的情況。因此，上述二例子似乎說明了 HN 模型的適用時機，即於高波動的環境下，HN 模型似乎較為適用。

(5) HN 模型亦可提供一個歐式選擇權價格的參考指標，使得我們於決定選擇權價格時未必只可依賴 BSM 模型。

例 1　VG 分配

利用前述的 2010/1/4～2020/12/18 期間的 TWI 日對數報酬率資料，我們嘗試用 VG 分配模型化，其中參數以 $\theta = (\mu, \sigma, \theta, \upsilon)$ 表示。根據 ML 方法可得 VG 分配之 θ 內元素參數估計值分別約為 0.0014（0.0003）、0.0089（0.0002）、–0.0013（0.0003）與 0.7411（0.0654），其中小括號內之值為對應的標準誤。圖 9-26 繪製出上述期間 TWI 日對數報酬率資料的實證分配，從圖內仍可看出 VG 分配較適合模型化上述資料（相對於常態分配而言）。

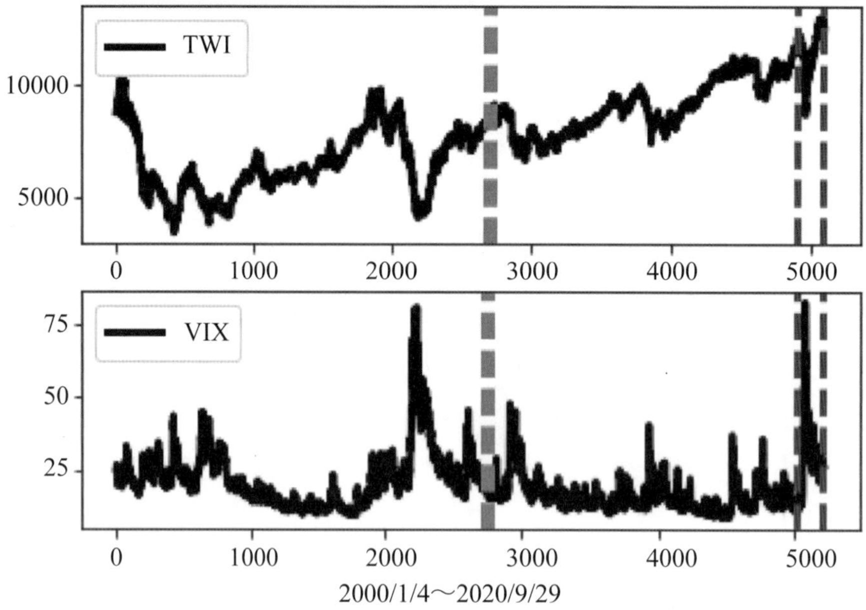

圖 9-25　TWI 與 VIX 的時間序列走勢

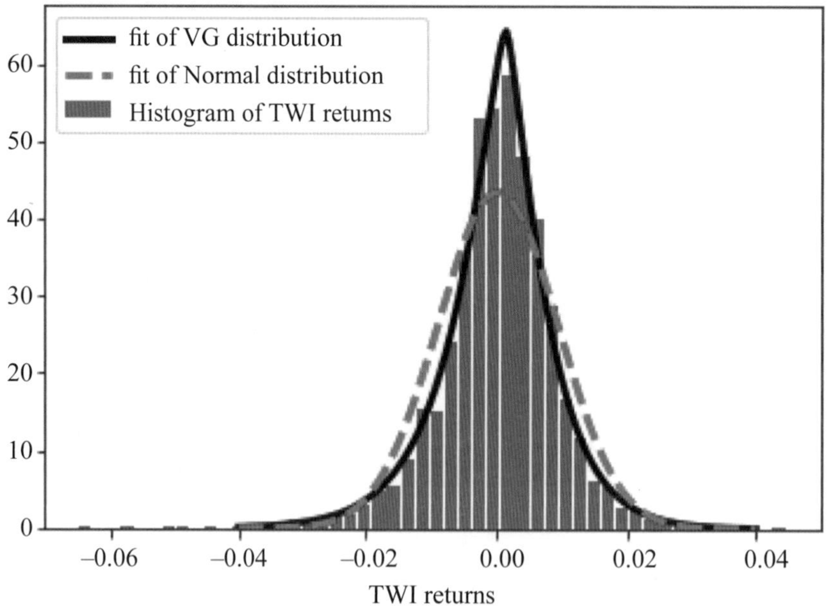

圖 9-26　TWI 日對數報酬率序列（2010/1/4～2020/12/18）的實證分配

例 2 FRFT 與 BSM

我們亦可以使用第 7 章的 FRFT 方法估計 TXO202009C。類似於圖 9-24，圖 9-27 分別繪製出實際買權價格減 VG 買權價格以及實際買權價格減 BSM 買權價格，二者皆用絕對值表示，其中 VG 買權價格是使用 FRFT 方法計算。從圖 9-27 內可看出 VG 買權價格大致優於對應的 BSM 買權價格，不過其缺點亦是於合約到期的估計誤差較大。可以注意的是，上述 VG 買權價格的計算亦是使用相同的 VG 模型參數，即其並不是使用「反覆估計」的方式，可以參考所附的 Python 指令。

例 3 FRFT 與 HN

續例 2，我們將圖 9-27 內的 BSM 模型改爲 HN 模型，其結果則繪製如圖 9-28 所示。從圖 9-28 內可看出 HN 模型似乎優於對應的 VG 模型。

例 4 HN 與 MJD 模型

我們曾經於第 3 章內使用 MJD 模型估計上述 TXO202009C 買權價格（圖 3-18）。現在我們可以比較 HN 與 MJD 模型的估計誤差，其結果則繪製於圖 9-29。從圖 9-29 內可看出上述二估計誤差相當接近；不過，若仔細比較，似乎 HN 模型的誤差較小（讀者可以檢視上述二估計誤差的敘述統計量）。

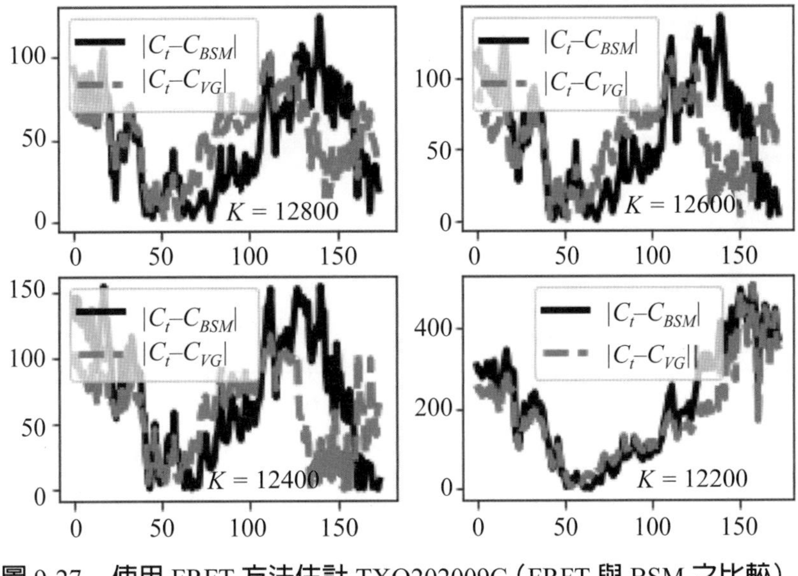

圖 9-27 使用 FRFT 方法估計 TXO202009C（FRFT 與 BSM 之比較）

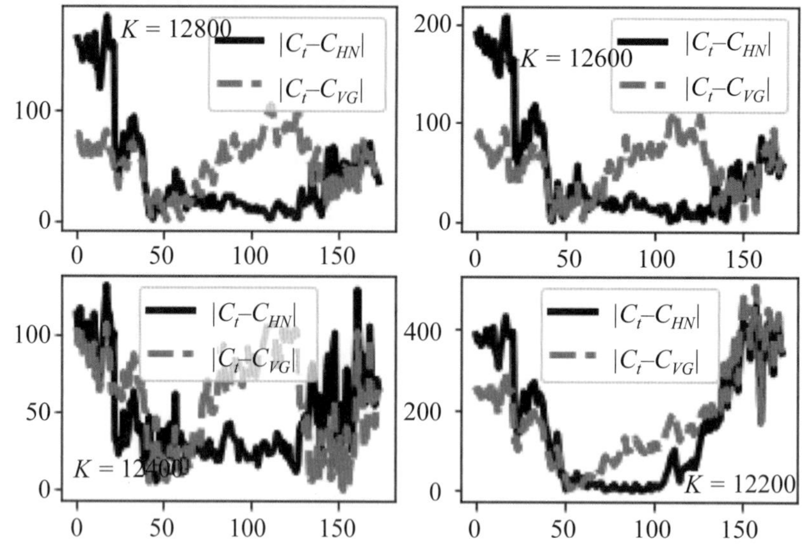

圖 9-28　使用 FRFT 方法估計 TXO202009C（FRFT 與 HN 之比較）

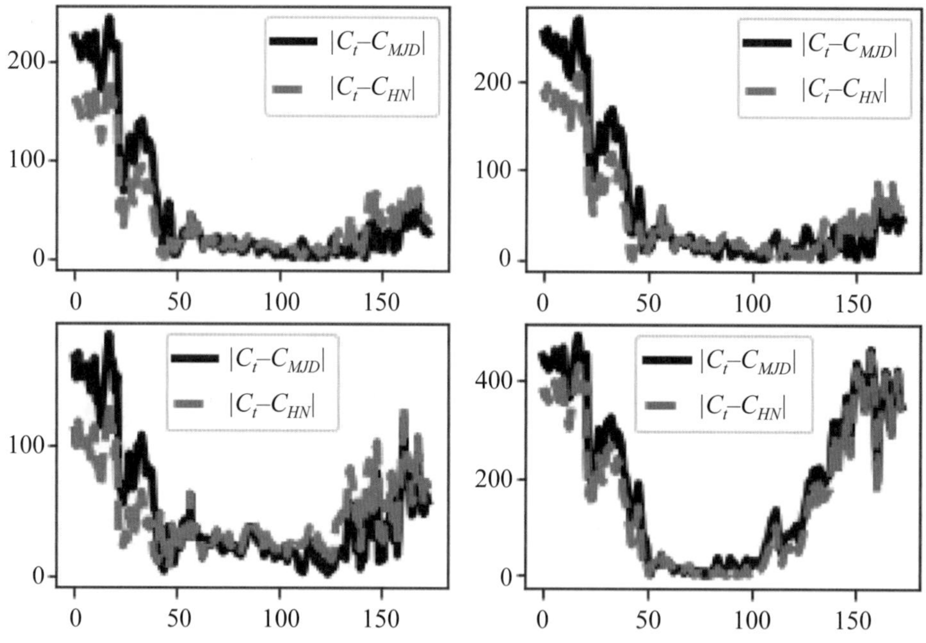

圖 9-29　HN 與 MJD 模型估計誤差之比較（TXO202009C 買權價格資料）

習題

(1) 以 HN 模型來估計歐式買權價格有何優缺點？試敘述之。

(2) 圖 9-23 與 9-24 的長期變異數各爲何？

(3) 試分別繪製出圖 9-27 內實際買權、HN 模型以及 VG 模型的買權價格。提示：可以參考底下二圖。

(4) 就讀者而言，BSM、HN 以及 VG 模型的優缺點爲何？試解釋之。

(5) 就讀者而言，本書的結論爲何？

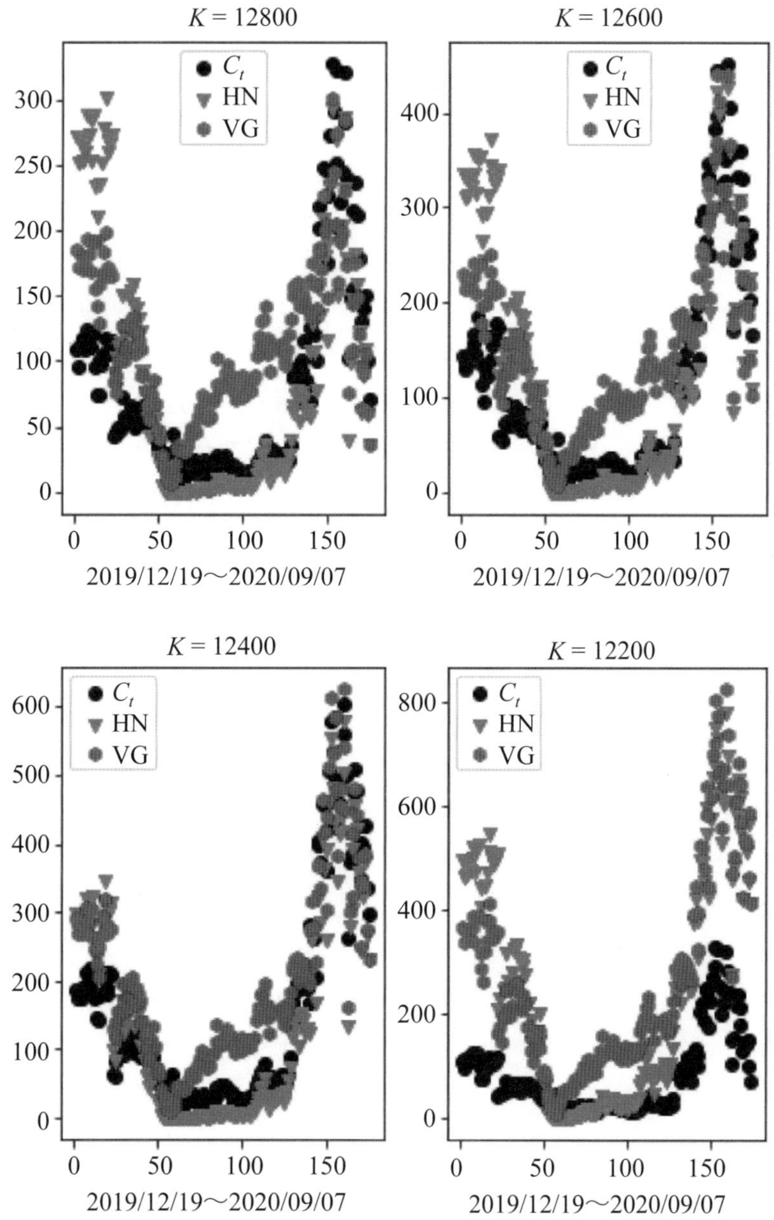

附錄

表 9-3　TXO202009C 買權價格資料

日期	C (K = 12600)	C (K = 12800)	C (K = 12400)	C (K = 12200)	S	波動率	剩餘期間（日）
2019/12/19	144	109	185	248	12018.9	0.1093	273
2019/12/20	130	95	175	243	11959.08	0.1093	272
2019/12/23	136	112	180	239	12022.23	0.1086	269
2019/12/24	135	110	175	233	11976.38	0.1086	268
2019/12/25	144	117	190	247	12008.13	0.1081	267
2019/12/26	149	109	185	236	12001.01	0.1081	266
2019/12/27	167	124	213	266	12091.59	0.1079	265
2019/12/30	157	119	205	255	12053.37	0.1080	262
2019/12/31	145	110	190	243	11997.14	0.1078	261
2020/01/02	184	123	219	281	12100.48	0.1079	259
2020/01/03	171	120	210	272	12110.43	0.1073	258
2020/01/06	135	96	175	236	11953.36	0.1082	255
2020/01/07	114	74	145	213	11880.32	0.1083	254
2020/01/08	95	74	141	174	11817.1	0.1085	253
2020/01/09	124	100	176	221	11970.63	0.1084	252
2020/01/10	124	97	180	224	12024.65	0.1083	251
2020/01/13	138	106	201	247	12113.42	0.1073	248
2020/01/14	163	118	213	294	12179.81	0.1071	247
2020/01/15	154	105	190	255	12091.88	0.1057	246
2020/01/16	165	105	180	254	12066.93	0.1055	245
2020/01/17	178	107	211	250	12090.29	0.1048	244
2020/01/20	174	115	210	270	12118.71	0.1026	241
2020/01/30	58	43	64	100	11421.74	0.1180	231
2020/01/31	59	45	81	115	11495.1	0.1168	230
2020/02/03	55	46	60	93	11354.92	0.1175	227
2020/02/04	72	50	90	117	11555.92	0.1187	226
2020/02/05	75	48.5	98	119	11573.62	0.1185	225

日期	$C(K=12600)$	$C(K=12800)$	$C(K=12400)$	$C(K=12200)$	S	波動率	剩餘期間（日）
2020/02/06	93	72	120	165	11749.68	0.1191	224
2020/02/07	70	58	101	147	11612.81	0.1196	223
2020/02/10	70	54	93	128	11574.07	0.1196	220
2020/02/11	79	55	105	142	11664.04	0.1198	219
2020/02/12	83	60	116	149	11774.19	0.1200	218
2020/02/13	90	66	125	151	11791.78	0.1200	217
2020/02/14	87	65	119	157	11815.7	0.1199	216
2020/02/17	78	63	111	155	11763.51	0.1200	213
2020/02/18	67	50	95	141	11648.98	0.1201	212
2020/02/19	85	65	120	155	11758.84	0.1204	211
2020/02/20	75	60	115	147	11725.09	0.1201	210
2020/02/21	74	60	99	143	11686.35	0.1202	209
2020/02/24	65	56	87	127	11534.87	0.1208	206
2020/02/25	71	66	89	128	11540.23	0.1204	205
2020/02/26	80	59	92	125	11433.62	0.1208	204
2020/02/27	83	52	106	120	11292.17	0.1215	203
2020/03/02	60	52	72	101	11170.46	0.1220	199
2020/03/03	70	57	86	125	11327.72	0.1225	198
2020/03/04	68	59	84	153	11392.35	0.1226	197
2020/03/05	73	60	87	137	11514.82	0.1225	196
2020/03/06	56	42.5	73	107	11321.81	0.1237	195
2020/03/09	49.5	39	62	82	10977.64	0.1274	192
2020/03/10	35	34	51	74	11003.54	0.1273	191
2020/03/11	40	31.5	56	78	10893.75	0.1277	190
2020/03/12	29	23	31	44	10422.32	0.1349	189
2020/03/13	23	20.5	24	32.5	10128.87	0.1377	188
2020/03/16	36	28.5	40	50	9717.77	0.1435	185
2020/03/17	35.5	29	42.5	55	9439.63	0.1462	184
2020/03/18	27	22.5	32.5	38.5	9218.67	0.1479	183
2020/03/19	28	24	29	34	8681.34	0.1587	182

日期	$C(K=12600)$	$C(K=12800)$	$C(K=12400)$	$C(K=12200)$	S	波動率	剩餘期間（日）
2020/03/20	57	44.5	62	67	9234.09	0.1712	181
2020/03/23	25	23.5	30	41	8890.03	0.1748	178
2020/03/24	31	27	35	39	9285.62	0.1805	177
2020/03/25	36	34.5	36.5	42	9644.75	0.1846	176
2020/03/26	28	27	29	31	9736.36	0.1847	175
2020/03/27	26	22.5	30	32	9698.92	0.1845	174
2020/03/30	12	10	14	18	9629.43	0.1847	171
2020/03/31	22	17.5	26	31.5	9708.06	0.1848	170
2020/04/01	22.5	18	28.5	35.5	9663.63	0.1848	169
2020/04/06	23	18	28	34.5	9818.74	0.1855	164
2020/04/07	23	20	24	24.5	9996.39	0.1858	163
2020/04/08	20	15.5	26	34	10137.47	0.1862	162
2020/04/09	23.5	22	26	29.5	10119.43	0.1862	161
2020/04/10	31	24.5	35	39	10157.61	0.1862	160
2020/04/13	29	23	31	33.5	10099.22	0.1860	157
2020/04/14	18.5	14	24	33	10332.94	0.1875	156
2020/04/15	18	13.5	22.5	27	10447.21	0.1877	155
2020/04/16	18	14	22	26.5	10375.48	0.1879	154
2020/04/17	24.5	22	27.5	33	10597.04	0.1889	153
2020/04/20	29	25	34.5	41	10586.71	0.1888	150
2020/04/21	14	13	23	26.5	10288.42	0.1909	149
2020/04/22	24	23	24.5	32	10307.74	0.1908	148
2020/04/23	19.5	14.5	26	34.5	10366.51	0.1909	147
2020/04/24	16.5	13.5	19.5	25	10347.36	0.1908	146
2020/04/27	19.5	17.5	22.5	29.5	10567.27	0.1919	143
2020/04/28	16.5	13	21.5	29.5	10616.06	0.1919	142
2020/04/29	24	19	30	37	10772.22	0.1924	141
2020/04/30	32	27.5	43	58	10992.14	0.1935	140
2020/05/04	30.5	25.5	39	54	10720.48	0.1951	136
2020/05/05	32.5	26	46	66	10774.61	0.1951	135

日期	$C(K=$ 12600)	$C(K=$ 12800)	$C(K=$ 12400)	$C(K=$ 12200)	S	波動率	剩餘期間（日）
2020/05/06	35	26	46	56	10774.98	0.1951	134
2020/05/07	36.5	26	48	52	10842.92	0.1952	133
2020/05/08	36	28	42	50	10901.42	0.1951	132
2020/05/11	29.5	21.5	43	54	11013.26	0.1954	129
2020/05/12	27	19.5	37	50	10879.47	0.1957	128
2020/05/13	26.5	22	37	50	10938.27	0.1958	127
2020/05/14	21	19.5	22.5	38	10780.88	0.1961	126
2020/05/15	28.5	19	35	43	10814.92	0.1953	125
2020/05/18	21.5	17	28	36.5	10740.55	0.1953	122
2020/05/19	22.5	18	28.5	36.5	10860.44	0.1955	121
2020/05/20	21.5	15.5	27.5	37	10907.8	0.1948	120
2020/05/21	23	15.5	26.5	38.5	11008.31	0.1950	119
2020/05/22	18.5	15	24	34.5	10811.15	0.1953	118
2020/05/25	17.5	13	23.5	32	10871.18	0.1953	115
2020/05/26	21	14	26.5	38	10997.21	0.1956	114
2020/05/27	21	16	28	37.5	11014.66	0.1954	113
2020/05/28	22.5	16	31.5	43.5	10944.19	0.1953	112
2020/05/29	15	12	19.5	33	10942.16	0.1953	111
2020/06/01	20.5	15.5	29.5	45	11079.02	0.1956	108
2020/06/02	28	15	34	45	11127.93	0.1956	107
2020/06/03	38	23	47	64	11320.16	0.1958	106
2020/06/04	39.5	23.5	52	71	11393.23	0.1959	105
2020/06/05	34	25	57	78	11479.4	0.1960	104
2020/06/08	47	30	65	88	11610.32	0.1963	101
2020/06/09	45	28	68	89	11637.11	0.1963	100
2020/06/10	54	39.5	80	109	11720.16	0.1963	99
2020/06/11	37.5	30.5	56	72	11535.77	0.1967	98
2020/06/12	34	26	50	72	11429.94	0.1969	97
2020/06/15	33	24	48.5	59	11306.26	0.1971	94
2020/06/16	41.5	33	60	87	11511.64	0.1979	93

日期	C (K = 12600)	C (K = 12800)	C (K = 12400)	C (K = 12200)	S	波動率	剩餘期間（日）
2020/06/17	51	29	58	87	11534.59	0.1978	92
2020/06/18	37	27	52	81	11548.33	0.1973	91
2020/06/19	42	30	57	88	11549.86	0.1972	90
2020/06/22	36.5	22	51	80	11572.93	0.1973	87
2020/06/23	38.5	27.5	52	86	11612.36	0.1972	86
2020/06/24	43.5	29	64	93	11660.67	0.1972	85
2020/06/29	32	22	40	67	11542.62	0.1975	80
2020/06/30	34	22.5	45	70	11621.24	0.1976	79
2020/07/01	33	23	52	85	11703.42	0.1967	78
2020/07/02	35	24.5	64	101	11805.14	0.1969	77
2020/07/03	55	36	88	124	11909.16	0.1971	76
2020/07/06	109	87	166	229	12116.7	0.1978	73
2020/07/07	110	89	160	231	12092.97	0.1977	72
2020/07/08	133	88	184	277	12170.19	0.1977	71
2020/07/09	135	95	196	274	12192.69	0.1974	70
2020/07/10	106	70	150	212	12073.68	0.1976	69
2020/07/13	130	92	190	268	12211.56	0.1973	66
2020/07/14	149	100	219	303	12209.01	0.1973	65
2020/07/15	161	115	224	328	12202.85	0.1970	64
2020/07/16	133	86	195	264	12157.74	0.1970	63
2020/07/17	127	81	189	265	12181.56	0.1970	62
2020/07/20	104	69	168	245	12174.54	0.1970	59
2020/07/21	183	125	281	381	12397.55	0.1977	58
2020/07/22	195	133	279	393	12473.27	0.1976	57
2020/07/23	175	120	261	372	12413.04	0.1976	56
2020/07/24	141	101	204	299	12304.04	0.1978	55
2020/07/27	287	202	397	535	12588.3	0.1991	52
2020/07/28	296	219	405	530	12586.73	0.1991	51
2020/07/29	264	185	372	483	12540.97	0.1990	50
2020/07/30	346	248	459	600	12722.92	0.1995	49

日期	$C(K=$ 12600)	$C(K=$ 12800)	$C(K=$ 12400)	$C(K=$ 12200)	S	波動率	剩餘期間（日）
2020/07/31	334	246	457	585	12664.8	0.1995	48
2020/08/03	251	176	361	483	12513.03	0.1998	45
2020/08/04	324	226	422	585	12709.92	0.2003	44
2020/08/05	383	272	505	665	12802.3	0.2004	43
2020/08/06	445	327	580	740	12913.5	0.2006	42
2020/08/07	396	291	535	680	12828.87	0.2007	41
2020/08/10	445	322	585	740	12894	0.2007	38
2020/08/11	360	252	491	645	12780.19	0.2008	37
2020/08/12	304	201	424	560	12670.35	0.2011	36
2020/08/13	329	221	458	610	12763.13	0.2010	35
2020/08/14	352	245	497	650	12795.46	0.2002	34
2020/08/17	451	320	605	775	12956.11	0.2001	31
2020/08/18	407	283	560	725	12872.14	0.2002	30
2020/08/19	358	239	500	655	12778.64	0.2004	29
2020/08/20	170	103	262	371	12362.64	0.2029	28
2020/08/21	247	149	372	515	12607.84	0.2038	27
2020/08/24	261	155	386	540	12647.13	0.2035	24
2020/08/25	334	215	478	635	12758.25	0.2035	23
2020/08/26	361	236	510	680	12833.29	0.2033	22
2020/08/27	330	211	477	640	12797.31	0.2032	21
2020/08/28	286	178	426	585	12728.85	0.2032	20
2020/08/31	222	130	349	499	12591.45	0.2035	17
2020/09/01	260	147	403	565	12703.28	0.2037	16
2020/09/02	253	140	395	560	12699.5	0.2037	15
2020/09/03	271	151	427	590	12757.97	0.2037	14
2020/09/04	202	100	336	494	12637.95	0.2032	13
2020/09/07	166	71	296	454	12601.4	0.2032	10

說明：1. C 與 S 分別表示買權結算價與標的證券價格。

2. 無風險利率爲一年期定存利率。2019/12/19～2020/3/19 期間爲 1.045%，2020/3/20～2020/9/7 期間爲 0.795%。

3. 資料來源：臺灣經濟新報（TEJ）。

參考文獻

Barndorff-Nielsen, O.E. (1995), "Normal/inverse Gaussian processes and the modelling of stock returns", Research Reports, Department of Theoretical Statistics, Institute of Mathematics. University of Aarhus.

Black, F. (1976a), "The Pricing of Commodity Contracts", *Journal of Financial Economics*, 3 (1-2), 167-179.

Black, F. (1976b), "Studies of stock prices volatility changes", In: Proceedings of the 1976 meetings of the American Statistical Association, Business and Economics Statistics Section, 177-189.

Black, F. and M. Scholes (1973), "The pricing of options and corporate liabilities", *Journal of Political Economy*, 81, 637-659.

Bodie, Z., A. Kane, and A. J. Marcus (2003), *Investments*, 5th ed., The McGraw-Hill Primis.

Bollerslev, T. (1986), "Generalized autoregressive conditional heteroskedasticity", *Journal of Econometrics*, 31, 307-327.

Brigo, D. and F. Mercurio (2006), *Interest Rate Models-Theory and Practice: With Smile, Inflation and Credit*, Springer.

Brockwell, P. and R.A. Davis (1996), *Time Series: Theory and Methods*, Springer, New York.

Carr, P., H. Geman, D.B. Madan, and M. Yor (2002), "The fine structure of asset returns: an empirical investigation", *Journal of Business*, 75 (2), 305-332.

Carr, P., H. Geman, D.B. Madan, and M. Yor (2003), "Stochastic volatility for Lévy processes", *Mathematical Finance*, 13 (3), 345-382.

Carr, P. and D. B. Madan (1999), "Option valuation using the fast Fourier transform", *Journal of Computational Finance*, 2, 61-73.

Carr, P. and L. Wu (2004), "Time-changed Lévy processes and option pricing", *Journal of Financial Economics*, 71 (1), 113-141.

Černý, A. (2004), *Mathematical Techniques in Finance*, Princeton University Press, Princeton, NJ.

Chan, K.C., G.A. Karolyi , F.A. Longstaff, and A.B. Sanders (1992.), "An empirical comparison of alternative models of the short term interest rate", *Journal of Finance*, 52, 1209-1227.

Chen, H.Y., C.F. Lee, and W.K. Shi (2010), "Derivations and applications of Greek letters - review and integration", *Handbook of Quantitative Finance and Risk Management, Part III,* 491-503.

Cherubini, U., G.D. Lunga, S. Mulinacci, and P. Rissi (2010), *Fourier Transform Methods in Finance*, Wiley.

Chorro, C., D. Guegan, and F. Lelpo (2015), *A Time Series Approach to Option Pricing: Models, Methods and Empirical Performances*, Springer.

Chourdakis, K. (2005), "Option pricing using the fractional FFT", *Journal of Computation Finance*, 8 (2), 1-18.

Chourdakis, K. (2008), *Financial Engineering: A Brief Introduction Using the Matlab System*, in cosweb1.fau.edu/~jmirelesjames/MatLabCode.

Cliff, M.T. (2003), "GMM and MINZ program libraries for Matlab", from CiteSeer.

Conrad, C. and B.R. Haag (2006), "Inequality constraints in the fractionally integrated GARCH model", *Journal of Financial Econometrics*, 4, 413-449.

Cont, R. and P. Tankov (2004), *Financial Modelling with Jump Processes*, Chapman & Hall - CRC Press.

Cox, J.C., J.E. Ingersoll, and S.A. Ross (1985), "An intertemporal general equilibrium model of asset prices", *Econometrica*, 53, 363-384.

Cox, J.C. and S.A. Ross (1976), "The valuation of options for alternative stochastic processes", *Journal of Financial Economics*, 3(1-2), 145-166.

Cox, J.C., S.A. Ross, and M. Rubinstein (1979), "Option pricing: a simplified approach", *Journal of Financial Economics* 7 (3), 229-263.

Davis, R.A. and T. Mikosch (1998), "Limit theory for the sample ACF of stationary process with heavy tails with applications to ARCH", *The Annals of Statistics*, 26, 2049-2080.

Ding, Z., C.W.J. Granger and R.F. Engle (1993), "A long memory property of stock market returns and a new model", *Journal of Empirical Finance*, 1, 83-106.

Engle, R.F. (1982), "Autoregressive conditional heteroskedasticity with estimates of the variance of united kingdom inflation", *Econometrica*, 50, 987-1007.

Engle, R.F. (1990), "Discussion: stock market volatility and the crash of 87", *Review of Financial Studies*, 3,103-106.

Engle, R.F., D.M. Lilien, and R.P. Robins (1987), "Estimating time varying risk premia in the term structure: the Arch-M model", *Econometrica*, 55 (2), 391-407.

Engle, R.F. and González-Rivera, G. (1991), "Semiparametric ARCH models", *Journal of Business and Economic Statistics*, 9, 345-359.

Engle, R.F. and V.K. Ng (1993), “Measuring and testing the impact of news on volatility”, *Journal of Finance*, 48 (5), 1749-1778.

Fama, E. (1965), “The behavior of stock markets prices”, *Journal of Business*, 38, 34-105.

Gatheral, J. (2006), *The Volatility Surface: A Practitioner's Guide*, Wiley.

Gilli, M. and Schumann, E. (2010), “Calibrating option pricing models with heuristics”, in https://comisef.eu/files/wps030.pdf.

Glosten, L.R., R. Jagannathan and D.E. Runkle (1993), “On the relation between the expected value and the volatility of the nominal excess return on stocks”, *Journal of Finance*, 48 (5), 1779-1801.

González-Rivera, G., and Drost, F.C. (1999), “Efficiency comparisons of maximum- likelihood-based estimators in GARCH models”, *Journal of Econometrics*, 93, 93-111.

Greene, W.H. (2012), *Econometric Analysis*, seventh edition, Prentice Hall.

Hansen, L.P. (1982), “Large sample properties of generalized method of moments estimators”, *Econometrica*, 50, 1029-1054.

Hansen, L.P. and A. Lunde (2004), “A forecast comparison of volatility models: does anything beat a GARCH(1,1) model? “, *Journal of Applied Econometrics*, 20, 873-889.

Heston, S.L. (1993), “A closed-form solution for options with stochastic volatility with applications to bonds and currency options”, *Review of Financial Studies*, 6 (2), 327-343.

Heston S.L. and S. Nandi (2000), “A closed-form GARCH option pricing model”, *The Review of Financial Studies*, 13 (3), 585-625.

Hull, J.C. (2015), *Options, Futures, and Other Derivatives*, ninth edition, PEARSON.

Hull, J.C. and A. White (1987), “The pricing of options on assets with stochastic volatilities”, *Journal of Finance*, 42 (2), 281-330.

Iacus, S.M. (2011), *Option Pricing and Estimation of Financial Models with R*, Wiley.

Jagannathan, R., G. Skoulakis, and Z. Wang (2002), “Generalized method of moments: applications of Finance”, *American Statistical Association Journal of Business & Economic Statistics*, 20 (4), 470-481.

Jarrow, R. and A. Rudd (1983), *Option Pricing*, Homewood, Illinois.

Kou, S.G. (2002), “A jump-diffusion model for option pricing”, *Management Science*, 48 (8), 1086-1101.

Lillywhite, S. (2011), ”Estimating Black-Scholes”, in http://stevenlillywhite.com.

Madan, D.B., P. Carr and E.C. Chang (1998), “The variance gamma process and option pricing”, *European Finance Review*, 2, 79-105.

Mandelbrot, B. (1963), “The variation of certain speculative prices”, *Journal of Business*, 36, 394-

419.

Manuge D.J. (2014), "Lévy processes for Finance: an introduction in R", in http://manuge.com.

Markowitz, H. (1959), *Portfolio Selection: Efficient Diversification of Investments*, Wiley, New York.

Martin, V., S. Hurn, and D. Harris (2012), *Econometric Modelling with Time Series: Specification, Estimation and Testing*, Cambridge University Press.

Matsuda, M. (2004), "Introduction to option pricing with Fourier transform: option pricing with exponential Lévy models", in http://maxmatsuda.com.

McDonald, R. (2013), *Derivatives Markets*, third edition, PEARSON.

Merton, R. C. (1973), "Theory of rational option pricing", *Bell Journal of Economics and Management Science*, 4, 141-83.

Merton, R.C. (1976), "Option pricing when underlying stock returns are discontinuous", *Journal of financial economics*, 3 (1-2), 125-144.

Michael, J.R., W.R. Schucany, and R.W. Haas (1976), "Generating random variates using transformations with multiple roots", *The American Statistician*, 30, 88-90.

Nelson, D.B. (1991), "Conditional heteroskedasticity in asset returns: a new approach", *Econometrica*, 59, 347-370.

Prolella, M.S. (2007), *Intermediate Probability: A Computational Approach*, Wiley.

Rémillard, B. (2013), *Statistical Methods for Financial Engineering*, CRC Press.

Rogers, L.C.G. and S.E. Satchell (1991), "Estimating variance from high, low and closing prices", *Annals Applied Probability*, 1 (4), 504-512.

Ross, S.M. (1996), *Stochastic Processes*, second edition, John Wiley and Sons.

Schmelzle, M. (2010), "Option pricing formulae using Fourier transform: theory and application", in https://pfadintegral.com.

Seneta, Eugene (2004), "Fitting the variance-gamma model to financial data", *Journal of Applied Probability*, 41, 177-187.

Sentana, E. (1995), "Quadratic ARCH models", *Review of Economic Studies*, 62 (4), 639-661.

Sheppard, Kevin (2020), arch Documentation Release 4.15+2.gd5f5b5bc.

Stein, E.M. and J.C. Stein (1991), "Stock price distributions with stochastic volatility: an analytic approach", *The Review of Financial Studies*, 4 (4), 727-752.

Sundaresan, S. (2009), *Fixed Income Markets and Their Derivatives*, third edition, Academic Press.

Tang, F. (2018), *Merton Jump-Diffusion Modeling of Stock Price Data*, Bachelor Degree Project of Linnaeus University (Sweden).

Taylor, S.J. (1986), *Modeling Financial Time Series*, Chichester: John Wiley & Sons.

Vasicek, O. (1977), "An equilibrium characterization of the term structure", *Journal of Financial Economics*, 5, 177-188.

Zhu, J. (2010), *Application of Fourier Transform to Smile Modeling: Theory and Implementation*, Springer.

中文索引

九筆

十筆

十一筆

十二筆

十三筆

十四筆

十五筆

十六筆

十七筆

十八筆

二十筆

二十三筆

英文索引

國家圖書館出版品預行編目資料

歐式選擇權定價：使用Python語言／林進益
著. -- 初版. -- 臺北市：五南圖書出版股
份有限公司，2021.07
面； 公分
ISBN 978-986-522-867-5（平裝）

1.數理統計 2.數學模式

319.5 110009262

1H2Y

歐式選擇權定價：使用Python語言

作　　者 — 林進益
發 行 人 — 楊榮川
總 經 理 — 楊士清
總 編 輯 — 楊秀麗
主　　編 — 侯家嵐
責任編輯 — 鄭乃甄
文字校對 — 黃志誠
封面設計 — 王麗娟
出 版 者 — 五南圖書出版股份有限公司
地　　址：106台北市大安區和平東路二段339號4樓
電　　話：(02)2705-5066　　傳　　真：(02)2706-6100
網　　址：https://www.wunan.com.tw
電子郵件：wunan@wunan.com.tw
劃撥帳號：01068953
戶　　名：五南圖書出版股份有限公司

法律顧問　林勝安律師事務所　林勝安律師

出版日期　2021年7月初版一刷
定　　價　新臺幣490元